图书代号 ZZ21N1928

图书在版编目（CIP）数据

鄂尔多斯高原历史地理研究. 历史城市地理卷 / 肖爱玲著；艾冲主编. —西安：陕西师范大学出版总社有限公司，2025.4
ISBN 978-7-5695-2521-2

Ⅰ. ①鄂… Ⅱ. ①艾… ②肖… Ⅲ. ①鄂尔多斯高原—历史地理—研究 Ⅳ. ①P942.26

中国版本图书馆CIP数据核字（2021）第206136号

鄂尔多斯高原历史地理研究·历史城市地理卷
E'ERDUOSI GAOYUAN LISHI DILI YANJIU · LISHI CHENGSHI DILI JUAN

肖爱玲 著

出版人 刘东风
策划编辑 刘 定
责任编辑 陈君明
责任校对 熊梓宇
封面设计 张潇伊
出版发行 陕西师范大学出版总社
（西安市长安南路199号 邮编 710062）
网 址 http://www.snupg.com
印 刷 中煤地西安地图制印有限公司
开 本 787mm×1092mm 1/16
印 张 19
插 页 4
字 数 379千
版 次 2025年4月第1版
印 次 2025年4月第1次印刷
书 号 ISBN 978-7-5695-2521-2
审 图 号 GS（2025）1759号
定 价 128.00元

总　序

“鄂尔多斯高原历史地理研究”丛书（10卷本）即将出版，在此之前，特在此做一番简要的说明与介绍，以便广大读者了解相关信息，更便捷地阅读本丛书的内容。

一、鄂尔多斯高原的地理位置与区域范围

本丛书的研究区域是鄂尔多斯高原，因此，首先说明鄂尔多斯高原的基本地理位置与区域范围，就显得十分有必要。

鄂尔多斯高原，也称作河套高原。河套高原之地域名称，早在20世纪30年代就已出现，距今已有八十多年之久。至于鄂尔多斯高原之称呼，则迟至21世纪初期才出现。早在1936年，《伊克昭盟志》的编撰者、学者谢再善就采用河套高原之地名，以指称今鄂尔多斯高原，并在此地域展开持续两年的调查采访。这表明河套高原之地名由来已久。他指出：“伊克昭盟位于河套高原，东西北三面皆临黄河——黄河由宁夏北流，至临河东折，流至包头，复南折经晋、陕南下，整整包围了伊（克昭）盟，成为伊（克昭）盟天然界线。（伊盟）南面界限则为长城，与陕北接壤。”[①]河套高原以今白于山脉、大罗山脉与红柳河为南界。成书于20世纪30年代的《伊克昭盟志》既已出现河套高原地域名称，指的就是今鄂尔多斯高原。

鄂尔多斯高原位于今内蒙古、陕西和宁夏三省区交界地区，跨有此三个省区的局部。其东、北、西三方以滔滔黄河作为显明的地域界线，其南侧界线主要以今白于山脉、大罗山脉、红柳河为自然地物标志。由此可见，鄂尔多斯高原的地理位置、空间范围及其边缘界线是十分清楚的。

① 伊克昭盟地方志编纂委员会编：《伊克昭盟志》，见曾庆锡等修纂：《鄂托克富源调查记　准郡两旗旅行调查记　伊盟左翼三旗调查报告书　伊盟右翼四旗调查报告书　伊克昭盟志　伊克昭盟概况》下册，远方出版社，2007年，第287页。

具体而言，鄂尔多斯高原的区域范围，既包括今内蒙古自治区的鄂尔多斯市域、乌海市域的河东部分，也包括今陕西省的榆林市域绝大部分，以及今宁夏回族自治区的吴忠市利通区、青铜峡市东部、红寺堡区北半部、盐池县、同心县东北部，中卫市的中宁县东北隅，银川市管辖的灵武市、兴庆区黄河东侧，石嘴山市的平罗县黄河东侧区域，其总面积约为145139平方公里。

鄂尔多斯高原的毗邻区是指其外围接壤区域。其东侧毗邻区包括今山西省管涔山脉、吕梁山脉主脊以西黄河支流区域和内蒙古大黑河东侧分水岭；其北侧毗邻区包括今内蒙古狼山、查石太山南侧黄河支流区域；其西侧毗邻区则包括今宁夏贺兰山脉东侧区域和内蒙古狼山山脉西段及其余脉以东区域；其南侧毗邻区包括今陕西省白于山分水岭南侧的清涧河、延河、洛河上游流域，甘肃省泾河上游流域和宁夏的清水河流域。出于专题研究的需要，研究者经常会涉及鄂尔多斯高原的毗邻区，因而表明其区域范围十分必要。（见图1）

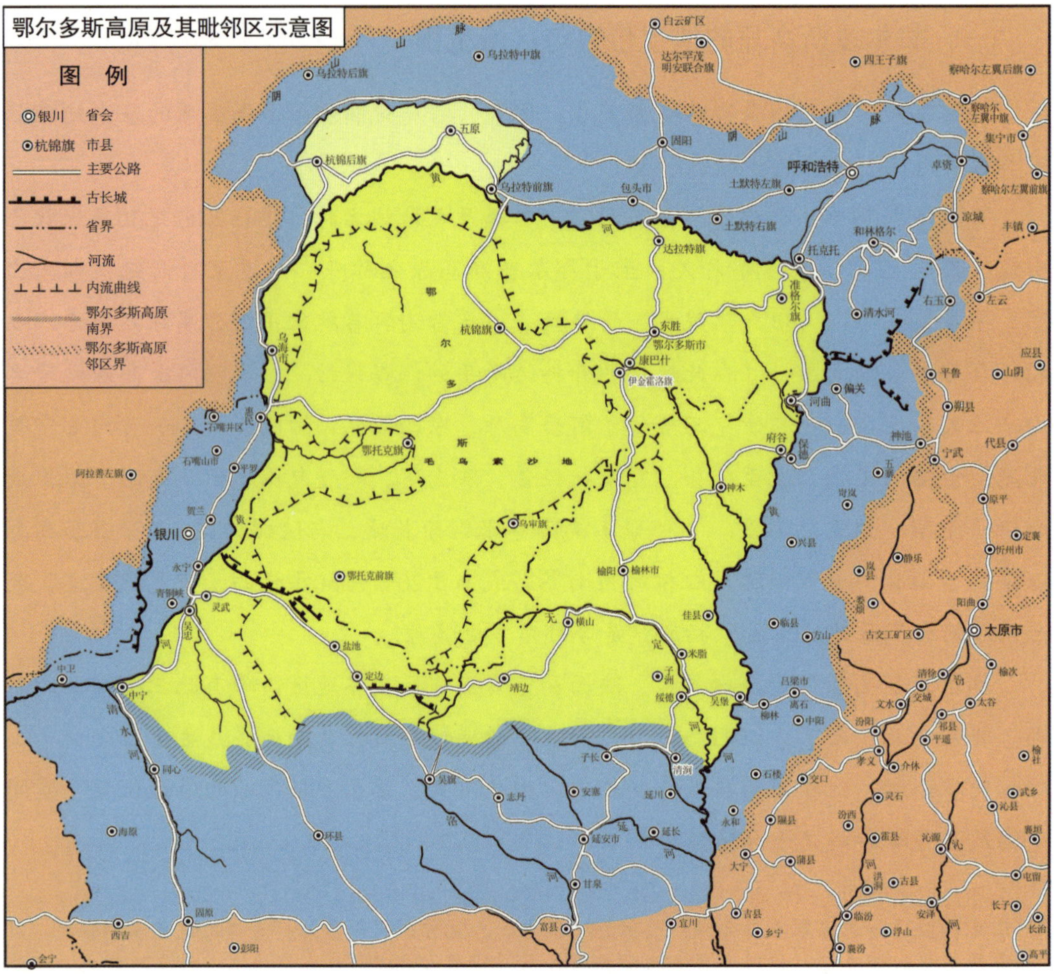

图1　鄂尔多斯高原及其毗邻区示意图

二、鄂尔多斯高原历史地理研究简介

国家社科基金重大项目“鄂尔多斯高原历史地理研究”的子课题数量达十个之多，头绪纷繁，进度不一，难度甚大。课题组经过七年持之以恒的努力，克服诸多客观存在的困难，披荆斩棘，筚路蓝缕，持续探索，终于完成了预定的研究任务。在研期间，课题组成员（包括参与者）展开野外考察达二十多次，通过实地考察解决了透过古代文献无法彻查的问题，有力地推动了重大项目研究的进度。在研期间，课题组成员（包括参与者）总共撰写及发表（出版）了阶段性研究成果一百二十多篇（部），形成了相当丰富的研究成果，尤其是对此前用力不多的鄂尔多斯高原古代政区地理发表了一系列的专题论文，将重大项目研究推向深入。多次广泛的野外考察和为数众多的专题论文，为重大项目的顺利结项奠定了坚实的学术基础。

“鄂尔多斯高原历史地理研究”的结题成果共分为10卷，它们彼此呼应，前后衔接，相对全面而系统地论述了鄂尔多斯高原历史地理领域的各方面的问题。这10卷分别是：第1卷——历史政治地理卷、第2卷——历史民族地理卷、第3卷——历史城市地理卷、第4卷——历史经济地理卷、第5卷——历史军事地理卷、第6卷——历史文化地理卷、第7卷——历史气候与动植物地理卷、第8卷——历史自然灾害与土地荒漠化卷、第9卷——历史地貌与河湖地理卷，以及第10卷——历史地理综合卷。10卷本“鄂尔多斯高原历史地理研究”丛书的推出，是区域历史地理学研究的重大科研成果之一，为揭示鄂尔多斯高原历史时期地理环境的变迁进程做出了重要的学术贡献。

三、“鄂尔多斯高原历史地理研究”丛书的创新之处

本丛书的学术创新主要表现在四个方面，即学术思想与理论观点方面的创新、研究方法上的创新、数据资料采集方面的创新和解决实际问题方面的新见解等。

（一）学术思想与理论观点方面的创新

相对于本领域已有研究成果，本项目研究成果在学术思想认识和理论观点上有了新的提升。在本项目研究过程中，坚持了历史唯物主义和辩证唯物主义的思想方法与原则立场。在正确的方法论指导下，研究活动从科研实践出发，以采集现有的各种资料为基础，剖析、推理、综合研究得出结论。较诸既有的学术思想认识，新的认识更加符合历史实际。

1. 在本领域前人已有的研究成果中，存在一种较为普遍的思想认识，即隋唐时期鄂尔多斯高原土地沙漠化现象的出现，是由于过度的农业耕垦。但是，课题组在收

集历史文献资料过程中，发现形成“初期毛乌素沙漠”之地，根本不存在农耕经济成分，因此并不存在土地沙漠化与农业经济过度耕垦的因果关系。与此同时，课题组确认“初期毛乌素沙漠”形成之前，该地方存在着游牧族群的畜牧经济实体和官营牧马业，因此，“初期毛乌素沙漠”形成的驱动因素之一应是草原载畜量过大。这是课题组得出的新观点、新认识。

2. 在本领域已有的研究成果中，往往将“早期库布齐沙漠”与“初期毛乌素沙漠”混为一谈，主要表现在对唐代诗人的纪实诗中沙漠景物描写的理解判断上。课题组经过对唐代诗人的纪实诗做深度阅读与理解，纠正了前述学术思想认识的偏颇，复原出历史时期两块沙漠化土地的真实位置。

3. 在本领域已有的研究成果（尤其是历史地图学研究成果）中，对于战国秦汉时期鄂尔多斯高原政区地理，或者无法标示其具体位置（即无从定位），或者定位错误。课题组经过系统的探讨，认为战国秦汉时期鄂尔多斯高原政区分布格局完全可全面复原，即战国秦汉时期鄂尔多斯高原政区地理的郡级治城、县级治城、郡级政区边界皆可准确定位、清晰显示。这就将该地域历史政区地理研究向前推进了一大步，解决了前人由于时代局限而未能解决的历史政区地理悬案。

4. 在本领域已有的研究成果中，对于两汉时期在鄂尔多斯高原建置的属国都尉府、部都尉府、护匈奴中郎将府、度辽将军府等地方高级军事机构驻地皆语焉不详。课题组经过细致的探索、分析与综合判断，逐一予以准确定位。其中，西汉时期西河郡属国都尉府治城——美稷县城故址，前辈学者将其判定在今内蒙古准格尔旗纳林古城，课题组经过认真论证而将其准确定位在今准格尔旗榆树壕古城。其他重要秦汉故城，皆予以重新定位。通过专题研究，既获得全新的学术思想认识，也为其他历史专题研究奠定了坚实的基础。

5. 在本领域已有的研究成果中，缺乏对历史时期鄂尔多斯高原民族地理演变的全面研究，仅有极少数单个族群研究的著作或论文。课题组经过数年的不懈探索，系统地复原出春秋战国至民国时期鄂尔多斯高原不同民族迁徙（迁入与迁出）、分布、交流与融合的历史横断面图景。由于彻底探明了历史时期鄂尔多斯高原诸多民族分布与变迁的时空过程，从而在学术思想上出现新升华，此地区就不再是历史民族地理的空白区。

限于篇幅，仅列举出上述学术思想认识和理论观点的新突破。

（二）研究方法上的创新

本丛书各卷的研究，注重多学科交叉的综合研究方法。在全力收集历史文献资料的同时，十分重视田野调查方法的运用、高科技手段的使用，以及考古学、地理学理论与方法的运用。

课题组非常重视田野调查的研究途径。七年中，每年都安排不同子课题组到野外进行实地考察活动。每年平均组织两至三次田野调查，踏勘各种历史文化遗迹，确定其真实的地理位置、遗存现状，采集测量相关数据资料，据此，积累起大量有效的野外考察资料，极大地丰富了科学研究的资料库。

课题组十分重视高科技手段的使用。为在田野调查活动中获得准确的采集数据，我们购置行之有效的科学仪器，诸如GPS接收器、激光测距望远镜、照相机等，并运用这些仪器，获得相对精准的经度、纬度、高程坐标，古城遗址的长度、宽度、高度及其平面布局，地物的围长、年龄、相对高度等数据。通过采集数据，获得可靠的田野调查原始资料，服务于不同的子课题研究。

课题组尽力收集已有的地理学和考古学研究的理论与成果，与历史文献记载相互印证，结合田野调查及使用高科技手段所获资料，探索特定历史地理要素的发生、发展与空间分布变化的过程与特征。运用地理学和考古学研究的理论与成果，充实课题研究的证据，弥补文献资料的不足，填补研究资料的空白，并与其他科研资料相互交叉、相互印证，探寻鄂尔多斯高原历史地理真相。

（三）数据资料采集方面的创新

课题组重视运用精准的数据资料以支撑相关专题研究。为此，课题组成员走出书斋，走向野外，通过实地考察以采集需要的科学数据。在数据采集方面的创新主要体现于使用GPS接收器、激光测距望远镜、照相机等小型仪器，获取专题研究所需地理坐标、海拔高程、古代遗址的测量数据与平面格局资料等。要采集数据，就必须走向田野，就必须花费一定的时间和精力，就必须有不怕吃苦受累的精神，正因为如此，课题组在采集、运用数据资料方面取得了重大突破。

（四）解决实际问题方面的新见解

历史地理学研究的终极目的是为现实社会服务，推动现代社会持续发展进步，因此，解决现实社会中存在的实际问题就是研究者必须面对的重要课题，也是科学研究的落脚点。本丛书在以下两个问题上提出了新见解、新建议。

第一，在治理毛乌素沙漠、再造绿色植被以改造沙化环境上，课题组提出，应该组建陕西、内蒙古和宁夏三省区治沙联合体、治沙联动机制，即组织三省区人民群众积极行动起来，同心协力打赢治理改造毛乌素沙漠之战，为三省区人民生活水平的提升奠定良好的自然环境基础。不可采取各省区自扫门前雪的方式。

第二，出于环境保护的需要，地方政府应推行节约资源、能源的生产与生活方式，减少对自然资源索取力度，维护自然环境自我修复与再生机制，尽力减少对生态环境的破坏。同时，有步骤地保持人类社会与自然环境的和谐关系与基本平衡。为此，政府应制订长期规划与决策，对损坏自然环境的经济建设项目进行整改。

10卷本“鄂尔多斯高原历史地理研究”丛书虽然业已完成，但对鄂尔多斯高原的研究尚需继续深入。如五胡十六国时期鄂尔多斯高原的行政建制，尚未完全探明；隋唐时期少数驻防城的位置，仍待探查；秦汉与宋元时期区域交通道路分布，仍有待解的路径位置问题；历史时期动物种群与植被群落的空间分布，仍需深入研究；历史时期河川与湖泊的变迁，也有待继续细化与再深入研究。

上述问题还未探明的原因约略有三点。其一，探究相关历史地理问题的文献资料严重欠缺。由于文献记载缺失，课题组在涉及相关问题研究时无从推进。其二，过往学界对鄂尔多斯高原关注不够，学界产出的相关成果较少，可资借鉴者也就甚少。其三，个别学术问题研究不够深入。鄂尔多斯高原历史地理领域可继续研究的空间较大，留待今后再探索。

在研期间，数十名博士与硕士研究生参与了课题的实际研究，为科学研究的深入推进做出了自己的贡献，也培养与锻炼了其各自的科研能力。他们或在文献资料收集与整理的技术环节付出了劳动，或在阶段性成果的撰写环节做出了贡献，或在结题成果上付出了辛劳，特在此向这些年轻的同志表示深深的感谢。

在多次野外考察的进程中，得到许多地方机构工作人员和素不相识的当地居民的热心帮助和支持，正是他们的耐心解疑和介绍以及热心引路，为我们提供了野外考察活动的方便，也节约了课题科研工作的时间，特在此向那些已认识或迄今仍不知其姓名的人士表示衷心的谢意。

艾 冲

2024年10月18日（星期五）

于陕西师范大学长安校区文汇楼C段522室

目录

绪　论 __ 001

第一章　鄂尔多斯高原城市发展地理条件 __ 024
第一节　鄂尔多斯高原自然地理环境及其演化 __ 024
第二节　历史时期鄂尔多斯高原人文地理环境及其演变 __ 035

第二章　鄂尔多斯高原城市发展史 __ 045
第一节　先秦时期城市聚落发展 __ 045
第二节　秦汉时期鄂尔多斯高原及其邻近地区城市建置 __ 048
第三节　魏晋南北朝时期鄂尔多斯高原城市兴废 __ 068
第四节　隋唐时期鄂尔多斯高原城市建置 __ 080
第五节　宋夏对峙时期鄂尔多斯高原城市建置 __ 107
第六节　元、明、清时期鄂尔多斯高原城市建置 __ 129

第三章　鄂尔多斯高原城市结构与形态研究 __ 145
第一节　秦汉时期鄂尔多斯高原城市结构与形态 __ 145
第二节　大夏国都统万城城市形态 __ 172
第三节　隋唐时期鄂尔多斯高原城市形态 __ 187
第四节　西夏、北宋、辽、金鄂尔多斯高原城市形态 __ 202
第五节　元明清时期鄂尔多斯高原城市形态 __ 216

第四章　鄂尔多斯高原城市空间分布及地域结构 __ 237
第一节　鄂尔多斯高原城市分布及其影响因素 __ 237
第二节　鄂尔多斯高原城市空间演化 __ 254
第三节　鄂尔多斯高原城市地域结构与形态 __ 275

第五章　鄂尔多斯高原古城遗址保存现状与保护建议 __ 278
第一节　鄂尔多斯高原地区古城的历史价值 __ 278
第二节　鄂尔多斯高原古城保存现状 __ 281
第三节　鄂尔多斯高原古城保护建议与思考 __ 283

参考文献 __ 286
后　记 __ 292

绪　论

2001年以来，由伊克昭盟改制而来的鄂尔多斯市（地级市）经济发展迅猛，经过“十五”和“十一五”期间的快速发展，很快由内蒙古自治区经济总量倒数第二的穷盟，至2010年鄂尔多斯市人均GDP已经超过了北京、上海，甚至香港。鄂尔多斯市的暴富依赖的是本地丰富的煤、石油、天然气等优质的地下资源。面对“鄂尔多斯现象”[①]，引发了国际社会的广泛关注和讨论，尤其是关于资源开发与地理环境关系的探讨。侯仁之指出“研究一个城市的起源和发展，绝对不能忽视对于整个地区的开发过程以及由此而引起的地理环境的变化和经济活动、交通状况等历史文化景观的变迁……必须结合整个地区的历史地理进行综合探讨。这样历史地理的研究不仅对城市规划工作，也同样对区域规划工作，是可以有所贡献的”[②]。2011年国家社会科学基金重大招标项目“鄂尔多斯高原历史地理研究”（11&ZD097）的立意当本乎此，本书也即该项目“历史城市地理卷”的研究成果。

鄂尔多斯高原位于黄河向北大弯曲的内部，西、北、东三面都以黄河为界，南界大致是以白于山、大罗山等分水岭为限。东西长300—320千米，南北最大宽度超过400千米，面积在15万平方千米以上。鄂尔多斯高原及其邻近地区是我国历史上重要的农牧交错地带，宜农宜牧的地理环境为北方游牧民族和农业定居民族提供了生业环境，不同的生产方式继而影响了本区自然与人文环境，历史时期城市的兴衰发展非常

① 五年时间耗资千亿元打造出康巴什新区（政府驻地），一片繁荣景象，可是楼多人少也一片荒凉，这便是“鄂尔多斯现象”。

② 侯仁之：《城市历史地理的研究与城市规划》，《地理学报》1979年第4期；又见侯仁之：《历史地理学的视野》，生活·读书·新知三联书店，2009年，第463页。

直观地呈现了这一区域环境发展特征。系统研究历史时期鄂尔多斯高原城市及城镇聚落的发生、发展与空间分布及其演变过程与特点，探索不同类型、不同级别城镇的空间结构和形态特征及其发展演化规律，探索城镇兴废与中原王朝政治、军事、经济发展重心及自然环境的相关性，为鄂尔多斯高原区域城市群、城市体系建设及区域中心城市发展提供历史依据，这就是历史时期鄂尔多斯高原城市地理研究的学术和现实意义。

一、学术史回顾

在人类历史上，城市是伴随着新的价值、新的制度而产生的最为重要的人文地理现象之一，它既是人类文明的产物，也是孕育和创造文明的社会空间。正如马克思所指出的，城市“是随着野蛮向文明的过渡、部落制度向国家的过渡，地方局限性向民族的过渡”[①]而产生的。而城市的发展也从未离开过社会演进的步伐，自城市诞生以来，其兴起、发展和演变就受到自然、经济、社会和人类等多方面的影响，呈现出复杂的动态现象。在不同历史时期，不同地区、不同社会经济发展阶段等，对城市位置、规模、性质及空间组织等都将产生不同的影响。

历史城市地理学是以城市兴起、发展和演变为主要研究内容的一门学科，是历史地理学的重要分支学科之一，它源于地理学和城市科学。侯仁之率先对历史城市地理学理论进行研究，其以北京城市历史地理研究为例，确定了历史城市地理学的研究内容、主要任务等，即城址的起源和演变、城市面貌的形成及其特征、城市位置的转移及其规律、影响城市开发和城市兴衰的地理因素，推动了历史城市地理学的理论研究。[②]马正林认为城市历史地理学的研究对象是历史上地理实体的城市，研究任务是揭示地理条件在城市发展中的作用和规律，并为当前的城市建设服务。[③]严艳、吴宏岐从历史城市地理学的学科性质及其与相邻学科关系角度分析指出，本学科研究内容为城市兴起发展衰落的背景、城市体系的特征和规律、城市空间结构、城市的发展。[④]李孝聪提出研究一个城市的历史地理，必须结合整个地区的历史地理进行综合

① 中共中央马克思恩格斯列宁斯大林著作编译局译：《马克思恩格斯全集》第3卷，人民出版社，1972年，第56—57页。

② 侯仁之：《城市历史地理的研究与城市规划》，《地理学报》1979年第4期。

③ 马正林：《论城市历史地理学的对象和任务》，《陕西师范大学学报（哲学社会科学版）》1990年第4期；又见马正林编著：《中国城市历史地理》，山东教育出版社，1998年，第1页。

④ 严艳、吴宏岐：《历史城市地理学的理论体系与研究内容》，《陕西师范大学学报（哲学社会科学版）》2003年第2期。

探讨，重点研究城市体系和城市的内部空间结构。[①]朱士光提出历史城市地理研究需要运用“环境—文化理论”，即除了从城市所在地域之地理环境变迁来研究历史时期城市发展变化，还要结合地域文化及其传承、嬗变来研究。[②]城市形态学利用生物有机体观念，考察城市的生长及其制约机制，其逻辑基础是肯定城市的内在结构和深层特征是生成一定城市外形的基本力量，利用与环境、社会、经济、文化等因素有关的历史主义眼光来看待城市的发展与演进，研究城市结构与外形的继承与变异关系。[③]前辈学者关于对历史城市地理学相关问题、理论的探索，开拓了后学者的研究眼界和思路，同时也为后学者研究鄂尔多斯高原及其毗邻地区历史城市地理提供了理论支持。

对鄂尔多斯高原地区历史城市地理的研究起因于对本地区环境变迁的研究。1973年，侯仁之以统万城（唐夏州城）与城川古城（唐长泽县治，元和十五年后的宥州城址）为例，论述了毛乌素沙地的环境变化，[④]由此开辟了沙漠历史地理的研究方向，引起了学术界对鄂尔多斯高原地区的普遍关注。之后，王北辰通过考古和文献资料复原了隋唐丰州的历史面貌，探讨了库布齐沙漠流沙分布状况。[⑤]随后他又将唐代夏州、丰州、银州治所及其下辖部分县治定位到今天的地图上，[⑥]将研究结果编绘成图是城市历史地理学研究中的关键步骤。何彤慧通过对古城环境考古、历史文献、历史地名等多种方法获取、整合了毛乌素沙地环境变化因素，讨论了唐代“六胡州”古城址的地理位置。[⑦]很显然，以往对研究区历史城市的复原研究是进一步讨论本地区环境变化的一个重要载体，而非直接对象。

综合来看，鄂尔多斯高原历史城市地理研究呈现出三个特点。

（一）与其他区域城市研究相较，更偏重于单体城址的考订与研究

鄂尔多斯高原历史城市因自然地理环境影响和文献记载缺漏，很难确指早期城址的具体位置，城址考订是本区城市历史地理研究的基础。

关于秦汉时期城市的研究主要有：张郁对今巴彦淖尔市境内的麻弥图古城、河拐

① 李孝聪：《历史城市地理》，山东教育出版社，2007年，第16页。
② 朱士光：《中国历史城市地理学理论建设刍议》，《西北大学学报（自然科学版）》2009年第2期。
③ 张萍：《古代城市形态研究的两个维度》，《历史研究》2014年第6期。
④ 侯仁之：《从红柳河上的古城废墟看毛乌素沙漠的变迁》，《文物》1973年第1期。
⑤ 王北辰：《库布齐沙漠历史地理研究》，《中国沙漠》1991年第4期。
⑥ 王北辰：《公元9世纪初鄂尔多斯沙漠图图说——唐夏州、丰州境内沙漠》，见《王北辰西北历史地理论文集》编辑组编：《王北辰西北历史地理论文集》，学苑出版社，2000年，第50—57页。
⑦ 何彤慧：《毛乌素沙地历史时期环境变化研究》，兰州大学博士学位论文，2008年。

子古城、补隆淖古城、脑高古城、土城子古城进行了考古学探索，详细论述了河外五城遗址的规模和出土文物情况。[①]崔璿推测准格尔旗纳日松镇川掌村古城为秦汉广衍县城故地[②]，而艾冲认为该城址为汉代千章城[③]。尹湘豪认为两汉时期研究区属国是与郡同级的行政区，属国下另设有道和县。[④]何天明对周秦至两汉时期呼和浩特地区的郡县设置及其具体位置进行了系统考订。[⑤]孙秀川就云中城和阴山长城的始建时间进行了考论。[⑥]史念海就秦始皇在新秦中设置的部分城塞和西汉西河郡、朔方郡的部分县治及其古今位置进行了探究。[⑦]张耀民认为东汉北地郡治富平县城，即今庆阳市西峰区北的彭原古城。[⑧]程永魁以考古资料为依据，论述了呼和浩特地区古城分布及部分郡县今天的位置。[⑨]张红星复原了云中城的形制、规模及其始建年代和历史沿革。[⑩]郭建中、车日格复原了三顶帐房古城、哈德门沟古城、孟家梁古城、麻池古城等古城的形制、规模、城内布局。[⑪]曹凤考订了云中和定襄两郡的始设年代及其辖县治所的地理位置等。[⑫]吕波认为龟兹县不始于秦朝，也非创设于西汉武帝时期，而是建置于宣帝神爵年间。[⑬]魏坚、郝园林考证了秦汉九原郡治与五原郡治的城址位置。[⑭]综上来看，对秦汉时期鄂尔多斯高原历史城市的研究主要集中于研究区北部平原地带，即河套平原区城市的研究上。

关于汉末至隋唐时期本区城市的研究，主要集中于统万城、夏州、丰州、胜州、三受降城、天德军、单于都护府等的研究上。古城址调查有《统万城遗址调查》[⑮]、

---

① 张郁：《汉朔方郡河外五城》，《内蒙古文物考古》1997年第2期。
② 崔璿：《秦汉广衍故城及其附近的墓葬》，《文物》1977年第5期。
③ 艾冲：《鄂尔多斯高原西汉时期西河郡属县治城位置新考》，《西夏研究》2016年第2期，第91页。
④ 尹湘豪：《关于汉代的“外臣”和“属国”问题》，《历史教学》1984年第2期。
⑤ 何天明：《两汉时期呼和浩特地区的建置和民族构成》，《内蒙古师范大学学报（哲学社会科学版）》1985年第4期。
⑥ 孙秀川：《云中城与阴山长城始建考辨》，《内蒙古大学学报（哲学社会科学版）》1986年第4期。
⑦ 史念海：《新秦中考》，《中国历史地理论丛》1987年第1期。
⑧ 张耀民：《东汉北地郡治富平城考证略记》，《西北史地》1996年第2期。
⑨ 程永魁：《呼和浩特地区古城浅述》，《内蒙古文物考古》1994年第2期。
⑩ 张红星：《托克托县云中古城相关问题初探》，《内蒙古文物考古》2004年第2期。
⑪ 郭建中、车日格：《黄河包头段沿岸汉代古城考》，《内蒙古文物考古》2007年第1期。
⑫ 曹凤：《西汉云中郡与定襄郡》，内蒙古大学硕士学位论文，2010年。
⑬ 吕波：《两汉上郡龟兹县考略》，《榆林学院学报》2011年第1期。
⑭ 魏坚、郝园林：《秦汉九原—五原郡治的考古学观察》，《中国历史地理论丛》2012年第4期。
⑮ 俞少逸：《统万城遗址调查》，《文物》1957年第10期。

《“统万城”复原图考》[①]、《和林格尔县土城子试掘记要》[②]、《内蒙古自治区文物考古工作的重大成果》[③]、《银州城址勘测记》[④]、《内蒙古托克托城的考古发现》[⑤]及《内蒙古后套平原古城考——兼与王北辰先生商榷》[⑥]等，这些调查对城址、城市职能、等级及内部结构等问题展开研究，为进一步研究提供了重要的参考价值。

樊文礼从唐代丰州的建制沿革和统区范围、人口和经济以及其政治和军事地位三个方面，梳理了丰州管辖西受降城、中受降城、天德军、安北都护府与横塞军的历史脉络。起初这些城并无直接的隶属关系，军城都直接受朔方节度使指挥，安北都护府直接向唐朝廷负责，但随着天德军都防御使的设置，丰州的重要地位被天德军所取代，它们之间的相互关系也发生了变化。[⑦]李作智对鄂尔多斯市准格尔旗北部的十二连城遗址的地理形势、城址结构、遗物与遗迹分析之后认为，遗址中的一、五号城是隋唐胜州榆林城故址，二、三号城是明东胜右卫故址。[⑧]袁志鹏讨论了三受降城和盐州城修筑的原因、过程、规模结构、配套设施、作用与功能等。[⑨]王北辰认为今巴彦淖尔市临河区东北的八一乡丰收村古城即为唐西受降城城址，开元十五年（727）西受降城曾作为互市之地。[⑩]周伟洲对唐代安乐、长乐两羁縻州的建制沿革与地理位置做了探讨。[⑪]艾冲对安北都护府三更其名（燕然都护府、瀚海都护府、镇北都护府）、八迁治所做了论述[⑫]，而后又对单于都护府的管辖范围做了新的界定[⑬]。魏昀认为唐后期灵、夏二方镇“西援河西、北接振武和天德二方镇，战略地位突出，在军事、政治、经济各方面都发挥着重要的管理职能”[⑭]。胡毅论述了唐代后期振武、

① 王刚、李小曼、王杰瑜：《“统万城”复原图考》，《文物世界》2004年第6期。
② 张郁：《和林格尔县土城子试掘记要》，《文物》1961年第9期。
③ 盖山林、丁学芸：《内蒙古自治区文物考古工作的重大成果》，《文物》1977年第5期。
④ 戴应新：《银州城址勘测记》，《文物》1980年第8期。
⑤ 李逸友：《内蒙古托克托城的考古发现》，见文物编辑委员会编：《文物资料丛刊》第4辑，文物出版社，1981年，第210—217页。
⑥ 赵占魁：《内蒙古后套平原古城考——兼与王北辰先生商榷》，《内蒙古社会科学》1993年第4期。
⑦ 樊文礼：《略论唐代的丰州》，《内蒙古大学学报（哲学社会科学版）》1987年第2期。
⑧ 李作智：《隋唐胜州榆林城的发现》，《文物》1976年第2期。
⑨ 袁志鹏：《论唐代三受降城和盐州城的修筑》，中央民族大学博士学位论文，2011年。
⑩ 王北辰：《内蒙古后套平原的几个历史地理问题——兼考唐西受降城》，见《王北辰西北历史地理论文集》编辑组编：《王北辰西北历史地理论文集》，第358—371页。
⑪ 周伟洲：《唐代的安乐州和长乐州》，见《西北民族史研究》，中州古籍出版社，1994年，第390—394页。
⑫ 艾冲：《唐代安北都护府迁徙考论》，《陕西师范大学学报（哲学社会科学版）》2001年第4期。
⑬ 艾冲：《关于唐代单于都护府的两个问题》，《民族研究》2002年第3期。
⑭ 魏昀：《论唐后期灵、夏二方镇的建置沿革与管理职能》，见侯甬坚主编：《鄂尔多斯高原及其邻区历史地理研究》，三秦出版社，2008年，第144—151页。

天德两方镇的建制沿革，即振武节度使司建于乾元元年（758），下辖麟、胜二州，东、中受降二城和单于都护府，天德军都防御使司建于贞元十二年（796），下辖安北都护府、丰州、天德军与西受降城，元和八年（813）中受降城归天德镇管辖。[①]樊文礼[②]、何天明[③]、宋秀英和龙木[④]等考证了唐代单于都护府的建立和变迁、领州和治所以及官属和职掌、辖境等内容。李宗俊认为两都护府建制沿革是“永徽元年分置后的单于、燕然，并非瀚海、燕然，更非三府并存”[⑤]。岳东认为唐初燕然、单于、瀚海三都护府并置。[⑥]

宋夏对峙时期，兴庆府和西平府作为西夏的都城和陪都受到了较多的关注。汪一鸣[⑦]和钟侃[⑧]、王雅红[⑨]、牛达生[⑩]、杜建录[⑪]、刘菊湘[⑫]、颜廷真等[⑬]学者，既有对兴庆府历史时期周边自然环境的论述和城址地理位置等的考证，也有试图对兴庆府城规模和形态进行的复原，如探究其“人形”布局，更有从风水文化角度对兴庆府的规划布局进行研究，内容十分丰富。对灵州西平府的研究，学界比较重视其在西夏历史上的地位，如郑彦卿[⑭]、罗矛昆[⑮]等。但尚无对西平府空间布局的研究，究其原因，还是缺乏可资利用的资料。

此外，关于西夏所辖州县的研究成果主要有：章巽对西夏早期和后期所领夏州、银州、绥州、宥州、灵州、盐州、胜州、兴州、怀州、永州等26州地理位置进行了文献梳理。[⑯]永乐城是北宋神宗元丰五年（1082）宋夏战争期间修筑的一座具有战略意

---

① 胡毅：《论唐代后期的振武、天德两方镇》，见侯甬坚主编：《鄂尔多斯高原及其邻区历史地理研究》，第152—160页。

② 樊文礼：《唐代单于都护府考论》，《民族研究》1993年第3期。

③ 何天明：《唐代单于大都护府探讨》，《北方文物》2001年第2期。

④ 宋秀英、龙木：《唐代单于都护府的几个问题》，《中国边疆史地研究》2002年第2期。

⑤ 李宗俊：《唐代安北单于二都护府再考》，《中国史研究》2009年第2期。

⑥ 岳东：《唐初北陲都护府几则问题辨析》，《阴山学刊》2014年第1期。

⑦ 汪一鸣：《西夏建都兴庆府的地理基础》，《宁夏史志研究》1985年第2期。

⑧ 汪一鸣、钟侃：《西夏都城兴庆府初探》，《西北史地》1984年第2期。

⑨ 王雅红：《试论兴庆府的城市建设与社会生活》，《西北史地 》1994年第1期。

⑩ 牛达生：《西夏都城兴庆府故址考略》，《固原师专学报（社会科学版）》1984年第1期。

⑪ 杜建录：《试论西夏建都兴庆府》，《宁夏大学学报（人文社会科学版）》1993年第1期。

⑫ 刘菊湘：《兴庆府的规模与“人形”布局》，《宁夏社会科学》1997年第5期；《西夏都城迁移的地理因素》，《宁夏社会科学》2001年第6期。

⑬ 颜廷真、陈喜波、曹小曙：《略论西夏兴庆府城规划布局对中原风水文化的继承和发展》，《地域研究与开发》2009年第2期。

⑭ 郑彦卿、范宗兴：《西夏灵州历史地位述论》，《宁夏社会科学》2000年第3期。

⑮ 罗矛昆：《李继迁攻取灵州对西夏建国的作用》，《宁夏社会科学》1983年第3期。

⑯ 章巽：《夏国诸州考》，《开封师院学报》1963年第1期。

义的城堡。对于该城址的位置，史念海认为在陕西省米脂县西北的马湖峪村①，吕卓民认为今陕西榆林市东南上盐湾乡上盐湾村东北侧的古城遗址便是曾经的永乐城②。李逸友认为呼和浩特市郊区太平庄乡白塔村西南约300米的古城为辽、金、元时期的丰州故城，废弃于明代初年，而位于托克托县城内西北隅的“大皇城”为东胜州遗址。③张郁依据史料文献、地理位置及相关遗迹判断，呼和浩特市托克托县古城镇北面5千米的西白塔古城是辽、金、元、明时期的云内州，厘清了东胜、云内、丰州之间错综复杂的关系。④郑隆根据古城堡所处地理位置及城内遗物推测，准格尔旗薛家湾镇黑岱沟村南的城湾、城坡古城分别是金宁边州、西夏金肃州的重要军塞。⑤许伟伟、杨浣认为辽、宋、夏、金时期，位于其接壤地带的唐龙镇镇治可能是位于今准格尔旗哈岱高勒乡城坡村的城坡古城，而宁边州州城位于黄河东岸，即今内蒙古清水河县窑沟乡之下城湾古城。⑥宋耀良认为今巴彦淖尔市临河区五星乡所发现的高油房城址就是西夏黑山威福军司所在地黑山城。⑦陈永中认为盐州故址在今陕西定边县南部红柳沟镇，花马池旧城在今定边县长城北锅底湖的南侧。⑧内蒙古文物考古研究所认为和林格尔县土城子古城在两周至春秋时期为猃狁、北狄居住的“襄”地，战国时期属赵国云中郡，汉为定襄郡成乐县，北魏时为盛乐都，唐代在此设立单于大都护府，辽代为丰州振武县，元代为振武城，明代属红城卫。⑨

明代鄂尔多斯高原地区卫所兴废、迁移反映了明蒙攻防实力的对比，对东胜卫、榆林卫、宁夏卫的研究是这一时期的重点。侯仁之率先指出《陕西通志》关于榆林城起源的记载和《榆林府志》“榆林三迁”之说都是错误的，并指出榆林城建成之后有

---

① 史念海：《河山集》二集，生活·读书·新知三联书店，1981年，第7页。
② 吕卓民：《西北史地论稿》，中国社会科学出版社，2011年，第120—126页。
③ 李逸友：《呼和浩特市万部华严经塔的金元明各代题记》，《文物》1977年第5期；《呼和浩特市万部华严经塔的金代碑铭》，《考古》1979年第4期；《辽代城郭营建制度初探》，见陈述主编：《辽金史论集》第3辑，书目文献出版社，1987年，第70—71页。
④ 张郁：《呼和浩特西白塔古城》，《内蒙古文物考古》1984年第3期。
⑤ 郑隆：《城坡、城湾古城堡调查》，见伊克昭盟文物工作站编：《鄂尔多斯文物考古文集》，1981年，第263—264页。
⑥ 许伟伟、杨浣：《唐龙镇考》，《宁夏社会科学》2013年第1期。
⑦ 宋耀良：《西夏重镇黑山城址考》，《宁夏社会科学》1993年第5期。
⑧ 陈永中：《朐衍、盐州、花马池考》，《宁夏大学学报（人文社会科学版）》1984年第1期。
⑨ 内蒙古文物考古研究所：《和林格尔县土城子古城考古发掘主要收获》，《内蒙古文物考古》2006年第1期。

五次拓建，即1472年前后、1486年、1492年、1515年和1567年。[①]李大海认为榆林城始建于正统二年（1437）[②]，而“榆林三拓”实指成化二十二年（1486）一拓北城，弘治九年（1496）二拓中城，正德十年（1515）三拓南城。[③]陈钊讨论了榆林卫设置的原因、经过、兵制、军事、人口、交通等情况，且从弊政、天灾两方面分析了榆林卫衰落的原因和过程。[④]陈云霞探讨了榆林城兴起的历史地理背景、榆林城布局特征和规划思想、榆林城从军城向治城转变过程及城市内部结构的变化。[⑤]周松探讨了东胜两次置卫过程及辖区。[⑥]张鹏从军事地理的角度探讨了东胜卫、玉林卫、云川卫、杀虎口的重要性。[⑦]蔡彪详细探讨了宁夏卫、宁夏后卫等卫所的建制、屯田、驻军、战事、商业、文化各方面的内容。[⑧]

（二）除单体城址考订之外，则多为对断代城市群、城市体系的研究

周长山在“汉代城市的分布”一章中对北部边疆地区的两汉城市的兴衰进行了简单介绍。[⑨]张继海探讨了汉代“城市社会”的两种面向：一是“城市中的小社会”，即城市是什么样子，城市中有些什么人，他们怎样生活，城市怎样管理和发展，等等。二是由众多城市组成的整个社会，即由于这众多的城市，整个社会呈现出怎样的面貌和特征。[⑩]限于材料关系，张文研究的重点是第一个面向。这对其他人研究秦汉时期鄂尔多斯高原的城市形态、结构、性质等很有启发。笔者以西汉全国郡县治城为研究对象，在权力与空间关系视野下重点分析了西汉城市的时空演化过程和特征、区域城市体系及其空间发展模式等问题，另在“西汉城市的等级”一章中较多地关注了研究区城市。[⑪]该书更侧重于诸侯王国地区城市的研究，而对汉郡区城市时空过程的

① 侯仁之、袁樾方：《风沙威胁不可怕“榆林三迁”是谣传——从考古发现论证陕北榆林城的起源和地区开发》，《文物》1976年第2期；侯仁之：《榆林城：从万里长城上的军事重镇到“绿色长城”上的治沙前哨》（原文系作者1981年春在加拿大多伦多大学所做报告原稿），见《历史地理学的视野》，第195—201页。

② 李大海：《明代榆林筑城设卫时间新考》，《北方民族大学学报（哲学社会科学版）》2013年第2期。

③ 李大海：《明代榆林城市空间形态演变研究——以“三拓榆城”为中心》，《陕西师范大学学报（哲学社会科学版）》2014年第5期。

④ 陈钊：《明代榆林卫研究》，西北大学硕士学位论文，2009年。

⑤ 陈云霞：《明清榆林城市地理研究》，陕西师范大学硕士学位论文，2010年。

⑥ 周松：《明与北元对峙格局中的洪武朝之东胜卫变迁》，《史学月刊》2007年第5期。

⑦ 张鹏：《明代山西行都司设置军事地理研究》，中央民族大学硕士学位论文，2010年。

⑧ 蔡彪：《明代宁夏卫所述论》，青海师范大学硕士学位论文，2012年。

⑨ 周长山：《汉代城市研究》，人民出版社，2001年，第22—25页。

⑩ 张继海：《汉代城市社会》，社会科学文献出版社，2006年，第5页。

⑪ 肖爱玲：《西汉城市体系的空间演化》，商务印书馆，2012年。

细致分析涉及较少。

何一民认为18世纪前漠南蒙古的城市非常少，仅有两座城市：绥远城和脱脱城（托克托城），均位于土默特归化城地区。18世纪以后在长城沿线地区出现了一批地方行政建制城市，鄂尔多斯高原地区有：归化城厅（1723年设治，今呼和浩特市）、萨拉齐厅（1734年设治，今包头市土默特右旗萨拉齐镇）、托克托厅（1734年设治，今托克托县）、和林格尔厅（1734年设治，今呼和浩特市和林格尔县）、清水河厅（1736年设治，今呼和浩特市清水河县）、绥远城厅（1739年设治，今呼和浩特市）、五原厅（1903年设治，今巴彦淖尔市五原县）、武川厅（1903年设治，今呼和浩特市武川县）、东胜厅（1904年设治板素壕，今鄂尔多斯市东胜区），另有归化城土默特治包头。①

关于鄂尔多斯高原诸亚区城市的研究，如沿黄地带、河套地区、毛乌素沙地、灵盐台地及陕北等区域城市、城市群的研究成果也是比较丰富的。

宝日吉根考证了内蒙古自治区黄河沿线秦汉时期郡县的沿革及其所对应的今址。②刘磐修总结了汉代河套地区县的设置及部分城址的规模。③艾冲以唐代“河曲”内外屯驻军队的固定城镇（军事聚落如军城、镇城、戍城、关津等）为研究对象，探讨了驻防城群体的空间配置和军政职能。④他关于戍城、镇城的论述弥补了前人研究的空缺。王亚勇指出丰安军（今宁夏中宁县石空镇附近）、定远军（今宁夏平罗县姚伏镇东北3里处）、新昌军（今宁夏北部黄河以西、定远军与西受降城中间）与三受降城共同构成唐六州的“河西六城”。⑤程义依据中国古代等级秩序规定，认为鄂尔多斯地区唐代城市是以灵、夏、胜、丰四个州级城市为核心的边城城市群，次核心级城市为军城，再次之为一般性据点；城市形制则因边城特殊功能的要求，有较大的灵活性。⑥

围绕唐代六胡州相关问题产生了一批文章。王北辰认为鄂托克前旗北大池古城为唐盐州白池县城、城川古城为宥州城、敖勒召其古城为兰池都督府城、鄂托克旗乌兰镇包尔浩晓（水利古城）为唐经略军城，并讨论了六胡州的历史沿革、种族以及自

① 何一民主编：《清代城市空间分布研究》，巴蜀书社，2017年，第248—275页。
② 宝日吉根：《内蒙古黄河流域战国秦汉时期郡县沿革略考》，《内蒙古大学学报（哲学社会科学版）》1984年第3期。
③ 刘磐修：《汉代河套地区的开发》，《中国经济史研究》2003年第1期。
④ 艾冲：《论唐代“河曲”内外驻防城群体的分布及其对北疆民族关系的作用》，见杜文玉主编：《唐史论丛》第10辑，三秦出版社，2008年。
⑤ 王亚勇：《丰安军与定远军》，《宁夏大学学报（人文社会科学版）》2003年第6期。
⑥ 程义：《唐代鄂尔多斯地区城址的等级与形制》，见侯甬坚主编：《鄂尔多斯高原及其邻区历史地理研究》，第99—102页。

然地理。[①]艾冲从六州的建置时间与地理区位、匡长二州和兰池都督府、宥州设立与故地的考证三个方面，对六胡州与宥州地理区位做了大概的推测。[②]王乃昂等认为兴武营为鲁州城所在地。[③]何彤慧等综合分析前人在六胡州聚落建置时间、地理位置、生业方式、地理环境等问题的研究结论及产生的分歧，认为兴武营为鲁州城址、巴郎庙古城为丽州古城、乌兰道崩古城为含州城址、敖勒召其古城为塞州城址、苏力迪古城为依州城址、巴彦呼日古城为契州城址。[④]王乃昂、何彤慧以古城址为研究对象分析了历史时期毛乌素沙地环境变迁的自然和人为原因，对研究区历代古城址进行了考释，论述了研究区内现存城市遗址的规模、形制等问题。[⑤]黄银洲、何彤慧再次确认了今宁夏盐池县兴武营城址为六胡州中的鲁州城所在，匡州城址、故宥州城址和兰池都督府均处于查干巴拉嘎苏古城，沿用的是六胡州中的丽州或契州。[⑥]艾冲对前人六胡州城址位置的看法持怀疑态度，认为六胡州古城的定位，有待继续与深入研究。[⑦]韩国学者朴汉济等指出六胡州与六州（鲁、丽、塞、含、依、契）的区别，赞同何彤慧等人对六城城址位置的意见，认为六州城相当于州城或军城，内附城降户不居于城内，而居于城外。[⑧]杨蕤利用汉文、西夏文和考古资料，对西夏的疆域、州县建置、自然地理和经济区等进行了深入的研究，专门讨论了宋夏沿边的堡寨问题。[⑨]

吕卓民系统梳理了陕北（榆林和延安）地区历代城市建置、典型时段的城市性质及其发展和演变，认为区域行政建制是区域政治与经济发展需要所导致的结果。[⑩]他在另一篇文章中指出，唐初陕北为州、县二级城镇体系，安史之乱后由于夏绥银节

---

① 王北辰：《唐代河曲的“六胡州”》，《内蒙古社会科学（汉文版）》1992年第5期。

② 艾冲：《唐代“六胡州”与“宥州”故地新探》，《中国方域》2003年第2期。

③ 王乃昂、何彤慧、黄银洲等：《六胡州古城址的发现及其环境意义》，《中国历史地理论丛》2006年第3期。

④ 何彤慧、王乃昂、黄银洲等：《六胡州聚落地理研究进展及其地望实考》，见侯甬坚主编：《鄂尔多斯高原及其邻区历史地理研究》，第85—98页。

⑤ 何彤慧、王乃昂：《毛乌素沙地历史时期环境变化研究》，人民出版社，2010年。

⑥ 黄银洲、何彤慧：《再论唐六胡州城址的定位问题——兼谈历史地理学研究方法》，《中国历史地理论丛》2011年第1期。

⑦ 艾冲：《再论唐代前期“六胡州”治城位置——与王乃昂、黄银洲、何彤慧三同志商榷》，《陕西师范大学学报（哲学社会科学版）》2012年第2期；《唐前期“六胡州”古城位置有待继续探索——与〈六胡州古城址的发现及其环境意义〉作者商榷》，《中国历史地理论丛》2009年第1期。

⑧ ［韩］朴汉济：《唐代“六胡州”州城的建置及其运用——“降户”的安置和役使的一个类型》，李椿浩译，《中国历史地理论丛》2010年第2期。

⑨ 杨蕤：《西夏地理研究》，人民出版社，2008年。

⑩ 吕卓民：《陕北地区城镇历史发展研究》，《中国历史地理论丛》1996年第2期。

度使与鄜坊节度使的设立，出现了向三级城镇体系演化的趋向。[①]艾冲还论述了唐代榆林及其周边的行政建制以及隋唐时期榆林地区的城市、城镇与生态环境的历史变迁。[②]周庆华从地理环境角度剖析了陕北人居环境空间形态的演变，对鄂尔多斯东南缘城镇空间分布情况做了详细论述。[③]王有为以汉代榆林附近城址为研究对象，考证了两汉圁水流域附近城市的来源，总结了圁水流域城市的分布规律。[④]褚清磊讨论了陕北地区的城镇体系、城镇规模和职能、布局特征及其内部结构等，认为唐玄宗时期，陕北城镇体系由州、县两级增加到节度使城镇、州城、县城三级，其中州又可分为"辅、雄、望、紧、上、中、下"七个等级，县可分为"赤、畿、望、紧、上、中、中下、下八"八个等级，得出陕北南部地区的城镇等级总体上高于北部，城市功能以政治功能为主的结论。[⑤]

宋夏以来，西北地区城寨、堡寨设置广泛，相关研究成果颇多。孙伟论述了北宋时期陕北榆林等地城寨堡的时空分布特征、形态和结构、功能与体系演变。[⑥]李华瑞的《宋夏关系史》一书虽然不是专门研究宋、西夏时期城市的著作，但作者在论述北宋王朝不同时期对西夏政策的变化和宋夏战争的同时，对宋和西夏缘边的城寨堡的建置及特点、城寨堡的内部结构等进行了深入而系统的研究。[⑦]杨正泰绘制了明代2000个驿站及驿路图[⑧]，对研究陕西榆林及宁夏地区明代交通地理具有重要的参考价值。史俊超整理了明代延绥镇"大边"与"二边"之间的营堡，指出延绥镇应有40余座营堡。[⑨]陕西省考古研究院对陕西省境内及其附近地区明长城以及附属建筑等文化遗存进行了调查与记录，完成了陕西省境内的大边和二边明长城资源调查任务，[⑩]为陕西省境内长城文化遗产保护奠定了基础，对明代延绥镇堡寨研究有参考作用。刘缙[⑪]、杜

---

① 吕卓民：《试论陕北地区城镇体系的形成与发展演变》，《西北大学学报（自然科学版）》2006年第5期。

② 艾冲：《西北城市发展与环境演变研究——立足于陕西榆林地区的考察》，西安地图出版社，2004年。

③ 周庆华：《陕北城镇空间形态结构演化及城乡空间模式》，《城市规划》2006年第2期。

④ 王有为：《由汉圁水、圁阴及圁阳看陕北榆林地区两汉城址分布》，西北大学硕士学位论文，2007年。

⑤ 褚清磊：《唐宋时期陕北城镇地理研究》，陕西师范大学硕士学位论文，2010年。

⑥ 孙伟：《北宋时期黄土高原地区城寨堡体系演变研究》，陕西师范大学硕士学位论文，2005年。

⑦ 李华瑞：《宋夏关系史》，中国人民大学出版社，2010年，第171—229页。

⑧ 杨正泰：《明代驿站考》（增订本），上海古籍出版社，2006年。

⑨ 史俊超：《明代延绥镇长城研究》，西北大学硕士学位论文，2014年。

⑩ 陕西省考古研究院编著：《陕西省明长城资源调查报告·营堡卷》，文物出版社，2011年。

⑪ 刘缙：《北宋西北地区城寨制度研究》，西北大学硕士学位论文，2005年。

建录[①]、李健超[②]、刘景纯[③]、韩大成[④]等均有相关研究。

在与本研究直接相关的成果中，张萍对明清时期陕北城镇的长期观察和研究，为我们提供了更深层次的理论思考。她基于明代延绥镇营堡的布设、规模及其与延安府部分州县城郭规模和人口的统计比较，认为“有些地理位置重要的营堡，驻军户口在千户以上，榆林镇城更高达三千余户，这样规模的营堡不亚于明代的州、县城居人口数量，甚至有过之”[⑤]。并从商业地理角度对延绥镇的交通、沿边消费（粮食）、市场以及商人介入等因素进行分析，展现了陕北营堡——军事城镇的商业化进程及其职能的转变。清代撤边之后城镇发展均经历了由“军城”到“治城”的发展历程，地区经济开发也经历了由边疆到内地的渐进过程。榆林城市的发展历程不仅仅代表了其自身，而且是这一地区城市发展历程的一个缩影，是这一地区城市发展总体规律的体现。[⑥]然以榆林为代表的北边城镇总体发展程度仍然是不均衡的，往往有强有弱，经济发展水平也有高有低，这主要与各城市所处交通地理位置、所在地域开发程度以及资源状况有关。明清时期，长城以北的陕边延伸区域，清代本为陕蒙“禁留地”，从禁留地到黑界地、伙盘地，以至陕绥（绥远省）划界，其间经历了一系列的社会变化，经济与社会结构又都是建立在边疆内地化的基础之上。如果说陕边六县经济地理格局肇基于明代，那么清代沿边经济的发展又促使其进行了一系列大范围的分组与重构。进入民国以后，陕北边界延展、陕绥重新划界，以及以新兴市镇彻底取代明代边堡系统，这种变革表现得更加明显。[⑦]北方农牧交错地带城堡的兴衰与王朝的政治、军事行动相关联，与民族、部落流转迁徙及文明演进过程相一致，其中的历史成因极其复杂，城址废弃往往是多方面因素造成的。因此，张萍认为：“今天我们所能看到的断垣残壁、古城遗址，其所蕴含的内容应该是相当丰富的，它的‘环境指示意义’只能是相对的。脱离了对城址性质的认识，建设历史的考察，就不可能真正把握其所处周边环境是否有变化，变化的程度如何，更不可能正确指导今天的人类对环境科学

① 杜建录：《西夏沿边堡寨述论》，《宁夏社会科学》1993年第5期。

② 李健超：《北宋西北堡寨》，见李健超：《汉唐两京及丝绸之路历史地理论集》，三秦出版社，2007年，第548—554页。

③ 刘景纯：《清代黄土高原地区城镇地理研究》，中华书局，2005年；刘景纯：《明代九边史地研究》，中华书局，2014年。

④ 韩大成：《明代城市研究》，中国人民大学出版社，1991年。

⑤ 张萍：《明代陕北蒙汉边界区军事城镇的商业化》，《民族研究》2003年第6期。

⑥ 张萍：《从“军城”到“治城”：北边民族交错带城镇发展的一个轨迹——以明清时期陕北榆林为例》，《民族研究》2006年第6期。

⑦ 张萍：《边疆内地化背景下地域经济整合与社会变迁——清代陕北长城内外的个案考察》，《民族研究》2009年第5期。

地、可持续地利用。”[①]周清澍主编的《内蒙古历史地理》[②]尽管是为高等教育自学考试内蒙古地方史志专业编写的选修教材，但内容系统、丰富，对历史时期鄂尔多斯高原上活动的民族、政区建制、城市以及交通线路等均有涉及，反映了20世纪90年代之前的研究状况，有利于研究者对内蒙古自治区历史地理形成总体认识。

对于鄂尔多斯高原地区城市的整体性研究，目前所知仅有冯文勇的一篇博士学位论文[③]，题目为《鄂尔多斯高原及毗邻地区城市历史地理研究》。该文从考古地理学的角度，以实地考察和考古资料所获取的209个古代城址资料为研究对象，对研究区汉代至明代之间的历史城市遗址展开了较为系统的研究。冯文勇认为研究区城市发展阶段呈现为六个阶段：汉代郡县为主的城市体系发展时期、魏晋南北朝时期军事重镇为主的城市体系发展时期、唐代军城和郡（州）县为主的军政城市体系演化时期、宋代边境城寨军事城市体系畸形发展时期、元代城市体系发展的低潮时期、明代沿边密集军事城堡体系发展时期。认为研究区城市几乎都是政府依据政治和国防建设需要进行建设的，一般先筑城，再设立或吸引市场，形成“人为”城市的发展特征。具体表现为：军事或政治城市体系特征显著，城市体系具有短期内一次成形的特点；受政治或军事城市体系的约束，始终没有形成明显的区域宏观层次经济中心；城市发展具有跳跃性，城市数量极不稳定，政治军事中心城市不断发生空间位移；城市职能比较单一，城市发展和衰落周期与人口增长和下降的周期几乎同步。[④]研究区城市有独立组合式与相连并列式两种形式，子城作为城市中枢系统衙署所在，大多选择地势较高和利于防卫的城内一隅。[⑤]冯文勇提出过渡地区特殊的生态环境和特殊的军事地理环境是该地区城市发展的基本因素，地缘政治形势的变化形成该地区城市发展的强大杠杆，国防战略和防卫要求对城市数量和规模具有重要影响；草原民族势力的收缩与扩

① 张萍：《谁主沉浮：农牧交错带城址与环境的解读——基于明代延绥长城诸边堡的考察》，《中国社会科学》2009年第5期。

② 周清澍主编：《内蒙古历史地理》，内蒙古大学出版社，1994年。

③ 冯文勇论文中的“历史城市”是指：（1）经过作者及野外考察小组实地考察确认的（占到60%以上），大部分为历代县及以上的行政治所；（2）前人，如李逸友、李作智等经常进行野外考察的研究者在论文或论著中提及的；（3）个别虽无现存墙体等，但是曾经过学者多方讨论，确曾存在的重要的古城址；（4）对国家文物局所编的文物图集中所列古城进行适当甄别并确认的，对于地方志中所载述的城市一般不取；（5）为考虑城市体系研究的完整性，对于研究区内宋代和明代等修筑的规模较大寨堡。

④ 冯文勇：《鄂尔多斯高原及毗邻地区城市历史地理研究》，兰州大学博士学位论文，2008年；又见冯文勇、王乃昂、何彤慧等：《鄂尔多斯高原及毗邻地区历史城市发展的阶段性特征》，《干旱区资源与环境》2011年第1期。

⑤ 冯文勇、王乃昂、何彤慧：《鄂尔多斯地区历史城市的城市平面组合和子城特征》，《干旱区资源与环境》2010年第5期。

张是该地区城市发展的重要指示器，过渡性地理环境基础上低水平的土地承载力和区域经济是该地区城市发展的制约因素。[①]这对鄂尔多斯地区城市的研究有重要启发意义。

（三）城市结构与城市形态相关研究

中国古代城市空间的划分主要是基于某些制度安排，是权力运作与各种社会经济因素共同作用的产物，并限定和影响着各级城市形态的演化。《汉书·高帝纪》有汉高祖“六年冬十月，令天下县邑城”的记载，学界普遍认为汉代奉行筑城政策，且所筑之城往往得到持续的维护与修缮。张继海认为汉代郡县治所城市中城、郭布局具有普遍性，指出很多大城市和县城的确存在内城外郭的形态，而官寺、吏舍、狱、武库、仓等主要官署建筑均集中在城内，市、里则散布于城墙内外。[②]鲁西奇对古代汉水流域城市的形态与空间结构研究并未涉及鄂尔多斯地区，然其对汉魏六朝、唐宋、明清三个时期城市形态普遍性特征的综论，尤其是对城市发展中的地域特征及其与制度文明之间关系的讨论，对该区域城市的研究有重要的启发意义。鲁先生认为，自汉末迄于南北朝后期，汉水流域聚落形态变化的一个总体趋向应当是逐步集聚化。一方面，两汉时期汉水流域的一些县城渐次受到破坏，或完全被废弃，城郭荡为丘墟，或留下残垣断壁，仅存之民户依垣而居，城内使用范围大幅度缩小；另一方面，更多的城垣、坞堡、戍垒纷纷建立起来，无论是移民还是土著，大多据城壁以自保，从而形成以城邑、坞堡、戍垒为中心的聚居状态。[③]

中古时期的子城制度是城市结构和形态研究的重要内容。郭湖生首先依据文献判定子城、罗城设于南北朝，至唐代则州军治所设于子城更为常见。子城为一州政治核心，政府、廨舍、监狱皆设于其间，且聚一州之精华，军资、甲仗、钱帛、粮食、图书文献档案，皆蓄于此。[④]宿白将隋唐时期的城址分为京城、都城、大型州府城、中型州府城和县城五种类型。他总结此期城市的特点为：（1）京城——长安城，是中央集权强有力的表现之一。（2）都城（建有宫城的城，洛阳、太原、扬州、成都）和州县城衙署位于该城西北隅。（3）隋唐地方城市建置有一定的规律和等级制度，

① 冯文勇：《鄂尔多斯高原及毗邻地区城市历史地理研究》，兰州大学博士学位论文，2008年；又见冯文勇、王乃昂、何彤慧：《鄂尔多斯高原及毗邻地区历史城市发展的影响因素》，《经济地理》2010年第3期。

② 张继海：《汉代城市社会》，第54页。

③ 鲁西奇：《城墙内外：古代汉水流域城市的形态与空间结构》，中华书局，2011年。

④ 郭湖生：《中华古都——中国古代城市史论文集》（增订再版），空间出版社，2003年，第145—164页。

州府一级的城市内设十字街，将城划分为四个大区，每个区的坊数依州府等级而定；大州每区四个坊，共十六坊，中等州每大区一个坊，共四个坊，小型州城和一般县城是最小的城，每城一个坊。（4）各类型城的坊布局相同，层层十字街的区划是隋唐时期城市的布局特点，这显然是受到长安城里坊结构的影响。[①]程存洁对唐王朝北部边城（边州内州县级行政城市和军镇守捉城）的修筑概况、设置和分布特点、规模和形制做了论述，指出“唐王朝在北边修筑边城的时间主要是开元天宝以前，主要分布在黄河两岸和黄土高原北部”，“边城的形制大体上是由牙城、子城和罗城，或由东西二城组成”，有很强的军事性能，设有“羊马城、瓮门、瓮城、月城以及角楼、马面，又设陷马坑”以辅助边城的防守。[②]

日本学者关于唐宋地方城市形态演变的研究，最值得注意的是爱宕元关于隋唐城市构造的系列研究。其对唐宋时期州县城的规模和建筑结构进行了系统考察，全面关注了内外城、城高、城阔、城濠、城门等要素，并系统考订了州县城的筑城、改造与扩建年代，特别是对唐后期“藩镇体制”下州县牙城的建筑考述甚明；揭示了城壁扩张的州县城的地域分布，特别将唐末五代中原及南方城市和唐后半期的军事冲突、外部压力加剧及治安恶化等问题联系起来分析，从而突破了城市史研究领域不少人静态或孤立考察城市建筑或构造问题的局限。[③]冻国栋认为，“爱宕元氏有关唐代城市城郭构造诸问题的研究成果应视为20世纪唐代城市史研究的新进展”[④]。他的研究在很大程度上突破了以都城和个别重要城市的构造推导地方城市所可能带来的局限。

李孝聪关于永济渠（御河）、汴河、淮南运河、江南运河及浙东运河沿岸城市的选址与城市形态发展演变的研究表明，唐宋时期运河城市受交通和物资集散功能的刺激，最先突破封闭的市坊制度的束缚，所以宋代城垣长度多超过唐代。其形态可分为三类：（1）以旧州县城为依托，城市形态多呈不规则形状或纺锤形，曾受市坊制约的旧城街区与自然发展、未受规划的新街区对比强烈。（2）随着运河开通而新兴起

① 宿白：《隋唐城址类型初探（提纲）》，见北京大学考古系编：《纪念北京大学考古专业三十周年论文集（1952—1982）》，文物出版社，1990年，第279—285页。

② 程存洁：《唐代城市史研究初篇》，中华书局，2002年，第182—197页。

③ 爱宕元的系列研究集中收录于其所著《唐代地域社会史研究》，作为“东洋史研究丛刊”之五十二，由京都同朋舍于1997年出版。其研究的主要对象有关内道城郭规模与构造（畿内的边境化）、太原城的规模与构造、蒲州河中府与河阳三城、扬州城及其郊区、唐末五代城郭的大规模化等。

④ 冻国栋：《二十世纪唐代商业史研究述评》，见胡戟、张弓、李斌城等主编：《二十世纪唐研究》，中国社会科学出版社，2002年，第471—498页；又见冻国栋：《中国中古经济与社会史论稿》，湖北教育出版社，2005年，第522页。

的城市，多呈现以运河为长轴的狭长地带状形态。（3）唐宋运河城市多以运河桥市为中心，形成沿河商业街；而且由于运河城市的发展主要取决于其自身商业和转输功能，所以城市形态反映在城市规划上所习惯采用的象征主义传统并不浓厚。[①]

一般说来，明清时期城市形态的演化，受到两种截然相反的引力影响：一是传统礼制，二是人口增长与商品经济发展。前者引导城市形态向符合礼制的、规整而呆板的形态方向演化，而后者则促使城市的形态突破礼制的规定，相对自由地扩展城区。[②]明代的城市制度要求府州县城十字街皆置鼓楼，这种形制在隆庆、万历以后尤为流行，有许多城市的鼓楼在这个时期被移建到十字街中心。鼓楼作为城市的制高点，可以加强对城市中心地带的监控，在中国城市规划史上是一个地标性的变化。明代还在地方城市内敕建许多国家祭祀的坛庙。[③]尽管有学者认为“至少在中国王朝后期的宋、元两朝及明代的前中期这长达五百年的时间内，中国很多地方城市长期处于城垣颓圮甚至无城墙的状态”[④]，然制度文化的延续性和特殊环境适应性终究是我们研究参照的依据。鲁西奇就曾指出：“与在内地不提倡筑城、内地州县确亦普遍不筑城郭形成鲜明对比的是，宋代比较重视边地的筑城，很多边地州县治所确也筑起了城垣。”[⑤]北宋前期在北边与西北边的河北、河东、陕西诸路确有筑城的文献记载。

黄丽生认为明代归化城的建造是俺答汗长期求贡不成萌发的建立农牧共具而有城郭市廛社会意识的结果。隆庆明蒙通贡关系的建立，双方稳定和平的开边互市关系，最终完成了他建城的心愿。[⑥]其相关结论对解析鄂尔多斯高原城市时空发展特征有重要的意义。牛淑贞梳理了丰州滩板升城、归化城、绥远城的建设以及归化城与绥远城的合体过程及其原因，重点讨论了清代以来归绥城的功能分区、职能、城市结构与形态的发展变化。她认为归绥城、归化城兴起的意义不仅在于其为内蒙古自治区首府的最初城市基础上，而且在于其突破了土默川平原上城镇时断时续的历史宿命。[⑦]该著

---

① 李孝聪：《唐宋运河城市城址选择与城市形态的研究》，见侯仁之主编：《环境变迁研究》第4辑，北京古籍出版社，1993年。

② 鲁西奇：《城墙内外：古代汉水流域城市的形态与空间结构》，第440页。

③ 李孝聪：《明、清时期地方城市形态试析》，见武汉大学历史地理研究所编：《石泉先生九十诞辰纪念文集》，湖北人民出版社，2007年，第521—522页。

④ 成一农：《宋、元及明代前中期城市城墙政策的演变及其原因》，见中村圭尔、辛德勇编：《中日古代城市研究》，中国社会科学出版社，2004年，第145页。

⑤ 鲁西奇：《城墙内外：古代汉水流域城市的形态与空间结构》，第287页。

⑥ 黄丽生：《由军事征掠到城市贸易：内蒙古归绥地区的社会经济变迁（14世纪至20世纪初）》，台湾师范大学历史研究所，1995年。

⑦ 牛淑贞：《归绥城市地理研究（1572—1937）》，黑龙江人民出版社，2014年。

作资料翔实，论证严谨，对研究区域内其他明清时期城市的研究具有重要参考价值。李世馨梳理了清代绥远城建城的历史背景、沿革及城市布局演变，全面考察了绥远城遗存建筑的分布、现状和占用情况等。①朱永杰对包括绥远城在内的清代驻防城体系进行了详细梳理，就驻防城的设置、管理结构和官兵实力、时空演化特征、形制、设施及规划原则与思想等内容进行细致分析。②黄治国从多角度对绥远城驻防的发展历程进行探究，如起因、经过、组织机构、运行机制、驻防将军的职能演变等。③以上关于历代筑城制度和不同角度的个案研究，给我们研究鄂尔多斯高原城市结构与形态提供基础和参照，在研究方法上亦给后来研究者以启发。

城市作为一个特殊的地域综合体，既是一种空间现象，“具有外观形态，即城市的形状和大小，又具有一定的内部结构，即具有特定功能的城市物质构成要素的空间位置、要素构成及相互关系”④；又是一种区域现象，“是兼有经济、行政和自然性质的一种综合性的区域”⑤，是一个人文景观特别复杂的区域。城市虽然有性质、规模、结构形态的差异，但城市作为一个地区政治、经济、文化中心的属性则是相同的，它们与周围广大地区保持着密切联系，也都有自己的影响区域、腹地和集散地。随着经济发展和区域开发的需要，以一个或几个中心城市为核心，结合周边城市群开展区域城市的综合研究，能系统阐明历史城市格局形成的原因和演化的过程，剖析区域中心城市城址选择与城市成长的自然地理条件和社会历史背景，从而提升研究的科学价值。而研究长时段区域发展的转移无疑有助于区域规划工作，也将成为区域城市地理学未来研究的增长点。

二、主要研究内容

鄂尔多斯高原地区在历史上是中原王朝和北方游牧政权交互活动区域，其以城居生活和农耕生产为代表的中原文化模式始终未能完全获得游牧民族的认可与接受，这就意味着研究区内城市的兴衰演替情况是非常复杂的，且具有很强的时代特征。此外，研究区内高原、平原、丘陵等复杂的地形、地貌特征，区域内不同地理单元内城市发展及其地域结构也各有不同。同时，受中原王朝等级秩序、边疆政策等的影响，研究区城市空间与中原地区城市既有制度文明下的一致性，又展现出鲜明的边疆地域

---

① 李世馨：《绥远城调查报告》，《内蒙古文物考古》1994年第2期。
② 朱永杰：《清代驻防城时空结构研究》，人民出版社，2010年。
③ 黄治国：《清代绥远城驻防研究》，中央民族大学博士学位论文，2009年。
④ 耿占军、赵淑玲主编：《中国历史地理学》，西安地图出版社，2000年，第288页。
⑤ 周一星：《城市地理学》，商务印书馆，1995年，第11页。

特性。为此，本研究立足历史城市地理学研究的关键问题，重点解析两千年来鄂尔多斯高原不同类型、不同级别城市发生、发展、空间结构、形态及其发展演化的规律和特征；基于区域整体视野，以促进区域经济综合发展为目标，系统探讨研究区城市、城市群或城市体系建设与发展路径。

（一）研究区域

鄂尔多斯高原有狭义与广义之分。狭义上是指地貌学上的高原地形，包括鄂尔多斯高原、河套平原（后套平原和土默川平原），地域上包括内蒙古鄂尔多斯市及在陕西、宁夏境内的明长城以北，河套平原以南的大部分地区，面积约13万平方千米。广义上的鄂尔多斯高原地区则指狼山至大青山山系以南，晋陕黄河以西，贺兰山至乌兰布和沙漠以东，大、小罗山至白于山以北的地域。地理坐标范围是北纬37° 20′ —41° 50′ ，东经106° 24′ —111° 28′ 。东西长约320千米，南北约400千米，面积约15万平方千米。其行政区划主要包括今内蒙古自治区鄂尔多斯市全境与乌海市黄河东侧区域，今宁夏回族自治区大罗山以北、黄河以东区域，以及今陕西榆林市域的绝大部分地区。但在对鄂尔多斯高原城市具体研究过程中，研究范围会有适当延展，其毗邻区域也会予以关注。

由于地壳构造上升运动，鄂尔多斯高原形成了海拔均衡的高原地貌，平均海拔在1000—1500米，东部河谷地区可下降到1000米以下，个别地方可达到1600米以上。本书的研究区域是指现代地理学中的鄂尔多斯高原及其邻近地区，它是指东起黄河，西至贺兰山，南抵陕西白于山、宁夏大罗山，北到内蒙古阴山山脉，黄河环绕西、北、东三面，形成的四面环山、三面环水的地理区域。其行政区划包括今内蒙古鄂尔多斯市全境、包头市与呼和浩特市阴山以南部分、乌海市和巴彦淖尔市部分地区；宁夏回族自治区银川市、石嘴山市、吴忠市所辖部分地区；陕西省榆林市北部风沙区。

鄂尔多斯高原及其邻近地区大致可分为六个地形、地貌单元，也是本研究划定的亚区。一是河套平原地区。它是北部狼山至大青山山系南麓的黄河冲积平原，即河套平原地区，又以乌拉特前旗西山嘴为界分为前套平原和后套平原，前套平原又称土默川平原，后套平原又称巴彦淖尔平原。二是宁夏平原区。该平原处于贺兰山和鄂尔多斯高原的断裂下陷地带，因黄河泥沙冲击而成，有人称之为“西套”，是广义上的河套平原，地形开阔，平均海拔1000米。在行政区域上该平原包括青铜峡峡口以北的银川市和灵武市、青铜峡市的北部、吴忠市的利通区和红寺堡区、石嘴山市平罗县和惠农区部分地区。三是库布齐沙漠带，包括鄂尔多斯高原西北缘和杭锦旗以东至东胜以西一带海拔较高地区。四是毛乌素沙地，大体包括宁夏盐池县、内蒙古乌审旗及鄂托克前旗、陕西靖边和定边县北部等地。五是高原中西部干燥剥蚀的高原和丘陵。六是高原东部沟谷底覆盖较薄黄土的黄土丘陵区，包括内蒙古自治区境内黄河以南、东胜以东地区和陕西榆林市榆阳区、横山区，以及神木市和府谷县、佳县、米脂县、子洲县、绥德县、清涧县等地。

（二）研究对象和内容

城市，按照现代城市地理学的说法是一个以空间与环境利用为基础，以聚集经济效益为特点，以人类社会进步为目的的集约人口、集约经济、集约文化的空间地域系统，是社会政治、经济、文化的中心。很显然，历史上的城市与当代城市是有一定差别的，但其功能和性质是一致的。历史城市的形成与发展经历了一个漫长的过程，是在“城”和“市”各自发展到一定阶段之后形成的。“城”起初主要是一种防御设施，人们居住在城内，犹如黍稷放在器中一样。在中国古代典籍中，“市”的出现几乎与“城”同步。从考古发掘情况来看，早在史前时期中国就已经形成了“早期城市”，但城市的称呼却出现很晚，大约在战国时期，文献中才出现了“城市”一词。自此“城市”一词成为反映特殊地理实体的准确概念，一直沿用至今①。然而，西方学者从城市的经济学视角认为中国古代并不存在真正意义上的城市，国内已有相当多的成果以深入的研究进行了反驳。近年来，有学者提出不再使用“城市”一词，而代之以“都市”，并提出以“似都聚落”取代“似城聚落”的表述，作为从乡村向都市过渡阶段的一种称谓，试图从语义上与西方学者达成共识。②这是很有意义的尝试，笔者赞同这一观点。

对于城市的判识，现代各国都有明确的指标，而这些指标基本上都是计量的。人口指标是目前世界各国所通行的判识城市的指标之一，大城市、中城市、小城市等都有人口计量值。但对于历史城市，要精准获得各种计量数据，实在非常困难，正如陈桥驿所说：“中国历史悠久，城市众多，要把每一个时代、每一个城市的人口计算出来，这实在是不可能的。其实，这不仅是中国，世界各国都有同样的困难……在这样的情况下，中国的历史城市研究者，常常采用一种不得已的历史城市标准，即凡是

① 关于城市及本书研究对象的限定，依据肖爱玲：《西汉城市体系的空间演化》，第14—17页。

② 王妙发、郁越祖：《关于“都市（城市）”概念的地理学定义考察》，见中国地理学会历史地理专业委员会《历史地理》编辑委员会编：《历史地理》第10辑，上海人民出版社，1992年。

历史上曾经作为县一级政府驻地的聚落，就作为历史城市。”[①]陈桥驿亦坦言：“对于历史城市的这个所谓行政标准，施坚雅实际上承认了它，而我虽然抱怨了它，却也无可奈何地接受了它。”[②]葛剑雄也认为：“城市一般都是县级或县级以上行政机构的驻地，设有官署、监狱、仓库等一整套机构，居住着官吏及其家属、官私奴婢、士兵、囚徒等人。为了保证这些人的生活和满足官僚地主的享乐需要，又必须有商人和手工匠等人，因此城市一般也是经济中心。汉高祖开始在全国普遍筑城墙，城内虽也可能保留少量耕地，但在城内直接从事农业生产的人显然是很少的。”[③]周长山在《汉代城市研究》及其发表的一系列论文中认为：“我们将汉代郡县治所所在的行政统治据点定义为城市。”[④]而张继海在《汉代城市社会》中除沿用了上述界定外，还以西汉时期存在的“有城墙的城”为据扩大了研究范围。[⑤]魏晋南北朝以来出现了县级城市以下的乡、镇、亭等类城市形态聚落，唐代的军镇，宋代的堡寨，元明清时期的卫所、营堡、盟旗等具有区域政治、军事和经济中心职能的军事据点，是以军事属性为主导的行政中心点。毛曦从德国地理学家施瓦茨“似城聚落”概念分析，认为中国传统市镇大多属于似城聚落，中国历史上的县级治所多数属于城市范畴，少量属于似城聚落。从城乡二分法上升到城市、似城聚落和乡村聚落三分法对于历史研究颇多启迪。[⑥]

本研究涵盖的历史城市时间跨度为秦统一至清末，历时两千余年。研究的主要对象虽基于历史城市的行政标准，但在研究过程中又不拘泥于这一标准，而是有所扩展，即以所有县级及以上行政机构治所、似城聚落、军事据点等为研究对象。从这一视角审视历史时期的城市，其作为地球表面地理空间现象的特征就容易理解了。本书的研究内容可归纳为：历史时期鄂尔多斯高原地区城市发展、分布及其时空特征研究，研究区城市空间结构与形态研究，研究区古城址保护与利用的考察与研究，以及区域城市发展战略设计。历史地理学擅长从历史过程来考察地理现象的嬗替规律，并提供一系列时代地理剖面，通过这些剖面，我们可以观察不同时期城市的兴衰变化、区域重心转移、城市规模等级变化，以及它们与人口、资源、环境的相互关系等，从冲突、对抗、和谐、协调的不同关系类型中，找到其中的动因、调控机制和解决办

---

① 马正林编著：《中国城市历史地理》，第10页。

② 马正林编著：《中国城市历史地理》，第12页。

③ 葛剑雄：《西汉人口地理》，人民出版社，1986年，第114页。

④ 周长山：《汉代城市研究》，第121页。

⑤ 张继海：《汉代城市社会》，第106—107页。

⑥ 毛曦：《“似城聚落”及其在历史研究中的理论意义》，《史林》2016年第5期。

法。这为今天的可持续发展提供历史借鉴与决策参考，也是本研究的核心目标。

三、研究思路及方法

本书通过对迄今问世的鄂尔多斯高原城市研究成果进行搜集、整理、分析与归纳，在梳理、剖析历史文献和考古资料基础上，借助田野考察和地图学方法，复原研究区城市的发生、发展与衰亡及其空间分布和变化过程，总结鄂尔多斯高原城市发展与演变的整体特征。方法如下：

1. 历史文献解读分析法。通过系统搜集与研究主题相关的文献史料、考古报告和当代学术研究成果，对其进行批判性阅读、系统整理、比较分析与综合判断，复原和探究研究对象的真实历史面貌，这是历史学研究的基本方法。

2. 历史地理学的时空分析法。本研究属于通史类区域专题要素的研究，目的是复原和揭示专题要素的发展过程及规律。在研究过程中大量使用计量统计法、图表对比法、区域对比法等，力图使一些模糊的问题精细化，直观呈现城市的区域发展、内在联系及空间特征等。为全面复原鄂尔多斯高原两千年来城市发展演变的过程，本书在分区、分级、分类基础上，采用水平横剖面研究方法[①]，着重考察城市这一地理现象的发展过程，进而揭示区域城市在不同历史时期区域城市的空间联系与结构特征。

3. 区域历史地理研究的方法。与一般地理学研究不同，历史地理研究必须考虑其研究对象在历史时期的区域状况，其区域的设定与划分，必然以某一历史阶段的共同性和某种经济文化特征等特点为依据。这种区域划分是建立在对历史的追溯基础上的，是在某一特定研究视角下一定历史阶段的地理区域形态。区域历史地理研究具有显著的现实意义，因而在设定研究区域时，应考虑区域的现实性问题，这就需要关注历史时期地理区域与现阶段地理区域的关系，并探讨其异同形成的原因。

4. 田野考察法。田野考察从设计考察内容、线路和检阅文献本身就是研究过程的一部分，而将文字资料与地理实体一一对应则需要历史学、考古学以及地理学基本知识来支撑，实地考察研究对象的空间场域不仅可以直观感受引起历史城市兴衰变化的

---

① 这一方法的创始人是英国著名区域历史地理学家克利福德·达比，其在1936年出版的《1800年以前的英格兰历史地理》（*An Historical Geography of England Before A.D.1880*）一书中最早运用该方法。该书是从现代历史地理学的角度研究一个特定区域地理变化过程的经典之作，它的出版标志着现代历史地理学在英国的创立。20世纪中叶以后，这一方法逐渐被介绍到中国，并为中国的一些历史地理学者接受和采用。转引自邓辉：《试论区域历史地理研究的理论和方法——兼论北方农牧交错带地区的历史地理综合研究》，《北京大学学报》（哲学社会科学版）2001年第1期。

土壤、植被、山川、气候、风向等自然环境条件，而且对城市的空间布局、形制、规模以及风俗习惯等人文景观亦可产生直观感受或想象，尤其有助于直接评估古城址生存状态等。以上通过观察、考察得来的知识与历史文献对照亦可纠正、辨别、体验古人的建城意图，达到证史、补史之功用。鄂尔多斯高原历史上新建和重复使用的城市不计其数，且在农牧业经济活动反复交替过程中省并、废弃城市也为数不少，但最终经受住历史考验而延续至今的屈指可数，多数古城信息已湮没于岁月长河之中。如一些20世纪五六十年代被清晰记载的古城址，课题组在2012年、2013年、2015年等多次考察时已难觅其踪，大量历史城市或深埋沙底，或深陷河湖，或仅存残垣断壁，甚或遗迹模糊难辨。尤为遗憾的是，部分保存完好的古城至今未建立任何保护设施，亦缺乏系统性保护规划。若此现状持续，恐未来难逃湮灭之运。为此，我们希望历史文化在未来区域经济发展中发挥其应有的作用，在区域特色文化建设中得以保存和延续。

四、创新之处

改革开放以前中国的城市化水平远低于世界发达地区，20世纪80年代国家提出城市化战略，大批中小城市获得较快发展，进入21世纪以来，中国步入了快速城市化时期。此时，鄂尔多斯市备受世人关注，加之鄂尔多斯“鬼城”现象的出现，更使之成为众多学科和学者关注的热点研究区域，该地区的城市建设、区域资源开发与环境关系等引发了社会各界的深刻反思。本书从历史城市地理学角度复原本区域城市兴起、发展、毁废的过程，总结特点及规律，解释、分析和归纳其中之自然环境与人文地理因素，提炼本区历史城市发展的区域特征，丰富和完善本地区现有古城历史文化信息，探索本区域古城遗址保护和利用的有效途径，为当前区域城市建设及资源环境的开发、保护和利用提供可资借鉴的依据，具有重要的学术价值与现实指导意义。

本研究创新性表现在如下三个方面：

其一，内容上：（1）本研究系统梳理和考订了历史时期鄂尔多斯高原地区城市的地理位置、空间形态；（2）复原了区域城市的空间演化过程，总结了规律和特征；（3）从一定地域范围来考察区域城市群体的变迁及其相互关系，剖析城市群兴衰发展的内在因素，从区域整体角度研究城市群所处区域地理环境变化。

其二，视角上：结合历史地理学时空特征的分析方法，运用历史政治地理学、民族学的相关理论，从微观、中观和宏观三个层面，剖析区域城市的地理特征，总结规律。

其三，方法上：（1）长时段的历史观察、横向的历史剖面与地域分异相结合；

（2）区域的观点，不仅仅标示着一种研究方法，还是一种对地理学的哲学思考；（3）田野考察，课题组安排了多次多学科的联合考察，提高了对历史文献记载辨别的能力和对古城址保存现状、存在问题的认识，确保了研究结论的可靠性。

纵观鄂尔多斯高原历史城市的发展演变，独特的地理环境特征，农牧业不同的生产、生活方式轮番上演，游离与定居完全不同的居住方式的变化，尤其是军事战争的破坏，对本地区城市建设都产生极大的影响。历史上，该区域城市建设工作难以前后相继，城市建设基础薄弱，区域中心城市分散，城市化水平较低，均与历史时期本区域政治、经济、文化、社会、生活习俗等有直接的关系。然自改革开放以来，尤其是21世纪以来，在国际化、世界经济一体化、互联网经济迅猛发展的时代背景下，中心城市、城市群组的规模发展对地方经济的影响日益显著，这一发展态势为鄂尔多斯高原地区的城市化进程提供了重要机遇，尤其体现在鄂尔多斯市的快速发展上。但鄂尔多斯市能否发展成为鄂尔多斯高原及其邻近地区的核心城市，仍需通过长期战略规划与科学论证予以确定。当前，鄂尔多斯市要实现核心城市的目标，关键在于充分利用区域优势，如区域历史整体性、文化相似性、经济互补性以及环境相关性等，结合自身能源优势，利用邻近区域有利因素，走集约化经济发展道路。若能放弃地域、民族等狭隘、陈旧的观念，构建中国西北地区高速稳定的经济发展综合体这一目标必将实现。

五、需要完善的地方

本书在前人研究基础上，利用历史文献及发掘资料，对鄂尔多斯高原及其邻近地区历史城市的分布、形态、发展方式以及当前保存状况进行了力所能及的复原和研究。然而，由于研究区处于古代中国的边缘地带，不同民族交互管辖，文献资料较为稀少，加之部分城市已从文献记载和地表遗迹中彻底消失，致使本研究难以完全考订并精确定位。如此一来，本区域城市体系的整体面貌尚不完善，这也将成为我们未来继续工作的方向。

鄂尔多斯高原及其邻近地区历史城市发展变化过程、特征、形制、性质等的深入研究，还需要与同时期同区域其他城市、同时期其他地区城市发展演化特征进行比较，并参照其他地区城市总体发展演变规律，才能全面把握本地历史城市的发展特征，这也是今后研究工作中需要持续关注并解决的问题。

第一章　鄂尔多斯高原城市发展地理条件

城市的兴起、发展、繁荣及衰落与其所处的地理环境密切相关。地理环境既包括自然地理环境，也包括人文地理环境。自然地理环境相对而言是较为稳定的，但局部地区河流的改道导致城址转移也并不少见，极端气候现象一样可以改变城市的命运。与自然地理环境相比，人文地理环境的影响更为直接，主要交通干线改变、农田水利开发、人口迁移时有发生。一旦地理环境发生变化，改变了城市原来赖以存在的地理基础，就会造成城市的兴衰变化或者导致城址的转移。

第一节　鄂尔多斯高原自然地理环境及其演化

自然地理环境是城市兴起、发展及演变的基础条件。鄂尔多斯高原大部分地区分布在沙漠-黄土边界带、季风边缘带、北方农牧交错带范围内，地形地貌复杂，气候变化大，地表水和天然降水稀少等自然地理特征对本区城市的生存造成了极大影响。

一、自然地理环境特征

在地质构造上，鄂尔多斯高原位于鄂尔多斯台向斜核心部分。台向斜北至大青山，南至凤翔—富平—韩城大断裂带，包括山西、甘肃、内蒙古的一部分，宁夏的大部分以及陕西关中北缘山地以北的部分。这些地区在地质构造上具有较强的区域共性。

从沉积情况来看，这里最底层是寒武纪中奥陶系浅海相灰岩，上奥陶系的侵蚀准平原；至中石炭纪下沉为黄河浅海盆地的一部分，形成储备煤藏的海陆交替相沉积。二叠纪及其以后为陆相沉积，产生组砂、页岩。三叠纪后期，气候较前期湿润，地势也逐渐降低，过剩的雨水使本区成为大内陆湖，沉积了组砂岩页岩夹煤层。侏罗纪时，气候仍然湿润，再度造成煤盆地。以后直到第三纪或更晚，一直保持着内陆盆地及干燥气候环境，在上新世以前的剥蚀准平原上形成了上新世红土和砾石沉积。下更新世的午城黄土是由红褐色不成层次的黏壤土组成的，不具有典型黄土的特征。这种红色黄土可能是由夏季暴雨形成的洪流冲刷高地堆积的厚层风化壳，沉积在比较坦缓的地形面上。红色黄土中含有松及禾本科的孢子花粉，具有森林草原的特性，动物群化石中以有森林习性的哺乳类较多，啮齿类较少。红色黄土之上是中更新世堆积的老黄土层，即离石黄土，下部呈暗红褐色的黏土，上部呈褐色的轻黏土，经风化后稍显红色。植物成分以蒿属、藜科、禾本科占优势，大木本植物较少。当时气候干燥，老黄土上层表现出气候从暖湿向干寒过渡性。埋藏土的发育说明褐土森林带与栗钙土草原带南北互相推移或森林草原面积时而扩大时而缩小的情况。上更新世清水期侵蚀末期，气候趋向干燥，侵蚀作用逐渐减弱，堆积作用逐渐转盛，产生了新黄土，即马兰黄土的堆积。同时，有些地方还形成了属于上更新世的河流冲积层，包括沙拉乌素层及不同岩相的地层。马兰黄土是构成黄土层最上部和最年轻的黄土层，显示干草原区风成性质。马兰黄土中有大量蒿属、禾本科、藜科孢粉，木本植物松、云杉、鹅耳枥、桑、榛、柳以及蕨类和苔藓，还发现方氏田鼠、鸵鸟蛋化石碎片。在现代沉积中，有古河道因风沙侵入与现代河流隔绝的湖泊沼泽沉积；由砾石、砂、砂质土、冲积次生黄土等组成的河流冲积层、现代坡积层、现代坡积坠积层及现代风积层。[①]正是基于鄂尔多斯台向斜的地质共性及鄂尔多斯高原四周高地，现代地质学又称之为鄂尔多斯盆地，也即陕甘宁盆地。

鄂尔多斯高原是鄂尔多斯盆地的核心区，北临阴山，南到大罗山、白于山一带，西起贺兰山，东到吕梁山；黄河从西、北、东三面呈“几”字形流过，使得该地拥有四面环山、三面环水的地形特点，高原、平原、山地、沙漠等相交的地貌特征。该地区土壤类型及其分布比较复杂，有栗钙土、棕钙土、灰钙土、灰漠土等地带性土壤，并交相分布着盐土、沼泽土、草甸土、风沙土等非地带性土壤。该地区天然植被主要是荒漠植被和草原植被，在贺兰山和阴山的近山地带有少量森林存在，其代表性植物有沙柳、沙蒿、油蒿、短氏针茅等等。

① 聂树人编著：《陕西自然地理》，陕西人民出版社，1981年，第6—8页。

（一）地形地势

鄂尔多斯高原主体位于内蒙古鄂尔多斯市，地势西北高东南低，平均海拔1200—1600米，以东胜高地为中心，向南北呈波状起伏逐级下降。高原最高点为西部桌子山主峰，海拔为2150米。高原北部为库布齐沙漠，南部为毛乌素沙地（南部属陕北风沙草滩区），西部为宁夏河东沙地。因此，鄂尔多斯高原又有风沙高原之称。①

贺兰山以东、阴山以南与鄂尔多斯高原之间的黄河沿岸地带是河流冲刷形成的冲积平原、洪积平原，即宁夏平原和河套平原。宁夏平原，亦称为西套平原，是广义上的河套平原，其实际是指青铜峡峡口以北的黄河沿岸平原。该平原地形开阔，平均海拔1000米。该平原处于贺兰山和鄂尔多斯高原的断裂下陷地带，经黄河长期冲击而成。河套平原又分为前套平原和后套平原。河套平原总面积约28000平方千米，东西长约500千米，南北宽20—90千米，像一条带子镶嵌在鄂尔多斯高原与阴山之间。平原海拔在900—1200米，地表平坦，起伏较小。平原分为山前洪积平原和黄河冲积平原，洪积平原面积约占总面积的四分之一，冲积平原面积约占四分之三。

鄂尔多斯高原南部陕北长城沿线地带是毛乌素沙地和陕北黄土丘陵相交地区，地表经流水的切割和冲刷形成千沟万壑、梁峁交错的形态。陕北平均海拔800—1000米，南部白于山地最高处海拔1907米，大小理河及清涧河上游为1500—1600米，黄河岸谷一带低于800米。在榆林、横山、神木一带，特别是榆溪河、无定河上游之间，新黄土直接覆于基岩之上。新黄土透水性较强，碳酸盐含量多，由于接近沙漠，气候干燥，碳酸盐不易淋失，潜蚀现象少见。②

（二）气候

鄂尔多斯地区纬度区间属于中温带，深居欧亚大陆腹地，处于中国东部季风气候区和西部干旱气候区的过渡地区，属于典型的大陆性温带干旱半干旱季风气候区。该地有非常典型的大陆性气候的特征，即昼夜温差和年际温差都比较大。夏季炎热短暂，冬季寒冷漫长。其中年平均气温为6.56℃，一月最冷，平均气温为−11.6℃，极端低温在−29.8℃到−35.7℃之间；七月最热，平均温度为22.3℃，极端高温为35.7—40.2℃。冬季在内蒙古高压控制下，盛行北风或者西北风，夏季受太平洋副热带高压影响，盛行南风或者东南风。区域内日照充足，是我国日照最丰富的地区之一，平均日照时数在3000小时到3200小时之间。

有研究表明在距今一万至一千年期间，鄂尔多斯高原及其附近地区气候发生了

① 赵济、陈传康主编：《中国地理》，高等教育出版社，1999年，第452页。
② 聂树人编著：《陕西自然地理》，第31页。

冷暖变化：冷干与暖湿变化大致有两千年的准周期，即九千、七千、五千、三千、一千年前后为冷干期，其间则为暖湿期。[①]进一步的研究认为，内蒙古四次冰缘期的时间在距今一万至一千年间与冷暖气温相匹配，其冰缘南界变迁是渐往北移动，表示气温应是总体趋暖，在平均气温的长时段上仍呈现不稳定的状况。阴山以南长期处于西风与季风争夺地区，是环境上的脆弱带，西风扩展则干冷，季风扩大则湿暖，自然环境因之有不良期与恢复期的变化。[②]北方草原地带自晚更新世晚期的两万年来，生态环境变化不是很剧烈，但自青铜器时代以来的趋势是由森林草原向干燥草原转化，森林面积缩小，草原或荒漠面积扩大。[③]中国北方草原及长城地带游牧业定型时间约在公元前7世纪，即春秋早、中期，此前生活于此地的人类并未进入完全的游牧生活。[④]

鄂尔多斯高原历史自然地理环境远比今天优越。竺可桢根据对地方志、诗文、史书、游记等资料的研究，认为中国在春秋时期气候开始回暖，这种温暖气候一直持续到西汉时期，到东汉时期我国天气才有趋于寒冷的趋势。[⑤]随着历史气候研究的进一步细化发现，两汉时期气候有一个由暖变寒的转折点，即从汉武帝时开始已有转冷的迹象，东汉末年则急剧转冷。魏晋南北朝时期是一个持续寒冷的阶段。北魏时期高原地区人少城邑少，四季迭有变化，有风、雨、雷、电的记载。但距今一千六百至一千五百年，毛乌素沙地有过上百年短暂的相对潮湿期，恰值赫连勃勃在这一带活动的时期，4—5世纪季风边缘区存在一次百年尺度上的气候回暖。[⑥]13世纪初期到中期比较温暖，之后气候开始变冷，最寒冷时期是17世纪，特别是1650—1700年，是最冷的一段时间。[⑦]这段时期被称为“明清小冰期”。

---

① 韩建业：《中国北方地区新石器时代文化研究》，文物出版社，2003年，第13—19页；滕铭予：《古代气候事件与古代文化间关系的再思考——以全新世大暖期的赤峰地区为例》，见吉林大学边疆考古研究中心编：《边疆考古研究》第9辑，科学出版社，2010年，第239—240页。

② 李容全、郑良美、朱国荣：《内蒙古高原湖泊与环境变迁》，北京师范大学出版社，1990年，第159—168、201—203页。

③ 汤卓炜：《中国北方草原地带青铜时代以来气候、植被变化研究综述》，见吉林大学边疆考古研究中心编：《边疆考古研究》第1辑，科学出版社，2002年，第289—299页。

④ 乌恩：《欧亚大陆草原早期游牧文化的几点思考》，《考古学报》2002年第4期；林沄：《中国北方长城地带游牧文化带的形成过程》，见《林沄学术文集（二）》，科学出版社，2008年，第39—76页；杨建华：《内蒙古先秦时代草原游牧文化研究的几个问题》，《草原文物》2011年第2期。

⑤ 竺可桢：《中国近五千年来气候变迁的初步研究》，《中国科学》1973年第2期。

⑥ 侯甬坚、周杰、王燕新：《北魏（AD386—534）鄂尔多斯高原的自然—人文景观》，《中国沙漠》2001年第2期。

⑦ 竺可桢：《中国近五千年来气候变迁的初步研究》，《中国科学》1973年第2期。

鄂尔多斯高原深处内陆，距海较远，降雨比较稀少，平均年降水量150—500毫米。区域内部存在东南部与西北部差异，东南部降水量较大，约为300—400毫米；西北部降水量少，全年降水量在200毫米以下。东南与西北部的分界线即著名的胡焕庸线。降水集中在7—9月，约占全年降水量的75%，并且多阵雨和暴雨，山区地带容易形成洪灾。杨雪昆利用1967—2016年鄂尔多斯市11个国家观测站的地面20：00—20：00降水数据及MICAPS数据对鄂尔多斯市近五十年降水特征进行细化分析表明：本区春季3—4月阶段性干旱明显，5—7月降水迅速增加，除准格尔旗7月达月降水极大值外，其他各站均在8月达月降水极大值，降水主要集中于7、8两月。各站5—9月降水占全年降水的81%—88%，最强降水位于夏季，秋季降水次之，冬季最少；五十年中干旱年与丰水年的年降水量振幅极大，各站最大值与最小值之差在276—493毫米之间。从强降水中心看，以鄂托克旗为中心，向东移扩展到乌审召站第二中心，再向东北扩展到东胜站为第三中心，降水强度向四周递减。从年降水量的五次多项式分析看，谷值分别出现在1975年和2005年左右；2005—2016年西北部和中东部偏北的各站年降水量有明显增加趋势，中西部的鄂托克旗站趋势平直、变化不大，东南部及东北部的达拉特旗站年降水量有明显减少趋势；年降水量空间分布总体趋势为东部多西部少。[①]这一研究结论对于我们理解本区域历史时期发生的一些重大事件有一定的参考意义。现在的鄂尔多斯高原地区属于半干旱地区，除河套平原有充足的灌溉水源可以从事农垦生产外，其他地区多从事农牧业生产。

（三）河流与湖泊

鄂尔多斯高原及其邻近地区地表水稀少，地下水资源丰富。黄河在这里有南河和北河。北河又有广、狭两种含义。广义者是指黄河河套以南整个东流河段，狭义者是指河套地区黄河两支岔流中的北支河道。[②]

黄河流经鄂尔多斯高原西、北、东三面，区内的河流多是黄河支流。在这些河流中，鄂尔多斯高原东南部最长的河流是无定河，其因溃沙急流深浅不定而得名。无定河，古代称朔水、奢延水，发源于定边县白于山北麓，在清涧县东面汇入黄河，全长491.2千米，流域面积约3万平方千米，是该区域内最长、流域面积最大的黄河支流。无定河支流有榆溪河、大理河、怀宁河等。

位于研究区东部的黄甫川、窟野河、秃尾河、佳芦河（古诸次水）、湳水等河流，均为黄河支流。窟野河乃《水经注》所载之“圁水”，即今窟野河上游河段——

① 杨雪昆：《近50a鄂尔多斯市降水特征分析》，《内蒙古科技与经济》2017年第22期。
② 谭其骧：《长水集·北河》下册，人民出版社，1987年，第331页。

乌兰木伦河及其西南侧支流河川活鸡兔沟河。活鸡兔沟河源出今陕西神木市中鸡镇胡家壕村，东南经公格沟村，转向东北流至大柳塔镇南侧汇入乌兰木伦河，之后向东南流至店塔镇北与牸牛川相汇，又接纳西侧来水——考考乌素沟河，此即《水经注》所载“神衔水”。考考乌素沟河源出今神木市中鸡镇东南秦家圪㙮村附近，东南流至陈家沟岔村入乌兰木伦河。牸牛川口与考考乌素沟河口之间地带，有战国秦昭王长城遗迹分布。

鄂尔多斯高原东北部的土默川平原，有古代白渠水（又名黄水河、西拉乌苏河、西拉木伦）、黑河、荒干水、武泉水、紫河（蒙古语为五蓝木伦，即古中陵、树颓二水）等河流。高原北部河流数量较多，流程短且多为季节性河沟，称为“孔兑”（有人译为雨水冲刷的沟或山洪沟），发源于鄂尔多斯台地，由南向北流入黄河。熟知的有十条著名的孔兑，即毛布拉格孔兑沟、布日嘎色太沟、黑赖沟、西柳沟、罕台沟、壕庆沟、哈什拉川、母哈日河、东柳沟、呼斯太河。毛布拉格孔兑发源于杭锦旗原阿门其日格乡的龙虎淘劳亥，于原杭锦旗杭锦淖尔乡隆茂营流入黄河，全长110千米，是杭锦旗与达拉特旗的界沟。毛布拉格孔兑上游是典型的丘陵沟壑区，沟壑纵横，山洪沟遍布，土地贫瘠，以砒沙岩为主，地形地貌独特，自然景观迷人。下游流经库布齐沙漠区。历史上，毛布拉格孔兑曾多次暴发山洪，一旦上游暴雨，水量增大，滚滚洪流夹裹着巨大的泥沙就会一泻而下，对下游造成极大的自然灾害。

鄂尔多斯高原西部最长的河流是都思兔河，发源于鄂托克旗乌兰镇东侧，西流至宁夏平罗县陶乐镇西北汇入黄河，长约165.8千米。《大清一统志》称都思兔河为伊克托苏图河，即大托苏图河，源出布海扎喇克之地，与巴汉托苏图河（小托苏图河）汇于博木池后西入黄河。

在鄂尔多斯地区的沙漠或沙地中有820多个大小不等的湖泊，大多数分布在鄂尔多斯市，90%以上为盐碱湖，湖水水量随降雨量变化。较大的湖泊有红碱淖、桃日木海子、北大池、查汗淖尔[①]、巴彦乌素盐海等，地下水资源丰富。土默川平原上有不少湖泊，如沙陵湖[②]、贺兰泉、色古尔泉、宝图泉、帽带津、丰州滩、湖滩河朔等；宁夏平原上有诸如高台寺湖、金波湖、三塔湖、长湖、观音湖、蒲草湖、东湖等湖

① 淖尔是蒙古语湖泊的音译。

② 陈国灿认为清代以来在大黑河沿途开渠分水导致了大黑河流量的减少和沙陵湖的消失。参见陈国灿：《大黑河诸水沿革考辨》，《内蒙古大学学报（哲学社会科学版）》1964年第2期。

泊，西夏时期宁夏平原上的湖泊数量至少是1945年的两倍，是当前的4—5倍。[①]此外，宁夏平原上还开凿了不少人工灌溉渠，如惠农渠、汉延渠、大清渠、唐来渠、靖虏渠、清塞渠、昌润渠、秦家渠、石光禄渠、薄骨律渠、七级渠、艾山渠、汉伯渠等。北部库布齐沙漠的地下水储量约为3.15亿立方米，埋藏较深；南部毛乌素沙地的地下水储量丰富、埋藏深，一般深入地下1—3米。汉代有奢延泽，唐代已缩为长泽。

历史时期河套地区河湖水系发生了巨大变化，如黄河河道及其支流昆都仑和大黑河等的移徙与改道、屠申泽和沙陵湖的淤塞等，朱士光认为，这是阴山山地抬升、山前洪积物堆积、水体自然力侵蚀以及人为活动共同作用的结果。[②]除河套平原、宁夏平原适宜农业耕种以外，鄂尔多斯高原及其邻近地区其他地方大多为沙漠或是沙地所覆盖。近年来经过人工治理，鄂尔多斯高原地区环境有所改善。就毛乌素沙地而言，已有大量沙生植被覆盖，移动沙丘也逐渐被固定。

二、秦汉以来的地理环境变化

鄂尔多斯高原及其邻近地区的环境演变问题，长期以来都是学术界讨论的热门话题。

概括而言，战国至清前期，鄂尔多斯高原森林相当茂盛，林区分布于高原北部、东部和南部。库布齐沙漠、毛乌素沙地中心部分也是森林分布区。[③]秦代宁夏平原河西地区一派草原风光，是放牧和狩猎场所。河东大部分地域也仍为草原景观，种植业仅呈点状分布，并以军事要塞附近地下水灌溉农业为主，兼有部分旱地农业。[④]秦汉移民垦殖之前，今乌兰布和沙漠仍是一片原始大草原，汉武帝之后渐渐成为著名的农垦区。[⑤]从文献记载和现有研究成果来看，秦汉时期的鄂尔多斯高原水资源丰富、草木茂盛，是适合当时人类生产生活的地区。汉武帝元朔二年（前127），卫青等攻取河套地区，在阴山以南包括今黄河南北两岸设置了五原郡和朔方郡。此后，汉廷为

① 杨蕤根据《宁夏平原水利图》（1945年版）中湖泊数量远远高于2006年的2—3倍，湖泊的消失是随着宁夏平原的开发，尤其是耕地的增加而逐渐减少的，并从西夏0.7—0.8万顷的耕地规模推算，西夏时期宁夏平原湖泊的数量至少是1945年的两倍，也就是当前的4—5倍。参见杨蕤：《西夏时期河套平原、阿拉善高原、河西走廊等地区生态与植被》，《敦煌学辑刊》2006年第3期。

② 朱士光：《论内蒙古河套地区历史时期河湖水系的变迁与土壤盐渍化问题》，《人民黄河》1989年第1期。

③ 史念海：《历史时期黄河中游的森林》，见史念海：《河山集》二集，第232—313页；《两千三百年来鄂尔多斯高原和河套平原农林牧地区的分布及其变迁》，见史念海：《河山集》三集，人民出版社，1988年，第82—107页。

④ 汪一鸣：《试论宁夏秦渠的成渠年代——兼谈秦代宁夏平原农业生产》，《宁夏大学学报（人文社会科学版）》1981年第4期。

⑤ 侯仁之：《历史地理研究：侯仁之自选集》，首都师范大学出版社，2010年，第352—380页。

了巩固该地区，进行了大规模的移民。[①]移民实边的首要目的是守卫新置郡县，其次也是为了就地解决守军的粮食问题。所以，大量人口的涌入，加速了乌兰布和沙漠地区农业的发展。且为保证农业收成兴修水利设施。[②]因此，该地应逐渐成为重要的农垦区。宣帝甘露二年（前52）赏赐呼韩邪单于“边谷米糒，前后三万四千斛，给赡其食”[③]。自此之后，汉宣帝“罢关徼之儆，息兵民之劳……南面而朝单于，朔、易[④]无复匹马之踪，六十余年矣”[⑤]。同时“罢关徼之儆”也为边地民族的融合提供了宽松的环境，匈奴与汉族交错而居应不稀奇。由此，北部边地自宣帝以来出现了“边城晏闭，牛马布野，三世无犬吠之警，黎庶亡干戈之役”[⑥]的祥和、安逸之象。其中之“牛马布野”恰恰说明了此处农牧景观交错发展的态势，也为两汉之际匈奴南侵埋下了伏笔。

西夏时期，河套平原也还没有形成灌区，植被是在自然土壤上生长的水生植被和耐盐植被。阴山和乌拉山基本上还是原始森林区。[⑦]隋唐两宋期间，河套平原发生了由农业生态环境向荒漠化，再向草原生态环境的变化过程。[⑧]明清时期，河套平原地区出现的土地沙化问题归因于历史时期自然因素和人类活动的综合作用，然这一时期总体开发无论是规模还是强度都没有超过环境承受的范围，清末放垦是区域生态系统恶化的开始。[⑨]土默特平原在人类历史时期经历了由原始草原生态环境，向半农半牧和农田生态环境转变的过程，引起变化的主要原因是人类活动，如战争、政策、人

① 〔汉〕司马迁：《史记》卷三〇《平准书第八》载：元朔二年，“及车骑将军卫青取匈奴河南地……兴十万余人筑卫朔方”；元狩元年（前122），“乃徙贫民于关以西，及充朔方以南新秦中，七十余万口”；元鼎二年（前115），“上郡、朔方、西河、河西开田官，斥塞卒，六十万人戍田之”。中华书局，1982年，第2版，第1421—1422、1425、1439页。

② 按：元狩二年（前121），“是后匈奴远遁，而幕南无王庭。汉度河自朔方以西至令居，往往通渠置田官，吏卒五六万人”。参见〔汉〕班固：《汉书》卷九四上《匈奴传六十四上》，〔唐〕颜师古注，中华书局，1962年，第3770页。《史记》卷二九《河渠书第七》载：元封二年（前109）“自是之后，用事者争言水利。朔方、西河、河西、酒泉，皆引河及川谷以溉田”。（第1414页）

③ 《汉书》卷九四下《匈奴传六十四下》，第3798页。三万四千斛，合今天200余万斤。

④ 李贤注指朔方、易水。

⑤ 〔南朝宋〕范晔：《后汉书》卷八九《南匈奴列传第七十九》，〔唐〕李贤等注，中华书局，1965年，第2966页。

⑥ 《汉书》卷九四下《匈奴传六十四下》，第3832页。

⑦ 杨蕤：《西夏时期河套平原、阿拉善高原、河西走廊等地区生态与植被》，《敦煌学辑刊》2006年第3期。

⑧ 赵学智：《隋唐两宋时期河套平原政治地理格局与自然环境研究》，陕西师范大学硕士学位论文，2011年。

⑨ 肖瑞玲、曹永年、赵之恒等：《明清内蒙古西部地区开发与土地沙化》，中华书局，2006年，第179—182页。

口、生产生活方式等。[①]北魏政权曾在这里建有官营苑囿。蒙明统治时期，土默特平原人口规模和经济开发对该地生态环境的影响并不严重，整个明代这里的生态环境是良好的。[②]

鄂尔多斯高原中南部，自北魏时期开始出现荒漠景观。《水经注》卷三《河水》所记“余按南河、北河及安阳县以南，悉沙阜耳，无佗异山。故《广志》曰：朔方郡北移沙七所，而无山以拟之，是《义》《志》之僻也”[③]。其中“移沙”一词，王尚义解释为流动沙丘。[④]侯甬坚认为此解“虽然颇有新意，但何以只有7座或若干座沙丘，使人殊难理解。其依《中国历史地图集》第2册，对两汉时期的鄂尔多斯高原西南部单独采用微斜条带方式处理的现象指出，两汉以后的各个朝代在这一带鲜有政区设置，属于政区设置上的空白区，自然是与这一带的荒漠景观有关系的。[⑤]这一结论与现代地质调查所得“鄂尔多斯高原中央和西南部是以露出地面的白垩纪灰绿色沙岩及红色沙岩为主的地区，北面库布齐一带风成沙分布广泛，形成丘状新月形沙丘”[⑥]的结论相吻合。

鄂尔多斯高原东南部，即无定河及其北岸支流发源之地，是当时毛乌素沙地向南推进的部分，北魏时期已有沙丘出现。[⑦]作者为这一结论提供的文献依据有：（1）《河水》记述诸次水“缘历沙陵”，奢延水“西出奢延县西南赤沙阜”，温泉“西北出沙溪”，黑水“东南历沙陵，注奢延水”，其中的“沙阜”“沙陵”词义，被今人解释为沙丘；[⑧]（2）日本学者前田正名所撰《平城历史地理学研究》第五章第三节第二项中所绘“鄂尔多斯沙漠东南缘边地区图”，称鄂尔多斯高原东南缘地区为水草丰

① 郝润梅、雷军、李素英等：《人类历史时期土默特平原生态环境变迁研究》，《内蒙古师范大学学报（哲学社会科学版）》2004年第5期。

② 李艳洁：《明代呼和浩特地区的社会状况及生态环境》，《内蒙古师范大学学报（哲学社会科学版）》2004年第1期。

③ 杨守敬、熊会贞：《水经注疏》卷三《河水三》，段熙仲点校，陈桥驿复校，江苏古籍出版社，1989年，第228页。

④ 王尚义：《历史时期鄂尔多斯高原农牧业的交替及其对自然环境的影响》，《历史地理》1987年第1期；牛俊杰、赵淑贞：《关于历史时期鄂尔多斯高原沙漠化问题》，《中国沙漠》2000年第1期。

⑤ 侯甬坚、周杰、王燕新：《北魏（AD386—534）鄂尔多斯高原的自然—人文景观》，《中国沙漠》2001年第2期。

⑥ ［俄］M.Π.彼得洛夫：《鄂尔多斯（自然地理）》，见中国科学院治沙队编：《沙漠地区的综合调查研究报告》第2号，科学出版社，1959年，第41—78页。

⑦ 侯甬坚、周杰、王燕新：《北魏（AD386—534）鄂尔多斯高原的自然—人文景观》，《中国沙漠》2001年第2期。

⑧ 赵永复：《历史上毛乌素沙地的变迁问题》，见中国地理学会历史地理专业委员会《历史地理》编辑委员会编：《历史地理》创刊号，上海人民出版社，1981年，第45页。

茂而富饶的畜牧生产地区，其表述合乎历史记载；[①]（3）前田正名的观点为之后其他日本学者所采用[②]。魏晋南北朝之后至唐后期[③]、10世纪末[④]，鄂尔多斯东南缘环境逐渐由水草丰美之地演变为风沙侵袭之地。西夏夏州城、元朝察罕脑儿城，明朝时成为长城之外的废城，深陷于沙漠之中。

毛乌素沙漠的形成与唐代六胡州的设置有很大关系。六胡州相当今鄂托克旗和鄂托克前旗的东半部。现代孢粉分析显示，毛乌素沙地西北部表现为藜科、篙属组合，荒漠草原成分含量大，而东南部植物的科属丰度较高，为篙属、寥科组合，中生草原成分相对较多。[⑤]统万城1号马面下的方形竖坑内，支柱、楼板和粮草霉腐叠压在一起，考古人员清理出百余车，它们分别是松、柏、侧柏、杉和柠条、沙大王、沙篙、沙柳等，高粱米霉烂成锯木屑样，另外还有许多圆卵石。[⑥]太宗贞观四年（630）迄玄宗天宝年间（742—756），这里长期、过度的驻牧型畜牧经济活动，破坏了天然草原生态系统，致使区域环境恶化。德宗贞元年间（785—805），沙漠向东南扩展到契吴山东南缘；迄穆宗长庆二年（822）十月，强沙暴天气严重地影响着夏州城至德静县城区域的自然环境。[⑦]明代毛乌素沙地东南缘“大边”“二边”之间地区基本被划为“草场”，大约162330顷。“草场”之中，分布有少量“夹道米粮地”，大约4563顷，仅占“草场”面积的2.8%。[⑧]邓辉等认为明代以来毛乌素沙地流沙分布南界仅在局部地区有所扩展。如在常乐堡以南地区，流沙沿着盛行风向，通过佳芦河谷地向黄土区扩展；在清平堡以东地区，流沙沿芦河谷地向东侧的黄土区扩展。但总体来看，过去五百年来，虽然人类活动的强度不断增加，但毛乌素沙地并没有随之发生大规模向东南或西南的扩展，其南缘地区的流沙-黄土分布格局是基本

---

① ［日］前田正名：《平城历史地理学研究》，李凭、孙耀、孙蕾译，书目文献出版社，1994年，第158—172页。

② ［日］市来弘志：《赫连勃勃の领土扩大过程について》，《东洋文化研究》1999年第1期。

③ ［宋］欧阳修、宋祁：《新唐书》卷三五《志第二十五·五行二》记长庆二年（822），“十月，夏州大风，飞沙为堆，高及城堞”，中华书局，1975年，第901页。

④ 《武经总要》前集卷一九下记夏州沿革：“汉朔方郡，后魏置夏州，深在沙漠之地”，宋于淳化五年（994）四月己酉（6月9日）诏废毁夏州故城。参见［宋］曾公亮：《武经总要》，前集卷一九，明万历二十七年金陵书林唐富春刻本，第897页。

⑤ 陕西师范大学地理系《榆林地区地理志》编写组：《陕西省榆林地区地理志》，陕西人民出版社，1987年，第90—96页。

⑥ 陕西省文管会：《统万城城址勘测记》，《考古》1981年第3期。

⑦ 艾冲：《公元7—9世纪鄂尔多斯高原人类经济活动与自然环境演变研究》，中国社会科学出版社，2012年，第298页。

⑧ 邓辉、舒时光、宋豫秦等：《明代以来毛乌素沙地流沙分布南界的变化》，《科学通报》2007年第21期。

稳定的。[①]黄银洲认为过去两千余年鄂尔多斯高原上发生了两次严重的沙漠化过程，时间分别对应于唐中后期和明代后期。唐中后期的沙漠化尽管严重，但持续时间并不长，之后宋元时期鄂尔多斯高原的环境有所恢复，但明末发生的沙漠化一直持续至今。唐中后期的沙漠化主要是气候变冷的结果，而明代至今的严重沙漠化，其初期与明清小冰期的冷气候有关，但其后持续时间与气候不对应，清末至今该区不合理开发是导致其区域沙漠化持续发展的又一重要因素。[②]

有学者依据杭锦旗境内库布齐沙漠西部发现的众多先唐和唐代古城及其他遗址，认为这里存在众多农牧生产活动、聚落和墓葬遗址，说明那时此地具备适合人类生存的自然环境，流沙尚未泛起。历经曹魏、西晋、东晋十六国时期，至北魏后期方有了初期库布齐沙漠的些许记录。由此学者认为库布齐沙漠初起于魏晋迄于北朝前期。[③]库布齐沙漠，北魏时被称作“沙塞”，8世纪末期的唐人称其为“库结沙”。北魏泰常二年（417）夏五月乙未，有明帝“车驾西巡，至于云中，遂济河，田于大漠”[④]的记载，说明此时沙漠虽已漫延到高原东部，但不能认为已接近黄河。因为高原东部分布的主要是细粒沙（0.25—0.1mm），有草木丛生，说明受到了降雨的滋润，属于有沙丘间地的固定细粒沙地。[⑤]北魏太武帝太平真君七年（446），薄骨律镇城守将刁雍上表说:“臣镇去沃野八百里，道多深沙，轻车来往，犹以为难，设令载谷，不过二十石，每涉深沙，必致滞陷。”[⑥]8、9世纪之交，“夏州塞外通大同云中道”，“夏州北渡乌水，经贺麟泽、拔利干泽，过沙，次内横划、沃野泊……又经步拙泉故城，八十八里渡乌那水，经胡洛盐池、纥伏干泉，四十八里度库结沙，一曰普纳沙，二十八里过横水，五十九里至十贲故城，又十里至宁远镇”。[⑦]这一时期，库布齐沙漠的范围大体在“西限黄河、北临黄河南支河道、东达今杭锦旗北部的毛布拉格孔兑沟、南缘在今杭锦旗巴彦乌素镇乌顶布拉村、门根村至磨仁河下游以北的

① 邓辉、舒时光、宋豫秦等：《明代以来毛乌素沙地流沙分布南界的变化》，《科学通报》2007年第21期。

② 黄银洲：《鄂尔多斯高原近2000年沙漠化过程与成因研究》，兰州大学博士学位论文，2009年，第109页。

③ 艾冲：《公元7—9世纪库布齐沙漠分布范围探考》，见杜文玉主编：《唐史论丛》第11辑，三秦出版社，2009年，第255—256页。

④ 〔北齐〕魏收：《魏书》卷三《太宗纪第三》，中华书局，1974年，第57页。

⑤ 侯甬坚、周杰、王燕新：《北魏（AD386—534）鄂尔多斯高原的自然—人文景观》，《中国沙漠》2001年第2期。

⑥ 《魏书》卷三八《列传第二十六·刁雍传》，第868页。

⑦ 《新唐书》卷四三下《志第三十三下·地理七下》，第1146—1148页。

区域”[①]。

河套平原区自上古以来就是与华夏文明与农牧业文化频繁互动、冲突与交流的拉锯地区。明代中叶至清代以后，它又成为农牧业文化关系缓和、人文物资交换流动的前哨。明清时期河套平原的地理枢纽地位愈加重要，其南连中原，西连宁夏，衔接康藏、新疆，东经热察前往东北，北越阴山直达瀚海戈壁。便利的交通有利于产生互通有无的商业据点和荟萃人文的文化场所，此为城市兴起和发展的最基本条件。同时，农牧业交错地区的经济结构形态，不仅有利于形成不同区域物资交换的市场，更为深化城市的经济机能提供可能。

第二节　历史时期鄂尔多斯高原人文地理环境及其演变

平原广阔、地形有利、高低适中、气候温和等是城市选址必须考察的自然地理环境条件，但同时城市又是聚集一定数量人口，承担一定地域内政治、经济、文化中心职能的地理实体，所以城市选址时还必须考虑到区域经济开发、水路交通等因素。然纵观历代王朝在鄂尔多斯高原上的城市建置及其发展，则明显地受制于本地区民族活动、军事形势等因素。为此，这里重点梳理和复原两千多年来研究区内各民族的活动情况，为后文研究做简要铺垫。

一、先秦时期

先秦时期，中原王朝对周边民族的称谓较为笼统，将位于西方的称为戎，北方的称为狄或者胡。先秦时期在研究区活动频繁的民族有林胡、楼烦和匈奴。在政治动荡的春秋战国时期，相互之间的攻伐时有发生。秦始皇统一六国之前，秦国的北方边界是秦昭襄王时期修筑的长城，在陇西、北地、上郡三郡的北边。[②]陇西郡在今甘肃省中部，北地郡在今甘肃省东北部和宁夏的东南部，上郡则在今陕西省的北部，其东北还稍稍伸入今内蒙古鄂尔多斯市的东南部。[③]这条长城一支由今甘肃省岷县（当时称为临洮），经今甘肃省临洮、渭源等县和宁夏固原市，再经甘肃省镇原、环县，陕西省吴旗、志丹、安塞、绥德等县，而止于上郡治所肤施县附近今无定河的西侧。另

① 艾冲：《公元7—9世纪鄂尔多斯高原人类经济活动与自然环境演变研究》，第333页。

② 《史记》卷一一〇《匈奴列传第五十》，第2885页。

③ 史念海：《论西北地区诸长城的分布及其历史军事地理（上篇）》，《中国历史地理论丛》1994年第2期，第9页。

有一支，由今陕西延安市安塞区北的横山山脉分出，经今陕西靖边县、榆林市横山区、榆林市、神木市等地，而止于内蒙古准格尔旗东北十二连城的黄河岸边。[①]辛德勇认为史念海复原的秦昭襄王长城北端走向不够准确，并指出秦昭襄王长城北端并没有抵达“北河”岸边，而是向东折向“西河”河岸；在“北河”南岸，赵国曾经筑有长城，用来护卫九原郡的西南边界。秦人统一全国之初，应当沿用了赵国这一边塞；到秦末，秦人从黄河至阴山防线撤退之后，则又重新利用了这段边塞。汉代初年，河阴、曼柏等县能够在黄河南岸安然存在，就是依恃这道边塞作为防护设施。[②]秦始皇掠取河南地之后，鄂尔多斯高原地区的游牧民族被驱逐到阴山以北，即沿今乌拉前山至大青山山系，亦即秦汉阴山南麓分布，其北部边界也进一步向北移至赵武灵王长城一线。[③]秦朝对归附者的政策也相当开明，并给予相当的优待。例如秦朝的朐衍城（今宁夏盐池县花马池镇张家场古城）就是专门为游牧民族建立的城，是秦朝西北地区最大的民族聚居地。

二、两汉时期

秦二世元年（前209），鄂尔多斯高原的游牧民族中以匈奴力量最为强大，楼烦、白羊均归顺于其下。秦汉之际中原内乱，为增援镇压反秦义军，秦不得不调遣大批北方边防军进入内地，致使北方边防空虚。匈奴趁机南下，以河南关塞与汉人为界。西汉初年民生凋敝，政府实行休养生息政策，且无力对鄂尔多斯高原地区的匈奴采取任何武力措施。当时西汉与匈奴以兄弟相称，西汉朝廷将宗室之女嫁给匈奴单于，以维护西北边界的稳定。汉景帝时期，还在边界地区设关市，允许汉族与匈奴互通有无。汉武帝初期，继续与匈奴和亲和通关市，匈奴自单于以下与汉民族能够友好相处，自由往来长城附近。尽管如此，匈奴仍不免“时小入盗边”，但并无大规模的进入。待国家殷富、财力充足之时，武帝及朝堂之上开始有洗刷前代耻辱和争取长久

① 史念海：《黄河中游战国及秦时诸长城遗迹的探索》，见史念海：《河山集》二集，第453—461页。

② 辛德勇：《张家山汉简所示汉初西北隅边境解析——附论秦昭襄王长城北端走向与九原云中两郡战略地位》，《历史研究》2006年第1期。

③ 盖山林、陆思贤：《内蒙古境内战国秦汉长城遗迹》，见中国考古学会编：《中国考古学会第一次年会论文集》，文物出版社，1980年，第212—224页；《阴山南麓的赵长城》，见内蒙古自治区文物队编：《内蒙古文物资料（续辑）》，内部资料，1984年，第87—89页；李逸友：《中国北方长城考述》，《内蒙古文物考古》2001年第1期；国家文物局主编：《中国文物地图集·内蒙古自治区分册》上，西安地图出版社，2003年，第64—65、112—115、126—129、252—253、270—271页。

安定局面的意愿。遂派兵北伐匈奴，迫使其北徙至阴山以北。至此，西汉北部边界才安定下来。汉武帝为了巩固对新获得土地的统治，设立了一批郡县，迁移内地百姓充实边地。并且为了安抚降附的人员，还在研究区内设置属国都尉对其进行管理。

东汉初年，匈奴不断南侵，东汉王朝不得不放弃了雁门、代郡、上谷三郡，将此三郡的6万余口内迁，北地、朔方、五原、云中、代诸郡亦几近废弃，故至光武帝建武二十五年（49）南匈奴八部降汉，即被安置在这实际上已不为汉朝控制的八郡中。南单于庭亦自五原西部塞始，经云中、西河美稷、至离石，节级南迁，匈奴部族亦随之蜂拥南下，至魏晋时已深入并州汾水流域。①随着匈奴部族的内徙，原由匈奴控制的东胡乌桓，亦随之内迁至辽东、辽西、太原、朔方等沿边十郡②，同属东胡的鲜卑亦步乌桓后尘渐次南徙、西迁。原居于大鲜卑山的鲜卑拓跋部，东汉时南迁至匈奴故地，即阴山一带。及至西晋末拓跋猗卢受封代公，取得句注陉以北地区五县地，乃率部落南徙居之。③东汉一代，西北的氐、羌各族，亦成批迁入关中。朝廷曾多次移徙西羌到关中三辅，而安定、北地、上郡、西河诸郡也有羌族分布，号称东羌，常与胡族连称为羌胡。他们与东汉不断发生冲突，迫使汉廷不得不诏令陇西、安定、北地、上郡四郡郡民内徙，被镇压的降羌遍布关陇，④“西北诸郡皆为戎居”，关中已呈“戎狄居半”的局面。⑤建安二十四年（219），曹魏一次即徙氐人五万余居扶风、天水二郡界内，其后又多次移徙数以万计的武都氐族于关中。⑥

东汉以来内迁诸胡长期与汉族错居杂处，直到西晋末年，他们基本上都保持着各自的部落组织，部落首领的名号、地位也得以保留下来。⑦这种现象显然与中原王朝安置内附民族的方式有很大关系。汉武帝时为安置在西北五郡故塞的匈奴浑邪、休屠二王，即因其故俗而置五属国。汉光武帝在称臣的南匈奴呼韩邪部设有使匈奴中郎

---

① 《后汉书》卷一下《光武帝纪第一下》、卷一八《吴汉传》、卷八九《南匈奴列传第七十九》，第64、78、683、2942—2945页；详见马长寿：《北狄与匈奴》，生活·读书·新知三联书店，1962年，第81—83页。

② 《后汉书》卷九〇《乌桓鲜卑列传第八十》，第2982页；〔晋〕陈寿：《三国志》卷三〇《魏书三十·乌丸传》，中华书局，1982年，第832—833页。

③ 《魏书》卷一《序纪第一》，第7页。

④ 马长寿：《氐与羌》，广西师范大学出版社，2006年，第91—94、104—128页。

⑤ 〔唐〕房玄龄等：《晋书》卷九七《列传第六十七·四夷》、卷五六《列传第二十六·江统传》，中华书局，1974年，第2549、1533页。

⑥ 《三国志》卷一五《魏书十五·张既传》、卷三〇《魏书三十·东夷传》，第472—473、858页；详见马长寿：《氐与羌》，第29—32页。

⑦ 唐长孺：《魏晋南北朝史论丛》，生活·读书·新知三联书店，1955年，第134—139页；黄烈：《中国古代民族史研究》，人民出版社，1987年，第331—335页。

将加以保护和监督，但对于南单于所统八部，仍由各部大人统领，分驻于北地、朔方等八郡中。建安中（196—220）曹操分南匈奴为五部，立各部贵者为部帅（后改都尉），尽管配置"汉人为司马以监督之"[①]，但五部仍然是以部落组织为基础、具有高度自治性质的特别行政区。所以至十六国时，秦汉以来在此定居的农业人口及农田均荡然无存，基本上为游牧之地了。

三、魏晋至隋唐时期

十六国至北朝时期，鄂尔多斯高原地区相继由匈奴族建立的前赵，氐族建立的前秦，羌族建立的后秦，匈奴族建立的胡夏，鲜卑族建立的北魏、西魏和北周政权占领和控制。需要特别注意的是，十六国时期的鄂尔多斯高原地区真正成为一个多民族聚居的地区，民族构成十分复杂，主要有鲜卑拓跋等部、朔方乌桓、匈奴族后裔（屠各等）、西域胡人（来自龟兹）、氐人、羌人、敕勒等，不能细加区别的，统称杂胡。[②]五胡诸国和北魏前期在政治体制上残留着大量的游牧部族传统，即部落制残余，以及基于部落制的社会与军事组织合一、军政与民政合一的治理体系。边境民族的内迁及政权的建立，无疑是十六国北朝政区演变最重要的背景和原因，而变化的渊源可以上溯到东汉初年匈奴之分裂为南北两部，甚至更早。[③]当然，也有学者认为胡族的统治延续至隋，影响到唐。北魏结束了五胡十六国时代的纷扰，也继承了五胡十六国时代从本民族传统出发学习汉族统治技术和经验的发展传统，并在学习中根据变化了的形势进行制度创新，它对五胡十六国和北朝这两个时代来说，具有承前启后、继往开来的伟大意义。[④]

隋朝建立之初，突厥正值强盛期。开皇二年（582）突厥沙钵略可汗率40万骑南下，但被隋打败，分裂为东、西两部。开皇三年（583），隋趁突厥境内发生旱灾和瘟疫，大败沙钵略统率的东突厥，允其内附。然突厥余部仍不时内侵，为遏制突厥骑兵南下，隋文帝遂于开皇五年（585）修筑了一条西起今宁夏灵武市黄河东岸，经陕西定边县、靖边县、榆林市横山区抵绥德县约350千米的长城。[⑤]大业十一年

① 《晋书》卷九七《列传第六十七·四夷》，第2548页；详见马长寿：《北狄与匈奴》，第85—88页。

② ［日］前田正名：《平城历史地理学研究》，李凭、孙耀、孙蕾译，第158—172页。

③ 牟发松：《十六国北朝政区演变的背景、特征及趋势略论——以特殊政区为中心》，《华中师范大学学报（人文社会科学版）》2017年第5期。

④ 毋有江：《北魏政区地理研究》，复旦大学博士学位论文，2005年。

⑤ 张维慎：《宁夏农牧业发展与环境变迁研究》，文物出版社，2012年，第83页。

（615），隋诈杀突厥官员，双方关系恶化，突厥与隋朝持续了三十年的友好关系结束。隋末，朝廷内部权力争夺，致使境内出现了诸多割据政权。如郭子和以榆林郡（胜州城，今准格尔旗十二连城古城）为统治中心建立了永乐国，张长逊以五原郡（治丰州城，今内蒙古五原县胜丰镇）为中心的割据势力，以及梁师都以夏州（今陕西榆林市靖边县红墩界镇白城子古城）为中心建立的梁国。其中以梁师都割据的梁国存在最久，自隋末（大业末年）至唐初（贞观二年）达十二年之久。赫连勃勃之统万城、梁师都之夏州城的建设与发展，促使鄂尔多斯高原政治文化重心发生了转移。

唐前期，鄂尔多斯高原地区游牧民族主要是突厥和回纥，唐后期主要为吐蕃和党项。突厥势力借隋末丧乱之际，逐渐强大。梁师都依附于东突厥，割据夏州一带，建立梁国政权，不断骚扰唐王朝。太宗贞观二年（628）、四年（630）先后讨平梁师都与东突厥，内迁其部众于今鄂尔多斯高原境内，此后河套地区相对安静。高宗调露元年（679）后突厥政权建立，不断骚扰唐境。直至开元时期，突厥势力才逐渐被平复。回纥属于铁勒的一支，隋至唐初时皆役属于突厥。贞观四年，东突厥内附中原王朝后，支持薛延陀建立汗国。贞观二十一年（647），回纥帮助唐王朝攻灭薛延陀后，内附于唐王朝，唐王朝以羁縻制度管理回纥诸部。

吐蕃是源于青藏高原的一个民族政权，是唐王朝最强大的对手之一。唐初，松赞干布统一青藏高原各部，国力开始强盛，并与唐太宗共同推行睦邻友好政策。贞观十五年（641），唐太宗将文成公主嫁给松赞干布。唐太宗与松赞干布相继去世后，唐蕃关系恶化。自高宗永徽元年到穆宗长庆元年（650—821）的一百七十余年间，唐蕃间多次发生边界摩擦和领土之争。[①]长庆元年（821），双方于长安西郊进行谈判，史称“长庆会盟”。双方审定疆界，研究区内的灵州成为唐疆域西陲，自此双方争执减少。唐武宗会昌元年（841），吐蕃内乱，自此，其势力逐渐衰弱。

党项为羌族的一支，主要居住在青海东南部。《隋书·党项传》载其俗“尚武力，无法令”，生产方式为游牧，靠“牧养牦牛、羊、猪以供食”，而不知稼穑。西魏、北周时期常侵扰边地，至隋文帝开皇四年（584）之后相继归化、请内附、纳子入贡。受吐蕃侵扰，高宗时迁其至松州（今四川松潘）。武则天天授三年（692），党项羌内附者20万口，散居于灵、夏二州之间。唐王朝设置了10个羁縻州进行安置。安史之乱以后，党项乘机向南骚扰邠宁等州。郭子仪建议将已散居于灵、盐、庆等州的党项部落迁徙至银州（今陕西米脂）以北、夏州（今陕西靖边）以

① 王天顺：《河套史》，人民出版社，2006年，第277页。

东地区，因这一地区是十六国时匈奴人赫连勃勃所建大夏国旧地，这支党项部落称为平夏部。唐僖宗时，党项族拓跋思恭被任命为夏州节度使，后因平黄巢有功赐姓李，被封为夏国公，成为节度一方的武装力量。其势力范围以夏州为中心，包括夏、绥、宥、银四州，即今鄂尔多斯南部地区。五代建立夏州割据政权的正是平夏部的拓跋氏。

隋唐时期，受自然环境和中央政府的羁縻政策影响，许多游牧民族被内迁至研究区内，由此形成了不同地区间农牧业交错并存的地域景观。农业经济基本散布在区域边缘地带那些土壤肥沃、水源富裕、地形平缓的地方。唐代后期，由于社会、政治局势的动荡，农业人口有所减少，党项族畜牧人口逐渐扩大其控制范围，游牧经济比重加大，有取代农业经济之势。随着突厥、铁勒九姓、吐谷浑、党项诸部等游牧民族从事牲畜经济族群人口的增加，畜牧业占据着河曲地域（略今鄂尔多斯高原）的大部分地表。①

四、唐末以后至元统一

进入五代十国的混乱期之后，鄂尔多斯高原南部一直由党项族控制，无论中原政权如何更替，由党项族组成的定难军节度使都对其“俯首称臣”，社会的稳定使党项一族也逐渐强大起来。自元昊称帝后至夏亡，宁夏、陕西以及内蒙古部分地区都在西夏政权的控制之下。西夏之所以拥有鄂尔多斯高原及今宁夏一带地方，源之于唐末黄巢之乱。其时党项羌首领拓跋思恭出兵助唐讨平黄巢之乱，唐廷赐其首领有银、夏、绥、宥、静五州之地（事实上这五州早已在党项羌控制之下）。因此自唐末、五代、宋、辽、金以来，鄂尔多斯高原及其附近地区，都是党项羌或西夏的领土，西夏拥有鄂尔多斯高原超过三百年。西夏与北宋、金、辽及元对峙的区域一直徘徊于夏州、胜州、盐州、麟州以及内蒙古准格尔旗和土默特旗，鄂尔多斯高原东、南边缘一带。

11世纪前后，党项部族把其政治中心自陕北夏州城一带移到了灵州西平府，之后再至兴州兴庆府，统治着包括兴庆府在内的鄂尔多斯地区的大部分区域。以都城兴庆府城为中心，在银川平原沿黄河两岸地带形成了一条城市带。而在广大的鄂尔多斯高原腹地，西夏王朝通过建立监军司、州、军镇和堡寨等形式管理。在鄂尔多斯东、南缘，西夏与北宋、辽的冲突不断，就在北宋灭亡（1127）之前，西夏与辽、北宋发生了对河清军和金肃州、唐隆镇的激烈争夺，辽曾在此设立东胜和云内等州。陕北长城

① 艾冲：《公元7—9世纪鄂尔多斯高原人类经济活动与自然环境演变研究》，第163—174页。

沿线地区，北宋主要以建立州县、军监和筑造堡寨等方式进行管理。宋、金联合灭辽之后，原先属于辽和北宋的地区除被西夏吞并的以外，其他均在金的统治之下。在行政管理上，金也基本保留了前代政权的模式，只是部分州县名称、治所位置与前代稍有不同。

12世纪中期以后，西夏内部矛盾尖锐，政治腐败，国势日衰，而此时北方蒙古人的生活方式经过5世纪中期到10世纪前期的发展逐渐从游猎转化为畜牧，社会制度也由原始氏族制度逐渐向等级制度过渡。成吉思汗为防止金和西夏联手，采取先行进攻西夏的战略。天庆十二年（1205），成吉思汗灭乃蛮，随后转攻西夏，“拔力吉里寨，经落思城，大掠人民及其橐驼而还”①。应天二年（1207）秋攻破斡罗孩城（即兀剌海城，今内蒙古乌拉特后旗西南狼山隘口），受阻而回；应天四年（1209）秋再次攻打西夏，“克兀剌海城，俘其太傅西壁氏”②。夏襄宗请和，西夏臣服。此后，蒙古多次命令西夏攻打金朝，因屡战屡败，使得夏神宗畏惧，遂让位于夏献宗。献宗将对外策略改为约和金国共抗蒙古。乾定四年（1226），成吉思汗亲征西夏，蒙古军围中兴城半年。次年七月，夏主南平王被迫投降，西夏灭国，蒙古占领了西夏在鄂尔多斯高原地区所置夏州、宥州、盐州、石州、银州、绥州等地。

五、元明清时期

至元八年（1271），忽必烈建国，号曰“大元”，元朝建立。蒙古帝国的统治架构是以黄金家族为中心，依照封建等级，层层铺设在土地上的控制体系。过去草原社会自然产生的血缘氏族部落，被分散到各千户之后，已大大减弱游牧社会强劲的血缘关系。万户和千户并不是以血缘族群划分的统治单位，而是按照地域来划分的辖区。有些千户尽管保存着本族的名称，实质已经发生根本变化。千户那颜并不是族长，而是该千户的行政首长。亲族界线也早已打破，各部成员杂居一处。③游牧社会的组织基础已从氏族结合转向依地区分封的千户制度，与秦汉时期中原地区实行的郡县制相似。

元代的政治制度和国家机构大致沿用辽、金旧章。地方行政机构为行中书省，简称行省。鄂尔多斯高原地区分属中书省、陕西行省和甘肃行省三省管辖。先设西夏中兴等路，不久又废中兴等路，以其地分属东胜、云内两州和延安、宁夏等路。元代

① 〔明〕宋濂等：《元史》卷一《本纪第一·太祖》，中华书局，1976年，第13页。
② 《元史》卷一《本纪第一·太祖》，第14页。
③ 刘文焌、高文德：《论蒙古诸部统一前的氏族制残余》，见中国蒙古史学会编：《中国蒙古史学会论文选集》，内蒙古人民出版社，1981年，第10—11页；黄丽生：《由军事征掠到城市贸易：内蒙古归绥地区的社会经济变迁（14世纪至20世纪初）》，第102页。

后期，社会动荡不安，阶级矛盾和民族矛盾日益尖锐，加上天灾不断，黄河决口，政府强制征发劳役，最终引发农民起义。明元战争初期，明军攻势强大，蒙古军节节后退，宁夏府、东胜州等地先后被明军控制。明洪武四年（1371），明朝设东胜卫。同年，帖木儿归附大明，明朝政府于东胜卫附近及鄂尔多斯高原东北部设置失宝赤、五花城、斡鲁忽奴、燕只和瓮吉剌5个千户所，安置蒙古归附人众，隶东胜卫管辖。之后，明军陆续占领丰州、云内州等地。至洪武二十六年（1393），明在土默川平原置有东胜左卫、东胜右卫、玉林卫、云川卫和镇虏卫5卫。永乐元年（1403）二月“徙左卫于北直卢龙县，右卫于北直遵化县，直隶后军都督府。三月置东胜中、前、后三千户所于怀仁等处守御，而卫城遂虚”①。同时将玉林卫、云川卫、镇虏卫等卫所内徙。北部防线节节后退，蒙古势力步步南下。

蒙古诸部对明朝的侵扰主要集中于宣德到万历年间（1426—1619）的一百九十余年里。宣德以后蒙古诸部侵扰明边境日渐增多，明边备局势日益紧张。正统十四年（1449）以后，受地缘关系影响，以孛来、毛里孩、小王子、吉囊为代表的地方势力都曾以延绥镇、宁夏镇和固原镇为侵犯的重要地区，花马池、固原、庆阳、平凉、秦州一线是这一时期蒙古南犯的重要线路。天顺年间（1457—1464），蒙古诸部渐入河套。延绥巡抚都御史余子俊在鄂尔多斯高原南部大筑边城，设置营堡，倚墙而守。成化十年（1474）以后，贺兰—河套集团侵犯重心向大同、宣府二镇转移，特别是小王子时期，侵犯宣府、大同地区的频繁程度和影响远远高于陕西三边。②明蒙贡市贸易于弘治年间（1488—1505）中断。正德五年（1510），达延汗控制了蒙古各部，其子巴尔斯博罗特为右翼三万户济农，其中鄂尔多斯万户驻守河套地区之后就不曾离开。嘉靖时蒙古右翼首领俺答数次求贡，均遭明世宗拒绝。由于贡市不通，蒙古右翼诸部数入内地，频繁扰边。明廷坚持战守，加急筹饷练兵，并修筑边墙，然而仍未阻挡蒙古的抢掠。至隆庆五年（1571），俺答上表称贡，明世宗封其为顺义王，名其所居城为归化，子孙可袭封，后称土默特部。此后，俺答“约束诸部无入犯，岁来贡市，西塞以宁”③，结束了明蒙两百多年的对立局面，双方经济联系加强。万历（1573—1619）以后，蒙古诸部势力衰微，北方战争主体转变为女真人，其与明之间的争夺发生在辽东地区。

---

① 〔清〕张廷玉等：《明史》卷四一《志第十七·地理二》，中华书局，1974年，第973页。

② 刘景纯：《宣德至万历年间蒙古诸部侵扰九边的时间分布与地域变迁》，《中国边疆史地研究》2009年第2期。

③ 《明史》卷三二七《列传第二百十五·外国八·鞑靼》，第8488页。

满族主要分布于我国东北地区的黑龙江和松花江流域，其族源可追溯至先秦时期的肃慎，历经汉晋的挹娄、南北朝的勿吉、隋唐的靺鞨，一脉相承。自辽宋时期始，这一族群被称为女真，直至明末。[①]天聪六年（1632）五月，皇太极率兵进攻察哈尔部，“大军驰七百里，西至黄河木纳汉山，东至宣府，自归化城南至明边境，所在察哈尔部民悉俘之”[②]。天聪九年（1635），鄂尔多斯首领额麟臣率部归附，其统治地区也已纳入后金统治之下，济农称号亦被保留。

清代在蒙古地区推行盟旗制度。清顺治六年（1649），清廷册封额麟臣为多罗郡王，并赐予世袭罔替（俗称“铁帽子王”）的特权。清末，鄂尔多斯蒙古部落划分为6个旗1个厅的建制（简称7旗），分别是鄂尔多斯左翼中旗（原郡王旗，今东胜区及伊金霍洛旗一带）、鄂尔多斯左翼前旗（今准格尔旗）、鄂尔多斯左翼后旗（今达拉特旗）、鄂尔多斯右翼中旗（今鄂托克旗及前旗）、鄂尔多斯右翼后旗（今杭锦旗），后又增设鄂尔多斯右翼前旗（原扎萨克旗，今乌审旗）。光绪三十三年（1907），在鄂尔多斯左翼中旗东部被开垦的地区设立东胜厅。毛乌素南部地区属陕西省所辖榆林府管辖，西南部为甘肃省朔方道、宁夏道花马池分州管辖。清前期实行蒙汉隔离的封禁政策，将边墙内50里划为禁地，但后来却推行了截然相反的“借地养民”政策，开耕范围从禁留地开始，逐渐外推，形成一条东西长1300里，南北宽50到200里不等的垦荒带。特别是光绪二十八年（1902）以后，垦荒更是在鄂尔多斯全境推开。民国时期鄂尔多斯蒙古部保留清代旗厅建制，但将东胜厅改为东胜县。南部分属陕西省榆林道、宁夏省盐池县等管辖，1935年后，成为陕甘宁革命根据地的一部分，直至中华人民共和国成立，今行政区划格局基本形成。[③]

清代鄂尔多斯7旗在大庙前会盟。大庙，蒙古语“大”读作“伊克”，庙读作“召”或“昭”，所以就称之为伊克昭盟。鄂尔多斯7旗建制和会盟地点一直维持到1949年都未做改变。1954年3月5、6日，内蒙古自治区、绥远省人民政府委员会、绥远军政委员会及各界人代会协商委员会，举行联席扩大会议，撤销绥远省建制，将原绥远省辖区并入内蒙古自治区。其时乌兰察布盟、伊克昭盟及土默特特别旗划归内蒙古自治区。2001年，伊克昭盟改为鄂尔多斯市。目前鄂尔多斯市下辖：东胜区、准格尔旗、鄂托克旗、杭锦旗、乌审旗、伊金霍洛旗、达拉特旗及鄂托克前旗，共1区7

① 朱绍侯主编：《中国古代史》下，福建人民出版社，2000年，第295页。
② 〔清〕赵尔巽等：《清史稿》卷二《太宗本纪一》，中华书局，1977年，第38—39页。
③ 何彤慧：《毛乌素沙地历史时期环境变化研究》，兰州大学博士学位论文，2008年，第18页。

旗，面积为86752平方千米，人口为150万人。[①]

在以中国八大古都为顶点的中国历史空间构图中，我们不仅可以观察到区域经济发展重心由东西对立向南北对峙的发展轨迹，还可以看到以西安、南京和北京为顶点的三角形地缘政治中心结构形态。三角形之内是传统意义上的中原地区，是人口密集、文明发达的区域，三角形之外就是边疆地区。很显然，历史上的鄂尔多斯高原属于边疆地区。不仅如此，历史上鄂尔多斯高原地区还是周边游牧民族最为活跃的地区，先后有先秦时期的戎、狄、猃狁，秦汉时期的匈奴，五胡十六国北朝时期的匈奴、鲜卑，隋唐时期的突厥、回鹘、吐蕃、党项以及西域六胡，五代至元统一前的党项、契丹、女真，元明清时期的蒙古、满等民族在这一地区活动。农、牧民族在华北漠南地区的追逐互动，往来进退，是中国历史绵延演进过程中的重要内容，也是造就中国民族文化多元繁荣、疆土广袤辽阔的重要因素。无论是中原民族、北方游牧民族还是东北农牧猎兼行的民族主导控制本区，莫不以中原模式筑城立市，并发展农、牧、商多元的经济体系，建立多元民族文化于此和平共处的互利体制，维护不同民族间的平衡关系，才能缔造较长期稳定发展的局面。[②]刘学铫认为中国古代边疆治理各民族事务不外乎这样十条：阻之以城塞、和之以婚姻、饵之以禄位、慑之以兵威、间之以乱、胁之以质、诱之以利、限之以居处、窒之以语文、怀之以宗教。[③]但这些治边政策的“目的似仅在防范各边民族之进步壮大，不另其有‘造反’之可能，但求在名义上接受中原王朝之领导，于愿已足，很少参与边疆民族地区之实际治理工作，也未为边疆民族谋求福祉，使其能与内地同步发展。所以历代之‘治边政策’，其主要目的在于羁縻、笼络，基本上属于消极之作为，不足言建设边疆”[④]。由此我们不难看出，中原历代王朝对边疆地区稳定和平的深切愿望，其在鄂尔多斯高原地区行郡县制，建造各级城市的目的也即守边护境，其军事性质更为突出。

---

① 中国地图出版社编：《2011中华人民共和国行政区划手册》，中国地图出版社，2011年，第29页。

② 黄丽生：《由军事征掠到城市贸易：内蒙古归绥地区的社会经济变迁（14世纪至20世纪初）》，第Ⅰ、487页。

③ 刘学铫：《唐代以来的边疆策略》，致知学术出版社，2013年，第12—21页。

④ 刘学铫：《唐代以来的边疆策略》，第21页。

第二章　鄂尔多斯高原城市发展史

鄂尔多斯高原脆弱的地理环境，复杂的民族构成和频繁的农、牧业生产方式转换，不仅影响了区域社会经济的稳定和发展，还对受居住方式直接影响的聚落景观及聚落形态、区域城市发展进程和区域城市群结构关系产生了直接影响。漫长的历史时期及剧烈的环境变化，使大量早期城市湮没于茫茫沙丘之下，这为我们全面复原历史城市的工作带来了极大困难。本章综合利用历史文献和考古资料系统复原历史时期鄂尔多斯高原城市发展演化的全过程。

第一节　先秦时期城市聚落发展

聚落是人类活动的中心，是人们居住、生活、休息和进行各种社会活动的场所。早期鄂尔多斯高原地区自然环境较为适宜，在战国时期赵、秦、魏等国经略之前，这里就已有人类居住并形成了聚落。

一、石器时代的聚落

考古资料证明鄂尔多斯高原地区最早的古人类是聚居于今萨拉乌苏河（又名红柳河）流域的河套人。在萨拉乌苏河沿岸，除发现人类骨骼化石外，还出土了打制石器及加工过的羊角和鹿角300多件，这些考古发现表明，河套人生活在以狩猎为生的更新世晚期，属于旧石器时代。萨拉乌苏河流域河湖广布，森林草原、灌木及沼泽草原景观交织，说明河套人的狩猎方式以围猎为主。[①]这些围猎活动需要有严密的组织协

① 梁方仲：《中国经济史讲稿》，中华书局，2008年，第17页。

作，由此可以证实河套人已进入原始氏族阶段，其氏族聚落也达到了相当规模。

新石器时期研究区聚落已形成相当规模，出现了村落。内蒙古包头市九原区沙尔沁镇的西园遗址就是其中一处重要的村落遗址。遗址北依大青山，南临黄河，位于山麓台地上，面积约2万平方米。在该遗址发掘出35座房址，均为半地穴式建筑，最大的房屋面积达40多平方米，整个遗址内有101个灰坑。由此可见，新石器时期研究区已经出现了具有一定规模的人类居住区。①

新石器时期，随着村落的持续集聚与发展，聚落形态开始形成并逐渐定型。夏商周时期，鄂尔多斯高原最具代表性的聚落遗址是内蒙古伊金霍洛旗朱开沟遗址。②该聚落发展水平较高，有了农业生产工具和储存粮食的窑穴。与家养猪相似猪骨的出土，说明本区饲养业也较为发达。遗址共包含5个文化段，其中第二段和第三段房屋遗址保存较好，均有20—35座，聚落规模较大。除房屋遗址外，聚落文明渐趋发展，已形成聚落丧葬习俗和社会组织结构。朱开沟文化的骤然消失，有学者认为是由于气候转冷变干、农业经济衰退造成的。朱开沟文化所代表的鄂尔多斯高原早期青铜文化经济方式的转变，推动了地区生活方式的转变。

二、春秋战国时期城市的兴起

春秋战国时期鄂尔多斯高原地区已经成为游牧民族的活动区。战国时，经过赵国、秦国、魏国的经略，农业文明深入，鄂尔多斯高原地区出现了有行政职能的城市。

《史记·魏世家》载魏襄王七年（前312）“尽入上郡于秦”③。秦汉王朝在全国范围内推行郡县制，上郡建制得以保留。战国上郡辖域南抵今陕西韩城、黄龙、洛川，北至神木一带。上郡15县中有5县可以确知存在，分别是肤施、高奴、圜阳、雕阴、定阳。④其中高奴、雕阴两城不在研究区域，定阳城位置无考，肤施、圜阳两城位于鄂尔多斯高原地区。

肤施，秦昭襄王三年（前304）置，属上郡治，位于今陕西榆林南。《汉书·地理志》载肤施县下有“五龙山、帝、原水、皇帝祠四所”⑤；《水经注》载帝原水“西北出龟兹县，东南流……又东南注奢延水。奢延水又东迳肤施县南”⑥。帝原水

① 杨泽蒙、胡延春、李兴盛：《内蒙古包头市西园新石器时代遗址发掘简报》，《考古》1990年第4期。
② 田广金、郭素新：《北方文化与匈奴文明》，江苏教育出版社，2005年，第265—272页。
③ 《史记》卷四四《魏世家第十四》，第1848页。
④ 吴良宝：《战国时期魏国西河与上郡考》，《中国史研究》2006年第4期。
⑤ 《汉书》卷二八下《地理志第八下》，第1617页。
⑥ 《水经注疏》卷三《河水三》，第259—260页。

即榆溪河（清水河[①]），奢延水即无定河，两河今交汇于陕西榆林市榆阳区鱼河镇西南角。考虑到秦汉时期无定河和榆溪河河床的摆动，按照方位而言肤施故城当为今鱼河镇米家园古城遗址[②]。

李海俏基于吴振烽、戴应新指认的圜水为汉代奢延水、今无定河的认识认为，圜阳位于今陕西省绥德县四十铺一带。[③]然若圜水确指无定河的话，笔者更倾向于榆林市榆阳区鱼河镇郑家沟村东南约1千米的古城梁上的郑家沟城址为秦汉时期的圜阳城所在地。榆溪河在该城址东北6千米处汇入无定河，无定河南约1千米有汉惠帝新设的圜阴县城。郑家沟古城址约为平行四边形，略呈西北东南走向，城址所处地地形平坦，略有起伏，西南约1千米为无定河干流。城址以北地势较高，为延绵的山峁，是墓葬区所在。遗址区散见外绳纹、内麻点纹的瓦片。内饰麻点纹的板瓦和筒瓦是秦文化的一个典型特征，最早出现于战国早期偏晚阶段的秦文化遗存中，西汉前中期还在使用，直到汉武帝时期，麻点纹内饰才彻底退出历史舞台。[④]

魏国向西掠地设城的时候，赵国也在积极开拓本国疆土。赵武灵王采取胡服骑射的措施，提高了本国军事力量和军队的战斗力。二十六年（前300）“复攻中山，攘地北至燕、代，西至云中、九原”[⑤]。云中、九原郡均为赵国始设，两郡郡治分别是云中城、九原城。云中城即今内蒙古托克托县古城镇古城，九原城即今内蒙古包头市九原区麻池镇古城村北的麻池古城，城址尚存。《殷周金文集成》中收录的11404、11492号战国秦兵刻铭中的广衍、高望两地，以及11463、11464号有战国秦刻铭“阳周”矛，[⑥]虽不能确定其是否属于战国魏上郡，但其位于战国秦上郡辖区内当不至有误。广衍县，即今准格尔旗沙圪堵镇西南部的佛爷庙村东北约500米的城圪梁古城遗址。高望，西汉上郡北部都尉治，即今杭锦旗东南缘锡尼镇扎尔庙嘎查南2千米的吉尔庙古城。[⑦]阳周是秦朝较为重要的地方，大将蒙恬即被囚禁于此后遭杀害。关于阳周城位置历来就有很大争议，史念海与王北辰就阳周城位置的分歧写过几篇相互交流

① 侯仁之：《历史地理学的视野》，第158页。

② 该城址位于榆溪河与许家崖沟河交汇处的台地上，城址大部被黄沙埋压。

③ 李海俏：《关于圜阳地望所在》，《文博》2006年第1期。

④ 段清波、于春雷：《布纹瓦及在秦地的传播——来自陕西早期长城沿线的观察》，《考古与文物》2013年第3期。

⑤ 《史记》卷四三《赵世家第十三》，第1811页。

⑥ 转引自吴良宝：《战国时期魏国西河与上郡考》，《中国史研究》2006年第4期。只是，吴文中提到的这四份铭文不知何故在《殷周金文集成·兵器铭文释校》中没有查到。

⑦ 国家文物局主编：《中国文物地图集·内蒙古自治区分册》下，西安地图出版社，2003年，第579页。

的文章。近年来，随着考古工作的深入，阳周城的地理位置逐渐明晰。张泊认为阳周城是今陕西靖边县杨桥畔镇龙眼古城[①]，属于战国秦之辖域。

从零星记载得知，战国时期中原先进的农业文明的政治势力已进入研究区，产生了相应的具有行政和经济功能的城市。

第二节　秦汉时期鄂尔多斯高原及其邻近地区城市建置

秦汉时期是中央集权制国家建立的重要时期，在地方行政制度上处于由郡国并行制向郡县制逐渐过渡的历史阶段。伴随郡县制的确立，城市作为特殊的人文地理现象，在政治权力的运作、权力的客观构成、权力的分配以及权力运行结果等多重因素影响下，最终在制度层面形成了全国性的城市等级体系。[②]本节划分不同的历史时段，分别叙述郡级和县级城市的建置与发展特征。

一、秦代鄂尔多斯高原城市状况

秦帝国统一初期，其西部疆界以秦昭襄王长城为界，北部疆界则沿袭了赵国北部疆界，即以赵武灵王长城为界。史念海认为，秦九原郡因袭赵国九原郡，秦朝统一之初的北部疆界就是赵国西北疆界。由此可知，秦初位于研究区的郡级行政单位有北地郡、上郡、云中郡、九原郡。

秦始皇三十三年（前214），“西北斥逐匈奴。自榆中并河以东，属之阴山，以为四十四县，城河上为塞。又使蒙恬渡河取高阙、阳山、北假中，筑亭障以逐戎人。徙谪，实之初县”[③]。《史记·匈奴列传》对此军事活动亦有记载，秦始皇使蒙恬“北击胡，悉收河南地。因河为塞，筑四十四县城临河，徙谪戍以充之”[④]。目前研究者尚未考订清楚秦始皇取“河南地”之后究竟设置了三十四个县，还是四十四个县，故姑且不论。然就上述记载可知，秦始皇取河南地之后，缘黄河岸边修筑诸多城邑或障塞，构筑了沿黄防线。这两次军事活动的结果是：秦不仅攻占了赵武灵王长城，还在其西北狼山上修筑障塞以御胡。史念海认为秦始皇长城自今乌鞘岭下，也即汉时的令居县东北行，由贺兰山西再向北行去，经过汉时的眩雷塞，又经过汉时三

---

① 张泊：《上郡阳周县初考》，《文博》2006年第1期。艾冲认为阳周故城当在今陕西靖边县青阳岔镇卧牛城附近。

② 肖爱玲：《西汉城市体系的空间演化》，第12页。

③ 《史记》卷六《秦始皇本纪第六》，第253页。

④ 《史记》卷一一〇《匈奴列传第五十》，第2886页。

封、窳浑两县之西，到达汉时的鸡鹿塞，和阴山之上的长城接连在一起。[①]20世纪70年代，唐晓峰考察发现，在今狼山山脉及其迤西的乌拉后山北坡残存有明显的秦代长城，与阴山南麓以土筑为主的赵武灵王长城不同，阳山上的秦长城主要用石块垒砌而成，而且在沿线建有与《史记・秦始皇本纪》所记“亭”“障”相符的守望设施。[②]辛德勇以张家山汉简《二年律令・秩律》（简称《二年律令》）所记西汉西北隅区域县份的记载分析，认为西汉初年阴山南麓的西安阳、九原等县都在汉朝的有效控制之下，说明秦末在西北边防线上的兵力虽然有所回撤，却始终没有放弃据守阴山长城防线，汉初继承的正是这一边界，而这一边界是沿用战国赵武灵王所修筑的长城防线。同时，由《二年律令》所列汉初县道名，还反映出秦九原郡一直延续到西汉初年，亦可印证秦九原郡本由战国赵九原郡沿承而来，其在阴山以南的辖界从战国到汉初从未变动。[③]因此，秦与西汉初年研究区郡县设置情况基本一致。

秦始皇向北扩地之前，秦朝西北边郡即是陇西、北地、上郡、九原、云中诸郡，因此秦始皇设置的县并非局限于秦九原郡一郡，而是散布在秦陇西、北地、上郡等西北边郡西临黄河岸边的地方。[④]因而秦始皇西北夺取“河南地”之后并未设置新郡，而是将设置的新县归入西北边郡管理。由此推之，秦始皇北伐匈奴后，西北边郡陇西郡、北地郡、上郡、九原郡的地域范围均在原有的基础上得到扩大，那么属于鄂尔多斯高原地区的城市均在北地郡、上郡、九原郡和云中郡四郡的管辖之下。明确了研究区秦朝的行政区划设置后，那么根据郡的范围考证相关属县就容易许多。传世文献记载的能够确知属于本研究区的部分秦代城市见表2-1。

表2-1　文献记载的鄂尔多斯高原秦代城市

秦郡	文献明确记载的辖县	研究区城市
北地郡	朐衍、富平、泥阳、义渠	朐衍、富平
上郡	肤施、圜阳、阳周、雕阴、高奴、高望、广衍	肤施、圜阳、阳周、高望、广衍
九原郡	九原	九原
云中郡	云中	云中

① 史念海：《〈秦长城与腾格里沙漠〉跋》，《中国历史地理论丛》1992年第2期。

② 唐晓峰：《内蒙古西北部秦汉长城调查记》，《文物》1977年第5期；李逸友：《中国北方长城考述》，《内蒙古文物考古》2001年第1期。

③ 辛文中“故塞”是指北边的秦昭襄王长城和赵武灵王长城，此即西汉初年的边界所在。参见辛德勇：《张家山汉简所示汉初西北隅边境解析——附论秦昭襄王长城北端走向与九原云中两郡战略地位》，《历史研究》2006年第1期。

④ 辛德勇：《张家山汉简所示汉初西北隅边境解析——附论秦昭襄王长城北端走向与九原云中两郡战略地位》，《历史研究》2006年第1期，第18—25页。

传世文献记载难免会有部分遗漏，我们既知秦与西汉初年朝廷在研究区的控制区域一致，那么我们就可以从出土文献中进一步补充研究区诸郡辖县情况。《二年律令》记载了吕后二年（前186）西汉中央直辖郡县名目及其长官俸禄情况，依此我们可知秦及汉初所辖郡县情况以及郡、县等级，以补充文献记载的不足。

北地郡。《二年律令》记载了西汉初年北地郡的8个县，其中灵州一县为汉惠帝四年设置①，不属于秦县，其余7县为朐衍（宁夏盐池县）、方渠②、除道（今甘肃环县甜水镇甜水堡西的牛毛汉代古城址）、归德③、略畔道（今甘肃合水县西华池镇北）、郁郅（今甘肃庆城县东南侧）、义渠道（今甘肃宁县焦村乡西沟村西200米的西沟遗址），因此仅有朐衍县一城位于研究区域内。朐衍位于宁夏盐池县花马池镇东塘村张家场古城遗址。张家场古城位于秦昭襄王长城以北，此县估计是秦始皇取河南地之后设置的县。文献记载的秦汉富平县城④，具体位于今宁夏青铜峡口巴闸村附近，在青铜峡（上河峡）北、唐回乐县故城（唐灵州城，亦北魏薄骨律镇城，今宁夏吴忠市通利区古城镇古城湾村西侧⑤）西南、黄河河道东侧。

上郡。汉初上郡沿袭秦上郡置。《二年律令》载21县：阳周、平都、洛都、襄洛、原都、漆垣、雕阴、高望、雕阴道、定阳、高奴、圜阳、圜阴、广衍、中阳、徒经、平周、饶、西都、平陆、博陵⑥分属于西汉末年的上郡和西河郡⑦。汉惠帝五年（前190）置圜阴县，汉武帝元朔四年（前125）在汉初上郡北部数县以及黄河以东部分区域基础上设置西河郡。因此，秦至汉初上郡辖域包括《汉书·地理志》中所载的上郡与西河郡黄河以西部分，其中阳周、高望、圜阳、广衍、原都、中阳、徒经、平

① 《汉书》卷二八下《地理志第八下》，第1616页。

② 汉方渠县，本秦县。《中国历史地理图集》标注其在环江与合道川交汇处内侧。艾冲认为其当是今甘肃环县曲子镇刘旗村北200米的汉代古城遗址。此城“平面呈方形，东西长250米，南北宽80米。目前仅存一段城墙，长60米，夯土版筑，基宽6米，顶宽2—4米，夯层厚0.12—0.14米”。参见国家文物局主编：《中国文物地图集·甘肃分册》下，测绘出版社，2011年，第382页。

③ 汉归德县，《中国历史地理图集》并未确定该县城位置，仅将归德县县域定在吴起县西北、秦昭襄王长城外侧、洛河上游——头道川与新安边川及乱石头川之间。艾冲认为秦汉归德县当在秦昭襄王长城以南，今甘肃华池县与陕西吴起县交界地带，大约在今陕西白豹川河谷区域，即今陕西吴起县白豹镇政府驻地附近。

④ 《元和郡县图志》载：“回乐县，本汉富平县地，属北地郡，今县理西南富平故城是也。”〔唐〕李吉甫：《元和郡县图志》卷四《关内道四》，贺次君点校，中华书局，1983年，第93页。

⑤ 艾冲：《灵州治城的变迁新探》，《中国边疆史地研究》2011年第4期。

⑥ 肖爱玲：《西汉城市体系的空间演化》，第138—140页。此书第139页注3认为中阳、平周二县根据《二年律令》的记载，当在汉中央管辖区，因受《中国历史地图集》的影响而有疑问，现确定二县在研究区内。

⑦ 依据肖爱玲《西汉城市体系的空间演化》表2-45“《二年律令·秩律》所见城市及相关信息”修订。

周、饶、西都、平陆、博陵及上郡治肤施共13县位于研究区。

原都城位于鄂托克前旗城川镇大场子村南500米的大场子古城。城址平面呈方形，东西约300米，南北约200米。中阳城位于杭锦旗锡尼镇四十里梁东南7千米处古城梁城址。徒经位于今伊金霍洛旗纳林陶亥镇古城壕村南50米古城壕村古城。平周城即今陕西米脂县老城，米脂县城郊镇班家沟村西50米的班家沟遗址。①饶县城可能位于今陕西府谷镇碛塄村石马川河南岸台地上的石马川古城。西都城坐落在今伊金霍洛旗阿勒腾席热镇车家渠村四社西南1千米，即车家渠古城。平陆城约当在今陕西府谷县皇甫镇墙头村的冯家会古城。博陵城为今陕西府谷县古城镇前城村古城。

秦始皇时期的九原郡因袭战国赵九原郡而来，后随着秦北部疆界的扩大，秦九原郡的管理范围也渐向西扩张。秦朝末年，国内乱扰，匈奴复得河南地，因此西汉初年北部疆域又退回秦始皇初统一六国时期的西北边境，汉初九原郡的行政范围就是秦统一之初的九原郡。《二年律令》记载了汉初九原郡的属县有九原、西安阳、武都、南兴、曼柏、莫黖、河阴7个，它们是秦朝初期九原郡的属县。秦九原郡、汉五原郡治城均在九原县城，位于今内蒙古包头市九原区麻池镇西北侧。

九原郡西安阳县的文献记载较少，《水经注》引《史记音义》载“五原安阳县北有马阴山”，“（河水）屈南过五原西安阳县南”。②辛德勇考订安阳北之阴山为乌拉前山。③故可知西安阳位于今乌拉前山之南、黄河之北的地域。又河水于临戎故城以北分出南河一支东流、一支北流，两脉在西安阳以西汇流。据此可知，西安阳应该位于今内蒙古乌拉特前旗西南地域。今乌拉特前旗乌拉山镇张连喜店村的张连喜古城址与西安阳的位置相合，2018年在艾冲老师带领下确定了张连喜店古城。莫黖城，位于大青山北固阳县下湿壕镇下城湾村西南400米的下城湾古城遗址。河阴城，位于内蒙古鄂尔多斯市达拉特旗昭君坟镇昭君坟古城。

武都、南兴和曼柏三县，史料记载也都是寥寥数字，并没有关于其方位的记载。现代学者对其位置的看法多不一致，然谭图将武都标注在黄河南岸一条支流上，似有不妥。本文推测武都城当为今内蒙古固阳县银号镇碾房村北、长城南100米的碾房村古城遗址。④南兴城位于达拉特旗风水梁镇城圪梁村东约1.5千米的城圪梁古城，规模

① 徐海兵：《论西汉置西河平周县地望》，《榆林学院学报》2019年第3期。

② 《水经注疏》卷三《河水三》，第217、220页。

③ 辛德勇：《阴山高阙与阳山高阙辨析——并论秦始皇万里长城西段走向以及长城之起源诸问题》，《文史》2005年第3期。作者详细论证了古文献中阴山与阳山的区别，此处不赘述。

④ 古城呈长方形，东西350米，南北400米，南墙、西墙上有门，西门址有瓮城痕迹，表示该城具有军事功能。参见国家文物局主编：《中国文物地图集·内蒙古自治区分册》下，第65页。

较小。曼柏城为今内蒙古达拉特旗白泥井镇盐店村哈勒正壕古城。东汉时这里设有度辽将军府和曼柏营，战略位置重要。

西汉初年，云中郡政区建制有过一些调整。首先，高祖六年（前201）春，云中郡从汉中央直辖转而为代王刘喜的封域。[①]其次，高祖十年（前197）八月，赵相陈豨反叛，“自立为代王，劫略赵、代”，“赵、代地皆豨有”。[②]再次，高祖十一年（前196）冬十月至十一月间，刘邦又另外派遣太尉周勃取道太原，从西面的代国一侧进行夹击。周勃遂“入定太原、代地”[③]。《史记》卷五七《绛侯周勃世家》在记载这次战役收获中载“定雁门郡十七县，云中郡十二县……定代郡九县”。由此可知当时云中郡下辖12个县。复次，高祖十一年春正月诏：“代地居常山之北，与夷狄边，赵乃从山南有之，远，数有胡寇，难以为国。颇取山南太原之地益属代，代之云中以西为云中郡，则代受边寇益少矣。”[④]说明高祖十一年将云中郡分成两半，云中县以西部分为新云中郡，属汉；以东则属刘恒代国，改置定襄郡。根据《二年律令》记载汉初云中郡的辖县有云中、武皋、北舆、原阳、沙陵、咸阳6县。这是吕后二年的辖县情形，汉高祖十一年时将云中郡一分为二，因此该年之前的云中郡应是云中与定襄两郡县数之和。《二年律令》中没有定襄郡属县的记载，说明吕后二年定襄郡隶属代国管辖，非西汉中央政府直辖。《二年律令》所列云中郡6县仅指秦云中郡西半部的属县，其析出的定襄郡不在研究区内，故而不再考订。

武泉城，学界关于此城位置的讨论比较多，结论也有分歧，有塔布陀罗亥古城说[⑤]、三道营古城说[⑥]、黑水泉古城说[⑦]等不同观点。我们认为秦汉武泉县城是位于呼和浩特市新城区保合少镇北水泉村东南约500米的北水泉村遗址。原因在于塔布陀罗亥古城遗址规模过大而非汉县城市规模，黑水泉古城遗址发现的“武泉”篆书陶片不足凭，且北水泉位置大体符合《水经注》所载武泉水（今小黑河）位于武泉故城西南的记载。北舆，中部都尉治。据《水经注》载：“其水（武泉水）东出武泉县之故城西

① 《汉书》卷一下《高帝纪第一下》，第61页。
② 《史记》卷九三《韩信卢绾列传第三十三》、卷八《高祖本纪第八》第2640、387—388页；《汉书》卷一下《高帝纪第一下》，第68页。
③ 《史记》卷九三《韩信卢绾列传第三十三》，第2641页；《汉书》卷一下《高帝纪第一下》，第69页。
④ 《汉书》卷一下《高帝纪第一下》，第70页。
⑤ 谭其骧主编：《中国历史地图集》，中国地图出版社，1982年。
⑥ 李逸友：《内蒙古历史名城》，内蒙古人民出版社，1993年，第8页。
⑦ 孙驰：《西汉武泉今地考》，《中国边疆史地研究》1998年第3期；曹凤：《西汉云中郡与定襄郡》，内蒙古大学硕士学位论文，2010年。

南……水南流又西屈，迳北舆县故城南。”[①]北舆县故城当位于武泉县故城西南，武泉水南流西屈的北岸，相当于今呼和浩特市新城区成吉思汗大街街道塔利村北约1千米的塔布陀罗亥古城。原阳，《水经注》载：“荒干水出塞外……西南迳武皋县，……又南迳原阳县故城西，又西南与武泉水合。”[②]荒干水，即黑水河、哈喇乌苏河。原阳县位于呼和浩特东、黑水河东南，与黄合少镇二十家村西南200米的二十家村古城位置相符。

沙陵县位于黄河以东，白渠水北，沙陵湖以东。《水经注》载河水“过沙陵县西”，“白渠水又西北迳沙陵县故城南……其水西注沙陵湖”[③]。谭其骧认为沙陵县位于今托克托县东北，即内蒙古呼和浩特托克托县双河镇哈拉板申古城。咸阳城，《中国历史地图集》中将咸阳位置标在今土默特旗以东，周振鹤也认为咸阳在今土默特右旗东。[④]然《水经注》载：“大河东迳咸阳县故城南，……，河水屈而南流，白渠水注之。”[⑤]黄河东流迳咸阳县故城南，再屈而南流，再有白渠水注之，可知咸阳县在黄河的北岸，白渠水自西北方向汇入黄河。因此咸阳的地域范围应在黄河东流转向南流拐弯处的北岸，即今土默特右旗以东的范围内，其与东老藏古城位置相符。

据上文考述，秦代鄂尔多斯高原地区城市见表2-2。

表2-2　秦代鄂尔多斯高原城市一览表

秦郡	郡治	县城	古城址	今地理位置
北地郡		朐衍	张家场古城	宁夏盐池县花马池镇东塘村
		富平	尚未发现遗址	宁夏青铜峡口巴闸村附近
上郡	肤施	肤施	米家园古城	陕西榆林市榆阳区鱼河镇
		阳周	龙眼古城	陕西榆林市靖边县杨桥畔镇
		高望	吉尔庙古城	内蒙古杭锦旗锡尼镇扎尔庙嘎查
		广衍	城圪梁古城	内蒙古准格尔旗沙圪堵镇双山梁村
		圜阳	郑家沟城址	陕西榆林市榆阳区鱼河镇郑家沟村东南
		原都	大场子古城	内蒙古鄂托克前旗城川镇大场子村
		中阳	古城梁城址	内蒙古杭锦旗锡尼镇四十里梁古城梁村
		徒经	古城壕村古城	内蒙古伊金霍洛旗纳林陶亥镇古城壕村南50米
		平周	班家沟遗址	陕西米脂县城郊镇班家沟村
		饶	石马川古城	陕西府谷县府谷镇碛塄村石马川河南岸台地上

① 《水经注疏》卷三《河水三》，第221—222页。
② 《水经注疏》卷三《河水三》，第231页。荒、芒通用。《汉书·地理志》记定襄郡武皋下为荒干水。
③ 《水经注疏》卷三《河水三》，第230页。
④ 周振鹤：《汉书地理志汇释》，安徽教育出版社，2006年，第390页。
⑤ 《水经注疏》卷三《河水三》，第228页。

续表

秦郡	郡治	县城	古城址	今地理位置
上郡	肤施	西都	车家渠古城	内蒙古伊金霍洛旗阿勒腾席热镇车家渠村
		平陆	冯家会古城	陕西府谷县黄甫镇墙头村
		博陵	前城村古城	陕西府谷县古城镇前城村东1000米
九原郡	九原	九原	麻池古城	内蒙古包头市九原区麻池镇古城村
		西安阳	张连喜古城	内蒙古乌拉特前旗乌拉山镇张连喜店村
		武都	碾房村古城	内蒙古固阳县银号镇碾房村
		南兴	城圪梁古城	内蒙古达拉特旗风水梁镇城圪梁村东
		曼柏	哈勒正壕古城	内蒙古达拉特旗白泥井镇盐店村
		莫䵣	下城湾古城	内蒙古固阳县下湿壕镇下城湾村
		河阴	昭君坟古城	内蒙古鄂尔多斯市达拉特旗昭君镇
云中郡	云中	云中	古城乡古城	内蒙古托克托县古城镇古城村西
		武泉	北水泉村遗址	呼和浩特市保合少镇北水泉村东南约500米
		北舆	塔布陀罗亥古城	呼和浩特市成吉思汗大街街道塔利村
		原阳	二十家村古城	呼和浩特赛罕区黄合少镇二十家村西南200米
		沙陵	哈拉板申古城	内蒙古托克托县双河镇哈拉板申村东
		咸阳	东老藏古城	内蒙古土默特右旗苏波盖乡东老藏村南3000米

资料来源：1.张家山二四七号汉墓竹简整理小组编著：《张家山汉墓竹简（二四七号墓）》（释文修订本），文物出版社，2006年。

2.后晓荣：《秦代政区地理》，社会科学文献出版社，2009年。

3.肖爱玲：《西汉城市体系的空间演化》，商务印书馆，2012年。

上表所列郡县为秦统一之初设县情况，秦始皇攘却匈奴设置的新县因缺乏史料记载，无法确认具体名目，如西河郡中的诸多县城就不知道其来源，有可能产生于秦始皇三十三年（前214）攘却匈奴时，抑或是汉元朔四年（前125）之后新设。且秦始皇三十三年，北伐匈奴取得匈奴旧地并设置了新县，强制迁徙内地人口定居新县，人口数量有一二十万。①秦始皇三十六年（前211），“迁北河榆中三万家”，并给予拜爵一级的奖励。这两次移民活动，将近30万人迁入了今鄂尔多斯高原地区，从事农业生产。南河、北河两岸形成的冲积平原，是从事农业生产的优良地区，大量内地人口的迁入有助于鄂尔多斯高原及河套平原农垦活动的推广和发展，阴山南麓成为当时中国农业区的新北界。

秦始皇三十七年（前210），秦始皇死于沙丘，胡亥秘不发丧，并赐死公子扶苏和蒙恬，引起内乱。原来迁入研究区的人口大都返回故土，北方匈奴也趁机回到故

① 葛剑雄：《中国移民史》第1卷，福建人民出版社，1997年，第181页。

地，致使秦朝疆界退守至秦始皇三十三年之前的秦故塞一线，秦始皇对新扩地区的经略成就也毁于一旦。秦始皇在鄂尔多斯高原地区设置新县及移民开发仅有五年，其中有两年又在侵略扩张中，其在新疆域设置新县的时间并未维持很久。秦西北边界在相当长的时间里，维持在秦统一之初的现状。由此可以认为，上表鄂尔多斯高原郡县情况就是秦朝辖有郡县的常态。

二、西汉时期鄂尔多斯高原城市的发展

西汉时期的城市体系表现为三级制：京师长安、郡级城市（王都和郡城）、县级城市（县、邑、侯、道）。西汉时期在鄂尔多斯高原上有两个等级的城市，即郡级城市和县级城市，县级城市中有县和侯国城市两种类型。

（一）西汉鄂尔多斯高原郡级城市的发展

西汉初年实行郡国并行制度。位于今鄂尔多斯高原地区的有上郡、九原郡、云中郡、北地郡。西汉初年位于研究区的郡级城市有上郡郡治肤施、九原郡郡治九原、云中郡郡治云中。北地郡郡治马领[①]在研究区外。

元朔二年（前127），汉武帝派卫青攻打匈奴大获全胜，收复河南地，设置了朔方郡，并由苏建修筑朔方城。朔方城在朔方郡设立之初即为朔方郡治。《括地志》载“夏州朔方县北什贲故城”即汉朔方城。《水经注》亦载：“迳朔方县故城东北，诗所谓城彼朔方也。汉元朔二年，大将军卫青取河南地为朔方郡，使校尉苏建筑朔方城，郡此城也。”由此可知，唐代什贲故城即是汉代朔方城，位于今内蒙古杭锦旗独贵塔拉镇西南库布齐沙漠中的沙日召古城。[②]元朔五年（前124）临戎县城设立后，朔方郡治迁移到朔方郡临戎县。临戎县城即今内蒙古巴彦淖尔市磴口县补隆淖镇河拐子村的补隆淖古城。[③]元狩三年（前120），始建三封县城，自此朔方郡郡治又由临戎县迁移至三封县。此次迁移是朔方郡治的最后一次迁移，直至西汉末年朔方郡郡治一直在三封。三封县位于今内蒙古巴彦淖尔市磴口县城西北包尔盖农场陶升井西南，城址

① “马领城，（环）县南一百三十里。汉置马领县，为北地郡治。”参见〔清〕顾祖禹：《读史方舆纪要》卷五七《陕西六》，贺次君、施和金点校，中华书局，2005年，第2764页。马岭古城在今甘肃省庆阳市庆城县马岭镇环江与马岭东沟回河口附近。今马岭村北500米处有一汉代古城遗址，“其东、西、南三面临沟，平面呈不规则长方形。西北残长20米，黄土夯筑，基宽8米，顶宽1.5—2米，夯层厚0.12—0.14米”，在故城东南1.5千米的庙台村东500米有里黄沟汉墓群，村南700米有高台汉墓群。马岭村东1千米还有一处喵太烽火台遗址。参见国家文物局主编：《中国文物地图集·甘肃分册》下，第373—374页。

② 艾冲：《唐代夏州城通往丰州区域的道路考述》，《中国边疆史地研究》2014年第3期。

③ 侯仁之、俞伟超：《乌兰布和沙漠的考古发现和地理环境的变迁》，《考古》1973年第2期。

即是麻弥图古城（亦称陶升井古城）。20世纪70年代侯仁之考察该城址时，还可看见坍塌的城垣，而今已无遗存。

卫青复取河南地后，汉初九原郡的辖域也随着汉军的西进而扩大，遂将九原郡分为朔方郡和五原郡。五原郡郡治沿袭原九原郡郡治九原。元朔四年（前125），郡区调整，以上郡北部数县及黄河以东区域设置西河郡，西河郡初治富昌，后迁至平定。上郡治肤施。北地郡郡治由马领迁至富平。由此可知，西汉中期位于研究区的郡有所增加，由原来的3郡增加到6郡。郡级区域数量增加，郡级城市的数量也随之增加，由3个郡级城市增加到6个郡级城市，研究区实际作为郡级治所城市则有9个，即肤施、云中、九原、富平、三封、朔方、临戎、富昌和平定。

（二）西汉鄂尔多斯高原县级城市的增长

北地郡汉初辖域包括《汉书·地理志》中所载的安定郡全境和秦北地郡南部地区。元鼎三年（前114），以北地郡属县设置新郡——安定郡，安定郡辖县均不在研究区。《汉书·地理志》载北地郡析出安定郡后仍有19县，位于研究区的县有富平、朐衍、灵武、灵州、廉、弋居、回获和五街8县。由此可知，汉初到西汉末研究区仅北地郡辖县就由2个增至8个，说明西汉西北边疆向北部（宁夏平原）有所延伸。

富平城，位于今宁夏青铜峡口巴闸村附近，境有神泉障城和浑怀障城。其中浑怀障城城址位于今宁夏银川市兴庆区兵沟旅游区。神泉障城城址就是铁柱泉古城，位于今宁夏盐池县冯记沟乡。①灵武县位于今宁夏青铜峡市境内平原地带的邵刚、玉泉营附近。②灵州，汉惠帝四年（前191）置，城址位于今宁夏吴忠市通利区古城湾村西侧、黄河河道中，为北魏薄骨律镇城前身，城址不存。汉代灵州县内设有两个养马苑，即河奇苑、号非苑，均位于黄河沙洲上。西汉廉县故城在唐怀远县城（今宁夏银川市兴庆区旧城区）西北，秦汉浑怀障（今宁夏平罗县陶乐镇）西南、汉魏黄河主河道西侧，即今宁夏石嘴山市平罗县崇高镇暖泉村南1.5千米处的暖泉古城遗址。弋居县，有盐官，推测故城当在鄂尔多斯高原南部台地上。今陕西定边县与宁夏盐池县交界区域有一条南北向的“盐川”，分布众多盐湖，有设置盐官的资源条件，所以，弋居古城约位于今陕西定边县红柳沟镇北沙场（子）村古城遗址。回获故城当为位于今鄂托克前旗昂素镇呼和淖嘎查西北2千米的呼和淖古城遗址。五街故城当为今宁夏盐池县花马池镇左记湾村南1千米的左记湾古城遗址。

① 陈永中：《神泉障障址小考》，《西北第二民族学院学报（哲学社会科学版）》1990年第3期。
② 杨森翔：《历史上的灵洲、灵州、灵武谷、灵武城址及其他——订正〈中国历史地图集〉的一个错误》，《宁夏大学学报（人文社会科学版）》2008年第1期。

汉武帝北伐匈奴之前，上郡包括秦上郡辖县及西汉新增的县域。如圜阴县是汉惠帝五年（前190）[①]新设的；平定侯国是高后元年（前187）封给齐国丞相齐受的，至元鼎四年（前113）齐昌获罪国除为县，[②]入西河郡（为叙述方便，下文以一般县城看待）。所以，西河郡设立之前的上郡隶属于研究区域的县有：肤施、阳周[③]、原都、高望、圜阳、圜阴、广衍、中阳、徒经、平周、饶、西都、平陆、博陵、平定，共计15个。元朔四年（前125）将圜阴、圜阳、广衍、中阳、徒经、平周、饶、西都、平陆、博陵、平定11县划入西河郡。《汉书·地理志》记载的上郡属县有23个，其中位于鄂尔多斯高原地区的有9个，即肤施、阳周、原都、高望、龟兹、奢延、白土、桢林、独乐。因此，至西汉末年汉平帝时期位于研究区内的上郡辖县由原来的15个减至9个，然其在研究区空间缩小的情况下仍增加了5个县，这一现象当与本地经济发展和人口增长有很大关系。

上郡龟兹县是属国都尉治，有盐官。颜师古注云："龟兹国人来降附者，处之于此，故以名云。"[④]马少甫考证龟兹县为汉宣帝神爵年间所建。[⑤]关于龟兹县的位置，艾冲认为两汉上郡龟兹县故城就是今内蒙古乌审旗嘎鲁图镇东北约30千米的敖柏淖尔（或作昂拜淖尔）西南侧1.5千米的古城遗址。[⑥]这里是一处被草原和沙漠环抱的黄土台地。奢延县由奢延水得名，《水经注》载："（奢延）水西出奢延县西南赤沙阜……东北流，迳其县故城南。"[⑦]奢延水即今无定河。由此方位可知汉代奢延县当

① 汉惠帝五年，封齐将刘到为平都侯，原因是其于高祖三年（前204）时降汉、定齐，封食邑1000户。这个食邑户数在高祖、高后时期都是比较多的，高后元年封于本郡的平定侯并无食邑户数信息，很显然平都侯比平定侯的地位更高。该侯国至汉景帝后元二年（前142）有罪，国除为县，入上郡。平都城位于今陕西子长市余家坪镇曹家坬村西250米处的曹家坬古城遗址，西距所谓"直道支线"2千米，大理河南侧支流河谷。城址平面呈长方形，东西长约1.5千米，南北宽约1千米。城墙夯筑，残高1—4米，残基宽0.4—2米，夯层厚7—9厘米，城址规模较大。在其东北不远的小理河流域、今陕西榆林市横山区夏州街道张家坬村出土的一件西汉素面铜鼎，鼎身铭文显示其属于平都县。铜鼎口沿下隶书阴刻"平都，绥和元年十月造，铜鼎一合容三斗，重二十六斤"21个字。参见国家文物局主编：《中国文物地图集·陕西分册》下，西安地图出版社，1998年，第809、719页。说明西汉平都县辖域较广，此城虽不在研究区内，但相距不远。

② 《史记》卷一九《惠景间侯者年表第七》，第982页。

③ 汉文帝八年（前172）封淮南厉王子刘赐为阳周侯，至文帝十六年（前164）刘赐被封为庐江王，国除。参见《史记》卷一九《惠景间侯者年表第七》，第1004页。

④ 《汉书》卷二八下《地理志第八下》，第1618页。

⑤ 马少甫：《两汉上郡龟兹县考略》，见《"丝绸之路与龟兹中外文化交流"学术研讨会论文集》，甘肃人民出版社，2010年，第125—131页。

⑥ 艾冲、陈娇：《两汉上郡龟兹县治城位置新探》，《陕西师范大学学报（哲学社会科学版）》2015年第5期。

⑦ 《水经注疏》卷三《河水三》，第258页。

在今陕西靖边境内。郦道元认为大夏国统万城即是在汉代奢延城的基础上改筑而成。统万城的方位确与汉奢延城位置相合，但本文认为汉奢延县为统万城之东城，即陕西榆林市靖边县红墩界镇北部白城子古城东城，考证见本书第三章第二节。白土县，《水经注》云："圜水出上郡白土县圜谷，东迳其县南。《地理志》曰：'圜水出西，东入河，王莽更曰黄土也。'东至长城，与神衔水合。"[①]根据相对位置以及考古发掘资料，位于今陕西神木市中鸡镇河家圪台村东150米的河家圪台城址可能就是西汉白土县所在地。桢林县，相关史料较少，因上郡与西河郡当以圜水（窟野河）为界，推测其大约是神木市秃尾河上游东岸、窟野河以西的瑶镇遗址（今陕西神木市锦界镇瑶镇村）。独乐县，《汉书·地理志》中载独乐有盐官，约位于当今陕西榆林市榆阳区西部巴拉素镇与马合乡之间广阔地带的火连海城址。

西河郡是汉武帝元朔四年（前125）设置的新郡。西河郡被黄河分成东、西两部分，黄河以西的范围原属于上郡，以东的辖域原属代国。《汉书·地理志》载西河郡共有36县，黄河以西的县有圜阳、圜阴、广衍、中阳、徒经、平周、饶县、西都、平陆、博陵、富昌、平定、美稷、大成、虎猛、增山、谷罗、鸿门、阴山、千章、鹄泽、广田、驺虞、乐街、益兰、武车、方利、宣武、觬是、盐官，这30县属于研究区，其中前10个县自上郡改隶而来，平定为国除之后来归，其余19个县或都是元朔四年及以后新设的。另，南部都尉治塞外翁龙、埤是，位于今陕西神木市高家堡镇北方、秃尾河东侧喇嘛河村附近的古城。

富昌城，有盐官，为今陕西府谷县北境的古城镇古城村北侧、皇甫川河北岸台地上的古城城址。平定城，艾冲依据《后汉书》李贤注认为，平定县是西河郡治，与今伊金霍洛旗红庆河镇政府驻地的红庆河古城相当。美稷城，属国都尉治，位于今准格尔旗暖水镇西北隅平缓山区的榆树壕（村）古城遗址，此城还是东汉使匈奴中郎将府治城。大成县，当为距今内蒙古鄂尔多斯市杭锦旗锡尼镇浩绕柴达木苏木西北约2千米的霍洛柴登古城。虎猛城，西部都尉治所，当为距今内蒙古鄂托克旗木凯淖尔镇水泉子村古城遗址。增山城，北部都尉治所，今内蒙古鄂尔多斯市东胜区泊尔江海子镇的城梁村古城[②]。谷罗城位于距今内蒙古东胜区泊尔江海子镇莫日古庆村西侧1千米处的莫日古庆古城，东北距解家村（原漫赖乡政府驻地）约8.2千米。鸿门城位于陕西神木市高家堡镇东部的崔家崖畔村一带，面积大约50万平方米。圜阴城，惠帝五年立，

① 《水经注疏》卷三《河水三》，第250页。

② 古城平面呈方形，边长约480米。古城北墙外发现有大型陶水管道、铜镞等物。参见国家文物局主编：《中国文物地图集·内蒙古自治区分册》下，第572页。

位于距今榆林市横山区党岔镇北庄村西约1千米的大寨梁山前平原上，于城址北1千米处为榆溪河与无定河汇合处。于城址东无定河自北向南流过，党岔河自城址南部山区流出，经过城址南部向东流入无定河。该城址分为东、西两部分，东城或为汉代圜阴县址。

以下县城相关资料甚少，在《中国历史地图集》上亦无标注。本课题总负责人依据自然地形地貌、考古发掘资料对城市位置进行比对，认为：驺虞城，位于鄂尔多斯市东胜区罕台镇西南部、元圪旦村南约4千米处的元圪旦古城。鹄泽城，当为今鄂尔多斯市伊金霍洛旗红庆河镇的乌兰敖包古城。乐街城址即位于今鄂尔多斯市准格尔旗沙圪堵镇、皇甫川上游纳林河东岸的纳林村古城。广田城位于西汉增山县以西，位置约在今鄂尔多斯市东胜区西部的泊尔江海子镇境内的寨子梁古城。益兰城，或位于今伊金霍洛旗纳林陶亥镇朱开沟村的电石湾古城①。宣武城，位于距今准格尔旗薛家湾镇寨子上村北500米的城圪卜古城。千章城，武帝元朔三年（前126）封代共王子刘遇为千章侯，元鼎五年（前112）坐酎金，国除。千章城约位于当今内蒙古准格尔旗纳日松镇川掌村古城遗址。武车城，可能位于距今陕西府谷县大昌汗镇大昌汗村北200米的大昌汗古城。方利城，可能位于距今陕西府谷县庙沟门镇柏草峁村北150米处、清水川西侧支流之北的古城梁古城。该城址呈不规则形。阴山城位于今陕西榆林市佳县朱官寨镇石家坬村石家坬古城。觬是城，位置约略与今陕西佳县王家砭镇柳树会村北侧的柳树会古城相当。盐官城，约今杭锦旗锡尼镇浩绕柴达木嘎查敖楞布拉格古城所在。

朔方郡是汉武帝元朔二年（前127）新设置的郡，其所辖以汉武帝新拓展疆域为主，也包括秦九原郡西部辖域。朔方郡辖有10县，即三封（前120）、临戎（前124）、朔方（前127）、窳浑（前127）、临河（前120）、广牧、沃野（前120）、修都、呼遒、渠搜。朔方、临戎、三封城都做过朔方郡治，上文已详述其位置所在。

侯仁之等认为窳浑县城故址即保尔浩特古城（土城子），在距今内蒙古巴彦淖

① 该城平面呈方形，长135米，宽130米。城内正南部有一方形建筑台基，长2.3米，宽1.4米，高1.3米。参见伊金霍洛旗文物管理所编：《伊金霍洛旗文物志》，内部资料，2012年，第63—65页。

尔市磴口县沙金套海苏木西南3千米处。[①]元朔三年（前126）封代王子刘贤为临河侯[②]，城址位于距今内蒙古五原县塔尔湖镇西北30千米的五星村汉代古城[③]。该城址现仅剩下南段城墙残垣，其余城墙已经看不见原貌。[④]广牧故城位于今内蒙古乌拉特前旗西小召镇西局子汉代古城。沃野故城即今脑高古城，位于内蒙古巴彦淖尔市临河区干召庙镇黄羊村。脑高古城地面已无遗存，已成为耕作农田，只能参考脑高村三队内的汉墓群遗址才能判断古城址的大致方位。修都、渠搜、呼遒三城位置尚不能确定。渠搜县城有可能在杭锦旗独贵塔拉镇东部黄河南侧。呼遒城在今杭锦旗独贵塔拉镇塔然高勒村政府驻地北侧不远处，有可能湮没在库布齐沙漠中。

汉初九原郡在元朔二年更名为五原郡，辖境范围也相应地缩小。汉初位于九原郡的县没有变动，但是属县数量增加。汉初九原郡下辖7县，到西汉末年五原郡属县增加到16县，增加的9县分别是河目、固陵、五原、临沃、文国、蒱泽、宜梁、成宜、稒阳。新增的9县中文国、蒱泽和固陵3县无考。

河目县，《水经注》在叙述河水“自临河县东迳阳山南”之后，又“南屈，迳河目县故城西，在北假中，地名也。自高阙以东，夹山带河，阳山以往，皆北假也”[⑤]。自临河县至河目县故城的阳山之间都是北假之地。河目县故城在今内蒙古乌拉特前旗东北乌梁素海东。对比考古资料，河目县故城位于乌拉特前旗额尔登布拉格苏木陈二壕村东北、乌梁素海东岸的陈二壕城址，这里还是隋大同城、唐天德军故城所在。[⑥]

有关五原县，在《水经注》中有这样的记载：“（河水）又东，迳九原县故城南，秦始皇置九原郡，治此。汉武帝元朔二年更名五原也。……西北接对一城，盖五原县之故城也。”郦道元描述了九原郡郡治九原县的位置，并认为九原城西北接对的

① 侯仁之、俞伟超：《乌兰布和沙漠的考古发现和地理环境的变迁》，《考古》1973年第2期；又见侯仁之：《历史地理学的视野》，第114—139页。文章对窳浑下“有道西北出鸡鹿塞”中的鸡鹿塞进行了考订，在距窳浑故城大约20千米的哈隆格乃峡谷的入口处发现有一系列汉代石筑烽燧，其中最重要的一处是，控制峡谷入口处两侧的石城遗址，可以断定这就是汉代的鸡鹿塞。塞口以内，两山夹峙，中间是一条宽阔平坦的天然通道，并有一泓溪水顺流而下，在出峡谷后没入沙砾层中。

② 《史记》卷二一《建元已来王子侯者年表第九》，第1091页。

③ 孟洋洋：《西汉朔方郡属县治城考》，《西夏研究》2016年第3期。

④ 古城“城墙由夯土筑成，长约2公里，宽约1公里。……到处散落着质地细腻、花纹精美的汉代陶片”。参见辛平：《内蒙古河套地区新发现一座汉代古城遗址》，来源：中新网，2009年11月11日，网址：chinanews.com. cn/cul/news/2009/11-11/1959322.shtml。

⑤ 《水经注疏》卷三《河水三》，第215页。

⑥ 白雪：《西汉时期五原郡诸县治城新考——以〈水经注〉的记载为中心》，见陕西历史博物馆编：《陕西历史博物馆馆刊》第21辑，三秦出版社，2014年，第144页。

一城为五原县城。九原城故址即现今包头市九原区麻池古城。麻池古城是南北两城相接的城，正如郦道元所言“西北接对”。麻池古城南城为秦九原郡治、汉五原郡治九原县城遗址，北城则是汉五原郡五原县城址。

稒阳县，《汉书·地理志》载稒阳：“北出石门障得光禄城。”石门障附近有石门水经过，石门障在石门水西岸。[①]石门水即今包头市昆都仑河。稒阳城就在昆都仑河下游。实地考察发现昆都仑河下游西岸有孟家梁古城，该城城址符合文献中对稒阳城地理位置的记载，但已无遗迹可循。确定了稒阳城位置之后，临沃城的位置也就随之确定。《水经注》记载：“（河水）又东过临沃县南。”郦道元注：“河水又东，枝津出焉。河水又东流，石门水南注之。”可知临沃城位于黄河北岸、昆都仑河西岸，即黄河与昆都仑河交汇的西侧。符合这一地理位置的古城只有包头市的古城湾古城，该城位于内蒙古包头市东河区河东镇古城湾村。

成宜、宜梁与稒阳三城距离较近，都是沿黄河东流段分布。《水经注》云：“河水又东，迳田辟城南……河水又东，迳成宜县故城南……又东，迳原亭城南……河水又东，迳宜梁县之故城南……河水又东，迳副（稒）阳城南……又东，迳河阴县故城北。”[②]由此可知，成宜、宜梁和稒阳县都位于黄河北岸，且三城由西向东依次排开。宜梁城位于今内蒙古乌拉特前旗先锋镇三顶村东北的三顶帐房古城。宜梁县西有一个属成宜县管辖的城堡为原亭城，该城堡即是内蒙古巴彦淖尔市乌拉特前旗先锋镇堡子湾古城。成宜县管辖的另一个城堡为田辟城，当为今内蒙古巴彦淖尔市乌拉特前旗先锋镇公庙沟古城堡，但考察时并未找到遗址。根据文献可知成宜县的两个都尉治所田辟城和原亭城分别位于成宜县城的西面和东面，可以推断成宜城位于乌拉特前旗先锋镇境内，但是现今并未发现与成宜县址相合的古城址。

固陵在距今内蒙古固阳县南部金山镇梅令山村西南2千米的梅令山古城址。蒲泽故城位于达拉特旗白泥井镇白泥井村附近。文国故城位于达拉特旗昭君镇西部、黑赖沟上游的敖楞陶勒盖附近。[③]

云中郡于高祖末年析置定襄郡之后，辖境再未发生变化，但是其辖县却有增加，至西汉末年云中郡属县有11个，即云中、武泉、北舆、原阳、沙陵、咸阳、阳寿、桢陵、沙南、陶林、犊和。

---

① “其水自障东南流，迳临沃城东，东南注于河。”参见《水经注疏》卷三《河水三》，第78页。

② 《水经注疏》卷三《河水三》，第222—224页。

③ 白雪：《西汉时期五原郡诸县治城新考——以〈水经注〉的记载为中心》，见陕西历史博物馆编：《陕西历史博物馆馆刊》第21辑，第136—144页。

阳寿县的文献记载很少，《中国历史地图集》将阳寿县标注于托克托县治东南，周振鹤也认为阳寿县城在今托克托县东南一带[①]，土默特左旗土城村古城应为汉代阳寿县城[②]。桢陵县和沙南县以及沙陵县在《水经注》里均有记载："河水又东过云中桢陵县南，又东过沙南县北，从县东屈南，过沙陵县西。""河水南入桢陵县西北缘胡山，历沙南县东北。"胡渭曰"桢陵故城在河东岸，沙南故城在西岸。"[③]从这些内容来看，这段河水是西北东南走向，在沙南县东更趋向南，也就是黄河在这里稍有弯曲。那么河水在桢陵县境内首先流过其西北方向的缘胡山，过其城西南，继续向东南流，经过沙南县东北，接着向南经过沙陵县西，继续南流，沙陵湖水从东北方向汇入。桢陵县与沙南县隔河相望，桢陵县在沙南县西北。托克托县新营子镇章盖营村东南500米处的沙岗畔遗址位置与桢陵县位置相合，与该城址相对的黄河西岸亦有座城壕遗址，即沙南县故城，位于今内蒙古鄂尔多斯市准格尔旗大路镇新区街道城壕村古城遗址。[④]犊和城，周振鹤认为该城位于今内蒙古固阳县东南，今土默特左、右旗一带，确地待考。[⑤]吴丰享认为今呼和浩特市土默特左旗毕克齐镇大古城村古城应为犊和城。[⑥]陶林城，云中郡东部都尉治。《中国历史地图集》将其标注在今呼和浩特市东北、武皋西南方、武泉东偏北处，位置不定。吴丰享认为陶林城应为今乌兰察布市卓资县梨花镇三道营村的土城村古城。[⑦]

综上所述，西汉高祖时期，鄂尔多斯高原及其邻地区的县级城市数量与秦代一样；汉武帝元朔二年之前，研究区县级城市数量仅增加了灵州、圜阴、平定3城，其他属郡城市数量变化较小；汉武帝元朔二年置朔方郡、元朔四年置西河郡之后，研究

① 周振鹤：《汉书地理志汇释》，第376页。

② 吴丰享：《西汉云中郡属县治城位置新考》，《西夏研究》2017年第1期。

③ 《水经注疏》卷三《河水三》，第228、236—237页。

④ 今准格尔旗十二连城村古城所在位置即西汉沙南县城。十二连城村古城从汉代一直沿用到明代，俗称十二连城，有五座城圈。东南部三座城址为汉、隋、唐时期故城，西北部一座砖砌城址是明代东胜右卫故城。

⑤ 周振鹤：《汉书地理志汇释》，第390页。

⑥ 吴丰享：《西汉云中郡属县治城位置新考》，《西夏研究》2017年第1期。

⑦ 吴丰享：《西汉云中郡属县治城位置新考》，《西夏研究》2017年第1期。土城村古城，从战国一直沿用到明代，位于山谷内，有东、西两城。西城始建于战国，后代分别对其加以改造和增筑。东城年代较晚，以西城东墙为其西墙。西城西北角向外凸出，中部偏南有一道东西向隔墙，将其分为南、北两部分，南北长570—690米，东西宽约480米。城墙夯筑，基宽8—12米，残高5—8米，夯层厚8—15厘米；南墙中部设门，外加筑瓮城；四角有角楼，墙外均筑马面。城内有院落、房屋等建筑基址。东城平面呈长方形，东西宽约470米，南北约600米；城墙夯筑，夯层厚11—15厘米；四角亦有角楼，东、南、北三墙外均筑马面。参见国家文物局主编：《中国文物地图集·内蒙古自治区分册》下，第539页。

区城市数量大增。西汉末年鄂尔多斯高原地区郡县级城市情况见表2–3。

表2–3　西汉末年鄂尔多斯高原城市一览表

秦郡	郡治	县城	古城址	今地理位置
北地郡	富平	富平	尚未发现遗址	宁夏青铜峡口巴闸村附近
		朐衍	张家场古城	宁夏盐池县花马池镇东塘村
		灵武		宁夏青铜峡市境内
		灵州		宁夏吴忠市通利区古城湾村
		廉	暖泉古城	宁夏石嘴山市平罗县崇高镇暖泉村南1500米
		弋居	沙场子古城	陕西定边县红柳沟镇沙场村
		回获	呼和淖古城	内蒙古鄂托克前旗昂素镇呼和淖嘎查西北2千米
		五街	左记湾古城	宁夏盐池县花马池镇左记湾村南1000米
上郡	肤施	肤施	米家园古城	陕西榆林市榆阳区鱼河镇
		阳周	龙眼古城	陕西榆林市靖边县杨桥畔镇龙眼水库附近
		高望	吉尔庙古城	内蒙古杭锦旗锡尼镇扎尔庙嘎查
		原都	大场子古城	内蒙古鄂托克前旗城川镇大场子村
		龟兹	敖柏淖尔古城	内蒙古乌审旗嘎鲁图镇驻地东北约30千米
		奢延	白城子古城东城	陕西榆林市靖边县红墩界镇白城子
		白土	河家圪台城	陕西神木市中鸡镇河家圪台村东150米
		桢林	瑶镇遗址	陕西省神木市锦界镇瑶镇村
		独乐	火连海城址	陕西榆林市榆阳区巴拉素镇
西河郡	富昌	富昌	古城村城址	陕西府谷县古城镇古城村
		平定	红庆河古城	内蒙古伊金霍洛旗红庆河镇政府驻地
		美稷	榆树壕古城	内蒙古准格尔旗暖水镇店塔村
		大成	霍洛柴登古城	内蒙古杭锦旗锡尼镇浩绕柴达木嘎查
		虎猛	水泉村古城	内蒙古鄂托克旗木凯淖尔镇水泉子村
		增山	城梁村古城	内蒙古鄂尔多斯市东胜区泊尔江海子镇城梁村
		谷罗	莫日古庆古城	内蒙古东胜区泊尔江海子镇漫赖村（莫日古庆村西侧1000米）
		鸿门	崔家崖畔遗址	陕西神木市高家堡镇东部的崔家崖畔村
		驺虞	元圪旦古城	内蒙古鄂尔多斯市东胜区罕台镇
		鹄泽	乌兰敖包古城	鄂尔多斯市伊金霍洛旗红庆河镇乌兰敖包
		乐街	纳林古城	内蒙古鄂尔多斯市准格尔旗沙圪堵镇纳林村
		广田	寨子梁古城	内蒙古东胜区泊尔江海子镇漫赖村
		益兰	电石湾古城	内蒙古伊金霍洛旗纳林陶亥镇朱开沟村
		宣武	城圪卜古城	内蒙古准格尔旗薛家湾镇寨子上村
		千章	川掌村古城	内蒙古准格尔旗纳日松镇川掌村
		武车	大昌汗古城	陕西府谷县大昌汗镇大昌汗村北200米
		方利	古城梁古城	陕西府谷县庙沟门镇柏草峁村
		阴山	石家坬古城	陕西佳县朱官寨镇石家坬村
		觬是	柳树会古城	陕西佳县王家砭镇柳树会村北侧
		盐官	敖楞布拉格古城	内蒙古杭锦旗锡尼镇浩绕柴达木嘎查敖楞布拉格

续表

秦郡	郡治	县城	古城址	今地理位置
西河郡	富昌	广衍	城圪梁古城	内蒙古准格尔旗沙圪堵镇双山梁村（佛爷庙村）
		圜阳	郑家沟城址	陕西榆林市榆阳区鱼河镇郑家沟村东南
		圜阴	党岔古城	陕西榆林市横山区党岔镇北庄村西约1000米
		中阳	古城梁城址	内蒙古杭锦旗锡尼镇四十里梁古城梁村
		徒经	古城壕村古城	内蒙古伊金霍洛旗纳林陶亥镇古城壕村南50米
		平周	班家沟遗址	陕西米脂县城郊镇班家沟村
		饶	石马川古城	陕西府谷县府谷镇碛塄村石马川河南岸台地上
		西都	车家渠古城	内蒙古伊金霍洛旗阿勒腾席热镇车家渠村
		平陆	冯家会古城	陕西府谷县黄甫镇墙头村
		博陵	前城村古城	陕西府谷县古城镇前城村东1000米
朔方郡	三封 临戎 朔方	三封	麻弥图古城	内蒙古巴彦淖尔市磴口县包尔盖农场陶升井
		临戎	补隆淖古城	内蒙古巴彦淖尔市磴口县补隆淖镇河拐子村
		朔方	沙日召古城	内蒙古杭锦旗独贵塔拉镇沙日召嘎查什拉召附近
		窳浑	保尔浩特古城	内蒙古巴彦淖尔市磴口县沙金套海苏木西南3000米
		临河	五星村古城	内蒙古五原县塔尔湖镇五星村
		广牧	西局子古城	内蒙古乌拉特前旗西小召镇
		沃野	脑高古城	内蒙古巴彦淖尔市临河区干召庙镇黄羊村
		修都	无考	
		渠搜	无考	内蒙古杭锦旗独贵塔拉镇境
		呼遒	无考	内蒙古杭锦旗独贵塔拉镇塔然高勒村
五原郡	九原	九原	麻池古城南城	内蒙古包头市九原区麻池镇古城村
		西安阳	张连喜古城	内蒙古乌拉特前旗乌拉山镇张连喜店村
		武都	碾房村古城	内蒙古固阳县银号镇碾房村
		南兴	城圪梁古城	内蒙古达拉特旗风水梁镇城圪梁村东
		曼柏	哈勒正壕古城	内蒙古达拉特旗白泥井镇盐店村
		莫䵩	下城湾古城	内蒙古固阳县下湿湾镇下城湾村
		河阴	昭君坟古城	内蒙古鄂尔多斯市达拉特旗昭君镇
		河目	陈二壕古城	内蒙古乌拉特前旗额尔登布拉格苏木陈二壕村
		五原	麻池古城北城	内蒙古包头市九原区麻池镇古城村
		稒阳	孟家梁古城	内蒙古包头市昆都仑区昆河镇孟家梁村
		临沃	古城湾古城	内蒙古包头市东河区河东镇古城湾村
		宜梁	三顶帐房古城	内蒙古乌拉特前旗先锋镇三顶村
		成宜		内蒙古乌拉特前旗先锋镇境内
		固陵	梅令山古城	内蒙古固阳县金山镇梅令山村
		蒱泽		内蒙古达拉特旗白泥井镇白泥井村附近
		文国		内蒙古鄂尔多斯市达拉特旗昭君镇
云中郡	云中	云中	古城乡古城	内蒙古托克托县古城镇古城村西
		武泉	北水泉村遗址	呼和浩特市保合少镇北水泉村东南约500米
		北舆	塔布陀罗亥古城	呼和浩特市成吉思汗大街街道塔利村北约1000米
		原阳	二十家村古城	呼和浩特赛罕区黄合少镇二十家村西南200米

续表

秦郡	郡治	县城	古城址	今地理位置
云中郡	云中	沙陵	哈拉板申古城	内蒙古托克托县双河镇哈拉板申村东
		咸阳	东老藏古城	内蒙古土默特右旗苏波盖乡东老藏村南3000米
		阳寿	土城村古城	内蒙古呼和浩特市土默特左旗白庙子镇土城村
		桢陵	沙岗畔遗址	内蒙古托克托县新营子镇章盖营村东南500米处
		沙南	城壕村古城	内蒙古鄂尔多斯市准格尔旗大路镇新区街道
		犊和	大古城村古城	内蒙古呼和浩特市土默特左旗毕克齐镇大古城村
		陶林	土城村古城	内蒙古乌兰察布市卓资县梨花镇三道营村

西汉西北疆域由汉高祖到汉武帝时期不断增加扩大，汉武帝时期收复的疆土，是秦始皇时期北伐匈奴所得的疆域，汉收复失地后设置的郡县大都承袭秦朝，并在秦的基础上增加新郡和新县。

三、东汉时期鄂尔多斯高原城市的衰落

东汉初年，鄂尔多斯高原地区混战不断。建武五年（29），卢芳在匈奴的支持下自立政权，建都汉九原县。政权建立之初，“掠有五原、朔方、云中、定襄、雁门五郡”[①]，相当于今鄂尔多斯高原地区的中部和北部地区。建武七年（31），云中、朔方二郡归汉。建武十年（34），北匈奴南侵，东汉政权省定襄郡，迁其民入西河郡。建武十二年（36），卢芳尽丧其地，所在地域均收归东汉。西北边郡收归东汉之后，边界政局不稳定，边郡反复省并、内迁。建武十年至二十年间，西北边郡曾有短暂的弃置，史载至建武二十六年（50），有“云中、五原、朔方、北地、定襄、雁门、上谷、代八郡民归于本土”[②]。可知此年之前云中、朔方、五原、北地等郡之民曾内迁，至建武二十六年西北边地原各郡之民又回到属郡旧土就是明证。《后汉书·郡国志》记载了东汉顺帝永和五年（140）时，即东汉中期全国106个郡国属县情形，且至建安二十年（215）之前研究区各郡所属县城不变，但建安二十年之后研究区的生产方式再次彻底改变，郡县政区省并裁撤。[③]

东汉初年五原郡属卢芳政权，建武十二年归属东汉；建武二十年（44）“省五原郡，徙其吏人置河东”；建武二十六年，五原郡民又归于本土；直至献帝建安二十年，五原郡领地皆并。《后汉书·郡国志》的资料断限为永和五年，此时五原郡相当

① 《后汉书》卷一二《王刘张李彭庐列传第二·卢芳传》，第506页。
② 《后汉书》卷一下《光武帝纪第一下》，第78页。
③ 汉献帝建安二十年，颁布了一项诏令，“省云中、定襄、五原、朔方郡，郡置一县领其民，合以为新兴郡”。参见《三国志》卷一《魏书一·武帝纪一》，第45页。

于东汉末年之样貌。《郡国志》五原领有“十城”，即指东汉永和年五年前后的情况。而“十城”并非《汉书·地理志》中记载的“十六县”，且东汉五原人口也比西汉五原人口少很多。东汉五原人口有22957，而西汉五原人口则有231328，两个时期五原郡人口数量相差悬殊。因此推断东汉五原郡所辖的县主要是县治所在的城，县治以外的地区并没有全部顾及，其他郡亦同。五原郡管理的10城有九原、五原、临沃、文国、河阴、武都、宜梁、曼柏、成宜、西安阳，均沿袭了西汉五原郡县治城池。至建安二十年，五原郡受匈奴侵袭，领地尽失，省并为五原一县，侨治太原郡北界内阳曲县，隶属于新兴郡。

史载建武二十六年之前，朔方郡曾被废弃，但所弃之年没有确切记载。建武十一年（35），省朔方刺史部并入并州。建武二十六年朔方郡重返旧土时，西河郡大成县属朔方郡，此后直至顺帝永和五年，朔方郡属县均在东汉界内。永和五年，由于匈奴不断侵扰，朔方郡侨治于五原郡五原县。《后汉书·郡国志》载，永和五年之前朔方郡下辖6城，分别是临戎、三封、朔方、沃野、广牧和大成。这6城都是西汉时期沿袭下来的城，其中大成在西汉时期隶属于西河郡。建安二十年，朔方郡省为广牧一县，置于太原郡北界内，隶属新兴郡。

东汉初年云中郡亦属卢芳政权，建武七年归汉。建武七年至建武二十六年，云中郡曾被废弃过一段时间，但并无史料记载。云中郡建武二十六年归汉，永和五年领有11城，至建安中云中郡未改，建安二十年以后匈奴不断侵扰，领县尽废，省为云中一县，徙至太原郡北界内，隶属新兴郡。①云中郡领有的11城中定襄、成乐、武进原属西汉定襄郡，其余8县均属原西汉云中郡辖县。这8县分别是云中、咸阳、箕陵、沙陵、沙南、北舆、武泉、原阳。箕陵，《后汉书集解》王先谦按：“李兆洛以箕陵即前汉桢陵县地。”

上郡于建武六年（30）归属东汉，之后兴废反复无常。安帝永初五年（111），上郡被羌族侵占而民内徙于左冯翊之衙，顺帝永建四年（129）九月“上郡归旧土”②，朝廷派郭璜督促回迁的郡民回到原址，修缮城郭，设置侯驿。然而没过多久，匈奴、乌桓入侵，上郡民于顺帝永和五年第二次内迁，之后，再未返回旧土。上郡两次内迁对其郡破坏极大，然在永初五年至永和五年之间上郡仍领有10城，即肤施、白土、漆垣、奢延、雕阴、桢林、定阳、高奴、龟兹属国和候官。上述10城中除候官一城为东汉新增外，其余均沿用西汉旧城。然属于研究区的仅有肤施、白土、奢

① 李晓杰：《东汉政区地理》，山东教育出版社，1999年，第131—132页。
② 《后汉书》卷六《孝顺孝冲孝质帝纪第六》，第256页。

延、桢林、龟兹、候官6城。

北地郡在卢芳政权覆灭之后，于建武六年归属东汉，建武二十六年之前亦有废弃。建武二十六年至永初五年，北地郡均在东汉政府管辖范围内。安帝永初五年北地郡内迁，侨治池阳。顺帝永建四年，北地郡重归旧土，治富平。顺帝永和六年（141），北地郡再一次内徙（徙治左冯翊夏阳），直至东汉末年再未返回旧地。[①]由文献记载可知，北地郡内附的时间较长，而真正管辖秦汉北地郡仅有七十二年。在这七十二年间，北地郡辖有6城，即富平、泥阳、弋居、廉、参䜌、灵州，上述6城都是沿袭西汉时期的城池，其中富平、廉、灵州、弋居4城，位于今鄂尔多斯高原及其邻近地区。

西河郡在东汉初年就不断遭受北匈奴侵扰，顺帝永和五年西河郡治南迁，由平定迁到离石。平定位于西河郡之西北，离石位于西河郡之东南，由郡治南迁现象也可以得出东汉西河郡北部长期遭受外族入侵而难以控制。然根据《后汉书·郡国志》记载，西河郡在东汉中期仍领有13城。这13城均见于《汉书·地理志》西河郡下。东汉西河郡13城中，位于研究区的有美稷、圜阴、圜阳、广衍、平定、中阳、乐街、平陆、益兰、平周10城。西河郡大成至东汉划入朔方郡。表2-4更加清晰地显示了研究区城市变化。

表2-4　西汉末年、东汉中后期鄂尔多斯高原城市变化一览表

郡名	西汉城市	东汉城市	东汉沿用情况
北地郡	富平、昫衍、灵武、灵州、廉、弋居、回获、五街	富平、灵州、廉、弋居	西汉8城，东汉沿用4城位于研究区
上郡	肤施、阳周、高望、原都、龟兹、奢延、白土、桢林、独乐	肤施、白土、奢延、桢林、龟兹、候官	西汉9城，东汉沿用6城位于研究区
西河郡	富昌、平定、美稷、大成、虎猛、增山、谷罗、鸿门、驺虞、鹄泽、乐街、广田、益兰、宣武、千章、武车、方利、阴山、觬是、盐官、广衍、圜阳、圜阴、中阳、徒经、平周、饶、西都、平陆、博陵	美稷、圜阴、圜阳、广衍、平定、中阳、乐街、平陆、益兰、平周	西汉30城，东汉沿用11城位于研究区，其中大成改隶朔方郡
朔方郡	三封、临戎、朔方、窳浑、临河、广牧、沃野、修都、渠搜、呼遒	临戎、三封、朔方、沃野、广牧、大成	西汉10城，东汉沿用5城位于研究区，大成来自西河郡
五原郡	九原、固陵、五原、临沃、文国、河阴、蒱泽、南兴、武都、宜梁、曼柏、成宜、稒阳、西安阳、莫䵩、河目	九原、五原、临沃、武都、宜梁、曼柏、成宜、西安阳、河阴、文国	西汉16城，东汉沿用10城位于研究区

① 李晓杰：《东汉政区地理》，第137页。

续表

郡名	西汉城市	东汉城市	东汉沿用情况
云中郡	云中、武泉、北舆、原阳、沙陵、咸阳、阳寿、桢陵、沙南、犊和、陶林	云中、咸阳、沙陵、原阳、沙南、北舆、武泉、箕陵	西汉11城，东汉沿用8城位于研究区，箕陵为桢陵改名而来

资料来源：1.李晓杰：《东汉政区地理》，山东教育出版社，1999年。

2.〔南朝宋〕范晔：《后汉书》卷九〇《郡国志》，〔唐〕李贤等注，中华书局，1965年。

3.〔汉〕班固：《汉书》卷二八《地理志》，〔唐〕颜师古注，中华书局，1962年。

综上所述，秦至西汉中期以前，研究区城市数量变化较小；西汉中期至西汉末年，城市数量变化较大；西汉末至东汉中期，城市数量大幅减少；东汉中期至东汉末基本稳定，然汉末受中原政治形势影响，原汉属城市已完全废弃。总体而言，秦汉时期研究区与农业生产方式相适应的城居生活是这一阶段的主要形态。汉与匈奴之间的战争对研究区空间的形成起着极为重要的作用，也是本文研究对象的重要组成部分。两汉交替之际，政局动荡以及匈奴、羌族等民族的内徙改变了研究区的人文景观，农牧混合的生产方式逐渐成为该区域主要的农业景观形态。

第三节　魏晋南北朝时期鄂尔多斯高原城市兴废

魏晋直至十六国、北朝前期，伴随着北境诸民族主动或被动内徙，秦汉以来的郡县制政区从北方边境渐次后撤，而代之以部落组织式的或军事统制式的特殊政区，即领民酋长、地方护军、军镇，以及地方行台等。北朝后期（大致始于北魏孝文帝朝），随着民族融合的深化和统一进程的加速，反映在政区上则是特殊政区的普遍退出、郡县制政区的全面回归。[①]

一、十六国时期鄂尔多斯高原城市

东汉末年，原居于大鲜卑山的鲜卑拓跋部逐渐南迁至匈奴故地即阴山一带，势力不断强大，拓跋力微三十九年（258），迁于定襄之盛乐（今呼和浩特市和林格尔县盛乐镇土城子村）。295年，拓跋猗卢统国之三分之一部，居定襄之盛乐故城，随后

① 牟发松：《十六国北朝政区演变的背景、特征及趋势略论——以特殊政区为中心》，《华中师范大学学报（人文社会科学版）》2017年第5期。

迁徙杂胡治云中、五原、朔方一带。[①]307年以后，铁弗匈奴刘虎自雁门进入西河，流窜至朔方。310年以后，内蒙古阴山以南地区由鲜卑拓跋的代国占领。313年，拓跋猗卢修筑盛乐城作为代国的北都。317年，刘虎从朔方侵扰鲜卑西部，失败后单骑逃走。拓跋什翼犍建国三年（340）春，移都于云中之盛乐宫。铁弗匈奴刘卫辰（赫连勃勃之父）在拓跋什翼犍三次强攻（建国二十八年春正月、建国三十年冬十月、建国三十七年）之后，只得南下向前秦皇帝苻坚求救。376年，苻坚派遣大军分路进攻拓跋什翼犍，南部大人刘库仁率十万骑兵与前秦军队于石子岭交战失利后，拓跋什翼犍因四面受敌“群臣莫可任者，乃率国人避于阴山之北”，稍后又返回定襄之盛乐。386年春正月戊申，拓跋珪即代王位，郊祭天，建元登国，大会于牛川。当时代以长孙嵩为南部大人，以叔孙普洛为北部大人。二月，幸定襄之盛乐，息众课农。同年四月，改称魏王。其时作为代王的拓跋珪年纪尚轻，活动区域约在今呼和浩特市域。至登国六年（391），魏国再次占有阴山以南的鄂尔多斯高原地区[②]，而其政权仍是以游牧行国[③]的形态存在。此时鲜卑族开始在河套平原及阴山以北地方屯田了。[④]然，魏在这里的统治并不稳定，时常受到周边诸部的侵扰，其与铁弗匈奴刘卫辰、后燕慕容鲜卑、柔然的冲突时起。至北魏天赐四年（407）时，铁弗匈奴刘卫辰之子赫连勃勃建立大夏政权，摆脱了北魏的控制。直至427年，北魏攻陷大夏国都统万城，次年俘获赫连昌之后，才算真正控制了鄂尔多斯高原地区。

胡族政权交替，造成的行政区划混乱，严重影响了研究区内城市的恢复与发展，城市景观出现了极大衰落。北魏统一北方之前，除部分沿用秦汉旧城之外，最重要的城市建设就是大夏国都——统万城的建造。统万城的筑造使其成为之后研究区区域发展的中心，也成为当时诸多政权都城建设中最为显著的一个，是中国古代都城体系

---

① 《魏书》卷一《序纪第一》，第7页。

② 《魏书》卷二《太祖纪第二》载：六年（391）冬十一月“戊子，自五原金津南渡河。辛卯，次其所居悦跋城，卫辰父子奔遁。……卫辰少子屈丐，亡奔薛干部。车驾次于盐池。自河已南，诸部悉平。簿其珍宝畜产，名马三十余万匹，牛羊四百余万头。班赐大臣各有差。收卫辰子弟宗党无少长五千余人，尽杀之”。（第24页）

③ 李逸友认为，牛川（《魏书》卷八三上《列传外戚第七十一上·贺讷传》中的牛都，位于距今内蒙古察右后旗韩勿拉苏木克里孟村北0.4千米处的南北向山谷中）是北魏复兴之地，除此之外，定襄之盛乐（今和林格尔县土城子古城）、云中之盛乐（今呼和浩特市托克托县古城村古城）、纽垤川（今察右中旗后大滩）、意辛山（今四王子旗石子湾古城）以及河南宫（今鄂尔多斯市准格尔旗石子湾古城）都是拓跋珪的行国之都。详见李逸友：《中国北方长城考述》，《内蒙古文物考古》2001年第1期；张文平、苗润华：《北魏长城与六镇戍遗址调查新识》，见魏坚、武燕主编：《北魏六镇学术研讨会论文集》，内蒙古人民出版社，2015年，第81—106页。

④ 《魏书》卷二《太祖纪第二》：“九年（394）春三月，帝北巡。使东平公元仪屯田于河北五原，至于棝杨塞外。夏五月，田于河东。”（第26页）

的重要组成部分。《魏书·地形志》载“夏州”条“赫连屈孑所都，始光四年平，为统万镇，太和十一年改置。治大夏”。然牟发松认为赫连夏的州，实际上并不存在，州在大夏境内并没有构成一个完整的体系；其以州名地，以州牧刺史官人，都不过是个名号而已。[①]夏国虽说是以鄂尔多斯高原为基地，限于环境条件和出于政治上的考虑，实际上却是以其东南部为活动区域。《晋书·赫连勃勃载记》记其曾祖父刘虎“出塞表”，其父刘卫辰又“入居塞内”。塞是指秦以来高原上的长城，分布在黄土地带的北缘，407年修建的统万城也是在毛乌素沙地的南缘上。[②]这一点也反映在大夏国设置的具有明确年记载的4个州的情况中。东汉末年为对付黄巾起义，本为监察区的“州制”渐成一级政区建制，形成了州—郡—县三级制，《禹贡》“九州”与《周礼》“九州”相互混杂使用，但在各政权混战期间，州名与实土是无法完全一一对应的。如《晋书·地理志》记载：“（大夏国）置幽州牧于大城，又平刘义真于长安，遣子璝镇焉，号曰南台。以朔州牧镇三城，秦州刺史镇杏城，雍州刺史镇阴密，并州刺史镇蒲坂，梁州牧镇安定，北秦州刺史镇武功，豫州牧镇李润，荆州刺史镇陕，其州郡之名并不可知也。”[③]大夏国时期史记存在幽州的设置，控制区域大致沿两汉朔方郡、五原郡、上郡和西河郡西部。幽州镇大城（成），409年置。雍州，镇阴密，416年置，419年徙镇长安。并州，镇蒲坂，419年置。

据《魏书》载大夏国建立之前，研究区内的秦汉旧城五原[④]、盐池、朔方、云中、悦跋城等城仍有使用。[⑤]另有拓跋珪所建之河南宫，《魏书·太祖纪》载：登国六年（391），“起河南宫”，七年“三月甲子，宴群臣于水滨，还幸河南宫”，八年“九月，还幸河南宫。是岁，姚苌死”，九年“秋七月，还幸河南宫”。然，拓跋

① 牟发松：《十六国时期地方行政机构的军镇化》，《晋阳学刊》1985年第6期。

② 侯甬坚、周杰、王燕新：《北魏（AD386—534）鄂尔多斯高原的自然—人文景观》，《中国沙漠》2001年第2期。

③ 《晋书》卷一四《志第四·地理上》，第432页。

④ 北魏末期，阴山南北爆发六镇战乱，五原城守军坚守了较长时间。五原城即今内蒙古包头市九原区麻池镇西北侧的麻池古城，也即西汉五原郡治城九原县城，秦九原郡治，也是唐中受降城北侧40里的敬本城。参见艾冲：《东汉初期卢芳伪“汉”政权都城——五原郡城考论》，见陕西历史博物馆编：《陕西历史博物馆馆刊》第24辑，三秦出版社，2017年，第81页。

⑤ 《魏书》卷二《太祖纪第二》：登国元年（386）“二月，幸定襄之盛乐。……（六年冬十一月）戊子，自五原金津南渡河。辛卯，次其所居悦跋城，卫辰父子奔遁……卫辰少子屈丐，亡奔薛干部。车驾次于盐池。自河已南，诸部悉平……（八年）八月，帝南征薛干部帅太悉佛于三城，……九年春三月，帝北巡。使东平公元仪屯田于河北五原，至于棝杨塞外。……十年春正月，太悉佛自长安还岭北，上郡以西皆应之……夏五月，幸盐池。六月，还幸河南宫。秋七月，慕容垂遣其子宝来寇五原，造舟收谷……东平公元仪徙据朔方。八月，帝亲治兵于河南”。（第20—26页）

珪迁都平城之后再没有行幸的记录。李逸友认为河南宫在今准格尔旗石子湾古城。除此之外，黄河以东的河套平原东部一直是北魏河西牧场，大夏国建立之后当有大城、统万城、契吴城、拔邻山城几处城地。五原等城应为使用秦汉旧城。

悦跋城，又称为代来城，俗称白城台，位于鄂尔多斯高原南部硬地梁河（白城河）东岸台地上，今陕西省榆林市榆阳区巴拉素镇白城台村东500米。最早赫连勃勃之父“卫辰入居塞内，屯于代来城”。卫辰与魏战于河东，魏“乘胜济河，克代来，执辰杀之”。代来城城址平面呈方形，北垣方向120°。城垣夯筑，色呈灰白。课题组曾于2015年9月下旬考察此城，阳光下城墙熠熠生辉，与统万城城墙土质无二。

图2–1　白城台南墙

大城，原属姚兴，《晋书·赫连勃勃载记》后秦姚兴以勃勃镇朔方，勃勃随后劫持了柔然进奉给姚兴的八千匹马至大城。又于龙升三年（409）徙七千家于大城，以其丞相右地代领幽州牧以镇之。次年，又迁“万六千家于大城”。由上文已知，大城县西汉属西河郡，东汉属朔方郡，魏晋省。

统万城，大夏国都，位于水土条件较好的边缘地带，无定河北岸。勃勃龙升七年（413）“发岭北夷夏十万人，于朔方水北、黑水之南营起都城”，经过五年，至昌武元年（418）十一月，“所建宫殿、苑囿成”。建成后的统万城，“城高十仞，基厚三十步，上广十步，宫墙五仞，其坚可以砺刀斧”，世祖臣属都说“统万城坚，非十日可拔”。统万城城北有契吴山，城内有永安殿、太庙、真珠楼、西宫、亢敌楼等建筑，冲天台则建在城外东南方。统万城包括东、西两城，东城为汉代奢延县城，详见后文。

果城，据《水经注》卷三《河水条》记载，即北魏薄骨律镇。果城又称赫连果城，意为白口骝之谬，因此又称为白口骝城，后讹传为薄骨律镇。后改为灵州，北周、隋唐均如此。此城地址在今宁夏吴忠市通利区古城湾村西侧，地理位置重要，明代元军多次经此城入侵陕西四镇。

吴儿城，据《元和郡县图志》卷四“绥州龙泉县”条载，吴儿城是赫连勃勃攻破长安（当时为南朝刘宋刘裕之子刘义真镇守）之后，迁南方之人于此筑城以居之，有类于汉代属国，唐代的羁縻州县。吴儿城在唐代龙泉县治（今陕西绥德县）西北40里。

饮汗城，赫连勃勃以此城为丽子园，北魏时将此地交给百姓耕种，立为怀远县。怀远县治在今宁夏银川一带，饮汗城当在此。

嘉平陵，赫连勃勃墓，在朔方县西25里。《夏录》其子昌“发二百里内民二万五千人凿嘉平陵，七千人缮清庙于契吴”。清庙，即赫连昌为其父所建之庙，同时筑有契吴城，在统万城之北。

三交城，龙升五年（411），赫连勃勃与后秦大将杨佛嵩战于青石北原，败之，降其众四万五千人，获戎马二万匹，因筑此城。[①]周伟洲认为宁朔县治今陕西靖边县东杨桥畔镇，有宁朔故城址，俗称龙眼城，当即原三交城。[②]

大夏国时期所建城市，其他如太后城、黑城、赫连城不在研究区内，兹不多言。

二、北魏时期鄂尔多斯高原城市

北魏政区的演变是一个相当复杂的过程，牵扯诸多的历史事件。北魏在灭亡后燕的过程中，仿效后者建立起州—郡—县三级制行政区划体系，但是国家发展的现实背景使得这种行政区划从一开始就执行得并不彻底。牟发松认为，如果说汉武帝攻伐匈奴“取河南地”置朔方郡，降匈奴浑邪、休屠二王于其故地置河西四郡，开西南夷置武都郡等，是汉式郡县制政区向胡族游牧区的扩张，那么两汉之际下至魏晋，北边游牧部族或主动侵入，或被允许迁入，或被强制移徙至帝国边郡乃至内地，则是胡族部落式、军事化的地方统治方式对郡县制政区的取代。[③]

---

① 〔宋〕乐史：《太平寰宇记》卷三七《关西道十三》，王文楚等点校，中华书局，2007年，第786页。

② 周伟洲：《十六国夏国新建城邑考》，见陕西师范大学西北环发中心编：《统万城遗址综合研究》，三秦出版社，2004年，第96页。

③ 牟发松：《十六国北朝政区演变的背景、特征及趋势略论——以特殊政区为中心》，《华中师范大学学报（人文社会科学版）》2017年第5期。

五胡之乱导致了政区滥置——郡制政区的密集化、细分化，甚至还出现了郡县制政区和特殊政区同治一地、长官一身二任，以及“州置三刺史”、“郡置三太守”、“县置三令长”、“刺史、令长各之州县”及太守“虽置而未临民”等非常可怪之现象。[①]至北魏太祖帝天赐元年（404），下诏“限县户不满百罢之”[②]，北魏孝文帝朝开始合并精简政区层级。继而由六镇起义引发的北魏社会和政治大动乱不但改变了南、北两方的力量对比，也改变了北方的政治版图。北魏疆域南部不但北缩，北部的有效控制线也向南移动了好多。由于版图南北两面内缩，六镇之民内徙，侨置政区纷然涌现。[③]

清人沈尧《落帆楼文集》卷一《六镇释》据太和十八年（494）诏及《元和郡县图志》卷四“丰州・天德军”条证明六镇自西而东为沃野、怀朔、武川、抚冥、柔玄、怀荒，已成定论。六镇之中的沃野镇位于本研究区域内，其地理位置曾发生了两次变化。北魏沃野镇始置实在汉朔方郡沃野县故城，太和十年（486）迁于汉朔方故城，正始元年（504）又迁于唐天德军（今内蒙古巴彦淖尔市乌拉特前旗额尔登布拉格苏木境内）以北。[④]然近年来随着全国长城资源调查工作的深入，北魏沃野镇是否发生过迁移，学界有了新的认识。张文平、苗润华认为汉代朔方郡治下的沃野县和朔方县是否被北魏沃野镇沿用，尚找不到考古学证据。尤其是郦道元于太和十八年随孝文帝北巡时正是沃野镇沿用朔方故城之时，孝文帝一行虽未到沃野镇，但如果沃野镇就在朔方故城，郦道元不会不知。由此，他们认为北魏沃野镇从最初开始即建在了今巴彦淖尔市乌拉特前旗苏独仑镇瓦窑滩村的根子场古城。[⑤]北魏六镇所处位置多不在本研究区，但学界关于六镇的研究长盛不衰。从六镇到六镇九戍镇戍防御体系的完成，再至防线最终被冲破，反映了北魏由盛到衰、文治与武功以及地缘结合部民族关系的发展变化，反映了北魏胡汉分制的政权特色。

北魏统一北方之后，鄂尔多斯高原陆续设有夏州、灵州、东夏州、云州等城。

夏州，治统万城，本为大夏国都。北魏始光四年（427）灭大夏，神䴥四年

① 《魏书》卷一一三《官氏志九第十九》，第2974页。

② 《魏书》卷二《太祖纪第二》，第41页。

③ 毋有江：《北魏政区地理研究》，复旦大学博士学位论文，2005年。

④ 唐长孺：《北魏沃野镇的迁徙》，《华中师院学报》1979年第3期。

⑤ 张文平、苗润华：《北魏长城与六镇戍遗址调查新识》，见魏坚、武燕主编：《北魏六镇学术研讨会论文集》，第90页。

（431）设立统万镇，北魏太和十一年（487）改设为夏州，领4郡9县。[①]延昌二年（513）设置东夏州时，原来的夏州也被改称为西夏州，治所仍在统万城。增置南夏州，治所在长泽县，即今内蒙古鄂托克前旗城川镇城川古城。另外，还设有北夏州，治所待考。

夏州4郡7县属于研究区范围。化政郡与夏州同治一城，即今陕西榆林市靖边县红墩界镇白城子村古城。化政郡，太和十一年设立，治所设在岩绿城，领2县。岩绿县，原为大夏县，北魏太平真君七年（446）设立，辖区约为今陕西靖边县东部、榆林市横山区地及内蒙古乌审旗南部。革融县，北魏设立，辖区约为今榆林市榆阳区西部巴拉素镇附近的白泥台古城。阐熙郡及其所辖2县，均置于太和十一年，郡治设在山鹿县城。山鹿县，辖区约为今陕西靖边县西部及内蒙古鄂托克前旗东南部一隅。新囶县，辖区约为今陕西定边县东部及内蒙古鄂托克前旗东南部一隅。代名郡，位于夏州北部，故治当在今内蒙古杭锦旗东南部的四十里梁古城，或鄂托克旗东北部木凯淖尔镇水泉子村的水泉古城。辖呼遒、渠搜两县，沿用汉代朔方郡两县旧城。北魏正光五年（524）六镇之乱，代名郡及其2辖县被迫内徙。大兴郡，孝昌二年（526）设置，属夏州，治所设在五原，领五原1县，辖区约为今陕西定边县西部及宁夏盐池县。

灵州，北魏太延二年（436）置薄骨律镇，孝昌二年改为州，后陷关西。天平中置，寄治汾州隰城县界。《太平寰宇记》卷三六《关西道十二》“灵州”条载：“后魏太武帝平赫连昌后，置薄骨律镇在河渚上，旧赫连果城也。孝昌二年置灵州。”领1郡1县，即普乐郡回乐县，治在胡城，即今宁夏青铜峡市小坝镇新林村附近。

东夏州，治广武，延昌二年置。《魏书》卷四二《薛辩传薛和附传》载：“永平四年正月，山贼刘龙驹扰乱夏州，诏和发汾、华、东秦、夏四州之众讨龙驹，平之。和因表立东夏州，世宗从之。”东夏州初设时领有4郡：偏城、朔方、定阳、上郡。东夏州属于北雍州之地，但是在其所辖4郡中有个奇特的现象就是：偏城郡沃野县，北魏文帝时设立，辖区约为今陕西延安市中部。定阳郡临戎县，北魏太安二年（456）设立，沿用汉代临戎县旧名，辖区约为今陕西宜川县西北部。朔方郡，北魏

---

① 《魏书》卷一〇六下《地形志二下第七》载：“夏州，赫连屈子所都，始光四年平，为统万镇，太和十一年改置。”（第2628页）《东晋南北朝舆地表》卷六载：“太和十二年置夏州于统万镇，立化成政、阐熙二郡与金明、代名四郡属焉。”（第279页）《东晋南北朝舆地表》卷一〇下载：“太和十一年改置东夏州。统郡四，化政郡领岩绿、革融，金明郡领永丰、广洛、启宁，阐熙郡领山鹿、新囶，代名郡领呼酋、渠搜。”（第988页）参见〔清〕徐文范：《东晋南北朝舆地表》，清光绪广雅书局刻本。

灭大夏之后设立，治所设在魏平，约为今陕西子长市南部。朔方郡朔方县，北魏设立，境内有贵塥泽，辖区约为今陕西清涧县地。上郡，北魏神龟元年（518）设立，治所设在因城，约为今陕西甘泉县西北部及志丹县南部。这里的朔方郡、上郡以及沃野县、临戎县、朔方县均为侨置郡县，要比汉代郡县向南部移徙还远，均不在研究区内。

梳理文献，我们可以发现北魏在灭夏之后，在研究区内设置的军管型政区，一个是统万镇，一个是薄骨律镇。太和十一年撤统万镇，改建为夏州，薄骨律镇撤于孝昌中。统万镇治统万城，其管辖范围包括今陕西延安市和榆林市大部、内蒙古鄂尔多斯市中部和东部，其北、东临河，西与薄骨律镇相接。今延安市所在的东夏州不属于研究区范围。薄骨律镇治果城，管辖区包括今宁夏同心、西吉、中卫一线以北地区，内蒙古鄂尔多斯市西部，以及乌海市黄河以东、巴彦淖尔市南部的后套平原。

另有怀朔镇、沃野镇部分地区在研究区内。《魏书·地形志》载，云州，汉末北虏侵扰，历魏、晋、周，此地皆无县邑。北魏太武帝平赫连昌之后，讫于周代，往往置镇，不立郡县。怀朔镇的前身为五原镇，置于延和二年（433），稍后改为怀朔镇。北魏正光四年（523），北境怀荒、沃野镇陷；五年，武川、怀朔镇陷。北魏改镇为州，以怀朔镇为朔州，原云中、朔州更名云州。孝昌元年（525），云州陷。孝昌二年朔州陷。永熙中寄治并州界，今山西文水县刘胡兰镇云周村。《地形志》载云州下列有四郡，四郡领县为侨置后的属县，不属于研究区。王仲荦还列入广牧郡，领广牧、富昌、黑城3县。怀朔镇治即今内蒙古固阳县怀朔镇白灵淖村城圐圙古城，云州治今内蒙古和林格尔县北20里。

沃野镇，《魏书》卷三八《刁雍传》载太平真君七年“出车五千乘，运屯谷五十万斛付沃野镇，以供军粮”，说明沃野镇设于该年之前。然鲍桐认为北魏六镇设于延和二年是合理的。[①]沃野镇始镇于汉沃野县故城（今内蒙古巴彦淖尔市临河区干召庙镇黄羊村，脑高古城），太和十年（486）迁于汉朔方故城（今内蒙古杭锦旗独贵塔拉镇沙日召嘎查什拉召附近，沙日召古城），正始元年（504）又迁于唐天德军北，即今内蒙古巴彦淖尔市乌拉特前旗额尔登布拉格苏木陈二壕村。北魏正光四年（523），沃野镇陷。

① 鲍桐：《北魏北疆几个历史地理问题的探索》，《中国历史地理论丛》1999年第3期。

三、西魏时期鄂尔多斯高原城市

西魏的行政建制仍因循北魏制度，但废设无常，鄂尔多斯高原有夏州、长州、盐州、灵州及绥州。永熙三年（534）孝武帝西入关中，北魏分裂为东、西两部分，鄂尔多斯高原由此进入东、西魏交错控制的局面。535年西魏开始控制灵州，536年东魏占领夏州，东魏武定元年（543）置灵武郡。最终造成了“要荒之所，旧多浮伪，百室之邑，便立州名，三户之民，空张郡目”①的现象。这种现象显然要比北魏不满百户的县②还要夸张。为此，西魏废帝三年（554）春正月又改置州郡县。这次调整尽管没有涉及研究区，但为北周行政区划调整奠定了基础。

夏州，北魏故州。大统二年（536）至三年（537）间夏州曾短暂隶属东魏。大统十三年（547）以后领宏化郡、金明郡2郡，治所设在统万镇。宏化郡，北魏化政郡，大统十三年改名，治所设在岩绿。领岩绿、革融2县，为北魏故县。金明郡不在研究区。

长州，大统十三年设立，治所设在长泽，③今内蒙古鄂托克前旗城川古城。领大安、阐熙2郡。阐熙郡，北魏故郡，属夏州，大统十三年改隶长州，治所设在山鹿，领2县。山鹿县，北魏故县，辖区约为今陕西靖边县西部。新囶县，北魏故县，辖区约为今陕西定边县东部。

西魏盐州，537年设立西安州，废帝三年正月改名盐州，治所设在五原，今陕西定边县红柳沟镇沙场子古城，领五原1郡。五原郡，北魏大兴郡，治所设在五原县（北魏故县），领五原1县。盐州辖区约为今陕西定边县西部及宁夏回族自治区盐池县地。

西魏文大统六年（540），灵州自黄河西侧的胡城（今宁夏青铜峡市小坝镇新林村附近）迁入故果园城（今宁夏吴忠市通利区古城湾村西侧、黄河河心东南部），即在薄骨律镇城旧址上重建城郭，至隋开皇九年（589）之前未见迁移。④灵州下辖2郡：普乐郡、临河郡。郡下各领1县：回乐、临河。此外，灵州境内还有3个镇城：宏静镇，前薄骨律镇将刁雍督建的仓城；鸣沙镇，今宁夏中宁县鸣沙镇；历城，秦代浑怀障，北

---

① 〔唐〕李百药：《北齐书》卷四《帝纪第四·文宣》，中华书局，1972年，第63页。

② 《魏书》卷二《太祖纪第二》：天赐元年（404）“初限县户不满百罢之”。（第41页）

③ 《东晋南北朝舆地表》年表载：“大统十三年改代名郡为大安，分山鹿、新囶二县置长泽县立长州”；〔唐〕魏徵、令狐德棻：《隋书》卷二九《志第二十四·地理上》载“西魏置阐熙郡，又有后魏大安郡，及置长州，开皇三年郡废”，“大业初置朔方郡”，中华书局，1973年，第812页；《元和郡县图志》卷四《关内道四》“长泽县”条下曰：“后魏于此置长泽县，属阐熙郡。”（第102页）

④ 艾冲：《灵州治城的变迁新探》，《中国边疆史地研究》2011年第4期。

周建安县，位于今宁夏平罗县陶乐镇西南部、黄河东岸。

绥州，西魏废帝元年（552）设立，治所设在上县，领4郡，同时设立郡县。安宁郡，治所设在上县，领2县。上县，辖区约为今陕西绥德县西部。安宁县，辖区约为今绥德、清涧2县东部。朔方郡绥德县，北魏朔方县，西魏大统十二年（546）改为绥德县，辖区约为今陕西清涧县西部。其他郡县不在研究区。

四、北周时期鄂尔多斯高原城市

魏末周初地方行政建制十分混乱，北周曾进行整治，划土设治，改革名称。改变了一地数名，一名数地，出现了有其名而无实土以及名称上冠以东、西、南、北来区别州、郡、县同名等现象。北周时，研究区设有银州、夏州、长州、盐州、灵州。诸州之北不仅不再设州，甚至连县都没有设置。见于记载的仅有什贲城[①]和永丰镇[②]，及沃野镇[③]。什贲城在今内蒙古杭锦旗独贵塔拉镇北沙日召古城，沃野镇在今内蒙古巴彦淖尔市乌拉特前旗苏独仑镇瓦窑滩村根子场古城。永丰镇到隋时改置为永丰县，在今内蒙古巴彦淖尔市磴口县补隆淖镇河拐子村补隆淖古城。

银州，北周保定二年（562）设立，[④]治所设在骢马城，领2郡。开光郡，与州、属县同时设立，[⑤]治所设在开光，领2县。开光县，约在今陕西榆林市榆阳区建安堡南开荒川。银城县，在石龟镇设立，境内有连谷，约在今陕西神木市北70里的黄羊城。真乡郡（原为中乡郡），领真乡和儒林2县，治中乡县。中乡县与郡同时设置，位置约在今榆林市榆阳区东部双山堡南30里圆峰子。儒林为郭县，银州故城，今陕西榆林市横山区党岔镇北庄村东北1千米处。

北周武成元年（559），改都督诸州军事为总管。武成三年（561），北周武帝

① 〔唐〕令狐德棻等：《周书》卷一九《列传第十一·杨忠传》载“保定二年……与突厥伐齐……忠乃留（尔朱）敏据什贲，游兵河上”，中华书局，1971年，第318页；《元和郡县图志》卷四《关内道四》载：“什贲故城，在（朔方）县理北，即汉朔方县之故城也。……什贲之号，盖番语也。”（第101页）

② 《元和郡县图志》卷四《关内道四》载“北人又谓之贺葛真城，周武帝保定三年，于此置永丰镇。隋开皇五年废镇，置永丰县”。（第112—113页）

③ 沃野镇本北魏北边六镇之一，其后废置。《周书》卷一九载“保定四年……大军又东伐，晋公护出洛阳，令忠出沃野以应接突厥。盖沃野镇虽已废置，其故地仍在，故杨忠得由此出兵”。（第319页）

④ 《元和郡县图志》卷四载“周武帝保定二年，分置银州，因谷为名”（第104页）；《周书》卷五《帝纪第五·武帝上》载：“保定三年春正月壬辰于乞银城置银州。”（第68页）

⑤ 《隋书》卷二九《志第二十四·地理上》载：“开光……旧置开光郡，开皇三年郡废。”（第811页）《元和郡县图志》卷四载：“开光县……周武帝保定二年于今县理置开光郡，宣帝大象二年废郡，置开光县，属抚宁郡。”（第105页）

宇文邕设立夏州总管府，赫连达担任“夏州总管、三州五防诸军事”，其治所在统万城，领2郡。宏化郡治所设在岩绿，领2县。西魏设岩绿、革融2县。北周初将革融县撤销，辖地并入岩绿。岩绿县境有弥浑戍，辖区约为今陕西靖边县东北部、榆林市西部及内蒙古乌审旗南部。宁朔县，北周保定四年（564）分岩绿县地设立，治三交城，即龙眼古城，辖区约为今陕西靖边县东南部及榆林市横山区西部。另有金明郡，辖3县，不在研究区。

长州，治所设在长泽，领大安、阐熙2郡。大安郡，北魏置，治长泽县，隋开皇三年（583）废，辖地在今内蒙古境内。阐熙郡，治所设在山鹿，领2县。山鹿县，西魏故县，辖区约在今陕西靖边县西部。新囶县，西魏故县，辖区约为今陕西定边县东部。

盐州，治所设在大兴，领1郡。大兴郡，北魏置，西魏改名五原郡，北周武帝恢复原名。郡领1县。大兴县，西魏五原县，北周武帝改为大兴县，境内有五原镇、黑盐池、白盐池，辖区约为今陕西定边县西部及宁夏盐池县地。

灵州，领2郡。普乐郡，领1县，回乐县，今宁夏吴忠市古城湾村西。怀远郡，建德三年（574）置，领1县，怀远县，今宁夏银川市。另有临河郡，领1县，临河县，今宁夏平罗县。历城郡，太和元年（477），或北周天和中（566—571）置，领1县，建安县，今宁夏平罗县陶乐镇西南。

综上所述，研究区伴随着各分裂政权的角逐，行政区划显得较为混乱，即便有一些建制也往往流于形式，仅存名称而已，即使如此仍不能覆盖研究区全部。十六国至北朝时期，研究区城市的兴废变化限于东南部，城市数量也呈向东、向南逐渐增多的趋向，比之于建安二十年以后研究区城市的全线退出有了非常明显的变化。

表2-5　十六国至北朝时期鄂尔多斯高原地区城市一览表

时间	州、郡/都	治城/镇城	属县/城名	古城址名称	今址
大夏国		统万城		白城子古城	陕西榆林市靖边县红墩界镇白城子村
			五原	麻池古城	内蒙古包头市九原区麻池镇古城村
			盐官	敖楞布拉格古城	内蒙古杭锦旗锡尼镇浩绕柴达木嘎查敖楞布拉格
			朔方	沙日召古城	内蒙古杭锦旗独贵塔拉镇沙日召嘎查什拉召
			云中	古城乡古城	内蒙古托克托县古城镇古城村西
			果城		宁夏吴忠市通利区古城湾村西侧
			悦跋城	白城台	陕西榆林市巴拉素镇白城台村东500米
			大城	霍洛柴登古城	内蒙古杭锦旗锡尼镇浩绕柴达木嘎查
			契吴城		陕西榆林市靖边县红墩界白城子之北

续表

时间	州、郡/都	治城/镇城	属县/城名	古城址名称	今址
大夏国			三交城	龙眼古城	陕西榆林市靖边县杨桥畔镇
			饮汗城		宁夏银川一带
北魏			河南宫	石子湾古城	内蒙古准格尔旗沙圪堵镇石子湾村
	镇	统万镇		白城子古城	陕西榆林市靖边县红墩界镇白城子村
		薄骨律镇	果城		宁夏吴忠市通利区古城湾村西侧
		沃野镇	汉沃野城	脑高古城	内蒙古巴彦淖尔市临河区干召庙镇黄羊村
			汉朔方城	沙日召古城	内蒙古杭锦旗独贵塔拉镇沙日召嘎查什拉召
			唐天德军		内蒙古巴彦淖尔市乌拉特前旗额尔登布拉格苏木境内
		怀朔镇	怀朔	城圐圙村古城	内蒙古固阳县怀朔镇白灵淖村
			云州		内蒙古和林格尔县盛乐镇北10千米
	夏州	化政郡	岩绿	白城子古城	陕西榆林市靖边县红墩界镇白城子村
			革融	白泥台古城	陕西榆林市榆阳区巴拉素镇
		阐熙郡	山鹿		陕西靖边县西部及内蒙古鄂托克前旗东南
			新图		陕西定边县东部及内蒙古鄂托克前旗东南
		代名郡	呼遒	汉代旧县	杭锦旗独贵塔拉镇塔然高勒村
			渠搜	汉代旧县	杭锦旗独贵塔拉镇境
		大兴郡	五原	沙场子古城	陕西定边县红柳沟镇沙场村
	灵州	普乐郡	回乐	胡城	宁夏青铜峡市小坝镇新林村附近
西魏	夏州	宏化郡	岩绿	白城子古城	陕西榆林市靖边县红墩界镇白城子村
			革融	白泥台古城	陕西榆林市榆阳区巴拉素镇
	长州	大安郡	长泽	城川古城	内蒙古鄂托克前旗城川镇城川嘎查
		阐熙郡	山鹿		陕西靖边县西部及内蒙古鄂托克前旗东南
			新图		陕西定边县东部及内蒙古鄂托克前旗东南
	盐州	五原郡	五原	沙场子古城	陕西定边县红柳沟镇沙场村
	灵州	普乐郡	回乐		宁夏吴忠市通利区古城湾村西侧
		临河郡	临河		宁夏平罗县境
	绥州	安宁郡	上		陕西绥德县西部
			安宁		陕西绥德、清涧2县东部
		朔方郡	绥德		陕西清涧县西部
			什贲城	沙日召古城	内蒙古杭锦旗独贵塔拉镇沙日召嘎查什拉召
			永丰镇	补隆淖古城	内蒙古磴口县补隆淖镇河拐子村
			沃野镇	根子场古城	内蒙古巴彦淖尔市乌拉特前旗苏独仑镇瓦窑滩村

续表

时间	州、郡/都	治城/镇城	属县/城名	古城址名称	今址
北周	银州	真乡郡	儒林	银州故城	陕西榆林市横山区党岔镇北庄村东北1000米处
			真乡		陕西榆林市榆阳区麻黄梁镇双山堡南15千米圆峰子
		开光郡	开光	开光县故城	陕西榆林市榆阳区大河塔镇卢家铺村东侧
			银城	黄羊城遗址	陕西神木市店塔镇黄羊城村
	夏州	宏化郡	岩绿	白城子古城	陕西榆林市靖边县红墩界镇白城子村
			宁朔	龙眼古城	陕西榆林市靖边县杨桥畔镇
	长州	大安郡	长泽	城川古城	内蒙古鄂托克前旗城川镇城川嘎查
		阐熙郡	山鹿		陕西靖边县西部及内蒙古鄂托克前旗东南
			新图		陕西定边县东部及内蒙古鄂托克前旗东南
	盐州	大兴郡	大兴	沙场子古城	陕西定边县红柳沟镇沙场村
	灵州	普乐郡	回乐		宁夏吴忠市通利区古城湾村西侧
		怀远郡	怀远		宁夏银川市
		临河郡	临河		宁夏平罗县境

第四节　隋唐时期鄂尔多斯高原城市建置

承上节内容，魏晋南北朝时期的政权分裂、社会动荡不仅造成了民不聊生，对区域行政区划和管理也带来了极大的混乱，造成了政区区域指代性指标的丧失，无论对上层管理还是对普通百姓的生活均带来了极大的不便。因此，隋唐时期相继为此做出了一系列改革和调整。

一、隋代鄂尔多斯高原城市建置

隋初行政制度沿袭北周，实行（府）州—郡—县三级行政体制。开皇三年（583）废除郡的建置，县直接隶属于州。同时采取“存要去闲、并小为大”的政策，对政区大加省并，将过去由州郡自行辟署、以当地大姓豪强为僚佐的权力尽收于中央。①隋文帝时期，研究区内行政结构为：4总管府，即夏州、灵州、丰州、榆关总管府。夏州

① 《隋书》卷一《帝纪第一·高祖上》、卷二八《志第二十三·百官下》、卷二九《志第二十四·地理上》、卷四六《列传第十一·杨尚希传》、第21、792、807、1254页；〔唐〕杜佑：《通典》卷一四《选举二·历代制中》、卷三二《职官十四·总论州佐》，王文锦、王永兴、刘俊文等点校，中华书局，1988年，第342、889—890页。

总管府治夏州城，统辖夏、银、绥3州；灵州总管府治灵州城，统辖灵、盐2州；丰州总管府治丰州城（今内蒙古五原县胜丰镇），统辖九原、永丰和安化3县，大同城（今内蒙古乌拉特前旗乌梁素海东缘，已沉入海底）也归丰州管辖；榆关总管府（云州总管府）初治榆林关城（今内蒙古准格尔旗城坡古城），开皇二十年（600）迁至大利城（今内蒙古和林格尔县土城子古城），管辖云州、胜州以及边防城堡。

（一）郡、县治所城市

隋炀帝大业元年（605），废除总管府建置，研究区保留了夏、绥、银、胜、灵、盐、丰7州，同年撤销银州。大业三年（607）又改州为郡，即朔方、雕阴、榆林、定襄、灵武、盐川、五原7郡。研究区西部和西北部即今宁夏平原与后套平原建有灵武郡、五原郡；南部有盐川郡、朔方郡、雕阴郡；东部和东北部则有榆林郡和定襄郡。其中灵武郡辖5县，五原郡辖3县，盐川郡辖1县，朔方郡辖3县，雕阴郡辖11县，榆林郡辖3县，定襄郡辖1县。加4个镇戍城，研究区共有31个城，其中有7个城为郡县同治。

灵武郡，北魏灵州，北周置总管府，大业元年废府，领回乐、弘静、灵武、怀远、鸣沙、丰安6县。灵武郡治回乐县。回乐县，西魏置临河郡，北周置普乐郡，开皇元年（581）改临河郡曰新昌，三年郡并废。大业初置灵武郡。灵武城址约在今宁夏吴忠市利通区黄河东岸古城湾村。[①]灵武县，北周置建安，又置历城郡，开皇三年郡废，十八年（598）改建安为广润，仁寿元年（601）改名为灵武。《元和郡县图志》载“东南至州十八里”，“黄河自回乐县界流入”，可见其在回乐县北，故城位于今宁夏平罗县陶乐镇西南。弘静县，开皇十一年（591）置。《元和郡县图志》记“西南至州六十里”，据此判断，城在今宁夏永宁县望洪镇。怀远县，北周同置郡、县，开皇三年郡废。《元和郡县图志》记“南至州一百二十五里”，又《读史方舆纪要》“怀远”条下记：“天禧中夏人升为兴州，又升为兴庆府。”[②]即隋怀远县城后为西夏兴庆府所在地，城在今宁夏银川市兴庆区掌政镇洼路村一带。鸣沙县，北周短暂设置会州，开皇十九年（599）置环州及鸣沙县。大业三年州废，有关官。《元和郡县图志》记“东北至州一百八十里”，城在今宁夏中宁县东鸣沙镇，不在研究区。丰安县，《元和郡县图志》“丰州”条下记：“废丰安县，在州东南四十里。隋开皇六年，于县置丰安镇。”[③]开皇十年（590）改镇为县。[④]丰州在今内蒙古五原县南，

---

① 宁夏文物考古研究所、吴忠市文物管理所编著：《吴忠西郊唐墓》，文物出版社，2006年，第1页；艾冲：《灵州治城的变迁新探》，《中国边疆史地研究》2011年第4期。

② 《读史方舆纪要》卷六二《陕西十一》，第2943页。

③ 《元和郡县图志》卷四《关内道四》，第113页。

④ 《隋书》卷二九《志第二十四·地理上》，第813页。

则丰安县在五原县东南40里处。

五原郡，开皇五年（585）置丰州，仁寿元年置总管府，大业元年废府，领九原、永丰、安化3县。九原、永丰两县均为开皇五年与五原郡同时设置，安化县置于开皇十一年。九原城为五原郡治城，《元和郡县图志》记其本为汉广牧故城。①汉广牧故城在今内蒙古乌拉特前旗西小召镇西局子，丰州城亦在此。永丰县，《元和郡县图志》记“州西一百十六里”，“本汉临戎旧地”，即今内蒙古巴彦淖尔市磴口县补隆淖镇河拐子村补隆淖古城址。安化县城，约在今鄂尔多斯市。②

盐川郡，西魏西安州，后改为盐州，领有五原1县，郡治五原县城。五原县，北魏置大兴郡，西魏改为五原郡，开皇初郡废，大业初置盐川郡。关于盐州城城址，现在有五种说法：明代花马池城说、定边县城西南部的沙场村遗址说、定边县城说、盐池县城南20余里的营盘台附近说以及盐池县惠安堡一带说。定边县城说为主要观点，然仍需要证据。

朔方郡，北魏夏州，北周置总管府，大业初废府置郡，领岩绿、宁朔、长泽3县。岩绿县，西魏置弘化郡，开皇初废，大业初置朔方郡，朔方郡治城位于今陕西靖边县白城子，即统万城。宁朔县，北周置。《元和郡县图志》记“西北至州一百二十里”，县城位于今靖边县东。长泽县城，本北魏阐熙郡，西魏长州，开皇三年郡废，大业三年州废。《元和郡县图志》记“东北至州一百二十里”，朱士光认为长泽城在今内蒙古鄂托克前旗城川镇城川嘎查城川古城。③

雕阴郡，西魏绥州，隋大业初为上州，领上县、延福、大斌、儒林、真乡、开光、银城、开疆、城平、抚宁、绥德11县。上县，本西魏安宁郡治大业初雕阴郡郡治所在地，城在今陕西绥德县境内。延福县，本西魏延陵县，开皇中改称延福县。《元和郡县图志》记“西至州一百一十里”，在今绥德县东南55千米处。大斌县，本西魏安政郡，开皇初废郡。《元和郡县图志》记“东至州一百一十里”，约今绥德县西北55千米处。儒林县，本北周银州，开皇初改为儒林县，大业州废，唐为银州州治，今址在陕西榆林市横山区党岔镇北庄村东北1千米处。真乡县，西魏置，北周置真乡郡，开皇初郡废。《元和郡县图志》记“西至州一百里”，此州为银州。开光县，旧有开光郡，开皇三年废，城址在今陕西榆林市榆阳区大河塔镇卢家铺村开光县故

① 《元和郡县图志》卷四《关内道四》，第112页。

② 王天顺：《河套史》，第259页。

③ 侯仁之：《从红柳河上的古城废墟看毛乌素沙漠的变迁》，《文物》1973年第1期；朱士光：《内蒙城川地区湖泊的古今变迁及其与农垦之关系》，《农业考古》1982年第1期。

城。[①]银城，本北周石城，后改称银城，唐代隶属麟州。《元和郡县图志》记“北至（麟）州四十里”，麟州城即今陕西神木市店塔镇杨家城，银城在今杨家城城址南20千米处。城平县，西魏置，《元和郡县图志》载“东北至州一百里”，约在今陕西清涧县东北境。开疆县，本北魏抚宁郡，西魏置县，开皇三年郡废，城在今陕西米脂县西、无定河西岸。抚宁县，西魏置，“北至州八十里”，约在今陕西米脂县西20千米处，无定河西岸。绥德县，西魏置，“北至州一百里”，约在今清涧县西北，清涧河北岸。

榆林郡，开皇二十年置胜州，大业元年改称榆林郡，领有榆林、富昌与金河3县。榆林县，开皇七年（587）置，大业初置郡，为榆林郡治，址在今内蒙古准格尔旗十二连城乡十二连城。[②]富昌县，开皇十年（590）置，约今内蒙古准格尔旗十二连城乡天顺圪梁古城。金河县，开皇三年置阳寿县，另置油云县、榆关总管，五年改置云州总管。开皇十八年改阳寿曰金河，二十年云州移至大利城，废弃金河县、油云县。仁寿二年（602）又置金河县，有关，城即今内蒙古托克托县双河镇蒲滩拐古城。

定襄郡，即云州，开皇五年置云州总管府，大业元年废府，改称定襄郡，领大利县。定襄郡，大业初置，治大利县城，即今内蒙古和林格尔县盛乐镇土城子古城。[③]

（二）镇城与戍城

北魏以来，地方管理中出现了镇、戍结合的形式，镇亦兼具军事和行政管理属性，对其后的地方行政制度有很重要的影响，后期常常有县、镇互改现象便是受其影响。隋代研究区内保留有如下镇戍建置。

白城镇，《元和郡县图志》记：“故白城，一名契吴城，在县北一百二十五里契吴山。赫连中因山所筑，……隋置白城镇，后废。”[④]大夏时契吴城内有赫连勃勃的清庙，勃勃死于425年八月，其子赫连昌继位，所以该城大概修筑于这一时间前后。白城镇交通位置重要，是唐贞元年间（785—805）宰相贾耽所记“从边州入四夷七道”中“三曰夏州塞外通大同云中道”的途经之地。

德静镇，《元和郡县图志》“夏州德静县”条下记：“周武帝于此置弥浑戍，南有弥浑水，因名。隋改为德静镇”[⑤]。《太平寰宇记》载：“德静县，……隋开皇

① 国家文物局主编：《中国文物地图集·陕西分册》下，第623页。
② 国家文物局主编：《中国文物地图集·内蒙古自治区分册》下，第608页。
③ 张郁：《和林格尔县土城子试掘记要》，《文物》1961年第9期。
④ 《元和郡县图志》卷四《关内道四》，第101页。
⑤ 《元和郡县图志》卷四《关内道四》，第101页。

三年改弥浑县为德静镇，至大业九年废镇立县，仍隶朔方。”[①]该镇于开皇三年置，大业九年（613）废，隶属于朔方郡。《元和郡县图志》记其“西南至州八十里”，“无定河，自朔方县界流入”，“秦长城，在县西二里”。王北辰认为弥浑水为今海流兔河，在白城子东北80里，海流兔河东岸的巴拉素古城，即白城台古城，为德静县城址。[②]

连谷镇（连谷戍），《元和郡县图志》载：“本汉圜阴县地，属西河郡，……隋文帝于此置连谷镇，炀帝改为连谷戍，大业十三年废戍。贞观八年于废戍置连谷县，属胜州，天宝元年割属麟州。”[③]

大同城，《读史方舆纪要》记其：“在中受降城西二百二十里。古大同川也，东去木剌山二十里，西南去永清栅五里。有古大同城，隋所置也。”[④]又记“天德城……隋大同城故墟”[⑤]。故隋大同城为唐天德军城，其城址已淹没于乌梁素海海底。[⑥]

隋末梁师都据朔方郡，杀朔方郡郡丞而反，“自称大丞相，北连突厥。……遣兵掠雕阴、弘化、延安等郡，于是僭即皇帝位，称梁国，建元为永隆”。[⑦]刘武周占据研究区东北角，郭子和占据榆林郡，张长逊占据五原郡[⑧]，四股割据势力均依附于突厥，进而阻碍了唐王朝统一的步伐。

表2-6　隋（大业三年）鄂尔多斯高原城市一览表

郡	治城/镇城	属县/城名	古城址名称	今址
灵武	回乐	回乐	古城湾遗址	宁夏吴忠市利通区古城湾村
		弘静		宁夏永宁县南望洪镇
		广润—灵武		宁夏平罗县陶乐镇
		怀远		宁夏银川市兴庆区掌政镇洼路村
		丰安		内蒙古五原县胜丰镇

① 《太平寰宇记》卷三七《关西道十三》，第787页。
② 王北辰：《公元九世纪初鄂尔多斯沙漠图图说——唐夏州、丰州境内沙漠》，《中国沙漠》1986年第4期；何彤慧：《毛乌素沙地历史时期环境变化研究》，兰州大学博士学位论文，2008年，第92页。
③ 《元和郡县图志》卷四《关内道四》，第109页。
④ 《读史方舆纪要》卷六一《陕西十》，第2921页。
⑤ 《读史方舆纪要》卷六一《陕西十》，第2920页；《元和郡县图志》卷四《关内道四》，第113页。
⑥ 内蒙古文物考古研究所编：《内蒙古文物考古文集》第2辑，中国大百科全书出版社，1997年，第514—515页。
⑦ 〔后晋〕刘昫等：《旧唐书》卷五六《列传第六》，中华书局，1975年，第2280页。
⑧ 祝林：《西魏至唐初长安政权对河曲地区的经营》，陕西师范大学硕士学位论文，2012年，第80页。

续表

郡	治城/镇城	属县/城名	古城址名称	今址
五原	九原	九原	西局子古城	内蒙古乌拉特前旗西小召镇
		永丰	补隆淖古城	内蒙古磴口县补隆淖镇河拐子村
		安化		内蒙古鄂尔多斯市境
盐川	五原	五原	沙场子古城	陕西定边县红柳沟镇沙场村
朔方	岩绿	岩绿	白城子古城	陕西榆林市靖边县红墩界镇白城村
		宁朔	龙眼古城	陕西榆林市靖边县杨桥畔镇
		长泽	城川古城	内蒙古鄂托克前旗城川镇城川嘎查
雕阴	上县	上县		陕西绥德县境内
		大斌		陕西绥德县西北55千米处
		延福		陕西绥德县东南55千米处
		儒林	银州故城	陕西榆林市横山区党岔镇北庄村东北1000米处
		真乡		陕西榆林市榆阳区麻黄梁镇双山堡南15千米圆峰子
		开光	开光县故城	陕西榆林市榆阳区大河塔镇卢家铺村东侧
		银城	黄羊城遗址	陕西神木市店塔镇杨家城城址南20千米
		抚宁		陕西米脂县西20千米，无定河西岸
		开疆		陕西米脂县西、无定河西岸
		城平		陕西省清涧县东北境
		绥德		陕西清涧县西北，清涧河北岸
榆林	胜州	榆林	十二连城	内蒙古准格尔旗十二连城乡
		富昌	天顺圪梁古城	内蒙古准格尔旗十二连城乡
		金河	蒲滩拐古城	内蒙古托克托县双河镇
定襄	大利	大利	土城子古城	内蒙古和林格尔县盛乐镇
镇（戍）城		白城镇		内蒙古乌审旗苏力德苏木苏洁尔山附近
		德静镇	白城台古城	陕西榆林市榆阳区巴拉素镇
		连谷镇		陕西榆林市神木市店塔镇黄羊城村
		大同城		内蒙古巴彦淖尔市乌拉特前旗额尔登布拉格苏木境内

二、唐代鄂尔多斯高原城市建置

唐高祖武德七年（624），“改郡为州，太守为刺史，又置都督府以治之”[①]，以都督府代替了隋代总管府，规定管理十州以上者为上都督府，不满十州者为都督府。[②]唐前期的都督，虽对属州有一定的军事指挥权，但原则上与刺史同为最高地

① 《新唐书》卷三七《志第二十七·地理一》，第959页。

② 〔宋〕王溥：《唐会要》卷六八“都督府”，中华书局，1960年，第1192页。

方长官，被纳入地方行政体制之内，它是一级正式的地方行政机构。[①]至贞观元年（627），太宗始命“并省，又因山川便利，分天下为十道”。睿宗景云二年（711）“分天下郡县，置二十四郡都督府以统之”，随后因为都督府职权太重而取消。开元二十一年（733），又因十道置十五道，置十五道采访使，职同西汉刺史，执行检察任务。[②]因此，在天宝十五载（756）以前，都督府始终是唐帝国的高级行政区划[③]，行政区划变为道—府—州—县四个层级。鄂尔多斯高原地区属于关内道，由关内道—灵州、夏州、丰州、胜州四都督府—州—县行政管理。后突厥兴起，武后执政后朝廷边地策略转向战略防御，增设关隘，加筑军城。景龙二年（708）筑三受降城，开元九年（721），关内道设置朔方军节度使，领“单于大都护府，夏、盐、绥、银、丰、胜六州，定远、丰安二军，东、中、西三受降城”[④]。唐朝在安史之乱前边防体系基本完善，之后，唐王朝吸取安史之乱的教训，对朔方节度使司进行了分割，鄂尔多斯高原地区有灵武节度使、夏绥节度使、振武节度使以及天德军都防御使四节方镇以及下辖的州县，“节度司制就取代都督府制的地位，成为唐后期地方高级行政区划”[⑤]。

（一）唐高祖、太宗时期

隋唐之际，东突厥以及随后崛起的薛延陀部落是中原王朝来自北方的主要威胁。为防御东突厥南下，鄂尔多斯高原建立起较完整的防御体系，最外围防御线由灵州、丰州与胜州组成，三州都位于黄河内侧，构成阻隔东突厥南下的天然屏障。《元和郡县图志》“灵州”条载“以州在河渚之中，随水上下，未尝陷没，故号‘灵州’”[⑥]。丰州正位于黄河南、北流之间，即今内蒙古五原县胜丰镇。胜州城为今内蒙古准格尔旗十二连城乡十二连城。灵州、丰州、胜州作为研究区西、北、东方向跨越黄河后的第一道驻防城体系，其南部的盐州、夏州、绥州背依白于山构成第二道驻防城体系。这一时期，隋唐王朝统治北界在黄河北河以南地区，故有“声教讫于漠外，而边备未密，河西、朔方时有阑入之虑”[⑦]。

唐代鄂尔多斯高原行政建制主要由灵州（灵武郡）、丰州（五原郡）、胜州（榆

---

① 牟发松：《唐代都督府的置废》，见武汉大学历史系魏晋南北朝隋唐史研究室编：《魏晋南北朝隋唐史资料》第8期，武汉大学学报编辑部，1986年。

② 《新唐书》卷三七《志第二十七·地理一》，第959—960页。

③ 艾冲：《论唐代前期“河曲”地域的都督府政区》，《中国历史地理论丛》2002年第1期。

④ 《新唐书》卷六四《表第四·方镇一》，第1761页。

⑤ 艾冲：《论唐代前期“河曲”地域的都督府政区》，《中国历史地理论丛》2002年第1期。

⑥ 《元和郡县图志》卷四《关内道四》，第91页。

⑦ 《读史方舆纪要》卷六一《陕西十》，第2904页。

林郡）、盐州（盐川郡）、夏州（朔方郡）、云州（定襄郡）及其属县共同构成。后为安抚降附的西北民族部落，唐太宗采纳温彦博的建议，即“全其部落，顺其土俗，以实空虚之地，使为中国扞蔽”[①]，“其大者为都督府，以其首领为都督、刺史，皆得世袭。虽贡赋版籍，多不上户部，然声教所暨，皆边州都督、都护所领，著于令式”[②]，在灵、夏地区建立了许多羁縻府州。

1.治所城市

唐代初年在鄂尔多斯高原地区仅设灵州一州，夏州及附近地区被梁师都占领，盐州、丰州寄治于灵州。贞观二年（628），唐王朝剿服梁师都之后，设立了胜、夏两都督府。贞观四年（630）征服东突厥后，丰州自灵州析出，建立丰州都督府。与隋代相比，研究区内增加了都督府的建制，有灵、夏、丰、胜4都督府。灵州都督府下领灵、盐2州。夏州都督府领夏、绥、银3州。丰州都督府只领丰州。胜州都督府领胜州。其中灵州为隋灵武郡、盐州为隋盐川郡、夏州为隋朔方郡、丰州为隋五原郡、胜州为隋榆林郡。唐高祖至唐太宗期间，鄂尔多斯高原上的州级城市增加了银州一城，该州是在隋雕阴郡儒林县基础上改置而成。

灵州都督府，下辖灵、盐2州。灵州，武德元年（618）置，设立之初领有回乐、灵武、鸣沙、保静、怀远5县，鸣沙县不属研究区。其中保静即隋之弘静，5县城均沿用隋城。灵州治回乐。灵州西界至贺兰山；北界为今内蒙古磴口县南的黄河西岸，伸向西北，穿越乌兰布和沙漠、杭锦后旗至巴音毛道公路的大湾道东侧，抵狼山山脉西段；东界盐州约在宁夏盐池县中部的一道南北走向的高亢山梁[③]，与丰州界于今库布齐沙漠西段中部，再由此逶迤往西抵达黄河与乌加河的分汊处。[④]盐州，武德元年置。领五原和兴宁2县，先因陷于梁师都而寄治于灵州城内。贞观二年平定梁师都后，在旧城复置盐州及两县。[⑤]盐州州治在五原县，沿用隋城。兴宁县，景龙三年（709）更名为白池县。《元和郡县图志》记其“南至州九十里”，大多数学者认为兴宁县即今内蒙古鄂托克前旗大池古城址[⑥]，或认为在今宁夏吴忠市盐池县花马池镇

① 〔宋〕司马光编著，〔元〕胡三省音注：《资治通鉴》卷一九三“太宗贞观四年”，中华书局，1956年，第6076页。
② 《新唐书》卷四三下《志第三十三下·地理七下》，第1119页。
③ 艾冲：《唐代灵、盐、夏、宥四州边界考》，《中国历史地理论丛》2004年第1期。
④ 艾冲：《论唐代前期“河曲”地域的都督府政区》，《中国历史地理论丛》2002年第1期。
⑤ 《旧唐书》卷三八《志第十八·地理一》，第1417页。
⑥ 鲁人勇、吴忠礼、徐庄：《宁夏历史地理考》，宁夏人民出版社，1993年，第111—112页。

王圈村北2千米处[①]。两者相去不远，这里采用第一种观点。盐州东界约在今陕西靖边县西部红柳河一线，向南延伸至白于山，北界约在今鄂托克前旗驻地东西一线。[②]

夏州都督府，辖夏、银、绥3州。夏州，本隋朔方郡，唐贞观二年置夏州都督府。夏州领4县，即德静、朔方[③]、宁朔、长泽。朔方县城仍为夏州治所，宁朔、长泽2县城沿袭隋县城，德静县城即隋之德静镇城。夏州北界约在今内蒙古杭锦旗北、库布齐沙漠中部的纥伏干泉东西一带，西境与灵州城的边界为今都思兔河上游北支流分水岭之北、杭锦旗中部，南界为芦子关。[④]银州，本隋雕阴郡，贞观二年置，领儒林、真乡、开光、抚宁4县。儒林城为银州州治，在今陕西榆林市横山区党岔镇北庄村东北1千米处。[⑤]贞元二年，吐蕃攻陷银州时，州并无城墙。[⑥]真乡、开光、抚宁三县城亦沿用隋城。绥州，隋雕阴郡。隋末为梁师都割据，治所多有变化。武德三年（620），百姓归化，于延州丰林县置绥州都督府。武德六年（623），移州治于延州延川县，七年又移于城平县界魏平废城。贞观二年，讨平梁师都后，罢去都督府，移州治于上县。[⑦]领有上、延福、绥德、城平、大斌5县，该五县城均沿用隋城。

胜州都督府，领胜州和云州。胜州，本隋胜州。隋末唐初先后为郭子和与梁师都割据。大业末年，郡人郭子和以城入突厥。武德四年（621），郭子和“归国，其地又陷梁师都”[⑧]。贞观二年，讨平梁师都，贞观三年（629）在隋旧治所置胜州。因当时“柴绍、刘兰破灭匈奴，夺得河南之地，因置州，以决胜为名”[⑨]。其下辖榆林、河滨2县。胜州治榆林城，即今内蒙古准格尔旗十二连城乡十二连城城址。河滨县，贞观三年新置，汉代沙南县地。曹魏、西晋时，此地不设县邑。北魏及周复为银城县地，隋时复为榆林县地。《元和郡县图志》“河滨县”条记“贞观三年，于此置河滨县，东临河岸，因以为名。改云州为威州，立嘉名也。八年，废威州，以县属

① 国家文物局主编：《中国文物地图集・宁夏回族自治区分册》，文物出版社，2010年，第308页。

② 艾冲：《唐代灵、盐、夏、宥四州边界考》，《中国历史地理论丛》2004年第1期。

③ 朔方县，《旧唐书》卷三八（第1414页）与《元和郡县图志》卷四（第100页）记载都为贞观二年置，唯《新唐书》记为贞观三年。

④ 艾冲：《论唐代前期“河曲”地域的都督府政区》，《中国历史地理论丛》2002年第1期。

⑤ 戴应新：《银州城址勘测记》，《文物》1980年第8期。

⑥ “（吐蕃）又寇银州，州素无城，吏民皆溃；吐蕃亦弃之。又陷麟州。”见《资治通鉴》卷二三二“德宗贞元二年”，第7474—7475页。

⑦ 《旧唐书》卷三八《志第十八・地理一》，第1412页。

⑧ 《元和郡县图志》卷四《关内道四》，第110页。

⑨ 《元和郡县图志》卷四《关内道四》，第110页。

胜州”[①]。《旧唐书》“河滨”条载：“河滨，隋榆林郡地。贞观三年，置云州于河滨，因置河滨县。四年，改为威州。八年废，河滨属胜州。”[②]河滨县于贞观三年设县的同时还将云州侨置于此，贞观四年改云州为威州，贞观八年废威州，河滨县就回属胜州。城址在今内蒙古十二连城乡天顺圪梁村西侧。[③]县东北有河滨关，贞观七年（633）置。[④]

云州城为单于都护府治，“本汉定襄郡之盛乐县也，后魏都盛乐，亦谓此城。武德四年平突厥，于此置云州，贞观二十年改为云州都督府，麟德元年，改为单于大都护府”[⑤]。此处需要说明的是“武德四年”当为“贞观四年”。原因是自开皇十九年（599），隋文帝封突利可汗为启民可汗，居住在定襄之盛乐（隋称为大利城）周边。隋末唐初，突厥势力强大并时常威逼至都城附近。也就是说唐初，西汉云中、上郡、西河及其以北地区均被突厥占领。贞观三年，太宗开始组织大规模反击，上述地区才逐渐重新被唐王朝占有。贞观三年，“以靖为代州道行军总管，率骁骑三千，自马邑出其不意，直趋恶阳岭以逼之。颉利可汗不虞于靖，见官军奄至，于是大惧，相谓曰：‘唐兵若不倾国而来，靖岂敢孤军而至。’”[⑥]。贞观四年李靖“夜袭定襄，破之”，出云中，与突厥战于白道，大破之。此次战役，最终斥地自阴山北至大漠。[⑦]所以《元和郡县图志》此处记载省略了一些细节，武德四年时云中当为突厥占据，不可能于此置云州。结合上段《旧唐书》记载的内容及相关分析，我们可以认为，贞观三年，云州侨置于河滨；贞观四年，大破突厥之后，即复云州于云州城。贞观四年至八年（634），胜州仅辖榆林一县，以河滨县置威州，八年之后威州废，河滨属胜州。贞观二十年（646）立云州都督府。

丰州都督府，贞观四年置。丰州城，武德元年置，因“丰州绝远，先属突厥，交相往来，吏不能禁”，于武德六年（623）寄治灵州，即“虚其城郭，权徙百姓寄居于灵州”[⑧]；贞观十一年（637）废府，地属灵州；贞观二十三年（649），又复置丰

---

① 《元和郡县图志》卷四《关内道四》，第111页。
② 《旧唐书》卷三八《志第十八·地理一》，第1419页。
③ 国家文物局主编：《中国文物地图集·内蒙古自治区分册》下，第609页。
④ 《元和郡县图志》卷四《关内道四》，第111页；《旧唐书》卷三八《志第十八·地理一》，第1419页；《新唐书》卷三七《志第二十七·地理一》，第975—976页。
⑤ 《元和郡县图志》卷四《关内道四》，第107页。
⑥ 《旧唐书》卷六七《列传第十七·李靖传》，第2479页。
⑦ 《资治通鉴》卷一九三“太宗贞观四年”，第6073页。
⑧ 〔宋〕王钦若等编纂，周勋初等校订：《册府元龟（校订本）》卷九九〇《外臣部·备御第三》，凤凰出版社，2006年，第11469页。

州。[①]不领县。丰州城址在今内蒙古五原县胜丰镇。

综上而言，贞观末年研究区行政区划为灵、丰、胜、夏、云5州都督府所领的各州县，即5都督府，6个州级城，15个县级城。其中灵州都督府、灵州与回乐县，胜州都督府、胜州与榆林县，夏州都督府、夏州与岩绿县，丰州都督府与丰州、云州都督府与云州、盐州与五原县、绥州与上县、银州与儒林县同治一城。因此，唐太宗末年研究区内共有23个行政治所城市。

表2-7　贞观末年鄂尔多斯高原地区城市一览表

都督府	州	县/城	古城址名称	今址
灵州	灵州	回乐	古城湾遗址	宁夏吴忠市利通区古城湾村
		灵武		宁夏平罗县陶乐镇
		保静		宁夏永宁县南望洪镇
		怀远		宁夏银川市兴庆区掌政镇洼路村一带
	盐州	五原	沙场子古城	陕西定边县红柳沟镇沙场村
		白池	大池古城址	内蒙古鄂托克前旗城川镇二道川村
夏州	夏州	朔方	白城子古城	陕西榆林市靖边县红墩界镇白城子村
		德静	白城台古城	陕西榆林市榆阳区巴拉素镇
		宁朔	龙眼古城	陕西榆林市靖边县杨桥畔镇
		长泽	城川古城	内蒙古鄂托克前旗城川镇城川嘎查
	绥州	上县		陕西绥德县境内
		延福		陕西绥德县东南55千米处
		绥德		陕西清涧县西北，清涧河北岸
		城平		陕西省清涧县东北境
		大斌		陕西绥德县西北55千米处
	银州	儒林		陕西榆林市横山区党岔镇北庄村东北1000米处
		真乡		陕西榆林市榆阳区麻黄梁镇双山堡南15千米圆峰子
		开光		陕西榆林市榆阳区大河塔镇卢家铺村东侧
		抚宁		陕西米脂县西20千米，无定河西岸
胜州	胜州	榆林	十二连城	内蒙古准格尔旗十二连城乡
		河滨	天顺圪梁古城	内蒙古准格尔旗十二连城乡
丰州		丰州		内蒙古五原县胜丰镇
云州		云中	土城子古城	内蒙古和林格尔县盛乐镇土城子村

① 丰州，《元和郡县图志》卷四（第113页）记为贞观二十二年置；《旧唐书·地理志》《旧唐书·太宗纪》《新唐书·地理志》记为贞观二十三年。樊文礼认为后者系出自《实录》，应按贞观二十三年记。参见樊文礼：《略论唐代的丰州》，《内蒙古大学学报（哲学社会科学版）》1987年第2期。

2.羁縻府州

唐太宗为了安抚众多归附部落，根据民族划分，通过设置大大小小的羁縻都督府、羁縻州，并以寄治于正州的方式加强管理，即“其大者为都督府，以其首领为都督、刺史，皆得世袭”①。研究区共设置了30个羁縻都督府，领64个羁縻州。其中突厥降户由夏州、单于、安北三都护府管理，回纥降户由夏州、灵州、安北都护府管理，党项族则由灵州都护府管理，详细情况如表2-8。

《旧唐书·突厥传》记载，贞观四年（630）平定东突厥之后，唐王朝“自幽州至灵州置顺、祐、化、长四州都督府，又分颉利之地六州，左置定襄都督府，右置云中都督府，以统其部众”②。《资治通鉴》记载与之相同。《新唐书·地理志》记：“贞观四年平突厥，以其部落置顺、祐、化、长四州都督府于幽、灵之境；又置北开、北宁、北抚、北安等四州都督府。”③艾冲认为顺、祐、化、长4州分别是北安、北抚、北开、北宁4府的更名与延续。④其中化州、长州、祐州属于研究区内。化州都督府（北开州都督府）约在今陕西榆林市榆阳区西部海流兔河上游北侧的补浪河乡魏家峁村附近，长州都督府（北宁州都督府）约在今内蒙古鄂托克前旗东南部红柳河西侧的城川古城，祐州都督府（北抚州都督府）在今陕西佳县北部秃尾河西侧的上高家寨乡附近。⑤贞观二十年增置呼延都督府。贞观二十二年，又增坚昆都督府。⑥故据文献记载，突厥部落在研究区共建有7个都督府。关于云中都督府城与定襄都督府城城址位置，史籍没有确切记述，存在争议。岑仲勉认为两城在定襄一带，但并未指出确切位置⑦；刘统认为云中都督府为今内蒙古和林格尔土城子古城，定襄都督府为美岱古城⑧；岳东认为定襄都督府为今内蒙古和林格尔县土城子古城，云中都督府为云中古城⑨。艾冲则认为两都督府无固定治所。⑩前期羁縻都督府虽然频繁迁徙，但根据建

① 《新唐书》卷四三下《志第三十三下·地理七下》，第1119页。

② 《旧唐书》卷一九四上《列传第一百四十四上·突厥上》，第5163页。

③ 《新唐书》卷四三下《志第三十三下·地理七下》，第1125页。

④ 樊文礼认为化州与长州为北开州与北宁州的更名。参见樊文礼：《唐贞观四年设置突厥羁縻府州考述》，《中国边疆史地研究》1994年第3期，第89页。

⑤ 艾冲：《唐前期东突厥羁縻都督府的置废与因革》，《中国历史地理论丛》2003年第2期，第136—141页。

⑥ 《新唐书》卷四三下《志第三十三下·地理七下》，第1120—1121页。

⑦ 岑仲勉：《突厥集史》下册，中华书局，1958年，第644页。

⑧ 刘统：《唐代羁縻府州研究》，西北大学出版社，1998年，第13—14页。

⑨ 岳东：《贞观四年的突厥羁縻州》，《阴山学刊》2013年第4期，第89页。

⑩ 艾冲：《唐前期东突厥羁縻都督府的置废与因革》，《中国历史地理论丛》2003年第2期，第139—141页。

城便利原则及其府治名称来看，笔者亦认为其当有固定城址，故赞成岳东的观点。

与突厥部落同时内属的，还有附属于突厥部落的栗特胡人。唐王朝建立了“六胡州”以安置，即鲁、丽、塞、含、依、契6羁縻州城。[①]其地理范围约为今宁夏盐池县北部、陕西定边县北境、内蒙古鄂托克前旗和鄂托克旗之东半部，以及乌审旗西缘之地。[②]关于“六胡州”城址的讨论，后文有相关描述。

贞观二十年（646）铁勒归附，《旧唐书》“灵州”条载“于州界置皋兰、高丽、祁连三州，并属灵州都督府”[③]。皋兰、高丽、祁连三羁縻州寄治于灵州都督府境内。三州于永徽元年废。

回纥是铁勒诸部的一支。贞观二十年（646），讨平薛延陀汗国后，贞观二十一年（647）唐王朝便于其地置6府7州。6府有瀚海、燕然、金微、幽陵、鬼林、卢山都督府；7州包括皋兰、高阙、鸡田、鸡鹿、榆溪、蹛林、寘颜[④]，部分州寄治夏州、灵州都督府境内，并于“故单于台置燕然都护府统之，以导宾贡”[⑤]。李宗俊根据最新考古资料以及汉唐文献指出，故单于台、燕然都护府治是位于阴山以北乌拉特草原东南部、今内蒙古自治区巴彦淖尔市乌拉特中旗新忽热苏木西北1千米处的新忽热古城。燕然都护府管辖范围仍为大碛以北的回纥等铁勒诸部及新东迁至乌德鞬山的葛逻禄左右厢（左厢部落置狼山州，右厢部落置浑河州），但此时燕然都护府的治所仍在漠南碛口。[⑥]自此大漠南北均为唐土。

表2-8　贞观年间羁縻都督府州设置情况一览表

族属	都督府		领州、羁縻州		侨治	隶属
	名称	设置时间	名称	设置时间		
突厥	定襄	贞观四年（630）	阿德、执失、苏农、拔延	贞观二十三（649）	宁朔	夏州都督府
	化州/北开州					
	长州/北宁州					
	祐州/北抚州					

① 关于六胡州的建立时间，艾冲认为在贞观四年。参见艾冲：《唐代“六胡州”与“宥州”故地新探》，《中国方域》2003年第2期。

② 艾冲：《公元7—9世纪鄂尔多斯高原人类经济活动与自然环境演变研究》，第115页。

③ 《旧唐书》卷三八《志第十八·地理一》，第1415页。

④ 《旧唐书》卷一九九下《列传第一百四十九下·北狄》，第5348—5349页。

⑤ 《旧唐书》卷一九五《列传第一百四十五·回纥》，第5196页。

⑥ 李宗俊：《新忽热古城与汉受降城及唐燕然都护府治所关系辨》，《中国边疆史地研究》2023年第1期，第53—69页。

续表

族属	都督府名称	都督府设置时间	领州、羁縻州名称	领州、羁縻州设置时间	侨治	隶属
突厥	云中	贞观四年（630）	舍利、阿史那、绰、思壁、白登	贞观二十三（649）	朔方境	单于都护府
	呼延	贞观二十年（646）	贺鲁州、葛逻州、铁跌州			
	坚昆	贞观二十二年（648）				安北都护府
	桑乾	贞观二十三年（649）	新黎州			
回纥	达浑	贞观二十一年（647）	姑衍、步讫若、奚弹、鹘、低肃		宁朔	夏州都督府
	安化州				朔方	
	宁朔州					
	仆固州					
			燕然、鸡鹿、鸡田、		回乐	灵州都督府
			东皋兰、		鸣沙	
			烛龙、燕山		温池	
	瀚海					安北都护府
	燕然					
	金微					
	幽陵					
	鬼林					
	卢山					
			榆溪、寘颜、居延、稽落、余吾、凌稽、仙萼			
党项		贞观三年（629）	清塞州、归德州		银州境	灵州都督府
	蓝池					
	芳池					
	相兴					
	永平					
	旭定					
	清宁					
	忠顺					
	宁保					
	静塞					
	万吉					
	乐荣		东夏州			

续表

族属	都督府		领州、羁縻州		侨治	隶属
	名称	设置时间	名称	设置时间		
党项	静边州	贞观三年（629）	布、北夏、思义、思乐、昌塞、吴、朝、归、浮、祐、卑、西归、嶂、食芳、开元、归顺、淳、乌龙、恤、嵯、盖、悦、回乐、鸟掌、诺	贞观间	庆州	灵州都督府
吐谷浑			宁朔州	代宗时		夏州都督府
			浑州	仪凤中		盐州都督府
铁勒	贞观二十年（646）至永徽三年（652）存		皋兰			灵州都督府
			高丽			
			祁连			

资料来源：〔宋〕欧阳修、宋祁：《新唐书》卷四三下《志第三十三下 · 地理七下》，中华书局，1975年。

（二）唐高宗至玄宗时期

高宗时期，贞观年间内附的部落不断发生叛乱。永徽元年（650）突厥车鼻可汗叛乱；调露元年（679）“单于管内突厥首领阿史德温傅、奉职二部落始相率反叛，立泥孰匐为可汗，二十四州并叛应之”[①]；永淳元年（682）后突厥政权更不断南下侵扰。与此同时，吐蕃也不断侵扰陇右地区。后期，武周政权内部调整，王朝对边地政策遂从战略进攻转为战略防御，主要表现是在河外建起了一系列军城，边疆布防从河内延伸到了河外。

针对北方归附民族的叛乱，唐朝廷迅速做出反应，都护府治所频繁迁移。高宗龙朔三年（663）调整燕然都护府、瀚海都护府驻地，新置单于都护府。“徙燕然都护府于回纥，更名瀚海都护；徙故瀚海都护于云中古城，更名云中都护。以碛为境，碛北州府皆隶瀚海，碛南隶云中。”[②]瀚海都护府治“碛北回纥部落”。总章二年（669）改燕然都护府为安北都护府，治“大同城镇”，垂拱元年（685）治“西安城”（无考），景龙二年（708）治西受降城，开元二年（714）治中受降城。[③]天宝八载（749）治横塞军城，天宝十四载（755）治大安军城（天德军城），至德二

① 《旧唐书》卷一九四上《列传第一百四十四上 · 突厥上》，第5166页。

② 《资治通鉴》卷二〇一“高宗龙朔二年”，第6333页。

③ 《读史方舆纪要》卷六一《陕西十》，第2919、2921页。

年（757）改称镇北都护府，领有阴山、通济2县。[①]北疆政局不稳，都护府治所频繁迁移。单于都护府城，本云中都护府，龙朔三年（663）由故瀚海都护府移治云中故城，麟德元年（664）改称单于都护府，领金河县，县境内有云伽关。[②]故有学者认为云中都护府是由瀚海都护府迁治并改名而来，治今内蒙古和林格尔县土城子。[③]

景龙二年，张仁愿趁后突厥西击之时，于黄河外筑三受降城，使朔方无复寇掠。开元元年（713），郭元振筑定远城，即“以西城远阔，丰安势孤，中间千里无城，烽堠杳渺，故置此城”[④]。此后，又筑天德军城，即“拟为朔方根本，其意以中城、东城连振武为左翼，又以西城、丰州连定远为右臂，南制党项，北制匈奴，左右钩带，居中处要，诚长久之规也”[⑤]。如此，该时期在黄河外建立起7城，即从西至东分别为丰安军、定远城、西受降城、天德军、中受降城、东受降城、振武军。这些城、军城组成了严密的军事防御体系，成为防御后突厥南下的第一道防御体系。其北以阴山山脉为屏障，中间以7城为据点，南以黄河为天然阻线，“形成天然与人力相结合的区域内小三线，从而构成了东西呼应，南北一体，层层相继，步步为守的严密防御体系”[⑥]。第二道防御体系为南以白于山为依托，从西向东由灵、盐、夏、绥、银5行政州县组成。在第一道与第二道防御体系之间，又以胜州、麟州、宥州为接援，作为连接两道防御体系的关键节点。唐王朝把控制力推向河北，起到良好的防御效果，即“盖自秦至唐，御戎上策恒在大河以北也”[⑦]。

1.新增治所城市

灵州都督府，灵州都督府增领温池县城，温池县神龙元年（705）置。《元和郡县图志》注文记“西北至州一百八十里”，正文又记“县侧有盐池”[⑧]，又“温泉盐池，在（灵州回乐）县南一百八十三里。周回三十一里”[⑨]。此温泉盐池即为温池县境内盐池，因临近今宁夏盐池县惠安堡西方、太阳山东侧的温泉而得名，故温池县城

---

① 《新唐书》卷三七《志第二十七·地理一》，第976页；《旧唐书》卷三八《志第十八·地理一》，第1420页。

② 《新唐书》卷三七《志第二十七·地理一》，第976页。

③ 张郁：《和林格尔县土城子试掘记要》，《文物》1961年第9期；内蒙古文物考古研究所：《和林格尔县土城子古城考古发掘主要收获》，《内蒙古文物考古》2006年第1期。

④ 《元和郡县图志》卷四《关内道四》，第96页。

⑤ 《元和郡县图志》卷四《关内道四》，第113—114页。

⑥ 李宗俊：《唐前期西北军事地理问题研究》，中国社会科学出版社，2015年，第71页。

⑦ 《读史方舆纪要》卷六一《陕西十》，第2904页。

⑧ 《元和郡县图志》卷四《关内道四》，第96页。

⑨ 《元和郡县图志》卷四《关内道四》，第94页。

址约在今宁夏盐池县西南部马儿庄乡老盐池村（盐池堡），南距惠安堡7.5千米[①]。

羁縻州：安乐州。高宗龙朔三年，吐谷浑被吐蕃所灭，吐谷浑王请求内徙，“咸亨三年（672）二月八日，移吐谷浑部落，自凉州徙于鄯州。既而不安其居，又徙于灵州之境，置安乐州以处之”[②]。《新唐书》载咸亨三年，“以灵州之故鸣沙县地置州以居之”[③]。因此，安乐州城址即为故鸣沙县城，约在今宁夏中宁县东鸣沙镇境。

粟特人与突厥部落同时内附，唐王朝为安置粟特人于调露元年（679）设置“六胡州”，即鲁、丽、塞、含、依、契6羁縻州。六胡州“以唐人为刺史”[④]。说明此时作为羁縻州的六胡州与早期羁縻州有了不同，其最高管理者由唐中央委派而非本民族自任，日趋转变为正州。[⑤]关于六胡州的发展及演变《旧唐书》的记载较为清晰。“调露初，六胡州也。长安四年，并为匡、长二州。神龙三年，置兰池都督府，仍置六县以隶之。开元十年，复分为鲁、丽、契、塞四州。十一年，克定康待宾后，迁其人于河南、江淮之地。十八年，又为匡、长二州。二十六年，自江淮放回胡户，于此置宥州及延恩、怀德、归仁三县。”[⑥]继而又言“元和九年，复于经略军置宥州，……十五年，移治长泽县，为吐蕃所破。长庆四年，夏州节度使李祐复置”。我们首先来看宥州的问题。宥州于开元二十六年（738）在六胡州的空间区域上设置，下辖三个县；元和九年（814）移治经略军，元和十五年（820）移治长泽县，随后被吐蕃攻破，长庆四年（824）夏州节度使重建。从上述记载以及宥州城址迁移可知其位于盐、夏二州之间，约在今内蒙古乌审旗西北至黄河一带，即原河曲六州之地，降胡多视为故里。元和九年至十五年宥州移治经略军城，“盖居中可以总统蕃部，北接天德，南据夏州”[⑦]。《元和郡县图志》《新唐书》所载宥州沿革与《旧唐书》一致，只增加了六胡州的地理范围，如《元和郡县图志》载其位于“灵州南境界”，《新唐书》载于“灵、夏南境”等。鉴于此，六胡州则集中分布于今宁夏盐池县北部、陕西定边县北境、内蒙古鄂托克前旗和鄂托克旗之东半部，以及乌审旗西缘之地。

据《旧唐书》上段引文可知，兰池都督府置于神龙三年（707），其在空间范围上与后置的宥州辖域相同，即六胡州所在地。与《元和郡县图志》所载“神龙三年复

① 盐池县县志编纂委员会编：《盐池县志》，宁夏人民出版社，1986年，第424页。
② 《唐会要》卷七三“灵州都督府”，第1316页。
③ 《新唐书》卷三七《志第二十七·地理一》，第972页。
④ 《新唐书》卷三七《志第二十七·地理一》，第975页。
⑤ 艾冲：《唐代“六胡州”与“宥州”故地新探》，《中国方域》2003年第2期。
⑥ 《旧唐书》卷三八《志第十八·地理一》，第1418页。
⑦ 《元和郡县图志》卷四《关内道四》，第106页。

置兰池都督府……开元十一年，康待宾叛乱，克定后，迁其人于河南、江、淮诸州，二十六年还其余党，遂于此置宥州”[①]基本相同，但《旧唐书》更为详细，增加了“十八年，又为匡、长二州。二十六年，自江淮放回胡户，于此置宥州”等细节，因此兰池都督府存在的时间为神龙三年至开元十年（722），开元十年短暂设置了鲁、丽、契、塞4州，开元十一年（723）至开元十八年（730）并无政区建制。开元十八年始六胡州地分置匡、长2州。开元二十六年置宥州。同时，兰池都督府是以长安四年（704）的匡、长2州所置，而更早可追溯至调露元年设置的六胡州。因此至玄宗末年，原六胡州所在地设有1州3县，即宥州及其下辖的延恩、怀德、归仁3个县。

延恩县，为宥州州治，在故匡州地置。以塞门县置怀德县，以故兰州之长泉县地置归仁县。[②]延恩为宥州州治，则匡州、宥州、延恩为一城。但对于它们之间的位置关系，学界有不一样的看法。王乃昂、何彤慧等认为兰池都督府与宥州同在一城[③]，艾冲认为兰池都督府与宥州不同城[④]。关于宥州与兰池都督府两城地理位置的记载，《元和郡县图志》记废宥州“在盐州东北三百里。在夏州西北三百里”，兰池都督府“在盐州白池县北八十里”，[⑤]白池县故城为今内蒙古鄂托克前旗城川镇二道川村大池古城址。王北辰根据兰池都督府的空间关系认为敖勒召其古城是兰池都督府、宥州城址所在地。王乃昂、何彤慧等人据“开元十年，康待滨叛乱是‘据长泉县，自称叶护，攻陷兰池等六州’”的记载，认为兰池都督府不与长泉县（长州）一城，而与匡州同城，继而认为兰池都督府、匡州、宥州、延恩四者同治一城。尽管从文献的记载方位看，敖勒召其古城较合适，但从距离里数、地表遗物的丰富度和环境状况看，查干巴拉嘎苏古城则更合适。艾冲认同王北辰对兰池都督府城址的判定，即敖勒召其古城为兰池都督府，但他认为匡州、宥州及延恩县城址为查干巴拉嘎苏古城。其实，查

① 《元和郡县图志》卷四《关内道四》，第106页。

② 《旧唐书》卷三八《志第十八志·地理一》，第1418—1419页。

③ 王乃昂、何彤慧等人观点前后曾有变化。2008年，他们认为兰池都督府与宥州同治一城，2011年在其后续文章中认为兰池都督府、匡州、宥州、延恩同治一城。参见王乃昂、何彤慧、黄银洲等：《六胡州古城址的发现及其环境意义》，《中国历史地理论丛》2006年第3期；何彤慧、王乃昂、黄银洲等：《六胡州聚落地理研究进展及其地望实考》，见侯甬坚主编：《鄂尔多斯高原及其邻区历史地理研究》，第95页；黄银洲、何彤慧：《再论唐六胡州城址的定位问题——兼谈历史地理学研究方法》，《中国历史地理论丛》2011年第1期。

④ 艾冲：《唐代“六胡州”与“宥州”故地新探》，《中国方域》2003年第2期；《唐代河曲粟特人“六胡州”治城的探索》，《民族研究》2005年第6期；《唐前期“六胡州”古城位置有待继续探索——与〈六胡州古城址的发现及其环境意义〉作者商榷》，《中国历史地理论丛》2009年第1期；《再论唐代前期“六胡州”治城位置——与王乃昂、黄银洲、何彤慧三同志商榷》，《陕西师范大学学报（哲学社会科学版）》2012年第2期。

⑤ 《元和郡县图志》卷四《关内道四》，第106页。

看何彤慧等人绘制的该区域各城址空间关系图可知敖勒召其古城与查干巴拉嘎苏古城两城址之间距离只有18千米[①]，再加之古人对距离都以约数为记，所以兰池都督府与宥州有可能同治一城。

关于匡、长二州城位置，艾冲与何彤慧等人都认为匡州城即为宥州、延恩治城，位于巴拉嘎苏古城。对于长州城址，他们存在分歧。艾冲认为六胡州区域在长安四年与开元十八年“被调整为匡、长二州之后，匡州管辖‘六胡州’地区南半部”，那么，长州必然是管辖北半部，认为包尔浩晓古城（水利古城）为长州城址。[②]何彤慧等依据《新唐书》卷三七《地理志》所载长泽沿革“隋县。贞观七年，置长州都督府。十三年，废长州，县还夏州”，认为“同一区域在一定时期同一地名不可能有两处”，并由此判定长州以及长泉县（六胡州更为六县后的长泉县）、宥州之归仁县为长泽县演变而来，即今内蒙古鄂托克前旗城川古城。[③]

艾冲认为六胡州城中的鲁、丽、契在六胡州区域的南部，含、塞、依三州在北部。鲁、丽、契城址分别为查干巴拉嘎苏古城、巴郎庙古城、呼和淖尔古城（或苏勒德村唐代遗址），含州为水利古城、依州为敖伦淖尔古城、契州为呼和淖尔古城[④]。何彤慧等认为兴武营为鲁州城址，并按“鲁、丽、含、塞、依、契”六州“自西向东”的顺序，认为巴郎庙古城为丽州古城、乌兰道崩古城为含州城址、敖勒召其古城为塞州城址、苏力迪古城为依州城址、巴彦呼日古城为契州城址。[⑤]2011年，黄银洲等人再次确认了六胡州中的鲁州城为今宁夏盐池县兴武营城址所在，匡州城址、故宥州城址和兰池都督府均处于查干巴拉嘎苏古城所在，是沿用了六胡州中的丽州或契州城址。[⑥]对于上述不同观点，由于文献记载的不足以及后人对其前后延承关系的模糊记载，目前形成的结论还只能是推论，我们期待更多相关史料的发现和考古发掘工作的突破性进展。在此我们采用了艾冲关于长州、匡州、宥州的观点。

---

① 黄银洲、何彤慧：《再论唐六胡州城址的定位问题——兼谈历史地理学研究方法》，《中国历史地理论丛》2011年第1期。

② 艾冲：《唐代河曲粟特人“六胡州”治城的探索》，《民族研究》2005年第6期，第73—78页。

③ 何彤慧、王乃昂、黄银洲等：《六胡州聚落地理研究进展及其地望实考》，见侯甬坚主编：《鄂尔多斯高原及其邻区历史地理研究》，第93页。

④ 艾冲：《唐代河曲粟特人“六胡州”治城的探索》，《民族研究》2005年第6期，第73—78页。

⑤ 何彤慧、王乃昂、黄银洲等：《六胡州聚落地理研究进展及其地望实考》，见侯甬坚主编：《鄂尔多斯高原及其邻区历史地理研究》，第92—98页。

⑥ 黄银洲、何彤慧：《再论唐六胡州城址的定位问题——兼谈历史地理学研究方法》，《中国历史地理论丛》2011年第1期。

丰州都督府，领九原、永丰与丰安3县。九原县城为丰州州治，永徽四年（653）置。永丰县城，永徽元年（650）置。九原城与永丰城沿袭了隋城。丰安县城，即隋灵州丰安县，“在州东南四十里”，在五原县东南40里处。

胜州都督府，领胜、麟2州。开元九年（721）“因奏置麟州，以安置党项余烬”①，天宝元年（742）“割胜州连谷、银城两县置麟州”②。麟州领新秦、连谷、银城3县。新秦县城为麟州州治，麟州州城与新秦县城城址为今陕西神木市店塔镇杨家城城址。③连谷县城城址为距今陕西神木市店塔镇黄羊城村西100米的黄羊城遗址。④银城沿袭隋城而来，与连谷同治。胜、麟两州的边界在“南流之窟野河与北注黄河之母化河、虎嘶太河的分水岭，……向东越过黄甫川上游之地而达黄河”⑤。

综上，到玄宗末年，研究区增加了州级城市麟州和宥州，县级有温池、九原、永丰、丰安、新秦、连谷、银城、延恩、怀德、归仁10个县城，其中麟州与新秦县同治一城，丰州与九原县同治一城，宥州与延恩县同治一城，到玄宗末年研究区共有33座城市。

表2-9　唐高宗至玄宗时期鄂尔多斯高原新增行政治所城市一览表

<table>
<tr><th>都督府</th><th>州（新增）</th><th>新增县</th><th>今地理位置</th></tr>
<tr><td rowspan="13">灵州都督府</td><td>灵州</td><td>温池</td><td>宁夏盐池县西南部马儿庄乡老盐池村（盐池堡）</td></tr>
<tr><td>鲁州</td><td rowspan="6"></td><td rowspan="6">宁夏盐池县北部、陕西定边县北境、内蒙古鄂托克前旗和鄂托克旗之东半部，以及乌审旗西缘之地</td></tr>
<tr><td>丽州</td></tr>
<tr><td>塞州</td></tr>
<tr><td>含州</td></tr>
<tr><td>依州</td></tr>
<tr><td>契州</td></tr>
<tr><td>匡州</td><td></td><td>内蒙古鄂托克前旗吉拉苏木查干巴拉嘎苏古城</td></tr>
<tr><td>长州</td><td></td><td>内蒙古鄂托克前旗乌兰镇包尔浩晓古城（水利古城）</td></tr>
<tr><td>兰池</td><td></td><td>内蒙古鄂托克前旗吉拉苏木查干巴拉嘎苏古城</td></tr>
<tr><td rowspan="3">宥州</td><td>延恩</td><td>内蒙古鄂托克前旗吉拉苏木查干巴拉嘎苏古城</td></tr>
<tr><td>怀德</td><td>无考</td></tr>
<tr><td>归仁</td><td>内蒙古鄂托克前旗城川镇城川古城</td></tr>
<tr><td rowspan="3">丰州都督府</td><td rowspan="3">丰州</td><td>九原</td><td>内蒙古巴彦淖尔市五原县南</td></tr>
<tr><td>永丰</td><td>内蒙古巴彦淖尔市磴口县补隆淖镇河拐子村补隆淖古城址</td></tr>
<tr><td>丰安</td><td>内蒙古巴彦淖尔市五原县南、东南</td></tr>
<tr><td rowspan="3">胜州都督府</td><td rowspan="3">麟州</td><td>新秦</td><td>陕西神木市店塔镇杨家城城址</td></tr>
<tr><td>连谷</td><td>陕西神木市店塔镇黄羊城村西</td></tr>
<tr><td>银城</td><td>陕西神木市店塔镇杨家城城址南20千米</td></tr>
</table>

① 《旧唐书》卷九七《列传第四十七·张说传》，第3052—3053页。

② 《旧唐书》卷三八《志第十八·地理一》，第1419页。故置麟州时间有两种说法，开元九年说与天宝元年说。

③ 国家文物局主编：《中国文物地图集·陕西分册》下，第639页。

④ 国家文物局主编：《中国文物地图集·陕西分册》下，第638页。

⑤ 艾冲：《论唐代前期“河曲”地域的都督府政区》，《中国历史地理论丛》2002年第1期，第63页。

2. 城、军城

唐初，“兵之戍边者，大曰军，小曰守捉，曰城，曰镇，而总之者曰道”①。高宗后期至玄宗末，研究区的平原地带（后套、土默川、宁夏）增设了诸多军城以护卫和保障国家安全和边疆地区生产。

丰安军城，万岁通天元年（696）置，位于“灵武郡西黄河外一百八十余里”②；先天元年（712），郭元振“为朔方军大总管，筑丰安、定远城，兵得保顿”③。由此可知，丰安军城前后有两座。又《元和郡县图志》记：“鸣沙县……神龙二年冬为默啜所寇，因而荒废，遂移县于废丰安城，即今县理是。西枕黄河。”由此可知，丰安军初置于万岁通天时，在黄河东岸。神龙二年（706）鸣沙县被默啜所寇后，鸣沙县寄理于丰安城，军县同治。李宗俊认为先天元年所筑的丰安城在黄河西岸，即今宁夏银川市的闽宁镇或甘城子，而“旧丰安城”在今宁夏中宁县城至鸣沙镇一带。④其说可从。

定远军城，“灵武郡东北二百里黄河外，景龙中韩公张仁愿置”。“定远废城，在州东北二百里。……先天二年，郭元振以西城远阔，丰安势孤，中间千里无城，烽堠杳渺，故置此城。”⑤《新唐书》“警州”条下记“警州，本定远城，在灵州东北二百里，先天二年，朔方大总管郭元振置”⑥。李宗俊认为定远军城由东、西两座城组成，东城在灵州城东北200里黄河外，具体位置约为今宁夏平罗县南黄河西岸，为景龙年间张仁愿置，该城在宋、西夏时称为“定州”。⑦项目组在考察中，依据此地方言“定州”音同“田州”，认为定远城约在今北距平罗县城20千米的姚伏镇田州塔附近。《中国文物地图集》亦持此说。⑧西城为先天二年（713）郭元振所筑，后因废弃称为“定远废城”，在灵州城东北2里，黄河东岸，约在今宁夏中宁县恩和镇一带。⑨可再考。原因是文献记载东、西城均位于灵州城东北200里处，灵州城位于今宁夏吴忠市利通区，如果把西城定于此地，不仅方位不同，也与文献记载的“西城远阔，丰安势孤，中间千里无城，烽堠杳渺”的信息描述不相吻合。可见，“定远西

---

① 《新唐书》卷五〇《志第四十·兵》，第1328页。

② 《元和郡县图志》卷四《关内道四》，第92页。

③ 《新唐书》卷一二二《列传第四十七·郭元振传》，第4365页。《武经总要》前集卷一八下亦载：“唐先天中，朔方总管郭元振以西域远阔，丰安势孤，中间千里无城郭烽堠，故置。募官建五千五百人镇守，为行军计集之所。”（第905页）

④ 李宗俊：《唐前期西北军事地理问题研究》，第14页。

⑤ 《元和郡县图志》卷四《关内道四》，第92、96页。

⑥ 《新唐书》卷三七《志第二十七·地理一》，第973页。

⑦ 《读史方舆纪要》卷六二《陕西十一》，第2944页。

⑧ 国家文物局主编：《中国文物地图集·宁夏回族自治区分册》，第283页。

⑨ 李宗俊：《唐前期西北军事地理问题研究》，第13页。

城”“定远废城”的城址位置还需进一步考证。

三受降城，唐中宗景龙二年（708）朔方军总管张仁愿所筑。其利用后突厥西攻西域之际，跨过黄河，以“拂云堆神祠”为中受降城，东西各跨400余里，筑东、西受降城。三城各据交通要道，占据了主动反攻的重要战略位置。

西受降城，简称西城。《元和郡县图志》载：“西受降城，……开元初为河水所坏，至开元十年总管张说于故城东别置新城。今城西南隅为河水所坏。”由此可知，由于河水的冲刷，西受降城先后有两座城，即景龙二年张仁愿所筑旧城与开元十年张说所筑新城。其地理位置为“正东微南至天德军一百八十里。东南渡河至丰州八十里。西南至定远城七百里。北至碛口三百里”[①]。根据时间判断此处记载应为新西受降城。学术界根据相对位置，对西城城址形成了不同的观点。王北辰认为今内蒙古巴彦淖尔市临河区西南约70里、干召庙镇黄羊村脑高二社南500米处的黄羊古城为西受降城旧城，今巴彦淖尔市临河区东北的八一乡丰收村古城，即八一古城为新城。[②]赵占魁对王文进行了批判，并根据相对距离以及方位认为今内蒙古巴彦淖尔市临河区新华镇古城村古城为旧城，今乌拉特中旗乌加河镇奋斗一队南500米处的乌加河古城为新城。[③]李逸友认为西城即今乌拉特前旗苏独仑镇圐圙补隆村古城，但并未给出论据。[④]王治国认为西受降城在今乌拉特中旗乌加河镇，但未论及是新、旧哪个城。[⑤]艾冲认为新城在今乌拉特中旗狼山南侧的乌加河镇奋斗古城，而旧城在“石兰计山口南、黄河北岸渡口所在地”。[⑥]我们采用了赵占魁的观点。

关于中受降城的位置，学者普遍认为是今包头市南郊的敖陶窑子城址，不再赘述。

东受降城，简称东城。《新唐书》载宝历元年（825）“振武节度使张惟清以东城滨河，徙置绥远烽南”[⑦]。由此看，东城亦有两城，即旧东受降城，筑于景龙二年；新东受降城于唐敬宗宝历元年徙置到绥远烽以南。学界普遍认为东受降城即今内蒙古托克托县东沙岗城址大皇城，但并未说明这里是新城还是旧城。《元和郡县图

① 《元和郡县图志》卷四《关内道四》，第116页。

② 王北辰：《内蒙古后套平原的几个历史地理问题——兼考唐西受降城》，《内蒙古社会科学（汉文版）》1989年第5期，第71页。

③ 赵占魁：《内蒙古后套平原古城考——兼与王北辰先生商榷》，《内蒙古社会科学》1993年第4期，第61—64页。

④ 李逸友：《论内蒙古文物考古》，见内蒙古文物考古研究所编：《内蒙古文物考古文集》第1辑，中国大百科全书出版社，1994年，第12页。

⑤ 王治国：《从河套地区的建制演变寻找古代文化的渊源》，《河套大学学报》2006年第2期，第99页。

⑥ 艾冲：《公元7—9世纪鄂尔多斯高原人类经济活动与自然环境演变研究》，第226页。

⑦ 《新唐书》卷三七《志第二十七·地理一》，第976页。

志》载“东受降城……在榆林县东北八里”[①]。按照时间推算，此城应为旧城，榆林县即胜州城，即今准格尔旗十二连城乡十二连城，与大皇城两地距离符合文献记载，如此，大皇城为东受降城旧城。[②]程义认为新东城为今内蒙古和林格尔县土城子的说法是有问题的，因为和林格尔县土城子即为振武军城。《元和郡县图志》记：“景龙二年，张仁愿于今东受降城置振武军。天宝四年，节度使王忠嗣移于此城内，置县曰金河。”[③]即东受降城在天宝初年与振武军同治一城，但宝历元年后的东受降城与振武军城是分隔开的，因此笔者认为新东受降城为和林格尔县土城子的观点是错误的。对此石俊贵与刘燕提出大皇城以南蒲滩拐古城为新东受降城，并指出绥远烽便是托克托县旧城北街山梁前沿台地的汉代烽火台。[④]此说不失为一种参考。

横塞军城，天宝八载（749）置，十二载（753）废。《元和郡县图志》载：“天宝八年，张齐丘又于可敦城置横塞军……十二年，安思顺奏废横塞军。”又载“西北至横塞军城二百里。……西至西受降城一百八十里”[⑤]。赵占魁根据道里以及位置，认为横塞军城在今内蒙古乌拉特中旗乌加河镇石兰计村石兰计古城。[⑥]

天德军，《元和郡县图志》记“（天宝）十二年，安思顺……请于大同川西筑城置军，玄宗赐名曰大安军。十四年，筑城功毕，移大安军理焉。乾元后改为天德军”[⑦]。大安军为天德军前身。据1976年乌梁素海出土的唐王逆修墓志可知，王逆修为唐天德军州都防御马步都虞候，其死后葬于“军南五里”，即天德军城南5里，据此判断墓北5里为天德军城。1929年该城址与村庄一同淹没，今已陷入乌梁素海海底。[⑧]

振武军城，《元和郡县图志》记“振武军，单于都护府城内，天宝中王忠嗣置”。学术界认为单于都护府，在今内蒙古和林格尔县土城子，振武军城即在此。

经略军城，《元和郡县图志》有两处记载。“灵州”条下记“经略军，灵武郡城内，管兵二万七百人，马三千匹”；“温池”条下记“经略军，在夏州西北三百里，天宝中王忠嗣奏于榆多勒城置军，今属灵武节度。本属夏州，南去灵武六百五十

① 《元和郡县图志》卷四《关内道四》，第115页。

② 李逸友认为“两城隔河相望，直线距离约8千米……与文献记载相符”。参见李逸友：《内蒙古托克托城的考古发现》，见文物编辑委员会编：《文物资料丛刊》第4辑，第216—217页。

③ 《元和郡县图志》卷四《关内道四》，第108页。

④ 石俊贵、刘燕：《准格尔旗十二连城出土的唐代墓志与东受降城的地望》，见内蒙古自治区文物考古研究所编：《内蒙古文物考古文集》第3辑，科学出版社，2004年，第514—515页。

⑤ 《元和郡县图志》卷四《关内道四》，第115页。

⑥ 赵占魁：《内蒙古后套平原古城考——兼与王北辰先生商榷》，《内蒙古社会科学》1993年第4期，第59—65页。

⑦ 《元和郡县图志》卷四《关内道四》，第113页。

⑧ 内蒙古文物考古研究所编：《内蒙古文物考古文集》第2辑，第514—515页。

余里，元和九年于此城新置宥州”。为何一军驻两城？李宗俊认为“经略军正是王忠嗣于天宝初年所置”。他对一军驻两城的解释为：“天宝初王忠嗣奏于榆多勒城置军，本属夏州，后因突厥丧乱，对朔方的威胁已经不大，因此将经略军主力移至灵州城内，一军驻两城，而此均在天宝元年改州为郡之后，所以称灵州城为‘灵武郡城’。”[①]艾冲认为榆多勒城即“温池”条下经略军城城址，是位于今内蒙古鄂托克旗东北部木凯淖尔镇水泉子村的水泉古城。[②]

表2-10 唐高宗至玄宗增建军城一览表

军城	建立时间	今址
丰安军城	万岁通天元年（696）	宁夏中宁县城至鸣沙镇一带
	先天元年（712）	宁夏银川市永宁县闽宁镇或甘城子
定远军城	景龙中（708）	宁夏平罗县姚伏镇灯塔村田州塔附近
	先天二年（713）	宁夏中宁县恩和镇
西受降城	景龙二年（708）	内蒙古巴彦淖尔市临河区新华镇古城村古城（旧）
	开元十年（722）	内蒙古乌拉特中旗乌加河镇奋斗古城（新）
中受降城	景龙二年（708）	内蒙古包头市九原区共青农场敖陶窑城址
东受降城	景龙二年（708）	内蒙古托克托县双河镇东沙岗城址大皇城（旧）
	宝历元年（825）	内蒙古呼和浩特市托克托县双河镇蒲滩拐古城（新）
横塞军	天宝八年（749）	内蒙古乌拉特中旗乌加河镇石兰计村石兰计古城
经略军	天宝初（742—743）	内蒙古鄂托克旗木凯淖尔镇水泉子村水泉古城
振武军	天宝中（748—749）	内蒙古和林格尔县盛乐镇土城子村
天德军	天宝十二年（753）	内蒙古乌拉特前旗额尔登布拉格苏木境内

（三）唐肃宗至哀帝时期

唐前期，研究区皆属朔方总管府的防区，是镇守北部边疆、维护国家安全和稳定的重要区域。开元九年（721）置朔方节度使，“领单于大都护府，夏、盐、绥、银、丰、胜六州，定远、丰安二军，东、中、西受降城”[③]。朔方节度使，治灵州。张悦为首任朔方节度使。天宝十三载（754），以丰州置九原朔方节度、陇右兵马使。

安史之乱平息之后，唐朝通过遍设节镇的手段，削弱方镇实力，维护中央集权。肃宗乾元元年（758），置振武节度押蕃落使。振武军治振武军城（今内蒙古和林格尔县北土城子古城），辖胜、麟2州，东、中受降城，单于都护府，镇北都护府。代宗广德二年（764），罢振武节度，以所管七州隶朔方。灵州节度使司，又称灵武节

① 李宗俊：《唐前期西北军事地理问题研究》，第15—16页。
② 艾冲：《唐代河曲粟特人“六胡州”治城的探索》，《民族研究》2005年第6期，第73—78页。
③ 《新唐书》卷六四《表第四·方镇一》，第1760页。

度使司、灵盐节度使司，是朔方节度使司的主体部分。夏州节度使司，又称夏绥银节度使司、夏绥银宥节度使司，最初属灵州节度使管辖。

代宗大历十四年（779），将朔方节度使司分割为河中、灵州和振武三部分，河中节度使不在研究区。朔方节度使领灵、盐、夏、丰4州，西受降城，定远、天德二军。振武节度使复领镇北大都护府及绥、银2州和东、中二受降城。德宗贞元三年（787）置夏州节度观察处置押蕃落使，领夏、盐2州，其后罢领盐州。

贞元十二年（796），振武军节度使再次从朔方军析出，领单于府、胜州、麟州和东、中受降城。同时，创置天德都防御使司，初称丰州都防御使司，析自朔方节度使司。天德军初驻本城，乾元后，军队移至永济栅（大同城），使司迁至西受降城，下辖天德军、丰州、西受降城、镇北都护府。元和八年（813）增领中受降城。同年，夏州节度使增领绥、银2州，元和九年（814）增领宥州。朔方军节度使司于贞元十二年仅辖有灵、盐、陇、会、宥5州和定远、丰安2军；夏州节度使，文宗开成三年（838），领采造供军，银川监牧使；宣宗大中十年（856），增领抚平党项等使；僖宗中和二年（882），赐号定难节度，拓跋思恭为节度使。

吐蕃乘安史之乱之虚，攻占河西、陇右地区，逼近国都长安以及盐州、灵州、夏州等地，唐王朝不得不将防御重心由鄂尔多斯高原北部转移到西部。此时，鄂尔多斯高原一带由朔方节度使司管辖，包括灵盐节度使、夏绥银节度使、振武节度使及天德军都防御使，即灵武、夏绥、天德、振武4方镇节度区域。灵武镇与南侧的凤翔、泾原形成纵向防御吐蕃的西部防线，振武与天德军2方镇构成防御回鹘的北线防线，西线防控压力较北线重。北线防御不受重视，战略部署不当，兵力、物资储备不足。“三受降城相去四百里，自置天德军及振武节度，其东受降城中并在腹内，都无大假兵马镇守就中。中受降城不过三五十人，古城摧断，都不修筑。今敌众在阴山之北，山中尽有过路，若突出山南，便入二城，即天德、振武当时隔断。其中受降城本是突厥拂云祠，最是要地。今天德人力不及，望令太原、振武共出三千人，速与修筑，便令镇守，即天德形势自壮，虏骑不敢窥边。”[1]《旧唐书·李德裕传》载：“天德一城，戍兵寡弱，而欲与劲虏结仇，陷之必矣。……今天德、振武去京至近，兵力常苦不足，无事时贮粮不支得三年，朝廷力犹不及，况保七千里安西哉！”[2]由此可见天德军战略位置极为重要，但力量弱小，亦未升为节度使，只委以都防御使之职[3]也可看出一些端倪。

① 〔唐〕李德裕：《会昌一品集》卷一三，上海古籍出版社，1994年，第86页。

② 《旧唐书》卷一七四《列传第一百二十四·李德裕传》，第4522—4523页。

③ 黄利平：《中晚唐京西北八镇考》，《中国历史地理论丛》2004年第2期，第82页。

西部防线的重要性与吐蕃的强大攻势不无关系。吐蕃与党项、突厥相勾结，对国都长安形成掎角之势，盐、夏州屡次被攻陷。贞元二年（786）“十一月，吐蕃陷盐州……十二月，陷夏州，……又寇银州，素无城壁，人皆奔散”，贞元三年（787）“六月，盐、夏二州吐蕃焚城门及庐舍，毁城壁而归”①，贞元八年（792）五月“以都官郎中郑克钧为灵、夏二州运粮使。吐蕃之围灵州，军食绝。及吐蕃稍却，钧自夏州，以牛马杂运米六万余斛致（至）灵州”②。至贞元十四年（798），双方强弱形势方有改观。此年，“夏州节度使韩全义破吐蕃于盐州西北”③，元和十三年（818）“吐蕃围我宥州、凤翔，……是月，灵武于定远城破吐蕃二万人，……夏州节度田缙于灵武亦破三千余人。十一月，盐州上言：吐蕃入河曲，夏州破五万余人”④。由此可知，夏、绥、银三州作为北线和西线的后方基地和抵御敌军的第二道防线，形成了坚实的防御体系⑤，阻止了吐蕃的进攻步伐。此时，唐王朝的重要防线主要集中在白于山一线。

为了防止吐蕃突破白于山防线长驱直下长安，长庆四年（824），节度使李祐“筑乌延、宥州、临塞、阴河、陶子等城于芦子关北，以护塞外”⑥。宥州城，长庆四年夏州节度使李祐复置。所谓“复置”，即指元和十五年（820）被吐蕃所毁的旧宥州城，城址即故长泽县址，今内蒙古鄂托克前旗城川古城。乌延城，在今陕西靖边县南部芦河西侧的镇靖古城。⑦临塞城，在今年陕西靖边县东部的龙洲镇龙洲村。⑧陶子城，在今内蒙古乌审旗南部红柳河东侧的河南村三岔河古城（即大石砭古城）。⑨阴河城，在今陕西靖边县杨桥畔镇惠桥水库大坝附近、明代清平堡所在地。⑩

（四）建置不详与无考之城

唐王朝在鄂尔多斯高原上，还设置了一些关城、堡、戍、军及羁縻府州下辖的

① 《旧唐书》卷一九六下《列传第一百四十六下·吐蕃下》，第5251—5253页。
② 《册府元龟（校订本）》卷四八四《邦计部·经费》，第5489—5490页。
③ 《旧唐书》卷一九六下《列传第一百四十六下·吐蕃下》，第5259页。
④ 《旧唐书》卷一九六下《列传第一百四十六下·吐蕃下》，第5262页。
⑤ 黄利平：《中晚唐京西北八镇考》，《中国历史地理论丛》2004年第2期，第83页。
⑥ 《新唐书》卷三七《志第二十七·地理一》，第973—974页。
⑦ 《王北辰西北历史地理论文集》编辑组编：《王北辰西北历史地理论文集》，第10、55页；艾冲：《公元7—9世纪鄂尔多斯高原人类经济活动与自然环境演变研究》，第241页。
⑧ 艾冲：《西北城市发展与环境演变研究——立足于陕西榆林地区的考察》，第107、132页；艾冲：《公元7—9世纪鄂尔多斯高原人类经济活动与自然环境演变研究》，第242页。
⑨ 《王北辰西北历史地理论文集》编辑组编：《王北辰西北历史地理论文集》，第10、55页；艾冲：《公元7—9世纪鄂尔多斯高原人类经济活动与自然环境演变研究》，第242页。
⑩ 艾冲：《西北城市发展与环境演变研究——立足于陕西榆林地区的考察》，第133页；艾冲：《公元7—9世纪鄂尔多斯高原人类经济活动与自然环境演变研究》，第242页。

府、县，不能将它们作为完整意义上的城市来对待，然其与境内其他各级行政治所城市一同构成了本区城市群体系。这些特殊的城，因文献缺漏，尚无法考订清楚其确切建立年代和地理位置，权列于此以俟来者。

新堡，故名千金堡，永昌元年（689）置，在怀远县西北40里处，堡内安置“防御军二千五百人，粮五万石”[①]。安乐戍，贞元十五年（799）置，在永清栅西南黄河西堧，东堧有古大同城[②]，即今内蒙古乌拉特前旗额尔登布拉格苏木境内。宁远镇，建置年代不详，在安乐戍南约50里，屯根水南岸，今内蒙古杭锦旗独贵塔拉镇沙日召嘎查境内。[③]绥州境内有羁縻府4个，即伏洛、义合、万古、大斌。[④]胜州境内有义勇军。[⑤]灵州境内有武略、河间、静城、鸣沙、万春5府。有朔方经略军。黄河外有丰安、定远、新昌等军，丰宁、保宁等城。[⑥]夏州境内有天柱军和宁朔、顺化2府。盐州境内有盐川府、保塞军（贞元十九年置）。[⑦]

表2–11　信息不详关城一览表

府州	关防、津桥名称	所在（控制）道	今址	府州	关防、津桥名称	所在（控制）道	今址
绥州	魏平关	延绥道	陕西绥德西南	延州	芦子关	延州—夏州道	陕西靖边县南天赐湾镇城儿河川、延安市安塞区西北
	孟门关	黄河津渡	山西柳林县西北、陕西吴堡县北				
麟州	合河关	黄河津渡	陕西神木市马镇镇合河村	单于府	云伽关		内蒙古和林格尔境内
胜州	榆林关	黄河津渡	内蒙古准格尔旗十二连城东30里	灵州	鸣沙渡	黄河津渡	宁夏中宁县境、黄河东岸鸣沙镇
	河滨关	黄河津渡	内蒙古准格尔旗十二连城东南、清水河县西北喇嘛湾		纳远川渡	纳远川	宁夏平罗县陶乐镇北界、都思兔河入黄河处

资料来源：1. 穆渭生：《唐代关内道军事地理研究》，陕西人民出版社，2008年。

2. 艾冲：《西北城市发展与环境演变研究——立足于陕西榆林地区的考察》，西安地图出版社，2004年。

3. 艾冲：《公元7—9世纪鄂尔多斯高原人类经济活动与自然环境演变研究》，中国社会科学出版社，2012年。

① 《元和郡县图志》卷四《关内道四》，第96页。
② 《读史方舆纪要》卷六一《陕西十》，第2921页。
③ 张维：《唐代前期北部边疆治边机构研究》，陕西师范大学硕士学位论文，2013年，第40页。
④ 《新唐书》卷三七《志第二十七·地理一》，第974页。
⑤ 《新唐书》卷三七《志第二十七·地理一》，第975页。
⑥ 《新唐书》卷三七《志第二十七·地理一》，第972页。
⑦ 《新唐书》卷三七《志第二十七·地理一》，第973页。

三、隋唐时期鄂尔多斯高原城市发展的阶段特征

隋唐时期研究区城市建置随着政局与民族形势而有所变化。隋代主要由灵武郡、五原郡、榆林郡、定襄郡、雕阴郡、朔方郡与盐川郡7郡及其下辖27县、4个镇城构成，共31城。唐高祖至唐太宗时期主要由灵州、丰州、胜州、夏州、云州5都督府，灵、盐、夏、绥、银、胜6州及其下辖23县。唐高宗至唐玄宗时期在前者基础上，州级城市增加了宥州与麟州2州，县级城市6个，城市数量增至31个。同时，先后增加了三受降城、丰安军、定远城、天德军城、振武军城、横塞军、经略军9个军城与单于都护府、安北都护府两大都护府及其下属各羁縻府州，共41城（城址可考）。唐肃宗至唐哀宗时期，主要增加了芦子关五城，共46城（宥州城迁至长泽县故城——城川古城）。

城市数量的增长，首先应当是区域经济繁荣发展的结果，但是由于研究区自东汉以来逐渐被游牧民族渗入、侵袭和控制，隋唐时期本区政治环境、民族关系均较为紧张和复杂。隋朝结束了其地四分五裂的局面，鄂尔多斯高原处于隋中央政府统治之下，城市社会渐趋恢复和稳定，行政治所城市得以发展。唐高祖至太宗期间，受隋末突厥攻势影响，城市发展处于低潮阶段。贞观四年及其以后对周边威胁势力的反击，不仅铲平了地方割据势力，还将突厥势力迫至漠南碛地。唐王朝为了政局的稳定、经济的增长以及边地稳定与安全，研究区内增设了一些行政、军防之城，甚至为了监督、管理内附民族还增设了两都护府。唐肃宗至哀宗时期，研究区受到来自吐蕃政权的不断骚扰，增建芦子关五城，以加强对国都的安全保护。

第五节　宋夏对峙时期鄂尔多斯高原城市建置

“10至13世纪的中国是多个民族政权并存及从分裂走向统一的时代，是我国统一多民族国家形成和发展的重要历史阶段。”[①]这个时期的鄂尔多斯高原地区是各民族政权的交界区，从1038年党项建立西夏国到1127年北宋灭亡之间，研究区形成了辽、宋、西夏三足鼎立格局，之后金取代辽、宋，便形成了夏、金对峙格局。几个政权之间为了争夺更多的土地和人口，相互之间战争不断，区域内各个政权的疆域时有伸缩。为便于管理，各个政权依据统治需要采取比较灵活的、类型多样的地方行政管理

---

① 赵永春：《金宋关系史》，人民出版社，2005年，序第1页。

体制，城市发展变化具有各自特点。

一、西夏控制区的城市

安史之乱后，唐王朝由盛转衰，尤其是唐僖宗中和三年（883），拓跋思恭、李克用等因为帮助朝廷平定黄巢之乱有功，分别被任命为定难军节度使、河东节度使，拥兵自重。907年后梁的建立开启了近百年的藩镇政权统治时期。承续唐代后期节度使区建制，研究区内存在朔方节度使司、定难军节度使司、振武军节度使司、天德军都防御使司，它们虽非同期隶属于同一个政权，但各自保留着一定的自主性。后梁时期，研究区西南部隶属于后梁政权，包括定难军节度使司和朔方节度使司的部分地区，具体包括夏、绥、银、宥、灵、盐6州及定远军；振武军和天德军节度使司则在李克用前晋政权控制下，包括麟州、府州在内。后唐时期，研究区除后套地区之外的大部分区域属于后唐政权管辖，完全接替了后梁和前晋的控制区及行政建制。北部的胜州、天德军、三受降城被契丹占据。后晋时期，定难军节度使区仅有夏州和绥州。灵州、宥州和银州并入夏州和盐州，振武军节度使区大部分丧失。契丹辽则完全控制了河套平原，设置了东胜州（今内蒙古托克托县东沙岗古城）、丰州（今呼和浩特市东的白塔古城）和应天军（唐天德军，今内蒙古乌拉特前旗额尔登布拉格苏木境内，已沉入乌梁素海水底）。北宋建立之前的后汉、后周政权在研究区的行政建制一致，但与前代稍有不同。如定难军节度使区所属绥州，重新设置银州；废除麟州，在府州设置永安军节度使；收复东胜州及河套地区南部，恢复胜州建制。

关于西夏的政区建制，早期研究多认为西夏继承了唐宋以来的州县制度，在境内设立州县进行统治。[①]近些年来，产生了与以往不同的观点，如西夏境内实行的是部落制，对于其所占领的地区，放弃原有的城郭，而游居于野外。这种部落制的发展一方面造成西夏境内汉制州县的名存实亡，另一方面也促进了西夏境内部落制的充分发展。西夏王国所拥有的10余个汉制州，仅能表明其所控制的疆域范围，而不能认为是其行政区。西夏王国所实行的是符合其民族特色的地方行政建制，即监军司。[②]西夏建立前后直至辽、宋灭亡之间，西夏政权统治着鄂尔多斯地区的大片区域，但关于西夏在这一地区的城市建置情况，由于西夏文文献与汉文史料中所反映的西夏政区等级

① 这种观点比较普遍，主要是受《宋史·夏国传》等各种汉文史料记载的影响，如《中国历史地图集》第6册《宋·辽·金时期》中所反映的西夏政区就是以汉制州为主，章巽的《夏国诸州考》是比较有代表性的研究西夏汉制州的文章之一。

② 李昌宪：《中国行政区划通史·宋西夏卷》，复旦大学出版社，2007年，第708页。

问题等的不同以及西夏文所记载地名的翻译问题，西夏文献中与州同级的城寨堡等无法获知其具体位置，这均使得我们对西夏占领区的城市发展情况难以进行深入、全面的梳理、分析和研究。

夏州治所，即今陕西省靖边县的统万城，是党项族的发迹之地。夏州城前身是十六国时期赫连勃勃建立的统万城，自其建立后就因所处的地理位置，一直是鄂尔多斯南部地区的区域中心城市。宋初，党项族据夏州并以此为据点与北宋进行了长期的战争。宋太宗淳化年间（990—994），为了防止党项族继续以夏州为中心与宋争战，宋太宗下令焚毁夏州城。对于这一时期的夏州城，很多学者认为自从宋王朝毁城后夏州城已经湮没在历史长河中，没有了踪迹。其实不然。夏州城在西夏时期仍然是西夏边境地区重要的军事防御城市。

宋代毁城后不久，咸平六年（1003）李继迁就对夏州城进行了修复。史载："咸平六年春正月，保吉建都西平；初，保吉居夏州，修复寝庙，抚绥宗党，举族以安。"①显然，这次修复应该是在宋廷毁城不久后进行的。李继迁在这里修复寝庙等，可见对夏州城这一部族发迹之地很是重视。近年来在统万城内考古发掘成果也证明夏州城经过北宋初期的人为毁坏，迁走城中民众后，仍有不少民众生活于此，西城内所发现的"皇宋通宝"铜钱（1039—1053）就是最好的证明。另据《续资治通鉴长编》记载，元丰四年（1081），宋军五路进攻西夏时，王中正在进攻夏州，夏州已经先投降了种谔，王中正遂驻扎在了夏州城的东面，当时所见城中尚有"居民数十家"。②这些都说明宋毁城后夏州并没有就此湮没于历史之中，仍然是西夏时期重要的地方城市。

宥州治所在今鄂托克前旗境内的城川古城。宥州城在西夏时期应该是西夏南部的行政中心，也是嘉宁监军司驻地，地位很高。宥州还是西夏与宋处理外交事务和重要官方文谍的地方。绍圣四年（1097）北宋伐夏战争期间，鄜延经略使吕惠卿派王愍攻入宥州城时，曾"焚其官廨、仓场、刑狱、民居五十余间，并伪行宫军司簿书案籍等，发窖藏，践禾稼、荡族帐不可胜计"③。显然西夏统治期内，宥州城内行政机构等设施相当完备，且有西夏行宫。宋英宗死时，高遵裕被派到西夏去告哀，高遵裕"抵宥州下宫，夏人遣王盥受命，以吉服至，遵裕切责之，遂易服。既而具食上宫，

① 〔清〕吴广成撰，龚世俊等校证：《西夏书事校证》卷七，甘肃文化出版社，1995年，第85页。
② 〔宋〕李焘：《续资治通鉴长编》卷三一八"神宗元丰四年"，中华书局，2004年，第2版，第7683页。
③ 《续资治通鉴长编》卷四九〇"哲宗绍圣四年"，第11624页。

语及大顺城事，盥曰：‘剽掠辈耳。’遵裕曰：‘若主寇边，扶伤而遁，斯言非妄邪！’夏人以为辱，亟遣人代对，终食不敢发口，辄忿怒曰：‘王人蔑视下国，弊邑虽小，控弦十数万，亦能躬执橐鞬，与君周旋。’遵裕瞋目曰：‘主上天纵神武，毋肆狂蹶，以干诛夷。’时谅祚觇于屏间，摇手使止”[①]。宥州城是宋、夏官方交流的重要地点，城内亦有完备的分为上、下两部分的行宫负责接待来使等。分析宥州城在这一时期地位上升的原因，一方面是与夏州城的相对衰落有关。夏州城在唐直至宋初以来由于所处地理位置和坚固的城池，一直是陕北、鄂尔多斯南部地区的区域中心城市。夏州城在宋初被毁以后，虽有修复，但其中心城市的地位已然不保，渐被位于其西南不远的宥州所取代。另一方面也与宥州所处地理位置有关。宥州城处于横山北麓，向南翻越横山就是北宋的保安军，向东沿无定河可达夏州和北宋的麟州路等地，交通便利。宥州城依托其优越的地理位置和良好的城市基础，逐步发展成为西夏南部重要的中心城市。

盐州，西夏重要的州级治所之一。《律令》记五原郡与汉籍文献记载的盐州同属一地，而其在《律令》中上升为郡的原因是境内有若干盐池，所产青白盐是西夏经济的支柱产业。[②]盐州城位置问题，是史学界长期争论的焦点。何彤慧、王乃昂在《毛乌素沙地历史时期环境变化研究》一书中总结了关于盐州城方位所存在的五种说法，分别是：明代花马池城说、定边县城西南部的沙场村遗址说、定边县城说、盐池县城南20余里的营盘台附近说以及盐池县惠安堡一带说等，并最终认为盐州城的位置应该在今陕西定边县城新区。[③]为了寻访盐州城，课题组考察了定边新区、沙场村、营盘台等地，艾冲认为盐州城应在沙场村。

石州，西夏祥祐监军司驻地。[④]《律令》中尚存监军司的记载，然其具体位置尚有争议。汤开建在《西夏监军司驻所辨析》一文中指出，祥祐监军司最早驻扎在绥州，绥州失守后移至石州，一直延存到西夏后期，石州应该在今陕西榆林市横山区东北至波罗堡一带。[⑤]鲁人勇等人认为石州位置大致在今陕西榆林市横山区响水镇至波

---

① 〔元〕脱脱等：《宋史》卷四六四《列传第二百二十三·高遵裕》，中华书局，1977年，第13575页。

② 杨蕤：《西夏地理研究》，第150页。

③ 何彤慧、王乃昂：《毛乌素沙地历史时期环境变化研究》，第152—156页。

④ 《宋史》卷四八六《列传第二百四十五·外国二·夏国下》，第14029页。

⑤ 汤开建：《西夏监军司驻所辨析》，见中国地理学会历史地理专业委员会《历史地理》编辑委员会编：《历史地理》第6辑，上海人民出版社，1988年，第139页。

罗镇间的无定河畔[①]，杨蕤认为石州应位于今芦河与无定河的交汇处附近[②]。这些说法都莫衷一是。

龙州和洪州，是西夏立国时由唐宋时期的堡镇升为州的。史载："元昊既悉有夏、银、绥、宥、静、灵、盐、会、胜、甘、凉、瓜、沙、肃，而洪、定、威、龙皆即堡镇号州。"[③]龙州由宋代早期的石堡寨升为州，具体位置同样难以确定。杨蕤认为龙州即今陕西靖边县东南的城则壕城址[④]，吕卓民认为石堡寨在今陕西靖边县东南的李家城村[⑤]，鲁人勇等人认为龙州在距今陕西靖边县东偏南30千米的龙州镇大涧[⑥]。洪州是由唐宋时的洪门镇升为州的。《续资治通鉴长编》中有宋军攻破洪州城的记载："（绍圣四年七月）五日统制两将人马入西界讨荡，七日到洪州城内，逢威明鼐济特沙克人马接战，获级一百六十有五，俘二人，及燔毁洪州城内外首领、人民族帐等甚众，得牛马驼畜二千余。"[⑦]洪州城的位置尚无结论。

银州和绥州，是西夏早期的州城。银州城址在今陕西榆林市横山区党岔镇境内，绥州城址位于今陕西省绥德县城关。两州因地缘关系，随宋、夏实力之变化，时而属夏，时而属宋。宋夏对峙后期，两州之地先后被北宋收回。

西夏是否恢复隋唐丰州和胜州建制的问题，目前还无法判断。鲁人勇等人认为西夏立国后应该恢复了丰州和胜州，在广大的鄂尔多斯高原腹地，西夏早期不可能一个州都没有。[⑧]《宋史・夏国传》记载西夏诸州时是有胜州的。《西夏地形图》中有丰州的建置。但是根据现存史料记载来看，隋唐胜州城故地也就是今内蒙古准格尔旗十二连城地区曾长期被辽占领，直到辽代末期，西夏才收回这一地区，但是否恢复了胜州建制或另建别的行政机构尚不可知。在原丰州管辖地区，今内蒙古巴彦淖尔市临河区高油房古城就是西夏监军司——黑山威福监军司的驻地。[⑨]这一监军司管理着黑山也就是今天阴山前后大片地区，地理位置十分重要，很可能就是在原丰州界建立起来的行政机构。需要注意的是，西夏与金对峙期间，曾收复北宋王朝所建立的丰州，也就是位于今天准格尔旗纳日松镇羊市塔村二长渠行政村的古城，考古资料显示古城

① 鲁人勇、吴忠礼、徐庄：《宁夏历史地理考》，第71页。
② 杨蕤：《西夏地理研究》，130页。
③ 《宋史》卷四八五《列传第二百四十四・外国一・夏国上》，第13994页。
④ 杨蕤：《西夏地理研究》，第127页。
⑤ 吕卓民：《西北史地论稿》，第76页。
⑥ 鲁人勇、吴忠礼、徐庄：《宁夏历史地理考》，第70页。
⑦ 《续资治通鉴长编》卷四八五"哲宗绍圣四年"，第11535—11536页。
⑧ 鲁人勇、吴忠礼、徐庄：《宁夏历史地理考》，第77—79页。
⑨ 宋耀良：《西夏重镇黑山城址考》，《宁夏社会科学》1993年第5期，第66—70页。

有西夏沿用痕迹。①

监军司是西夏地方行政体系中高级地方行政建制，其在鄂尔多斯高原上的监军司驻地大多设在唐代州城上。如，宥州嘉宁监军司是在宥州城上建立的，石州祥祐监军司是在石州城上建立的，等等。王天顺《西夏天盛律令研究》认为："一个监军司下大致辖1—2个州的防务。州下设有堡寨，扼守边地要路。"②很显然，汉制州城是西夏城市发展的基础，它们和西夏缘边堡寨一起构成西夏境内复杂的城市体系。见表2-12、表2-13。

二、北宋控制区的城市

北宋王朝在研究区内的城市建置及其发展视其与西夏和辽的领土争夺情况而变化。在宋夏早期争夺中，北宋在战事上接连失利，导致其辖域内的绥州和银州两座州城及其所控制的大片土地被西夏占领。北宋在鄂尔多斯地区所设的建制城镇隶属于河东路管辖，有麟、府和丰州的治城。

麟州，治所在新秦县③，也就是今天陕西省神木市的杨家城。州县同治，麟州另领有2个县，即连谷县和银城县。府州治府谷县，在今天陕西府谷县东。北宋的麟州城和府州城都是在前朝旧址上发展起来的，丰州城则是北宋初期新建的州城。丰州早期辖有3寨，永安、来远和保宁。丰州城修筑于宋真宗咸平年间（998—1003），是北宋政府为安置以王承美为首的来归藏族而修筑的。庆历元年（1041）被西夏攻陷，直至宋嘉祐六年（1061）北宋才又重新修复了丰州建制④。但恢复后的丰州仅辖永安和保宁2寨。北宋所修筑的丰州城就是今鄂尔多斯市准格尔旗纳日松镇羊市塔村二长渠古城遗址。⑤

① 李逸友：《内蒙古史迹丛考》，见内蒙古文物考古研究所编：《内蒙古文物考古文集》第2辑，第393—411页。

② 王天顺主编：《西夏天盛律令研究》，甘肃文化出版社，1998年，第190页。

③ 据《宋史·地理志》记载，北宋所设置的麟州早期的治所在小堡，其具体位置不详，后移到新秦县。

④ 对于北宋复置丰州的时间，《宋史·地理志》和《续资治通鉴长编》记载稍有差别，前者记载的是嘉祐七年，后者记载的是嘉祐六年，本文在对史料的甄别下认为应该是嘉祐六年，即1061年。

⑤ 李逸友：《内蒙古史迹丛考》，见内蒙古文物考古研究所编：《内蒙古文物考古文集》第2辑，第407页。

表2-12　鄂尔多斯高原西夏城址一览表

古城址	形状	形制	周长	城门	瓮城	角台和马面	位置	遗物、遗存
柳沟古城	长方形	单城	南北240米，东西200米，周长880米	不详			达拉特旗吉格斯太镇柳沟村东南3000米	地表散布陶片、铁器和动物骨骼，采集有灰陶宽沿盆、敛口瓮，褐釉敛口陶罐残片及铁镞、甲片等
高油坊古城/黑山威福军故城	方形	单城	边长990米，周长3960米	四门（四墙中部设门）	四瓮城	四角台，马面密集	巴彦淖尔市临河区新华镇古城村高油坊南	发现有重达数吨的铁钱和金银器窖藏，征集有金佛像、碗、盏托、耳坠、饰件等
份子地古城	方形	单城	边长240米，周长960米	不详		四角台，护城河	巴彦淖尔市临河区新华镇份子地村北3.5千米	北部有东西两处建筑台基，均长6米，宽4米，高0.7米
城塔村古城	长方形	单城	东西约490米，南北约426米，周长约1830米	不详			达拉特旗树林召镇城塔村西500米	城内地表散布陶片、瓷片及瓦砾甚多
呼和淖尔古城	方形①	单城	周长约1880米	四门	东、西门外有瓮城	马面，角楼	乌审旗嘎鲁图镇呼和淖尔村	2013年11月考察时该城址受风沙活动影响，城墙遗迹已经不明显了，南门处的窑址很清晰
三岔河古城	梯形	单城	南北各长643米，东墙长304米，西墙长518米，周长约2200米	四门，西门被河水冲毁	尚存有南、北、东三瓮城	护城河	乌审旗无定河镇河南村	城内和城外东、南侧有许多建筑基址。采集有兽面纹和龙纹瓦当，滴水、铁镞及黑釉和铁锈花瓷器等。在城南1—4000米范围内分布有较多墓葬
陶斯图城址	略呈方形	单城	南北78米，东西73米，周长约300米	西、南墙设门，宽6米		四角有角台址，高3—4.5米	鄂托克旗蒙西镇伊克布拉格嘎查陶斯图东北3000米	
巴格陶利城址	略呈长方形，方向5°	单城	南北约410米，东西约385米，周长约1590米	不详			鄂托克前旗敖勒召其镇东约5000米	

续表

古城址	形状	形制	周长	城门	瓮城	角台和马面	位置	遗物、遗存
乌拉道崩城址	平面略呈长方形，方向正南北	单城	南北约410米，东西约350米，周长约1520米	南墙开门，宽7米			鄂托克前旗敖勒召其镇乌兰道崩嘎查西约300米	
查干巴拉嘎苏城址	长方形	单城	东西约640米，南北约360米，周长约2000米	南墙、东墙开门，门道宽约10米		马面	鄂托克前旗敖勒召其镇查干巴拉噶苏嘎查东南侧	
查干巴拉城址	平面呈长方形，方向30°	单城	南北约585米，东西约300米，周长约1770米	东、南、西墙各开1门	南城门外加筑瓮城	城四角有角台，各墙筑马面	鄂托克前旗昂素镇查干巴拉噶苏村内	地表散布有砖、瓦及残铁器等
城坡城址[②]	北大城，不规则四边形；南小城为长方形	南、北两城组成	北城周长1810米，南小城周长680米	北城西墙正中设门	北城西门外加筑长方形瓮城，长50米，宽40米	北城四角有角台或角楼	准格尔旗薛家湾镇城坡村东约500米	依山势而建，形状不规整，古城附近有大沙塔西夏壁画墓群
省嵬城遗址	正方形	单城	边长约600米，周长约2400米	南墙正中辟门，门洞宽4.1米			宁夏石嘴山市惠农区庙台乡省嵬村东南500米	城内出土黑釉盏、玉壶春瓶、白瓷碗、盘、碟、瓷人头、十字形铜饰和较多的宋代钱币，以及金代“正隆元宝”和建筑构件、兽骨等
沙城子城址	长方形	单城	东西长约1000米，南北宽约800米，周长约3600米	不详			宁夏银川市西夏区贺兰山农牧场一队	近南、北城墙有两处红土夯筑建筑台基，台体十分坚硬。城址和建筑台基上有绿色琉璃莲花砖、条砖、石柱础等建筑构件

资料来源：1.《中国文物地图集·内蒙古自治区分册》《中国文物地图集·宁夏回族自治区分册》中确定的西夏时期修筑的城址。

2.《中国文物地图集·内蒙古自治区分册》载：在达拉特旗树林召镇康家渠村东南约400米尚有康家渠古城，在拉特旗树林召镇城塔村西500米有城塔村古城。冯文勇《鄂尔多斯高原及毗邻地区历史城市地理研究》认为城塔村古城和康家渠古城其实是一个城，基于其结论是在实地考察的结果上得出的，这里采用此种说法。

注：①资料显示，呼和淖尔古城是长方形，但笔者实地考察时用工具测得其东墙、南墙和北墙的长度都是近470米，西墙虽然部分被沙土掩埋，但从城墙的拐角判断，此城应该是一个边长约为470米的方形城池。

②内蒙古文物考古研究所等：《内蒙古准格尔煤田黑岱沟矿区文物普查述要》，《考古》1990年第1期。

表2-13　鄂尔多斯高原西夏沿用城址一览表

古城址	使用年代	形状	周长	城门	瓮城	角台和马面	位置	备注
堡子湾古城	北魏—西夏	长方形	南北130米，东西120米，周长500米	南墙中部设门，宽6米			乌拉特前旗先锋镇堡子湾村内	
城川古城	唐—西夏	长方形	东西765米，南北595米，周长2720米	东、南、西墙开门	三瓮城	四角台 护城河 马面	鄂托克前旗城川镇城川嘎查	
大池古城	唐—西夏	方形	边长310米，周长1240米	东西各一门			鄂托克前旗城川镇二道川大池寨子村南侧	李逸友、王北辰认为此城为唐白池县故城
定远古城	唐—西夏						宁夏平罗县姚伏镇东南1500米	地表散布大量砖瓦及瓷片
白城台（代来故城）	前秦—宋（金—西夏）	方形	周长1900米	四墙正中各辟一门	四瓮城	城四角有角楼墩台，各墙建有马面，北墙有马道一条	陕西榆林市巴拉素镇白城台村东500米	俗称“白城台”“悦跋城”。位于硬地梁河（白城河）东岸台地上，城址平面呈方形，北垣方向120°。城垣夯筑，色呈灰白，与统万城近似
统万城（夏州城）	十六国—夏（元）	略呈长方形；东、西两城	西城周长2470米，东城周长2566米	西城四门设门，东城已探明东墙有门	西城西、南、北面有瓮城	马面、角台	陕西靖边县红墩界镇白城子村	
榆树壕古城	汉、西夏	长方形；双重城：内城位于外城西南部	外城周长1800米，内城周长950米	外城北墙有三门，内城北墙偏西一门			准格尔旗暖水镇店塔村	城址内东北高西南低

续表

古城址	使用年代	形状	周长	城门	瓮城	角台和马面	位置	备注
北破城城址	唐—西夏	不规则长方形	周长1360米	东墙正中设门，门道宽6米		城四隅有角台、马面，西南角内侧有马道	宁夏盐池县惠安堡镇唐温池县西北5000米，211国道西400米左右	
西破城城址	宋、西夏	正方形，北偏东35°	周长约760米	北墙西北部和东北部开门，西墙南段也有门址		城外有壕沟	宁夏盐池县惠安堡镇西3千米	城内中部、西部及南部发现夯土房基17处，房基多呈长方形。东南部坡状地形有大面积夯土，有东西长约80米、南北宽约28米的夯土遗迹。北墙中段南侧有2处夯土，一处与北墙垣体相连，另一处在城内中轴线北段。城内东北部是坑洼低地，可能是屯戍边寨或客栈型小城

资料来源：1.此表根据《中国文物地图集·内蒙古自治区分册》《中国文物地图集·宁夏回族自治区分册》《中国文物地图集·陕西分册》等的记载，把研究区内主要可以判断为是西夏时期沿用的城址列入。

2.关于表内北破城和西破城的城州大小问题，笔者在辨别几种资料记载的过程中，认为《中国文物地图集·宁夏回族自治区分册》的记载可能把北破城和西破城大小搞混了，表中的数据采用余军《盐池县北破城唐代城址》（《陇右文博》2006年第2期）、《盐池县西破城考古钻探与试掘简报》（《宁夏文物》2007年第1期）内的测量数据。

随着与西夏战争的深入，北宋朝廷逐渐改变了对夏政策，即开始在宋夏沿边地区和从西夏手中收复的绥、银两州的大片区域内推行修筑堡寨的政策。元符二年（1099），河东路增设晋宁一军，其治所在葭芦寨；永兴军路增设绥德军，治绥德城。北宋还在收复地区短暂恢复过银州的建制，“（银州）五代以来为西夏所有，熙宁三年收复，寻弃不守。元丰四年收复。五年，即永乐小川筑新城，距故银州二十五里，前据银州大川，赐名银川寨，旋被西人陷没。崇宁四年收复，仍为银州。五年，废为银川城”[①]。

修筑城、寨、堡是北宋政府在这一时期采取的与西夏争战的主要手段。由于这一时期城、寨、堡的兴建和废除十分频繁，我们无法得知堡寨的总量和相关信息。结合现有史料和前人研究成果，对这一时期城、寨、堡进行分类整理，其具体情况参见表2-14。

三、辽朝控制区的城市

辽是由契丹族建立的政权。契丹族，本属于东胡族系，是鲜卑的一支，居于“潢水之南，黄龙之北”[②]的鲜卑故地，在唐末乱世中契丹逐渐崛起并成为北方强族。907年，耶律阿保机统一契丹各部，于916年正式登基称帝，改元神册，建立契丹政权。936年，耶律阿保机获得后晋石敬瑭割献的燕云十六州。947年正月，占领后晋国都开封。二月，改国号为辽。

辽朝建立前后，耶律阿保机不断向四周各族发动战争，迫使党项、回鹘等民族朝贡于契丹。920年秋八月“党项诸部叛，辛未，上亲征”[③]，九月，皇太子率迭剌部等进入云内、天德等地，十月，攻占节度使宋瑶占领的天德军城“拔其城，擒宋瑶，俘其家属，徙其民于阴山南”[④]。之后与党项的关系处于战与和之间。后在党项部族和中原宋王朝的共同抵御下，辽向鄂尔多斯腹地的扩张终究没能实现。在反复交战过程中，辽逐渐占据和控制了鄂尔多斯北部地区。为了便于统治和管理，辽政权采取设州置县的方法进行管理，主要由辽西南面招讨司所管辖。终辽一代，在鄂尔多斯地区共设置了6个州（军）。

丰州，神册五年（920），辽将耶律倍进攻后唐天德军，节度使宋瑶投降。宋瑶

---

① 《宋史》卷八七《志第四十·地理三》，第2150页。
② 《旧唐书》卷一九九下《列传第一百四十九下·契丹》，第5349页。
③ 〔元〕脱脱等：《辽史》卷二《本纪第二·太祖下》，中华书局，1974年，第16页。
④ 《辽史》卷二《本纪第二·太祖下》，第16页。

表2-14　鄂尔多斯地区北宋城、寨、堡修筑（复筑）时间一览表

修（复）筑年代		路名					
		河东路				鄜延路	
		麟州	府州	丰州	晋宁军	绥德军	银州
宋真宗	咸平年间（998—1003）	宁远寨（西寨岭）[1]					
宋真宗	大中祥符年间（1008—1016）	神堂寨、银城寨、横阳寨					
宋仁宗	天圣年间（1023—1032）					绥平寨（承平寨）	
宋仁宗	康定年间（1040—1041）					清涧城	
宋仁宗	庆历年间（1041—1048）	静羌寨、镇川堡、肃定堡、神木堡（神树堡）、横阳堡、神堂堡、横戎堡、惠宁堡、建宁寨	百胜寨、安丰寨（石台神寨）、宁府寨、靖安堡（靖化堡）、西安堡、宣威寨、金城堡、东胜堡、安定堡、清寨堡、中侯（候）寨			怀宁寨（长宁寨）、南安寨（顺安寨）、安定堡、黑水堡、佛堂堡[2]、安塞堡	
宋仁宗	至和年间（1054—1056）		河滨堡、斥堠堡				
宋英宗	治平年间（1064—1067）	阑干堡（栏干堡）					
宋神宗	熙宁年间（1068—1077）					抚宁城	
宋神宗	元丰年间（1078—1085）				吴堡寨	义合寨	永乐城（银川寨）
宋哲宗	绍圣年间（1094—1098）				葭芦寨	克戎寨（细浮图寨）、开光堡	

续表

修（复）筑年代		路名					
		河东路				鄜延路	
		麟州	府州	丰州	晋宁军	绥德军	银州
宋哲宗	元符年间（1098—1100）	大和寨、大和堡	宁川堡、宁边寨（端正平寨）		神泉寨、乌龙寨、通秦寨、宁河寨、三交堡、通秦堡、弥川寨、弥川堡、宁河堡	临夏寨（城）、暖泉寨、米脂寨	
宋徽宗	崇宁年间（1102—1106）					嗣武寨（罗兀城）	
	宣和年间（1119—1125）		宁疆堡（独移庄岭）、震威城（铁炉骨堆）				
无法判断修（复）筑时间的堡寨		神木寨、通津堡、临塞堡	怀来堡、宁府堡、永宁堡	来远寨、永安寨、保宁寨	靖川堡（清川堡）	白草寨、永宁关、海末堡、窟儿堡、大厥堡、花佛岭堡、临川堡、定远堡、马栏堡、中山堡、唐推堡、双林堡、安塞堡、浮图堡、柏林堡	

资料来源：1.《宋史·地理志》《宋会要辑稿》《续资治通鉴长编》《武经总要》《元丰九域志》《折继闵神道碑》。

2.吕卓民：《宋代陕北城寨考》，见吕卓民：《西北史地论稿》，中国社会科学出版社，2011年；李华瑞：《宋夏关系史》，中国人民大学出版社，2012年，第180—216页。

注：①宁远寨城是研究区内修筑比较早的城寨之一，但是关于其归属府州还是麟州笔者在此存疑。这一城寨据《续资治通鉴长编》记载位于麟州和府州二州之间，《长编》内既有“赠麟州宁远寨主、左侍禁王世亶为右屯卫将军、施州刺史”之句，又有“中书、枢密院奏府州修复宁远寨城”之记，这里把宁远寨归入麟州。庆历中，该寨被收回后又重新修复。

②以上三堡的修筑时间见于《续资治通鉴长编》卷一三五。另需说明的是，此三堡在《宋史·地理志》中属于绥德军（城）下辖的堡寨，当时和此三堡一同修筑的还有清水、北横山、乾谷、土明、柳谷、雕窠、虞儿、原安等堡寨，但由于无法判断其是否归绥德军管辖，故未列。

后复叛。辽军攻陷天德军城后，擒获宋瑶，连其家属等一起迁徙到阴山南面新筑的丰州城。丰州治在今呼和浩特市东郊白塔村西南古城内。辽丰州下辖2县：一是富民县，为丰州附郭县；另一是振武县，本汉定襄郡盛乐县，元魏尝都盛乐，唐武德四年（621）建云中都督府，麟德元年改大都督府，圣历元年又改安北都督，开元七年（719）割隶东受降城，八年置振武军节度使，会昌五年为安北都护府，后唐继之。辽“太祖神册元年，伐吐浑还，攻之，尽俘其民以东，唯存乡兵三百人防戍。后更为县”①。城址即今呼和浩特市和林格尔县西北土城子古城。②

云内州，又称开远军，辽初曾经在这里设置代北云朔招讨司，后来改为云内州，治今呼和浩特市托克托县古城村古城③。其下统2县：柔服县和宁人县，其中柔服县是云内州的州治。

东胜州，神册元年（916），太祖攻破后唐胜州（今准格尔旗十二连城），迁其民户北渡河，在黄河东岸置胜州，与唐胜州隔河相对，故名东胜州。④治今呼和浩特市托克托县双河镇大皇城。统2县：榆林县是其州治所在；河滨县，县城位置在今呼和浩特市托克托县双河镇前双墙村北500米。⑤

宁边州，即“镇西军，下，刺史。本唐隆镇，辽置。兵事属西南面招讨司”⑥。关于宁边州位置有两种观点：一种观点认为辽代的宁边州和金代的宁边州位置相同，其位置在今内蒙古清水河县下城湾古城⑦；另一种观点认为宁边州州治在今准格尔旗境内的黄河西岸，这主要是源于《中国历史地图集》把宁边州的位置标注在了黄河的西岸。笔者以为，辽代的宁边州应该是在黄河东岸，把宁边州位置误认为是黄河西岸的主要原因是《辽史·地理志》上的一段引文。对此，许伟伟等给予了解释。她认为辽代宁边州只是管辖原属唐龙镇辖区，并不是在唐龙镇城旧址上直接设立的。唐龙镇镇治位于黄河西岸，可能是今准格尔旗薛家湾镇城坡村城坡古城；宁边州州城位于黄河东岸，即清水河县窑沟乡城湾之下的城湾古城。⑧

金肃州，“重熙十二年伐西夏置。割燕民三百户，防秋军一千实之。属西南面招

① 《辽史》卷四一《志第十一·地理志五·西京道》，第508、509页。
② 国家文物局主编：《中国文物地图集·内蒙古自治区分册》下，第31页。
③ 国家文物局主编：《中国文物地图集·内蒙古自治区分册》下，第27页。
④ 〔清〕李慎儒：《辽史地理志考》卷二《东京道》，见四库未收书辑刊编纂委员会编：《四库未收书辑刊》第7辑第4册，第345页。
⑤ 国家文物局主编：《中国文物地图集·内蒙古自治区分册》下，第27页。
⑥ 《辽史》卷四一《志第十一·地理志五·西京道》，第509页。
⑦ 国家文物局主编：《中国文物地图集·内蒙古自治区分册》下，第48页。
⑧ 许伟伟、杨浣：《唐龙镇考》，《宁夏社会科学》2013年第1期。

讨司”[①]。

河清军，“西夏归辽，开直路以趋上京。重熙十二年建城，号河清军。徙民五百户，防秋兵一千人实之。属西南面招讨司”[②]。

以上6个州（军）城中，前3个设立的时间较早，是辽代立国早期就已经建立的，后3州则是在辽重熙（1032—1054）年间与西夏的战争之际从西夏手里夺取的领土上设立的。并且，辽为了加强自己的军事防御力量，在辽夏边境之地修建了许多城池。“重熙十一年，党项部人多叛入西夏，侯哂受诏，巡西边沿河要地，多建城堡以镇之”[③]。由此可知，辽在鄂尔多斯高原地区也曾修筑了部分没有建制的城寨，但是这些城寨的名称和位置已无从考证。

西夏立国早期，由于力量弱小，采取向辽称臣纳贡，与辽结成盟友，共同对抗北宋。随着景德元年（1004）宋辽“澶渊之盟”和景德三年（1006）宋夏“景德和约”的签订，辽夏共同敌人的消失，两国也由之前的盟友向相互戒备的敌国转变。[④]继而，双方在河西走廊的贸易战愈加激烈，兴平公主事件（重熙四年）等则更激化了辽夏矛盾，河清军和金肃州就是在这种背景下设立的。

学界关于河清军和金肃州位置问题的讨论还是比较多的，观点也不一致。李逸友认为河清军可能沿用了唐代河滨县城址，金肃州的地望不可考。[⑤]冯文勇认为辽河清军故城位于今达拉特旗树林召镇康家渠村东南的康家渠古城（又称城塔村），金肃州故城是今达拉特旗吉格斯太镇柳沟村东南的柳沟古城。[⑥]梁冰认为辽河清军辖区在今鄂尔多斯达拉特旗西南部及东胜区东部地区，治所设在今达拉特旗树林召镇；辽金肃州辖区在今鄂尔多斯准格尔旗中部偏南，治所在今准格尔旗境内。[⑦]这里结合前人考证，谈一下我们对河清军和金肃州两城位置及相关问题的简单认识。

关于河清军位置的问题有两种观点。第一，城塔村古城（即康家渠古城）说。冯文勇判断城塔村古城为河清军治的一个重要原因就是其城内曾出土砚台一方，其上有字“西京雍和坊马松砚瓦记”。杨蕤认为“西京为辽金时代的大同，从出土文物判断

① 《辽史》卷四一《志第十一·地理志五·西京道》，第515页。

② 《辽史》卷四一《志第十一·地理志五·西京道》，第515页。

③ 《辽史》卷九二《列传第二十二·耶律侯哂》，第1368页。

④ 杨浣：《辽夏关系史》，人民出版社，2010年，第91页。

⑤ 李逸友：《内蒙古史迹丛考》，见内蒙古文物考古研究所编：《内蒙古文物考古文集》第2辑，第393—411页。

⑥ 冯文勇：《鄂尔多斯高原及毗邻地区历史城市地理研究》，兰州大学博士学位论文，2008年，第209页。

⑦ 梁冰：《鄂尔多斯通史稿》上卷，内蒙古大学出版社，2009年，第324页。

该城修筑于西夏时期，极有可能就是辽河清军的城址”[①]。这种可移动物件只能是考证地理位置的辅助材料，而不能作为核心证据。且在辽代的庆州古城也曾出土这样一块标有“西京”字样的砚瓦，其上书“西京仁和坊李让罗土澄泥砚瓦记”[②]。盖山林指出这两块古砚是很有名的，而在城塔村古城和辽庆州出土的砚台，大约都是通过贸易关系运去的。[③]城塔村古城内还曾出土有铜质的秤和秤砣，宋、金的铜钱等，从这些出土物以及城塔村的位置来看，城塔村为辽、夏、宋、金之间榷场的可能性似乎更大一些。

第二，唐代河滨县说。此说依据是辽河清军在沿用唐河滨县城时于河滨县城外加筑了圆弧形的羊马城，城址内可见辽代遗物。冯文勇在否定唐河滨县城后为辽河清军的驻军城时，指出羊马城是该城的一个重要特点并由“定远废城，在州（灵州）东北二百里。即汉北地郡方渠县之地，先天二年，郭元振以西城远阔，丰安势孤，中间千里无城，烽堠杳渺，故置此城，募有健兵五千五百人以镇之。其后信安王祎更筑羊马城，幅员十四里”[④]，得出了“唐代河滨县城虽可能为辽代沿用，但是羊马城并不一定是辽代所筑，该城也不是辽河清军城”的结论。[⑤]

河清军、金肃州的驻军性质都是防秋军，这与辽其他地区的驻军状况有所不同。辽代丰州、东胜州等位于黄河北岸的河套平原地区，自古以来就是农牧业较发达地区，使用防秋兵就是为了防备西夏在秋后马肥及黄河封冻后出兵攻入辽境。

其实，河清军的位置在史料中亦有记录。《元丰九域志》记载了北宋府州（治所在今陕西府谷县）到河清军的距离以及府州与河清军的方位，“府州……东北至河清军二百二十里”[⑥]。按照北宋“今法五尺为步，三百六十步为里”[⑦]的核算标准，以其太府尺一尺约合今天的31厘米计算[⑧]，府州与河清军的距离大约为122千米，这与府州到十二连城乡的里数基本相合。且十二连城乡在府州的东北，城塔村古城则是在府州的西北，显然其方位与文献记载不符。为此，笔者赞同辽河清军沿用唐河滨县城址的观点。

---

① 杨蕤：《历史上的夏辽疆界考》，《内蒙古社会科学》2003年第6期，第28页。

② 成顺：《辽庆州古城出土“西京古砚”》，《文物》1981年第4期，第38页。

③ 盖山林：《内蒙古西部地区西夏和党项人的文物》，见盖山林：《盖山林文集》，黑龙江教育出版社，1995年，第778—779页。

④ 《元和郡县图志》卷四《关内道四》，第96页。

⑤ 冯文勇：《鄂尔多斯高原及毗邻地区历史城市地理研究》，兰州大学博士学位论文，2008年，第209页。

⑥ 〔宋〕王存：《元丰九域志》卷四《河东路》，王文楚、魏嵩山点校，中华书局，1984年，第165页。

⑦ 《宋史》卷一四九《志第一百二·舆服一》，第3493页。

⑧ 丘光明：《中国古代度量衡》，中国国际广播出版社，2011年，第142页。

关于金肃州的位置，多以《中国历史地图集》为据，有柳沟古城说，即治今达拉特旗的柳沟古城。前辈学者在河清军与金肃州的相对位置上多认为河清军位于金肃州的西北，但若河清军是延续唐河滨县城址发展起来的话，金肃州的州城很可能就在黄河的北岸（或者是东岸）了，这显然与史籍的记载不符。河清军和金肃州都是辽在黄河西岸设立的军州。《大金国志》中记载辽、宋灭亡前后，金为了争取西夏这个盟友，许西夏占有辽在河套地区的天德、云内等州县，但战争结束后，金又企图夺回这些地区，“……复夺夏国所割天德、云内、河东八馆、武州，于是绝好。惟金肃、河清二军在大河西，不能取之”[①]。显然，金肃州和河清军都是辽设于黄河西岸的州军。从《辽史》《西夏书事》等史料记载中看，河清军和金肃州两地驻扎的兵马和人口都不多，除防秋的任务外，其渡口口岸城市功能更明显一些，河清军还有直接通往上京的“直路”。据《读史方舆纪要》记载：“金肃城，在故胜州东北。……宣和五年（1123）辽主延禧为金人所败，夏人请辽主临其国，遂自云内渡河入夏境，次金肃军北。《辽志》：‘金肃州，契丹重熙十二年伐夏时置。’河清军，在今肃州东北。……宋靖康元年（1126）金人许以天德、云内、金肃、河清四军及武州等八馆地畀夏，约攻麟州，以牵河东之势。夏人遂由金肃、河清渡河，取天德、云内、武州河东八馆之地。既复为金人所取。”[②]这里的“今肃州”应该是“金肃州”的误写。河清军的位置应该是在金肃州的东北。夏人请辽主临其国的原因在《辽史》中有详细记载：“（保大三年，即1123）三月，驻跸于云内州南。夏四月甲申朔，以知北院枢密使事萧僧孝奴为诸道大都督。丙申，金兵至居庸关，擒耶律大石。戊戌，金兵围辎重于青冢，硬寨太保特母哥窃梁王雅里以遁，秦王、许王、诸妃、公主、从臣皆陷没。……上遣牌印郎君谋卢瓦送免纽金印伪降，遂西遁云内。……五月乙卯，夏国王李乾顺遣使请临其国。庚申，军将耶律敌烈等夜劫梁王雅里奔西北部，立以为帝，改元神历。辛酉，渡河，止于金肃军北。”[③]

云内州州城为今内蒙古托克托县古城镇南园子村的西白塔古城，“由此渡河，即辽金肃军，其时已经为金肃州，正是柳沟古城一带。柳沟古城又扼守了由柳沟河北达黄河的战略通道，具有重要的军事战略价值”[④]。这种说法有一定的道理，但确切地

① 〔宋〕宇文懋昭撰，崔文印校证：《大金国志校证》卷四《纪年》，中华书局，1986年，第58页。

② 《读史方舆纪要》卷六一《陕西十》，第2916—2917页。

③ 《辽史》卷二九《本纪第二十九·天祚皇帝三》，第346—347页。

④ 冯文勇：《鄂尔多斯高原及毗邻地区历史城市地理研究》，兰州大学博士学位论文，2008年，第210页。

说，辽主当时应该是从云内州城的西部渡河的。因为云内州城的位置在东胜州城的北部，相对来说东胜州更靠近渡河口岸。这里之所以说从云内州渡河而到达金肃军的北面，是指从云内州的西边靠近黄河北岸的地区渡过黄河的。辽云内州的范围应该包括今天乌拉特前旗到包头市一带地区[①]，从这一带渡过黄河正好到达今达拉特旗柳沟一带。并且当时辽主的车驾并没有驻扎在金肃城，而是止于城北，显然，金肃州和河岸之间尚有一定的距离能够驻扎大军。从这些资料看，柳沟古城的位置符合位于河清军西南且距离黄河不是太远这一条件。从城址所属时代看为西夏时期所建，但是否就是金肃州故城，还有待进一步的研究。

四、金朝控制区的城市

1115年，女真族在其首领完颜阿骨打的带领下建立了金国。1125年及1127年，辽和北宋先后被金所灭，鄂尔多斯地区逐渐形成西夏与金对抗的局面，原属北宋和辽的区域被西夏和金分割。这一时期西夏城市发展基本延续了原来状况，没有太大的变化。但在后期与金对峙中，西夏先后在鄂尔多斯地区东北部占领了辽代的金肃州和河清军两州之地。早在辽代建立河清和金肃州时，西夏就曾与辽沟通，希望辽能归还二州之地。但终辽一代，西夏都未能夺回该地区。辽灭亡前后，西夏趁机取得了金肃军和河清军。北宋灭亡后，原属北宋的麟州、府州、丰州蕃部投降了金朝政权。[②]后来，这三州之地也逐渐被西夏占领。只是西夏是否在这些地域设置行政机构来管辖，尚未可知。金代在鄂尔多斯地区的范围只剩下原来辽的丰州、云内州、宁边州、东胜州和北宋的晋宁、绥德两军之地。金朝基本保留了辽和北宋原来的建制。

在原属辽统治区，金代保留了辽代州县的行政建制，不同的是在个别县下面还出现了镇一级行政建制，使得这一时期的建制城市呈现出特殊的州—县—镇三级模式。金代在鄂尔多斯地区东北部的城市建置，依据《金史·地理志》的记载大致如下。

“丰州，下，天德军节度使。辽尝更军名应天，寻复，金因之。皇统九年升为天德总管府，置西南路招讨司，以天德尹兼领之。大定元年降为天德军节度使，兼丰州管内观察使，以元管部族直撤、军马公事，并隶西南路招讨司。”[③]其下辖县1，即富民县，镇1，即振武镇。

---

① 樊文礼：《辽代的丰州、天德军和西南面招讨司》，《内蒙古大学学报（人文社会科学版）》，1993年第3期，第74页。

② 〔元〕脱脱等：《金史》卷一三四《列传第七十二·外国上·西夏》，中华书局，1975年，第2876页。

③ 《金史》卷二四《志第五·地理上》，第565页。

“云内州，下，开远军节度使。天会七年徙奚第一、第三部来戍。”[①]治所在今呼和浩特市东郊的白塔村。下辖县2，分别是柔服和云川，其中柔服下面还设置有宁仁1镇。

“宁边州，下，刺史。国初置镇西军，贞祐三年隶岚州，四年二月升为防御。”[②]下辖宁边1县。宁边州不在研究区内。

“东胜州，下，边，刺史。国初置武兴军。”[③]下辖东胜1县和宁化1镇。

表2-15　金代鄂尔多斯地区东北部设置州县镇城一览表[④]

州	县城	今址	镇城	今址
丰	富民	呼和浩特市赛罕区太平庄乡白塔村	振武	呼和浩特市和林格尔县盛乐镇土城子古城
云内	柔服	托克托县古城乡南园子村	宁仁	无考
	云川	无考		
东胜	东胜	托克托县双河镇西北东沙岗	宁化	托克托县双河镇前双墙村北500米[①]
宁边	宁边	清水河县窑沟乡城湾煤矿厂部西50米		

另外，金在与西夏的争夺中，逐渐失去了其原先所占北宋麟、府、丰三州的大片领土，仅保留原属北宋河东路晋宁军黄河以西部分和北宋鄜延路绥德军地区。所占区域仍由河东路管辖，但改变了以前北宋不立州县而建军州的做法，设置了葭州和绥德州，其下继承了北宋的堡寨制度。据《金史·地理志》记载，葭州下辖有神泉寨、乌龙寨、宁河寨、太和寨、神木寨、弥川寨、通秦寨、吴堡寨8寨和永祚堡、康定堡、宁河堡、通津堡、护川堡、强川堡、清川堡、通秦堡、晋安堡9堡。

绥德州治所在绥德城，下辖清涧1县，暖泉、义合、清边、临夏、白草、米脂、怀宁、镇边、绥平和克戎10寨，嗣武1城以及开光堡和永宁关。

《金史》中没有记载这一时期堡寨升县情况，然从一些迹象来看，葭州和绥德州后期存在堡寨升县的可能。葭州葭芦寨、吴堡寨、弥川寨、通秦寨、太和寨及归属晋宁军的建宁寨，至金朝后期分别升为葭芦县、吴堡县、弥川县、通秦县、太和县以及建宁县。绥德州除清涧县以外，其倚郭绥德城后置绥德县，米脂寨、嗣武寨、绥平寨、怀宁寨、克戎寨、义合寨分别升为米脂县、嗣武县、绥平县、怀宁县、定戎县以及义合县等。[⑤]

① 《金史》卷二四《志第五·地理上》，第569页。
② 《金史》卷二四《志第五·地理上》，第569页。
③ 《金史》卷二四《志第五·地理上》，第569页。
④ 李逸友：《内蒙古史迹丛考》，见内蒙古文物考古研究所编：《内蒙古文物考古文集》第2辑，第404页。
⑤ 余蔚：《中国行政区划通史·辽金卷》，复旦大学出版社，2012年，第765—767、891—892页。

表2-16　辽金时期鄂尔多斯高原主要城址一览表

古城址	古城名称	使用年代	形状	形制	边长及周长	城门	瓮城	角台和马面	今地理位置	备注
辽丰州故城	辽丰州城	辽、金、元	长方形	单城	南北向，长约1200米，宽约1100米，周长约4600米	四门	四个瓮城	马面，间距60—90米；四角有角楼址	呼和浩特市赛罕区太平庄乡白塔村西南约300米	西北隅现存“万部华严经塔”一座；地表散布有砖，蟠龙、兽面纹瓦当及陶片、瓷片等。1964年于城内发现大批钱币
东沙岗古城	辽、金、元东胜州城，明东胜卫城	唐、辽—明	大城平面呈斜长方形，大皇城略呈长方形，小皇城平面呈长方形	城内西北部有两座东西相连的小城。城内西面小城称大皇城，为辽、元东胜州古城；东面小城称小皇城，是金东胜州古城，大城为明东胜卫城	大皇城周长约为2200米，小皇城周长为1240米	大皇城东面辟门		小皇城各墙设有马面	托克托县双河镇西北东沙岗	
西白塔古城[①]	辽、金云内州	辽—元	长方形		南北约1440米，东西约1240米，周长约5360米	东、南墙中部辟门	东门和南门外都有瓮城	马面，四角有角楼	托克托县古城镇南园子村东北约700米	据城南塔上铭文，此城为辽代云内州故城，金、元两代沿用。城内的西北隅有建筑台基
下城湾古城[②]	辽、金、宁边州城	辽、金、元	略呈长方形		南北约280米，东西约200米，周长约960米				清水河县窑沟乡城湾煤矿厂部西50米	
双墙村古城[③]	辽河滨县城，金宁化镇城	辽—元	平面呈正方形		边长220米，南北向，周长880米	东、南、西墙正中辟门	东、南、西门外都筑有瓮城		托克托县双河镇前双墙村北500米	

续表

古城址	古城名称	使用年代	形状	形制	边长及周长	城门	瓮城	角台和马面	今地理位置	备注
碱池古城	汉桢林县	辽—元	平面呈长方形		南北190米，东西175米，南北向，周长730米				托克托县新营子镇碱池村东北约200米	城内北部有建筑台基
什泥板古城		金—元	平面呈正方形，方向355°		边长400米，周长1200米				土默特左旗陶思浩乡什尼板村西北约500米	
毛不浪古城		辽—金	平面呈长方形		南北264米，东西约180米，周长约888米	南墙开门			呼和浩特市黄合少镇赛音不浪村东南约500米	城内北部有建筑遗址两处，地表遗物丰富，有灰陶片、白瓷片及砖、瓦等，东部遍布炉渣灰、残铁块等[④]
章盖营古城		辽—金	平面呈长方形		东西400米，南北270米，周长约1340米				托克托县新营子镇章盖营村东约1千米	城内有建筑遗迹
泉子什古城		辽—金	平面呈长方形		南北550米，东西500米，周长约2100米				托克托县新营子镇章盖营村泉子什东北侧	
六顶帐房古城		辽	正方形，方向35°		边长70米，周长约280米				包头市九原区阿嘎如泰苏木六顶帐房村西1千米	城中稍偏北有一处长方形台基，长18米，宽15米

续表

古城址	古城名称	使用年代	形状	形制	边长及周长	城门	瓮城	角台和马面	今地理位置	备注
天顺圪梁古城⑤	唐河滨县城，辽河清军城	唐、辽	长方形		东西480米，南北360米，周长1680米	东、西墙中部设门	西门外有瓮城	西北、西南有角台遗迹；西墙加筑两个马面，南墙加筑五个马面，北墙残存三个马面	准格尔旗十二连城乡天顺圪梁村西侧	西高东低；在城墙外150—250米处有一道高出地表约1米的土垄，呈圆弧状，包围城北、西、南三面，为羊马城（无豁口），地表散落有唐、辽、金代遗物
土城子古城⑥	北魏盛乐城，辽振武县城，金振武镇	战国、汉、北魏、唐、辽—明	中城呈长方形、南北向	该城分为南、中、北三城，其中中城为辽代振武县城	中城南北730米，东西450米，周长约2360米				和林格尔县盛乐镇土城子村北1.5千米	

资料来源：1.《中国文物地图集·内蒙古自治区分册》，非此则另注。

2. 今陕北榆林地区，金曾经沿用了北宋的晋宁军、绥德州以及部分堡寨等，此表不曾列入。

注：①张郁：《呼和浩特西白塔古城》，《内蒙古文物考古》1984年第3期。

②郑隆：《城坡、城湾古城堡调查》，见伊克昭盟文物工作站编：《鄂尔多斯文物考古文集》，1981年。

③内蒙古文物考古研究所编：《内蒙古文物考古文集》第2辑，中国大百科全书出版社，1997年。

④张郁：《内蒙古呼和浩特郊区毛不浪的辽代城址》，《考古》1962年第11期，第604页。

⑤内蒙古文物考古研究所编：《内蒙古文物考古文集》第2辑，中国大百科全书出版社，1997年。

⑥张郁：《和林格尔县土城子试掘记要》，《文物》1961年第9期；内蒙古文物考古研究所：《和林格尔县土城子古城考古发掘主要收获》，《内蒙古文物考古》2006年第1期。

第六节　元、明、清时期鄂尔多斯高原城市建置

唐后三百余年，鄂尔多斯高原及其附近地区一直是党项羌或西夏的领土。继之而起的元、明、清三朝此地居民生活方式仍以游牧为主，人口稀少，经济落后，所建城市相对稀少。蒙古灭西夏之后，以其地分属东胜、云内两州以及延安、宁夏等路。明朝初年在东胜等州筑城，设立屯戍耕牧；后期研究区主要由陕西布政使司的延安府和陕西都司所辖的宁夏镇、延绥镇分别负责民政和军事事务。蒙古达延汗时进入鄂尔多高原后，土默川平原上的城市建设有了新动向。清代在研究区实行两种管理制度，即郡县制和盟旗制度。研究区分别由甘肃省宁夏府，陕西省延安府、榆林府，山西省归绥道下辖的6厅以及鄂尔多斯7旗管辖。

一、元代鄂尔多斯高原城市建置

元代地方行政制度实行行省制。元世祖前中期，行省多是从中书省派出的临时机构，到成宗初期才逐步成为地方最高官府。中书省与行中书省下设路、府、州、县，“大率以路领州、领县，而腹里或有以路领府、府领州、州领县者，其府与州又有不隶路而直隶省者”[①]。元代鄂尔多斯高原分属中书省大同路、陕西省延安路和甘肃省宁夏府路。元代行政区划的层级复杂，多级并存，本区层级主要有省—路—州三级和省—路—州—县四级两种。

（一）甘肃行省宁夏府路

中统二年（1261），元政府在西夏故地设置西夏中兴等路行尚书省。至元三年（1266）行省被裁撤，改设西夏宣慰司，随后改称为西夏惠民局。至元八年（1271）复置西夏中兴等路行省，于两年后罢省。至元十二年（1275）三月，“于中兴路置怀远、灵武二县”[②]。至元十八年（1281）改设为甘州行省，四年后更其名为西夏行省。二十三年（1286）将其治所迁移到甘州，更名为甘肃行省。至元二十五年（1288）二月，改中兴路为宁夏府路。三十一年（1294），甘宁分治，分设甘肃行省与宁夏行省。元贞元年（1295），撤销宁夏行省，宁夏府路隶属于甘肃省。元朝末期曾一度复置宁夏行省。[③]

宁夏府路，治怀远县，即今宁夏银川市老城区，领3州，灵州、鸣沙州和应理

---

① 《元史》卷五八《志第十·地理一》，第1346页。
② 《元史》卷八《本纪第八·世祖五》，第164页。
③ 鲁人勇、吴忠礼、徐庄：《宁夏历史地理考》，第196页。

州，其中位于研究区范围内的仅灵州。灵州，沿袭金制，先后属西夏中兴路行省和宁夏府。城池初沿用西夏，后因黄河泛滥而移址，“旧在黄河南部，洪武十七年城为河水所啮，移驻于河北七里。宣德三年，河又崩塌，移驻于东北隅五里。景泰三年展筑之”[①]。治所在今宁夏吴忠市北。

（二）中书省大同路

大同路，元初沿袭金制，设西京路，置警巡院，治所在今山西省大同市。至元二十五年（1288）二月改称为大同路，是河东山西道宣慰使司的治所，领有1录事司[②]、5县、8州。5县分别是大同、白登、宣宁、平地、怀仁，8州为弘州、浑源州、应州、朔州、武州、丰州、东胜州、云内州。其中位于研究区的仅有丰州、东胜州和云内州3州。

丰州，元初时沿袭辽、金旧制。金丰州天德军，元亦称丰州，民间习惯称丰州为天德军，领有富民县和录事司。至元四年（1267）二者皆省入州，治所在今呼和浩特市赛罕区太平庄乡白塔村西南。[③]东胜州，金西京东胜州，领东胜县。元初时领东胜县及录事司，至元二年（1265）将宁边州一部分并入，至元四年皆省入州，治所在今呼和浩特市托克托县双河镇东沙岗村大皇城。蒙古攻金陕西，假道于宁夏，忽必烈征大理，蒙哥汗征宋，皆由东胜渡河南下。西夏灭亡后，自东胜州沿黄河西行，水陆均有驿路通宁夏。[④]云内州，金西京路云内州，时领云川、柔服2县。元初废除云川县，设置录事司。至元四年，亦皆省入州，治所在今呼和浩特市托克托县古城镇南园子村。三州城池均沿用前代。

（三）陕西行省延安路

延安路，金为鄜延路，元代改称延安路，领有3州8县。3州分别为解州、绥德州和葭州，8县为肤施、甘泉、宜川、延长、延川、安定、安塞和保安，其中位于研究区的有绥德州和葭州。

绥德州，金时领8县，即嗣武、米脂、绥平、怀宁、定戎、清涧、义合、绥德。元初，嗣武县与米脂县合并称米脂县，绥平县与怀宁县合并称怀宁县，绥德州共领6县。至元四年，定戎县又与米脂县合并称米脂县，怀宁县与清涧县合并称清涧县，

---

① 凤凰出版社编选：《中国地方志集成·宁夏府县志辑》卷五，凤凰出版社，2008年，第84页。

② 录事司，官署名，金置于诸府，掌同警巡使。设录事一人。元置于路、府治所，秩正八品，掌城中户民之事。

③ 国家文物局主编：《中国文物地图集·内蒙古自治区分册》下，第14页。

④ 周清澍主编：《内蒙古历史地理》，第133页。

义合与绥德两县皆省入州，绥德州故而仅领米脂和清涧2县，其中清涧县不在研究区范围内。绥德州城，为宋鄜延宣抚使郭逵所筑，西夏时因战争而荒废。金大定二十年（1180）重加修筑，元代沿用之。[①]米脂县城，为北宋所建的米脂寨城，治所位于今陕西省米脂县。

葭州，金时领6县，为吴堡、弥川、通秦、葭芦、太和和建宁。至元六年（1269），弥川、通秦、葭芦省入州，太和并入神木，建宁并入府谷，同时降神木与府谷为县，划入葭州。故葭州共领3县，即吴堡县、神木县与府谷县。葭州城沿用宋代所建葭芦寨，位于今陕西省榆林市佳县葭芦镇。

吴堡县，金属葭州，至元元年（1264）裁撤，次年复置，仍隶葭州，城池为元代新建，在今陕西省榆林市吴堡县宋家川镇东部吴山上。神木县，元初时称为云州，隶属于延安路。至元六年降州为县，称为神木，同时将太和县并入，改属葭州。城池沿用唐新秦郡，在今陕西省榆林市神木市店塔镇杨城村西北侧。[②]府谷县，元初时亦为州，隶属于延安路。至元六年废州为县，将建宁县并入，仍然隶属于延安路，至元二十二年（1285）时改属葭州。城池始建年代不详，约在唐宋年间。[③]治所在今陕西府谷县老城区。

二、明代鄂尔多斯高原城市建置

洪武初年，为了防止地方权力过大，朱元璋废除元代行省制，设立布政使司、都指挥使司、按察使司三司，分管地方行政、军事和监察。“革元中书省，以京畿应天诸府直隶京师。后乃尽革行中书省，置十三布政使司，分领天下府州县及羁縻诸司。又置十五都指挥使司以领卫所番汉诸军，其边境海疆则增置行都指挥使司，而于京师建五军都督府，俾外都指挥使司各以其方附焉。”[④]

明代地方治理分属于两个系统——布政使司系统和都司卫所系统。“布政使司及下辖的府州县为明代正式的地方行政区划，即通常所谓的‘两京十三省’，而都司卫所除‘总方面之兵’外，也兼有行政区划意义，可称之为‘军管型政区’，尤其在实土、准实土的都司、行都司、卫、所方面表现更为突出，是极具特色的非正式政区。”[⑤]明代将元代繁杂的政区层级简化为行省—府—州—县四级制，此为布政使司

① 〔清〕高维岳：《绥德州志》卷二，清光绪三十一年刊本。
② 陕西省考古研究院编著：《陕西省明长城资源调查报告·营堡卷》，第26页。
③ 〔清〕沈青崖：《陕西通志》卷一四，文渊阁四库全书本。
④ 《明史》卷四〇《志第十六·地理一》，第881页。
⑤ 郭红、靳润成：《中国行政区划通史·明代卷》，复旦大学出版社，2007年，第1页。

系统。都司与行都司在层级上平等，大多是一个行省设置一个都司，设立行都司主要是为了方便管理或者是为防止同名都司的军事管辖范围过大。其基本层级为都司—卫—千户所三级，“大率五千六百人为卫，千一百二十人为千户所，百十有二人为百户所”①，此为都司卫所系统。都司卫所有实土、准实土和非实土之分。实土意为“某一地方行政机构辖有一定范围的土地、人口”②，实土卫所即指在不设府州县的地方设置的卫所。准实土卫所指的是卫所虽然设置在府州县内但同时领有土地和人口，非实土卫所指设置在有府州县处并且府州县所领有的土地和人口占有绝对优势的卫所。明代的鄂尔多斯高原地区分属于陕西布政使司、陕西都司以及山西行都司。

除此之外，明代中后期土默川平原上出现了一种称之为“板升”③的似城聚落，也是需要给予重视的。

（一）陕西布政使司延安府

延安府，元为延安路，明初改路为府，称延安府，领有8直辖县、3州。8直辖县分别是肤施县、安塞县、甘泉县、安定县、保安县、宜川县、延长县和延川县，3州分别为绥德州、葭州和鄜州。其中位于研究区的仅有绥德州和葭州。

绥德州，明初时隶属于延安府，领有清涧、米脂2县。洪武七年（1374），隶属于延安府的葭州降为县，与吴堡县一起改属绥德州。洪武十年（1377），绥德州被废，其下辖清涧、米脂、葭县、吴堡4县，皆改为延安府直辖县。不久，绥德州复置，4县仍隶于州。洪武十三年（1380），升葭县为州，吴堡县改属葭州。至此，绥德州仅辖清涧、米脂2县。嘉靖四十一年（1562），清涧县改属延安府，故绥德州仅领米脂1县，州治在今陕西省榆林市绥德县城。米脂县，位于绥德州北部，元时即属绥德州，明初沿袭旧制，治所在今陕西省榆林市米脂县城。

葭州，元时领有吴堡、神木和府谷3县。洪武二年（1369）废除神木、府谷2县，仅剩吴堡县，隶属于延安府。洪武七年葭州降为县，改属绥德州。三年后绥德州被废，葭州改为延安府直辖县。洪武十三年，由县升为州，隶属延安府，领吴堡、神木、府谷3县。正统八年（1443），由原址移至东山旧城下的窟野河川口，即今陕西省榆林市佳县县城。

吴堡县，位于葭州南部，元时即属葭州，明初屡经更改后仍属葭州，治所在今陕

① 《明史》卷九〇《志第六十六·兵二》，第2193页。

② 郭红、靳润成：《中国行政区划通史·明代卷》，第259页。

③ “板升”是明代后期，特别针对出现在漠南蒙古地区汉人聚落的称呼。参见黄丽生：《由军事征掠到城市贸易：内蒙古归绥地区的社会经济变迁（14世纪至20世纪初）》，第212页。

西吴堡县宋家川镇城里村。神木县，位于葭州北部，元时属葭州，洪武初年省，十三年复置，仍属葭州，治所在今陕西省神木市，正统五年（1440）时曾迁至县北沙河岔南，成化中复还故治。府谷县，位于葭州东北，元时属葭州，洪武初年省，十三年复置，仍属葭州，治所在今陕西省府谷县。

（二）陕西都司

“元人北归，屡谋兴复。永乐迁都北平，三面近塞。正统以后，敌患日多。故终明之世，边防甚重。东起鸭绿，西抵嘉峪，绵亘万里，分地守御。初设辽东、宣府、大同、延绥四镇，继设宁夏、甘肃、蓟州三镇，而太原总兵治偏头，三边制府驻固原，亦称二镇，是为九边。”[①]延绥镇和宁夏镇隶属陕西都司，其大部分地区位于研究区内。

宁夏镇，约形成于永乐初年[②]，治所在今银川市，管辖7卫，分别为宁夏卫，宁夏前、中、后卫和宁夏左、右、中屯卫，其中宁夏中卫不在研究区内。

宁夏卫，为元甘肃行省宁夏府路。洪武三年（1370）为府，洪武五年（1372）弃地不守，朝廷将其军民迁至陕西。宁夏府的废弃导致边地空虚，为蒙古势力侵入宁夏地区提供了机会。洪武九年（1376）设置宁夏卫，移民屯垦。[③]因《宁夏志笺证》《明实录》《大明一统志》等文献记载宁夏卫设于洪武九年，故笔者采用洪武九年说。洪武二十八年（1395）四月改宁夏卫为宁夏右护卫，永乐元年（1403）正月复置宁夏卫，治所在今银川市老城。宁夏卫下辖灵州、兴武、韦州、平虏4个守御千户所，领屯堡11个，韦州守御千户所不在研究区内。

灵州守御千户所，洪武十六年（1383）筑新城，置灵州河口守御千户所，隶属陕西都司。宣德三年（1428）于旧城东五里再建新城，改称灵州千户所，隶属宁夏卫。弘治十三年（1500）至十七年（1504）曾升为灵州，属陕西布政使司。正德元年（1506）恢复洪武旧制，万历以后还属宁夏卫，领屯堡13个，治所在今宁夏灵武县城。兴武营守御千户所，正统十年（1445）在旧城基础上筑新城，置兴武营。正德元年改兴武营守御千户所隶宁夏卫，治所在今宁夏盐池县高沙窝镇兴武营，领毛卜剌1堡。平虏守御千户所，城池筑于永乐初年，嘉靖三十年（1551）置，所领屯堡同宁夏前卫，治所在今宁夏平罗县城关。

① 《明史》卷九一《志第六十七·兵三》，第2235页。
② 刘景纯：《明代九边史地研究》，第140页。
③ 关于宁夏卫的设置时间，史籍记载有所出入。如《明史》卷四二《志第十八·地理三》载洪武二十六年七月置卫（第1012页）；《嘉靖宁夏新志》记为洪武九年，见〔明〕胡汝砺纂修，管律重修：《嘉靖宁夏新志》，陈明猷校勘，宁夏人民出版社，1982年，第62页。

洪武十七年（1384）在宁夏城中设宁夏前卫，建文初废，建文四年（1402）复置，领屯堡9个，与宁夏卫同治。洪武二十五年（1392），在宁夏城增设左、右、中屯卫，隶陕西都司，建文初废，建文四年复置。永乐元年（1403），改宁夏右卫为庆阳卫、宁夏左卫为庆府护卫，于宁夏西南黄河北岸置宁夏中卫。永乐四年（1406）宁夏中屯卫并入宁夏卫。正德五年（1510），改庆王中护卫为中屯卫，仍属陕西都司。宁夏左屯卫领屯堡14个，宁夏右屯卫领屯堡18个，宁夏中屯卫领屯堡5个，三卫与宁夏卫同治。

由于“宁夏城池、屯堡、营墩俱在黄河之外，备御西北一带……于花马池筑立哨马营，增设烟墩”[①]，正统二年（1437）设花马池营，因花马池营的守备不足以抵抗蒙古军队，弘治七年（1494）将其升为花马池守御千户所，隶陕西都司。然“惟宁夏花马池至灵州一带，地里宽漫，城堡稀疏，兵力单弱，一或失守，虏众拆墙而入，其利害不在宁夏而在腹里”[②]，因而正德元年（1506）升为卫，为宁夏后卫，领屯堡4个，治所在今宁夏盐池县城关。

表 2–17　明代鄂尔多斯高原地区宁夏镇所辖屯堡统计

卫所	屯堡	今址	屯堡	今址
宁夏卫	潘昶堡	贺兰县金贵镇	王魏堡	永宁县望洪镇
	金贵堡	贺兰县金贵镇	任春堡	永宁县李俊镇仁存
	李祥堡	永宁县远望镇李桥村	叶升堡	青铜峡市叶盛镇
	河西寨	永宁县远望镇永清村	汉坝堡	青铜峡市小坝镇
	杨和堡	永宁县杨和镇	河中堡	灵武市梧桐树乡河忠村
	王泰堡	永宁县杨和镇王太村		
宁夏后卫	安定堡	盐池县王花马池镇张家台村	铁柱泉堡	盐池县冯记沟乡暴记春村
	柳杨堡	盐池县花马池镇柳杨堡村	野狐井堡	盐池县王乐井乡边记洼村
宁夏前卫	谢保堡	贺兰县治习岗镇	威镇堡	平罗县高庄乡威镇村
	张亮堡	贺兰县常信乡张亮村	宋澄堡	永宁县李俊镇宋澄村
	李纲堡	贺兰县立岗镇	黄河马寨	待考
	周澄堡	平罗县姚伏镇周城村	丁义堡	待考
	平虏城	平罗县城关镇		
宁夏左屯卫	蒋鼎堡	青铜峡市瞿靖镇蒋顶村	林武马站堡	青铜峡市北马站村
	陈俊堡	青铜峡市大坝镇陈俊村	刘亮堡	待考
	瞿靖堡	青铜峡市瞿靖镇	魏信堡	永宁县胜利乡许旺村
	林皋堡	青铜峡市小坝镇林皋村	张政堡	银川市兴庆区掌政镇掌政村

① 〔明〕孙继宗等撰：《明英宗实录》卷二二，黄彰健校勘，国立北平图书馆红格抄本，第8页。

② 〔明〕杨一清：《为经理要害边防保固疆场事疏》，见〔明〕万表编：《皇明经济文录》卷三九《宁夏镇》，全国图书馆文献缩微复制中心，1994年，第938页；〔明〕陈子龙等编：《明经世文编》卷一一六内容与《皇明经济文录》相同，但《杨一清集》中本疏内容稍有不同。

续表

卫所	屯堡	今址	屯堡	今址
宁夏左屯卫	邵刚堡	青铜峡市邵岗镇	唐铎堡	永宁县望洪镇唐铎村
	李俊堡	永宁县李俊镇	许旺堡	永宁县胜利乡许旺村
	王铨堡	永宁县杨和镇王全村	王澄堡	贺兰县金贵镇王澄村
宁夏右屯卫	大坝堡	青铜峡市大坝镇韦桥村大坝营	洪广堡	贺兰县洪广镇洪广村
	靖夷堡	永宁县望洪镇靖益村	姚伏堡	平罗县姚伏镇
	杨显堡	永宁县胜利乡杨显村	高荣堡	平罗县姚伏镇高荣村
	平胡堡	银川市金凤区满城北街街道平伏桥村	周澄堡	平罗县姚伏镇周城村
	威远堡	银川市西夏区贺兰山西路街道盈北村	镇朔堡	平罗县崇冈镇镇朔村
	雷福堡	银川市金凤区丰登镇	杨信堡	永宁县胜利乡杨显村
	靖虏堡	贺兰县境	镇北堡	银川市西夏区镇北堡镇
	桂文堡	贺兰县常信乡桂文村	平羌堡	银川市西夏区平吉堡
	常信堡	贺兰县常信乡	新兴堡	待考
宁夏中屯卫	虞祥堡	贺兰县常信乡于祥村	镇河堡	银川市兴庆区掌政镇镇河村
	汉伯堡	吴忠市利通区马莲渠乡汉北堡村	中营堡	吴忠市利通区高闸镇马家湖村
	金积堡	吴忠市利通区金积镇		
灵州守御千户所	夏家堡	不详	河东关堡	银川市兴庆区月牙湖乡
	吴忠堡	吴忠市利通区	惠安堡	盐池县惠安堡镇惠安堡村
	枣园堡	灵武市东塔镇枣园村	胡家堡	灵武市郝家堡镇胡家堡村
	汉伯堡	吴忠市利通区马连渠乡汉北堡村	红崖站堡	久废，今址不详
	金积堡	吴忠市利通区金积镇	半个城	同心县城旧址（吴忠市红寺堡区）
	中营堡	吴忠市利通区高闸镇马家湖村	马家园	不详
	秦坝关	吴忠市金积镇秦坝关村		
兴武营守御千户所	毛卜刺	盐池县高沙窝镇宝塔村		

延绥镇，“镇名延绥者，合延安、绥德而名之也”[1]。延绥镇初辖延安卫、绥德卫和庆阳卫。明朝宣德、正统年间，鞑靼蒙古部落为了躲避瓦剌蒙古部落的打击，开始越过阴山向河套地区迁移，延绥地区逐渐成为边防前线。明朝为加强对延绥北线的防御，开始建造防御性的营堡和墩台。至成化年间，蒙古部落频繁对延绥、宁夏、固原一带发起进攻。成化九年（1473），都御史余子俊于旧城北增筑城垣，置榆林卫指

① 〔清〕梁份：《秦边纪略》，赵盛世、王子贞、陈希夷校注，青海人民出版社，1987年，第336页。

挥使司，隶陕西都司。延绥镇城从绥德迁至榆林，因而，延绥镇又称榆林镇。

榆林卫，原为榆林川。随着东胜卫的废弃，西北地区无防可守，蒙古军队不断侵入河套地区。加之榆林一带襟山带水，交通便利，遂于成化六年（1470）三月将榆林川升为榆林卫，治所在今陕西省榆林市。延绥镇边防分为三路，“东有长乐堡，分辖双山等十二营堡，为中路。又有神木堡，分辖镇羌等九营堡，为东路。西有安边营，分辖永济等十二营堡，为西路。俱成化后置”[①]。《康熙延绥镇志》共记载了39个营堡，东路辖11个营堡，中路辖12个营堡，西路辖16个营堡，详见表2-18。

表2-18 《康熙延绥镇志》所载明代延绥镇营堡

路	营堡	设置时间	今址
东路	建安堡	成化十年	陕西省榆林市榆阳区大河塔镇大河塔村
	高家堡	正统四年	陕西省榆林市神木市高家堡镇
	柏林堡	成化初	陕西省榆林市神木市迎宾路街道柏林村
	大柏油堡	弘治初	陕西省榆林市神木市迎宾路街道大柏堡村
	神木堡	正统八年	陕西省榆林市神木市老城
	永兴堡	成化年间	陕西省榆林市神木市沙峁镇堡子村
	镇羌堡	成化二年	陕西省榆林市府谷县新民镇
	孤山堡	正统二年	陕西省榆林市府谷县孤山镇南关村
	木瓜园堡	成化十六年	陕西省榆林市府谷县木瓜镇木瓜村
	清水营	成化二年	陕西省榆林市府谷县清水镇清水村
	黄甫川堡	天顺年间	陕西省榆林市府谷县黄甫镇黄甫村
中路	榆林卫城	成化九年	陕西省榆林市城区（榆阳区广榆路）
	保宁堡	嘉靖四十三年	陕西省榆林市榆阳区芹河镇前湾滩村
	归德堡	成化中	陕西省榆林市榆阳区朝阳路街道归德堡村
	鱼河堡	成化十一年	陕西省榆林市榆阳区鱼河镇鱼河村
	镇川堡	嘉靖二十九年	陕西省榆林市榆阳区镇川镇
	响水堡	正统初年	陕西省榆林市横山区响水镇
	波罗堡	正统十年	陕西省榆林市横山区波罗镇
	怀远堡	天顺中	陕西省榆林市横山区赵石畔镇白家梁村
	威武堡	成化五年	陕西省榆林市横山区塔湾镇塔湾村
	清平堡	成化初	陕西省榆林市靖边县杨桥畔镇东门沟村西
	常乐堡	成化年间	陕西省榆林市榆阳区牛家梁镇常乐堡村
	双山堡	正统二年	陕西省榆林市榆阳区麻黄梁镇双山堡村
西路	龙州城	成化五年	陕西省榆林市靖边县龙州镇龙一村
	镇靖堡	成化五年	陕西省榆林市靖边县镇靖镇镇靖村
	镇罗堡	嘉靖二十九年	陕西省榆林市靖边县杨米涧镇镇罗村
	靖边营	景泰四年	陕西省榆林市靖边县王渠则镇新城村

① 《明史》卷四二《志第十八·地理三》，第1012页。

续表

路	营堡	设置时间	今址
西路	宁塞营	成化十一年	陕西省延安市吴起县长城镇宁塞村
	把都河堡	成化九年	陕西省延安市吴起县周湾镇徐台子村旧城子
	柳树涧堡	天顺初年	陕西省榆林市定边县郝滩镇柳树涧村
	新安边营	成化十一年	陕西省榆林市定边县新安边镇政府北
	旧安边营	正统二年	陕西省榆林市定边县安边镇
	新兴堡	成化十一年	陕西省榆林市定边县油房庄乡星星堡村
	砖井堡	正统二年	陕西省榆林市定边县砖井镇
	石涝池堡	成化十一年	陕西省榆林市定边县王盘山乡
	三山堡	成化九年	陕西省榆林市定边县冯地坑镇新城滩村
	定边营	正统二年	陕西省榆林市定边县城
	盐场堡	成化十三年	陕西省榆林市定边县盐场堡镇政府驻地北
	饶阳水堡	成化十三年	陕西省榆林市定边县姬塬镇辽阳村

（三）山西行都司

山西行都司的管辖范围即历史上的大同地区，为汉族与北方民族相交地带，亦是蒙古高原进入中原的孔道，地理位置重要，为历代军事要地。洪武元年（1368），明军攻克元大都，“上以元都既免，遂命大将军徐达、副将军常遇春率师取山西”①。洪武二年（1369），“副将军常遇春率师至大同，故元守将竹贞等弃城走”②。明军收复大同。洪武四年（1371），设大同都卫，治白羊城。洪武八年（1375）改称为山西行都司，二十五年（1392）迁至大同府。洪武二十六年（1393），山西行都司广设卫所，位于研究区的卫所有云川卫、玉林卫、镇虏卫、东胜左卫和东胜右卫5卫，均隶属于山西行都司。

云川卫，治所在今呼和浩特市和林格尔县大红城乡乡政府驻地北约500米。玉林卫，治所在今呼和浩特市和林格尔县新店子镇榆林城村。镇虏卫，治所在今呼和浩特市托克托县新店子镇黑城子村。东胜卫为元东胜州，洪武四年（1371）明军攻下东胜州，置卫。同年，明于东胜卫附近即今鄂尔多斯市东北境部分地区安置后，分置失宝赤、五花城、斡鲁忽奴、燕只、瓮吉剌5千户所。二十五年，分东胜卫置左、右、中、前、后5卫。次年，罢中、前、后卫，保留东胜左卫和东胜右卫。东胜左卫，治所为原东胜卫治所，今呼和浩特市托克托县双河镇东沙岗大皇城。东胜右卫，治所可

① 〔明〕胡广等撰修：《明太祖实录》卷三四，黄彰健校勘，国立北平图书馆红格抄本，第11页。
② 《明太祖实录》卷三八，第12页。

能在今准格尔旗十二连城乡乡政府驻地。[①]永乐元年（1403）内徙后，卫城废弃。正统三年（1438）再度复置，不久仍废。

永乐元年，将云川卫、玉林卫、镇虏卫、东胜左卫和东胜右卫治所迁徙至内地，隶属于后军都督府。云川卫（今和林格尔县大红城古城）、玉林卫（今和林格尔县榆林城古城）、镇虏卫（今托克托县黑城古城）于宣德元年（1426）还旧治，仍属行都司。正统十四年（1449），云川卫徙治旧镇朔卫城，与大同左卫同治；玉林卫徙治旧定边卫城，与大同右卫同治；镇虏卫徙治天成卫城，与天成卫同治，溢出研究区。

（四）山西布政司大同府

洪武二年（1369），改元大同路为大同府，领5县、5州。5直辖县为大同、怀仁、云内、平地和宣宁，5州为东胜州、丰州、浑源州、应州和朔州。因东胜州、丰州、云内县、平地县和宣宁县一直受元遗兵的骚扰，且人烟稀少，遂于洪武四、五年陆续废除。宣德初至正统十四年，曾一度复置丰州及云内县。

云内县，元为大同路云内州，洪武二年降为云内县，洪武五年（1372）废，治所在今内蒙古托克托县古城镇。丰州，洪武中废，治所在今内蒙古呼和浩特市赛罕区大平庄乡白塔村。《明史》卷四一《地理志二》记载云内县和丰州于宣德元年复置，正统十四年再次废除，《明实录》对此并无记载，疑有误。[②]东胜州，洪武二年属大同府，四年正月废，治所在今内蒙古自治区呼和浩特市托克托县双河镇东沙岗古城。

（五）土默川平原

明代中后期，土默川平原（前套平原）上出现了板升聚落和归化城。至迟于嘉靖二十五年（1546），汉人已开始在丰州滩上耕垦了，出现了与农业景观相关的砖塔城市、牛耕、烧砖的窑厂等。俺答汗与夫人三娘子曾见到“见砖塔城，用牛二犋耕，城约五六顷，所种皆谷黍薥秫糜子。又治窑一座，大欢。以为偃旗息鼓，归休田野，岂不大愉快乎哉”[③]的田园景观，对汉人生活充满了向往。俺答汗向明朝求贡时，特别要求明朝赐予耕具、犁耧、种子及木工、画工、铁工等，由此看出俺答汗是支持汉人从事农业生产和生活的。黄丽生认为，板升的价值对俺答汗而言，象征着蒙古社会新的愿景；对蒙古地区的汉人来说，则是重建原乡生活的寄托。

丰州滩板升社会的形成与白莲教有非常重要的关系。白莲教徒以宗教身份获得俺答的宠信，依此大力引进各种汉人人才，发展当地的农业（置农器种禾）和手工业

① 李作智：《隋唐胜州榆林城的发现》，《文物》1976年第2期，第73—82页。
② 郭红、靳润成：《中国行政区划通史·明代卷》，第70页。
③ 〔明〕瞿九思：《万历武功录》卷七，明万历刻本，第34页。

（造屋、造船）生产，中原的文教传统也在此获得了延续发展的机会。他们因军功被俺答立为酋长，获得“各筑土堡一座，（赵）全堡可五里，（李自）馨堡可二里，颇坚壁自固”[①]。在这一模式下，丰州滩上板升聚落急速发展，不久便出现了“开云田丰州地万顷，连村数百；驱华人，耕田输粟，反资虏用。所居为城郭，宫室极壮丽”[②]的景象。与此同时，蒙古人也逐渐习惯于汉人的农田作业，汉蒙杂居于板升，农牧业交错的景象是丰州滩上最重要的人文景观。所谓“宣大之间，虏错而耕牧如棋布也”[③]。至20世纪初期，土默川（即丰州滩）遍布板升，蒙古人已全部弃穹庐而兴板升，即使是偏远山区，也找不到一个毡帐村落，蒙古人已习惯居于各式各样的板升。[④]至隆庆初（1567—1572），明蒙封贡关系建立之前，板升聚落已是丰州滩上人口最为密集的地方，其中汉人又占绝大部分，不少蒙古人杂居其中。在此前后，除赵全为俺答汗建造的大板升城、开化王府之外，另有大板升12个，小板升32个。各板升中较早建的（即较大者）多以汉人为酋长，稍后建立的板升（较小的）则多为蒙古人或是取蒙名、蒙化的汉人为其酋长，蒙汉互化与农牧业交错的生产结构相呼应。

嘉靖四十四年（1565）建造的大板升城为九重（疑为间）长朝的规格。次年，赵全又用十围以上的大木自为室屋，起朝殿及寝殿七重（疑为间），朝殿东南建三重（疑为层）仓房。城上建造五重（疑为间）滴水城楼，命画工绘制五彩龙凤。在原来的土堡（五里）中，又起大宅一所，三进院的大厅，门两道。大门门额“石青开化府”，二门曰“威震华夷”。另建东蟾宫、西凤阁各两重，题名为“沧海蛟龙”（此名当为东蟾宫的题额，西凤阁名被遗漏了）。其他尚有滴水土楼三座。由此说明，至嘉靖末年，在土默川平原上出现了规模大、等级高、人口密集，且具有军政或相当机能的城堡。[⑤]

明蒙封贡关系建立的第二年即隆庆六年（1572），俺答汗宣布仿照元大都另建城市。该城位于哈鲁兀纳山（大青山）南、哈敦木伦河（黄河）边，统领十二土默特大众。万历三年（1575）该城初步完成，遣使请明廷赐名，得“归化”，即今呼和浩特市前身。万历八年（1580）明朝赐名归化城内建立的蒙古第一座佛塔为“弘慈寺”。建成后的归化城为方形，四门皆有高三重的城楼，城墙四角有马面和角楼。城内有

---

① 《万历武功录》卷七，第16页。
② 《万历武功录》卷八，第5页。
③ 〔明〕陈子龙等编：《明经世文编》卷三三二《北虏始末》，中华书局，1962年，第3548页。
④ 黄静涛：《土默特风习忆旧·板升与土炕》，见土默特左旗土默特志编纂委员会编：《土默特史料》第21集，1986年，第73页。
⑤ 黄丽生：《由军事征掠到城市贸易：内蒙古归绥地区的社会经济变迁（14世纪至20世纪初）》，第225—231页。

一条东西向土垣，可能是初建的南城墙，南北两部分之比为1∶2。北城建筑皆为汉式，中心有五六座高大建筑。南城也有几座高大建筑，当为弘慈寺。城西门外有一座七孔石拱桥。城墙石砌，外包砖。规模比大板升城要大得多。万历九年（1581）春二月，扩建归化城，加盖了周长20里的外墙。当年冬天，俺答汗去世，此后未见有筑城之举。

归化城的主要建筑和内部结构大致包括：（1）防御系统——内、外城墙，城门楼、马面和角楼。城墙外可能有护城河（西门外有拱桥）。（2）权力中枢——宫殿群及楼阁。（3）宗教祭祀中心——弘慈寺（陆续修建的佛寺）。（4）日常生活空间——街市和民居。归化城内部结构与中原内地一般城市没有什么不同，只是以城中的西藏黄派佛教寺院代替了汉族的社稷、宗庙。相较于大板升城，归化城已具备了完整的“城市”的构造。①

三、清代鄂尔多斯高原城市建置

清朝大体上采用了两种方式来管理统一后的大帝国，一是明朝故土“内地十八省”的正式郡县制，其次是边疆地区军事型或监护型的特殊政区制度。边疆地区的漠南蒙古分内蒙古和套西蒙古二区，鄂尔多斯高原属于内蒙古。清初地方行政制度沿袭明制，省以下有府、州、县，即省—府（直隶州、直隶厅）—（州）县（厅）三级。散州与散厅与县同为第三级政区，直隶厅虽与府和直隶州同为一级，但基本上不领辖第三级政区。清代将明代的一些直隶州升为府，又将若干散州和县升为直隶州，厅则是清代新设的政区，多置于各省之边远或海疆地区。另外，在府州之上又有省的派出机构——道，也有一定的辖区和治所，实际上成为一级准政区。②今鄂尔多斯市、呼和浩特市、包头市、巴彦淖尔市等均属山西省归绥道管辖。今榆林市、延安市属陕西省延榆绥道管辖。今银川市、吴忠市属巩昌省（甘肃省）宁夏镇管辖。随着盟禁开放，清政府将山西、陕西沿长城各县展界，并改设、增设抚民厅，改变以往对内地移民事务盟旗理钱粮、流官理刑名的双重管辖局面，实现了国家一元化管辖。雍正、乾隆年间直隶厅、厅和直隶州、州制度完善，形成省—府—县（厅、州）、省—直隶州—县的三级制和省—直隶厅的两级制两种行政层级。此外，清朝在藩部地区实行盟旗制，分为盟—旗二级制，将军、都统或大臣—旗二级制等行政层级。鄂尔多斯高原

① 黄丽生：《由军事征掠到城市贸易：内蒙古归绥地区的社会经济变迁（14世纪至20世纪初）》，第287—291页。

② 周振鹤：《中国地方行政制度史》，上海人民出版社，2005年，第135页。

分属陕西省、甘肃省、山西省和内蒙古。

（一）陕西省

清初陕西省榆林卫和延安府的部分县位于鄂尔多斯高原研究区。雍正二年（1724）榆林卫改榆林，靖边同知管理。雍正三年（1725），延安府绥德州和葭州升为直隶州。至乾隆元年（1736），延安府靖边、定边2县，榆林府1州4县及绥德州2县属于研究区。

延安府，清初沿袭明制，领3州16县，位于研究区的有绥德州和葭州。绥德州领米脂1县，葭州领府谷、神木、吴堡3县。其后，政区调整频繁。雍正三年，绥德州和葭州升为直隶州，清涧县改属绥德州，葭州仍领3县。乾隆元年，直隶葭州又降为属州，隶榆林府，而靖边县和定边县来属。定边县，雍正八年（1730）十一月，以定边、盐场、砖井、安边、柳树涧5堡地置，治所在今陕西定边县定边镇。靖边县，雍正八年十一月，以靖边、宁塞、镇罗、镇靖、龙州5堡地置，治镇靖堡，治所在今陕西靖边县南镇靖镇。延安府仅有定边、靖边2县在研究区。

榆林府，清初时沿袭明制，仍为榆林卫。之后，榆林卫各个城堡军事性质不断减弱，行政职能逐渐加强。雍正二年（1724）裁撤榆林卫，改设同知管理，有榆林、靖边2同知。榆林同知管中10堡，靖边同知管西10堡。雍正八年，将两同知所管地区设为榆林府，置附郭榆林县，下辖怀远、靖边、定边3县。乾隆元年（1736），靖边、定边2县改属延安府；将葭州直隶州降为属州，葭州所辖神木、府谷2县改属榆林府，吴堡县改属绥德州。榆林府遂领1州4县，即葭州、榆林县、怀远县、神木县和府谷县。榆林县，雍正八年以双山、中路、常乐、保宁、归德、鱼河6堡地置，附郭，治所在今陕西榆林市榆阳区城区。怀远县，雍正八年以怀远、波罗、响水、威武、清平5堡地置，治所为明代所建怀远堡，在今陕西榆林市横山区驻地横山镇东南1千米柴兴梁村。神木县，治所即今陕西省榆林市神木市区。府谷县，治所在今陕西省榆林市府谷县驻地府谷镇。葭州，治所在今陕西省榆林市佳县驻地佳芦镇。

绥德直隶州，清初隶属于延安府，辖有米脂1县。雍正三年（1725）升为直隶州，清涧县来属。乾隆元年，原属葭州直隶州的吴堡县来属。至此，绥德直隶州共辖吴堡、米脂、清涧3县，治所即今陕西省榆林市绥德县驻地名州镇。米脂县，治所在今陕西省榆林市米脂县驻地银州镇。吴堡县，治所在今陕西省榆林市吴堡县驻地宋家川镇东北城里村。清涧县不在研究区内。

（二）甘肃省

康熙二年（1663）分陕西省为二，东部仍为陕西，陕西巡抚驻西安府；西部为巩昌省，五年（1666）改为甘肃省。陕甘总督兼甘肃巡抚驻兰州府。宁夏府，清初时沿袭明制，设置宁夏卫，由陕西布政使司管辖。顺治十五年（1658），将宁夏前卫并入宁夏左卫、宁夏中卫并入宁夏右卫。康熙二年宁夏卫改由甘肃巡抚管辖。雍正二年（1724）对宁夏卫进行整顿，裁撤宁夏卫，设置宁夏府，所辖卫所改为州县。宁夏左卫改称宁夏县，宁夏右卫改称宁朔县，宁夏中卫改称中卫县，平罗所改称平罗县。雍正四年（1726），在平罗县东部黄河沿岸引水招垦，设置新渠县。雍正六年（1728），以新垦区开垦地置宝丰县。乾隆三年（1738）十一月，宁夏平原地区发生大地震，多数县城被毁，新渠、宝丰二县因此被废。宁夏府在研究时段内领1州4县，即灵州，宁夏县、宁朔县、平罗县和中卫县，其中中卫县不在研究区内。

宁夏县，附郭，治所在今宁夏回族自治区银川市城区。宁朔县，附郭。雍正二年十月以宁夏右卫地置，治所在今宁夏回族自治区银川市城区。平罗县，治所在今宁夏回族自治区平罗县驻地城关镇。灵州，乾隆三年时因地震而遭损塌，乾隆五年（1740）重修，治所在今宁夏回族自治区灵武市驻地城区街道。

（三）山西省

明隆庆五年（1571），朝廷封蒙古俺答汗为顺义王。次年，俺答汗在土默川平原始建呼和浩特，万历三年（1575）明廷赐城名为“归化”。天聪六年（1632），后金皇太极率军攻打察哈尔，林丹汗弃城西逃，封俄木布为顺义王，管理归化城土默特。天聪九年（1635），“俄木布事件”发生后，将其部众分为左、右2翼，设都统管理，称为左、右2都统旗，后分别于乾隆二十六年（1761）、二十八年（1763）裁撤。归化城土默特大体相当于今呼和浩特、包头二市以及清水河、和林格尔、武川县的一部分。

雍正元年（1723），因“归化城都统丹津所请”，设置归化城理事同知。由于归化城理事同知管辖地区较广，事务繁多，遂于雍正十二年（1734）在归化城东、西、南、西北四处分别设昆都仑、托克托城、和林格尔、萨拉齐笔帖式一员。乾隆元年（1736）又增设清水河和善岱两处笔帖式，在归化城东北5里处兴建绥远城，后将协理笔帖式更为协理通判。乾隆四年（1739），增置“绥远城同知一员。镇守将军旧驻朔州，移驻绥远城”①。乾隆六年（1741），因归化城理事同知不能满足实际事务需要，需设置一个更高级别的机构，遂设归绥道，隶山西省，驻归化城，下辖归化城、

① ［清］穆彰阿、潘锡恩等纂修：《大清一统志》卷四《京师四》，上海古籍出版社，2008年，第173页。

和林格尔、托克托、萨拉齐、清水河、善岱、昆都仑7个协理通判厅。乾隆二十五年（1760），裁撤善岱、昆都仑2协理通判厅，其余5个协理通判厅更为理事通判厅。归绥道辖归化城、绥远城、和林格尔、托克托、萨拉齐、清水河6厅，位于研究区内。

归化城厅，附郭，乾隆二十五年移驻归化城内，治所即今内蒙古自治区呼和浩特市旧城。绥远城厅，建于乾隆元年，治所即今内蒙古自治区呼和浩特市新城，是清廷统治漠南蒙古和用兵西北的重要军镇。和林格尔厅，治所在今内蒙古自治区和林格尔县驻地城关镇。萨拉齐厅，兼辖乌拉特三旗、鄂尔多斯左翼中旗、鄂尔多斯右翼后旗等蒙民交涉事务，治所在今内蒙古自治区土默特右旗驻地萨拉齐镇。该厅西境的包头镇，今包头市，同治十年（1871）才有村镇，光绪二十八年（1902）设立了垦务分局，三十一年，改为垦务总局，逐渐成为商民辐辏之地，为内蒙古西部一大市镇。清水河厅，兼辖鄂尔多斯左翼前旗等蒙民交涉事务，治所在今内蒙古自治区清水河县驻地城关镇。托克托城厅，兼辖鄂尔多斯左翼前旗等蒙汉交涉事务，治所在今内蒙古自治区托克托县驻地城关镇。

（四）内蒙古

明嘉靖年间，达延汗之孙衮必里克墨尔根占领河套地区，称其部为鄂尔多斯，后附属于林丹汗。天聪八年（1634）林丹汗西逃，鄂尔多斯部向清军投降。顺治六年（1649）到七年（1650），清政府将鄂尔多斯部编为6个札萨克旗。乾隆元年，增置1旗。因7旗会盟于鄂尔多斯左翼中旗的伊克昭，即今内蒙古自治区达拉特旗王爱昭，故称之为伊克昭盟。当时伊盟的大体相当于今鄂尔多斯市全部和巴彦淖尔市临河、五原、磴口及杭锦后旗、乌拉特前旗一部分，陕西省榆林市，神木、府谷、横山、靖边等县长城以北的地方。

置于顺治六年九月的旗有：鄂尔多斯左翼中旗和前旗、鄂尔多斯右翼前旗和后旗；置于顺治七年正月的旗有：鄂尔多斯左翼后旗、鄂尔多斯右翼中旗；乾隆元年新增置的1旗是鄂尔多斯右翼前末旗。鄂尔多斯左翼中旗，俗称郡王旗，驻敖西喜峰，即今内蒙古自治区伊金霍洛旗。这里有成吉思汗陵及其守护者“达尔扈特”500户。鄂尔多斯左翼前旗，俗称准噶尔旗，驻套内东南札拉谷，即今内蒙古自治区准格尔旗西南西营子。鄂尔多斯右翼前旗，俗称乌审旗，驻套内巴哈池，即今内蒙古自治区乌审旗东北巴吉代附近。鄂尔多斯右翼后旗，俗称杭锦旗，驻套内西北鄂尔吉虎泊，即今内蒙古自治区杭锦旗北独贵塔拉。鄂尔多斯左翼后旗，俗称达拉特旗，驻套内东北巴尔哈逊湖，即今内蒙古自治区达拉特旗西北大树湾一带。鄂尔多斯右翼中旗，俗称鄂托克旗，驻西喇布哩都池，即今内蒙古自治区鄂托克旗东北达拉图鲁。鄂尔多斯右翼前末旗，俗称扎萨克旗，设于乾隆元年，以鄂尔多斯右翼前旗东部和右翼中旗、右翼后旗以及左翼中旗部分地置，“游牧六旗界内”[①]，无定所。

在伊克昭盟农垦过程中，清政府采取了令内地州县就近管理与之相邻盟旗垦地和汉民，或令内蒙古已设厅县遥领某处垦地及蒙汉事务的政策，或新增地方管理垦区。如鄂尔多斯左翼前旗、左翼中旗和右翼前旗的南部、西南部和东南部由陕西省定边、靖边、怀远、榆林、神木、府谷等县代管。鄂尔多斯左翼中、后二旗由萨拉齐厅遥领，左翼前旗由清水河厅与托克托城厅遥领，鄂尔多斯右翼后旗由五原厅遥领。光绪三十三年（1907）于鄂尔多斯左翼中旗板素壕增设东胜厅，兼领左翼中旗、左翼前旗和右翼前末旗，隶山西省归绥道。[②]

---

① 《大清一统志》卷一二《保定府》，第600页。

② 周清澍主编：《内蒙古历史地理》，第206页。

第三章　鄂尔多斯高原城市结构与形态研究

城市形态，是指城市各要素（包括物质设施、社会群体、经济活动和公共机构）的空间分布模式。[①]城市内部结构性变迁及其影响因素是研究城市形态的重要内容。中国古代城市多伴有城墙结构，城墙成为城镇的重要标识与外在表象。以往城市形态研究多关注中原地区，或东南沿海城市城墙的规模、形状、城门数量乃至城墙建筑材料的选择，对于边疆、游牧交错地带城市形态研究稍显不足。鄂尔多斯高原地区城市受地理环境与人文环境的特殊性影响，相关文字记载非常少，且很散。本章主要以中原王朝不同阶段的城市制度为参照，利用考古资料和实地考察，还原部分城址的面貌，以期获得该区域城市形态演化脉络。

第一节　秦汉时期鄂尔多斯高原城市结构与形态

秦汉时期是郡县制行政体系形成时期，等级制度在城市建置上表现非常突出，郡城与县城在规模大小、城门多少以及城市结构上均有规定。鄂尔多斯高原地区是秦汉王朝与匈奴之间活动最为频繁之区域。秦始皇三十三年（前214），“西北斥逐匈奴。自榆中并河以东，属之阴山，以为四十四县，城河上为塞。又使蒙恬渡河取高阙、阳山、北假中，筑亭障以逐戎人。徙谪，实之初县”[②]。西汉武帝时期，北逐匈奴增设西河、朔方两郡，研究区城市数量达到顶峰。东汉时期研究区受北方民族侵袭，城市主要是沿用秦汉旧城，而就研究区城市规模、布局、形制是否与秦汉城市制

① 黄亚平：《城市空间理论与空间分析》，东南大学出版社，2002年，第15页。

② 《史记》卷六《秦始皇本纪第六》，第253页。

度一致是一个值得探索的问题。

一、秦汉时期鄂尔多斯高原城市规模与等级

中国古代城市规模的大小至迟到周代起就有了制度上的规定，城市规模大小、城市形制均纳入礼制之中。按照规定，天子之城方九里，公爵之城方七里，侯爵、伯爵之城方五里，子爵之城方三里。在各诸侯国中，卿大夫所建都邑，大的不得超过国都的三分之一，中等的不得超过国都的五分之一，小的不得超过国都的九分之一。城墙的长度和高度依照管理者地位的高低亦有所限定。《公羊传》载："城雉者何？五版而堵，五堵而雉，百雉而城。子注：天子之城千雉，高七雉；公侯百雉，高五雉；子男五十雉，高三雉。"[①]这一记载量化了等级秩序下的城市规模标准。该制度对我国古代城市建设影响很大，因此，战国时期出现的"千丈之城，万家之邑"违制现象备受关注。

秦汉城市形成的这种等级制度促使全国性城市网络的形成。西汉前期，一般诸侯王国的都城虽小于汉王朝之京城，但大于郡治县城。西汉中期，随着中央集权的加强和诸侯王势力的削弱，城市规模呈现出诸侯王国都城与郡治县城大小相近的特征。至于一般县城规模仍然是小于郡治县城，大于乡邑之城。考古发现西汉城市对东周及秦以来旧都的使用有很明确的限制，规模巨大的列国都城通常未被完整沿用，多用原来的小城，规模适中的城址则继续使用。当然，一些原来规模较小的东周城在成为郡县治所后还得以扩建。这种大型都城城址废弃或缩小、中型城址废弃或利用、小型城址规模扩大的利用模式，应是秦汉时期等级城制的反映。可见，西汉中央政府对城市规模是有限制的。诸多研究证明，地方行政等级与治所城市规模之间有着密切的关系。一方面"地方行政的等级，显然左右城的规模。国都之城概较省城为大，省城概较府、州城为大，而府、州之城又较县、厅城为大。但因地区间经济和文化条件的不同，东部地区的县城，不少反比边区的府城州城为大"[②]。上述特征在鄂尔多斯高原地区城市规模上亦有所反映。

我们依据考古资料[③]对秦汉时期鄂尔多斯高原城市进行统计，包括被沿用的春秋、战国城市，一共有97座。其中春秋战国兴建的城市有19座，主要分布在土默川平原及榆林市榆阳区和府谷县。秦代新建城市7座，分布在鄂尔多斯市的伊金霍洛旗、

① 雉是古代计算城墙面积的单位，长三丈、高一丈为一雉。

② 陈正祥：《中国文化地理》，生活·读书·新知三联书店，1981年，第73页。

③ 指国家文物局主编的《中国文物地图集》内蒙古、宁夏、陕西分册中的资料，并没有扩展使用第三次文物普查的材料。

准格尔旗和榆林市东北县域。汉代城市有71座，主要分布在呼和浩特市、巴彦淖尔市和鄂尔多斯市及榆林市东北县域。就城市规模来看，周长4000米及以上的城市有7座（见表3-1）；周长2000—4000米的有20座（见表3-2），汉代城市12座，其中周长3000米以上的汉代城市仅有3座；周长1000—2000米的有24座（见表3-3），汉代城市23座；周长1000米以下的城堡有46座（见表3-4），汉代33座；城市规模不详者10座（见表3-4），其中汉代9座。

首先，我们来考察这7座规模较大的城市与本区郡级城市之间的相关性问题。考古资料显示这7座城市分别是：（1）托克托县古城镇政府驻地的古城村城址，战国、秦、汉、北魏时期使用。平面呈不规则方形，南北向，南北1920米，东西1900米，周长约7640米。城西南部有子城1座，平面呈正方形，边长约130米。①（2）包头市九原区麻池镇城梁村北500米的麻池城址，战国至汉代使用。平面呈不规则形，南北两城，均为长方形，方向190°。北城东南角与南城西北角相连。北城东西长720米，南北宽690米；南城南北长660米，东西宽640米。②（3）乌拉特前旗先锋镇三顶帐房村南的三顶帐房城址，使用年代为战国、秦、汉。平面呈方形，边长约1000米。③（4）鄂托克旗木凯淖尔镇水泉子村的水泉城址，使用年代为汉代。平面呈方形，边长约1000米。④（5）吴忠市盐池县花马池镇张家场村西500米的朐衍故城，使用年代为汉代。城址平面为长方形，东西长约1200米，南北宽约800米。⑤（6）杭锦旗锡尼镇浩绕柴达木嘎查霍洛柴登城址，该城平面呈长方形，东西约1446米，南北约1100米。⑥（7）和林格尔县盛乐镇土城子村北1.5千米的土城子城址，使用年代为战国、汉、北魏、唐、辽—明。平面呈不规则长方形，南北2290米，东西1240米。分南、中、北城。南城南北550米，东西残长520米；北城东西1240米，南北1740米；中城南北730米，东西450米。⑦

前文已经指出托克托县古城镇古城村城址为秦汉云中郡治，三顶帐房古城为西汉宜梁城，水泉村古城为西汉西河郡虎猛城（是西部都尉治所），朐衍城也是秦汉北地郡的一个县级城市。霍洛柴登古城是西河郡大成县城，西河农都尉治所。麻池古城

① 国家文物局主编：《中国文物地图集·内蒙古自治区分册》下，第26页。
② 国家文物局主编：《中国文物地图集·内蒙古自治区分册》下，第60页。
③ 国家文物局主编：《中国文物地图集·内蒙古自治区分册》下，第622页。
④ 夯筑城墙，基宽1—5米，残高1—1.5米，夯层厚约10厘米。南墙中部开门。在此遗址上采集有绳纹筒瓦、“千秋万岁”“长乐未央”瓦当、陶水管、陶拍，以及灰陶折沿盆等残片。见国家文物局主编：《中国文物地图集·内蒙古自治区分册》下，第584页。
⑤ 耿志强：《盐池张家场古城址调查》，《中国国家博物馆馆刊》2013年第4期。
⑥ 国家文物局主编：《中国文物地图集·内蒙古自治区分册》下，第579页。
⑦ 国家文物局主编：《中国文物地图集·内蒙古自治区分册》下，第31页。

当为秦九原郡、汉五原郡治城，考古资料显示九原城北城修筑时间早于南城，意味着九原城存在增筑现象。即便分开来看，南、北城的规模在当时当地都算是比较大的。和林格尔土城子城址西南为宝贝河，即古之金河，东傍蛮汗山，北依大青山（古阴山），西濒黄河水道，南扼古道杀虎口，地处中原通往漠北的山口要冲地带，地理位置十分险要。张郁认为古城是“汉代定襄郡治及成乐县所在；北魏建城号盛乐城，以为北郡；北齐置紫河镇；隋筑大利城，为突厥可汗沙钵略及启民可汗所居；唐平突厥，更名单于都护府，后置金河县；辽改为丰州振武军；金、元两朝皆属丰州之南部；明代属玉林卫地”[①]。程永魁认为东汉末期定襄郡南迁，云中郡则迁至原来的定襄郡所在地——和林格尔县土城子古城。[②]索秀芬指出南城为西汉时期的成乐城，拓跋鲜卑的盛乐城；北城为唐代所建单于大都护府和振武节度使；中城是辽金元代的振武城。[③]陈永志等人指出古城系战国时期，属云中郡，汉为定襄郡成乐故城，北魏为北都盛乐城，唐在此设立单于大都护府，辽为振武县城，元为振武城，明代属红城卫。[④]土城子城址是一处历史文化内容极为丰富的古城址，大城及其内部三座城（见图3-1）的结构，很难确指不同朝代分别使用了哪个部分，学界一直以来就有不同的观点。土城中区是文化堆积最深的部分，最厚处可达10余米，包含战国、汉、魏晋、唐、辽、金、元等多个历史时期的文化遗存。北城东西长1240米，南北1740米，系唐代的文化遗存。以索秀芬观点为据，南城为西汉定襄成乐，其周长则有2140米，如此作为汉代郡治规模则显得有些小了。

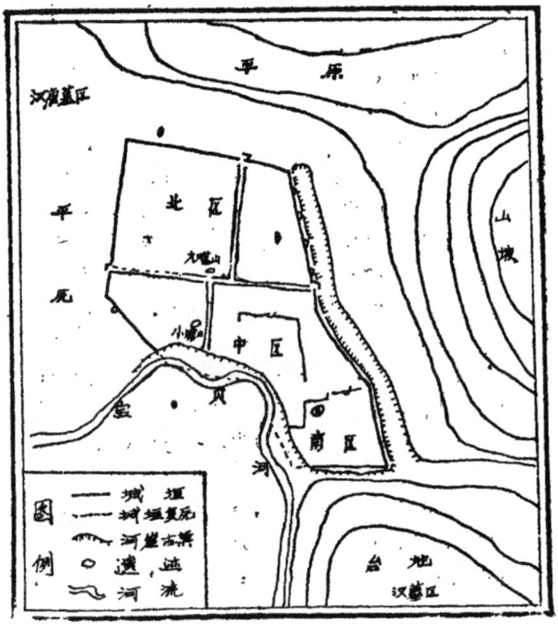

图3-1　土城子城址平面图

图片来源：和林格尔县文物保护管理所：《和林格尔县文物志》，内部资料，1988年，第85页。

① 张郁：《和林格尔县土城子试掘记要》，《文物》1961年第9期，第29页。
② 程永魁：《呼和浩特地区古城浅述》，《内蒙古文物考古》1994年第2期，第53—54页。
③ 索秀芬：《内蒙古地区北魏城址》，《内蒙古文物考古》2002年第1期，第91页。
④ 内蒙古文物考古研究所：《和林格尔县土城子古城考古发掘主要收获》，《内蒙古文物考古》2006年第1期，第14页。

由此来看，较大规模的古城遗址中仅有托克托县的古城村城址确认为秦汉时期的云中郡治，是较大的郡城，和林格尔的土城子城址是极小的郡城城址，其他4个城址则为较大的县城。那么秦汉时期的其他几个郡城规模如何呢？

秦汉上郡治肤施城，是位于今榆林市榆阳区鱼河镇米家园则村东南500米的米家园城址，平面呈长方形，南北长约600米，东西宽约500米，城周2200米。①西河郡治富昌和平定。富昌城为今陕西府谷县北境的古城镇古城村北侧、皇甫川河北岸台地上的古城城址。城址平面呈方形，边长约500米，周长2000米。②平定城为今伊金霍洛旗红庆河镇政府驻地的红庆河古城，俗称“三套城”，分为外城、内城和子城。外城墙已不存，内城西墙呈土垄状。子城保存较好，平面呈长方形，长136米，宽130米。③从三套城建制规模来看，其规模不小。朔方郡相继治朔方、临戎和三封城。汉代朔方郡城，位于今内蒙古杭锦旗独贵塔拉镇沙日召嘎查什拉召附近的沙日召古城。临戎城即今内蒙古巴彦淖尔市磴口县补隆淖镇河拐子村的补隆淖古城。南、北两垣均长约450米，东垣长637米，西垣长620米，城周2157米。三封城，位于今内蒙古巴彦淖尔市磴口县城西北包尔盖农场陶升井西南麻弥图古城（亦称陶升井古城）。朔方城、三封城已无遗存。北地郡治富平城，位于今宁夏青铜峡口巴闸村附近，遗址无存。

综上而言，秦汉鄂尔多斯高原郡级城市规模最大的是云中城，周长在8000米，其在全国范围来看也是比较大的。其次是汉五原郡治九原城、西河郡大成城，周长都在5000米以上。再次是肤施城、临戎城、成乐城和富昌城。富平、朔方和三封城址规模尚不清楚。当然，这里存在县级城址大于郡城的现象。

其次，我们再来查看秦汉时期县级城市的情形。上文已有4座较大规模的县城，其实研究区大多数县级城市规模均小于西汉时期中原地区的城市。比如，在我们的统计数据中，城市周长1000—2000米的有24座，2000—3000米的有18座，3000—4000米的仅有3座。在我们的统计数据中有36座周长1000米以下的城址，其中23座位于内蒙古自治区境内。这一现象不由得不令人想起秦始皇所建的34座城塞或障塞。其次是西汉诸郡下辖的都尉治所城市，再次则是汉代城市中数量众多的小型障城。我们在收集资

① 国家文物局主编：《中国文物地图集·陕西分册》下，第622页。

② 残存东、南、北面夯筑城墙，残高0.5—1.5米，基宽6米。参见国家文物局主编：《中国文物地图集·陕西分册》下，第652页。

③ 城墙夯筑，基宽6—10米，最高处4.5米。子城西侧有一土台。城内发现大量的板瓦、子母砖、筒瓦、柱础石，以及泥质灰陶罐、灶、甑、执壶、纺轮等。从居民手中征集有大量的“五铢”“大泉五十”“开元通宝”等铜钱，以及铜镞、铜白等文物。参见国家文物局主编：《中国文物地图集·内蒙古自治区分册》下，第594页。

料时没有回避这一内容，意在突出研究区所处边疆地区的人文、社会环境情况。

依据城墙规模和城内面积，西汉城市有四个等级：（1）周长在8000米以上，面积在400万平方米以上的，都城长安之外大多是郡级城市，也有个别县级大城。（2）周长在4000—8000米，面积在100万平方米以上400万平方米以下的城址，大部分是县级城市，也有部分郡级城市。（3）周长在1000—4000米，面积为25—100万平方米的城址，以一般县级城市为主，但也还有部分郡级城市。（4）周长不能确定，且面积低于25万平方米的城址，有两种情况，一是西汉时期大量存在有城垣的普通聚落，而非行政治所城市；另一种情况则是无法确定身份的西汉县级城市。其中规模普遍偏小的都尉治所城市，周长大多在1000米左右，就像是一座座军事城堡。[①]与这一结论相比较，鄂尔多斯高原地区无论是郡级城市还是县级城市的规模均普遍偏小，城市行政等级与城市规模大小并不存在一一对应关系。研究区第一等级的城市仅有云中城。第二等级的城市有5座，它们是1个郡级城市九原城和4个县级城市，即大成城、宜梁城、虎猛城、朐衍城。第三等级的城市有45座，占大多数。其中云中郡北舆城周长3500米、上郡阳周城周长3800米、独乐城周长3000米，这些都是规模较大的县级城市，相较于前文提到的上郡肤施、西河郡富昌和朔方郡临戎3个郡级城市的规模也要大得多。第四等级中仍有一部分县级城市，然更多的是军事城堡。西汉时期“不同等级、不同类型城市之间也在不断转化，城市一旦建成是不可能因其行政地位的改变推倒重新建造”[②]，加之秦汉时期的大多数城市是在春秋战国城市基础上发展起来的，而战国时期城市建置逾越礼制的现象已是屡见不鲜，因此，城市行政等级与城市规模之间就不可能一一对应，出现二者不相符的现象也当不足为怪了。

城市的首要职能是作为区域政治中心的职能，是各级地方行政权力的中心，秉承中央政府旨意管理和控制其所在地区，是统治阶级维护权力的必要工具。秦汉时期鄂尔多斯高原城市除行政职能之外，还有军事职能，如上郡高望、龟兹，西河郡的美稷、增山、虎猛，朔方郡的窳浑、渠搜、广牧，五原郡的蒲泽、成宜、稒阳，云中郡的陶林、桢陵和北舆，定襄郡的武皋、武进、武要等都尉治所城市都有军事职能。它们因扼守周边进入本地区的各重要关口和交通要道，历来备受重视。本区域城市的另一个职能特色是盐业经营，设有盐官，或直接将城市命名为盐官。秦汉北地郡朐衍，上郡的独乐，西河郡的富昌，朔方郡的沃野，五原郡的成宜等县均设有盐官，西河郡设有盐官县，鄂尔多斯高原南部、北部杭锦旗等均是著名的产盐区。

① 肖爱玲：《西汉城市体系的空间演化》，第223—224页。
② 肖爱玲：《西汉城市体系的空间演化》，第217页。

表3-1　秦汉时期鄂尔多斯高原地区周长4000米以上的城址一览表

古城址名称	使用年代	今址	形状/形制	规模	设施	保护级别	故城名称[1]	资料来源
古城村城址	战国—汉、北魏	托克托县古城镇古城村	不规则方形，南北向。城西南部有子城1座，方形	南北1920米，东西1900米，周长约8000米。子城边长约130米	夯筑城墙，墙宽7—11米，夯层厚8—12厘米。城中部有建筑基址	省保	云中郡治城	内蒙古—第26页
麻池城址	战国—汉	包头市九原区麻池镇城梁村北500米	南北两城，均为长方形，方向190°。北城东南角与南城西北角相连	北城东西长720米，南北宽690米；南城南北长660米，东西宽640米	北城北墙中部和南墙东段设门，宽约15米。南城南墙中部设门，宽约15米。夯筑土墙，基宽15米，夯层厚10—15厘米	县保	五原郡九原城	内蒙古—第60页
霍洛柴登城址	汉代	杭锦旗锡尼镇浩绕柴达木嘎查	长方形	东西约1446米，南北约1100米	城墙夯筑，基宽约13米。城内中部有一条东西向街道，宽约50米；西侧中部有大型建筑台基，其东北有铸钱遗址	省保	西河郡大成城	内蒙古—第579页
三顶帐房城址	战国、秦、汉	乌拉特前旗先锋镇三顶村南	方形	边长约1000米	城墙夯筑，基宽12米。南墙中部开门，宽8米。四角有角台	县保	五原郡宜梁城	内蒙古—第622页
水泉城址	汉代	鄂托克旗木凯淖尔镇水泉子村	方形	边长约1000米	夯筑土墙，基宽1—5米，夯层厚10厘米。南墙中部设门		西河郡虎猛城	内蒙古—第584页
朐衍故城	汉代	吴忠市盐池县花马池镇张家场村西500米	长方形。城墙为黄土夯筑，高1—6米，基宽8米，顶宽1—3米，夯层厚20厘米	东西长约1200米，南北宽约800米	东、西墙各辟一门，门道宽约30米。城中可见东、西向街道遗址。城中部有250平方米的方形基台建筑遗迹	国保	北地郡朐衍城	宁夏—第308页
土城子城址	战国、汉、北魏、唐、辽—明	和林格尔县盛乐镇土城子村北1500米	不规则长方形。分南、中、北城。南城为汉代城市	南北2290米，东西1240米。南城南北550米，东西残长520米；北城东西1240米，南北1740米；中城南北730米，东西450米	城墙残高0.5—10米。东、北、西三面设门，外加筑瓮城	省保	定襄郡成乐城	内蒙古—第31页

资料来源：1. 国家文物局主编：《中国文物地图集·内蒙古自治区分册》下，西安地图出版社，2003年。简称“内蒙古—”。

2. 国家文物局主编：《中国文物地图集·陕西分册》下，西安地图出版社，1998年。简称“陕西—”。

3. 国家文物局主编：《中国文物地图集·宁夏回族自治区分册》，文物出版社，2010年。简称“宁夏—”。

注：① 表3-1至表3-4中的“故城名称”均指本书第二章确认的古城名称。

表3-2　秦汉时期鄂尔多斯高原地区周长2000—4000米的城址一览表

古城址名称	使用年代	今址	形状/形制	规模	设施	保护级别	故城名称	资料来源
陶卜齐城址	战国—汉	呼和浩特市郊榆林镇陶卜齐村东	长方形，南北向。城墙夯土版筑，基宽4米。2门及马面	东西730米，南北365米	南、北墙偏东各设门，宽9米。墙外侧附马面。发掘石砌房址2座，北城门外侧发现乱葬坑1座		定襄郡武皋城	内蒙古—第10页
哈拉板申西城址	秦代	托克托县双河镇哈拉板申村西1000米	“ㄣ”形，西北角突出。西南角被河水冲毁	东半部南北约550米，东西约420米；西半部南北约450米，东西约230米	已无遗迹			内蒙古—第26页
城嘴城址	战国、汉	清水河县小缸城房乡城嘴村西侧	不规则形，东、南、北三面筑墙，西以断崖为屏障。砂黏土夯筑城墙，基宽约20米	南北730米，东西430米	位于黄河东岸台地上，北距浑河入黄河口约1000米。东墙中部设门，宽20米。城内含4种文化遗存		定襄郡桐过城	内蒙古—第46页
拐上城址	战国、秦、汉	清水河县喇嘛湾镇拐上村东侧	呈“ヨ”形。北、东、南土筑城墙，西面以河为屏。城墙版筑，基宽7.5米	北墙长572米；东墙依山折为三段，长450米	城内中部有一道东西向隔墙，长400米，将城分为南北两城，各墙东部有门。有马面和角楼址			内蒙古—第47页
古城湾城址	战国—汉	包头市东河区河东镇古城湾村	长方形。夯筑土墙	东西610米，南北575米，方向92		县保	五原郡临沃城	内蒙古—第60页
塔布陀罗亥城址	汉代	呼和浩特市成吉思汗大街街道塔利村北约1000米	方形两重城，“回”字形，南北向。内城在外城中部偏北。城墙夯筑，基宽10—15米。	外城南北约900米，东西850米；内城边长约250米	城南约1000米有大型封土堆5座，高3—8米，底径24—48米。	省保	云中郡北舆城	内蒙古—第12页
土城村城址	汉代	呼和浩特市土默特左旗白庙子镇土城村	长方形，夯筑土墙	南北560米，东西500米	西、北墙残高1—2米，南墙存部分墙基		云中郡阳寿城	内蒙古—第21页
沙陵县故城	汉代	托克托县双河镇哈拉板申村东北约30米	方形，南北向。城墙黄沙土版筑，现存最高处约6米	边长525米；子城边长约220米	西墙正中有门址。城内东北角加筑子城，即加筑南、西墙	县保	云中郡沙陵城	内蒙古—第26页

续表

古城址名称	使用年代	今址	形状/形制	规模	设施	保护级别	故城名称	资料来源
武城县故城	汉、明	和林格尔县新店子乡榆林城村	长方形。夯筑城墙，基宽6米	东西900米，南北300米	北墙被明代玉林卫城墙叠压。城内东、西部有建筑群基址	县保	定襄郡武城城	内蒙古—第36页
哈勒正壕城址	汉代	达拉特旗白泥井镇盐店村哈勒正壕西北约500米	内外城。外城平面呈长方形。内城位于外城西北角，平面呈长方形	外城南北约520米，东西约500米。南北约280米，东西约160米	城墙夯筑，基宽约3.5米，残高1—3米，夯层厚7—10厘米。	县保	五原郡曼柏城	内蒙古—第576页
敖楞布拉格城址	汉代	杭锦旗锡尼镇浩绕柴达木嘎查敖楞布拉格西北约1000米	内外两重城，长方形。内城位于外城的西北角	外城东西约530米，南北约500米。内城南北约160米，东西约130米	城墙夯筑，基宽约5米，顶宽约2.5米，残高3米		西河郡盐官城	内蒙古—第579页
补隆淖古城	汉代	磴口县补隆淖镇河拐子村西北	呈长方形，城墙黄土夯筑	南、北墙长各450米。东墙长637.5米，西墙长620米	南墙中部。城内中部有长方形建筑基址，偏西北处有一座冶铁址	县保	朔方郡临戎城	内蒙古—第616—617页
五份桥城址	汉代	五原县丰裕乡五份桥村东500米	长方形，夯筑土墙	东西约1000米，南北约700米	南墙中部辟门，宽7米	县保		内蒙古—第621页
九龙山城址	战国	榆林市榆阳区余兴庄乡王渠村西北300米	长方形。城垣以片石砌筑，多已残毁	东西约450米，南北约650米				陕西—第621页
米家园城址	战国—汉	榆林市榆阳区鱼河镇米家园则村东南500米	长方形。各城垣下部夯筑，上部以片石叠砌，北墙及郭城保存较好	南北长约600米，东西宽约500米	北部建一郭城，南北长约200米，东西宽约百米，郭城北垣略呈弧形。城内最高处有一覆斗形夯台，底边长30米，顶边宽15米，残高16米		秦上郡肤施故城	陕西—第622页
古城村城址	战国—西汉	榆林市府谷县古城镇古城村北侧	方形。残存东、南、北面夯筑城墙	边长约500米			西河郡富昌城	陕西—第652页
火连海城址	汉代	榆林市榆阳区巴拉素镇火连海则村西北1000米	方形。夯筑城垣	边长约750米			上郡独乐城	陕西—第623页

续表

古城址名称	使用年代	今址	形状/形制	规模	设施	保护级别	故城名称	资料来源
前城村城址	汉代	榆林市府谷县古城镇前城村东1000米	长方形。仅存夯筑东墙，残长492米	面积约50万平方米		县保	西河郡博陵城	陕西—第652页
龙眼城址	汉代	榆林市靖边县杨桥畔镇龙眼水库北侧10米	略呈长方形。城墙夯筑。北墙残长约1200米	东西长约1300米，南北宽约600米		县保	上郡阳周城	陕西—第725页
左记湾城址	汉代	吴忠市盐池县花马池镇左记湾村南1000米	略呈正方形。城墙严重倾颓	边长约650米			北地郡五街城	宁夏—第308页

资料来源：1.国家文物局主编：《中国文物地图集·内蒙古自治区分册》下，西安地图出版社，2003年。简称“内蒙古—”。

2.国家文物局主编：《中国文物地图集·陕西分册》下，西安地图出版社，1998年。简称“陕西—”。

3.国家文物局主编：《中国文物地图集·宁夏回族自治区分册》，文物出版社，2010年。简称“宁夏—”。

表3-3 秦汉时期鄂尔多斯高原地区周长1000—2000米的城址一览表

古城址名称	使用年代	今址	形状/形制	规模	设施	保护级别	故城名称	资料来源
白道城城址	汉、北魏	呼和浩特市回民区攸攸板镇坝口子村	南北两城。中部有院落址3处	东西约360米，南北约550米	北城始建于汉代，现存北墙250米。夯筑城墙，夯层厚约12厘米。 南城东墙长190米，中部偏东有一南北向隔墙。有残石刻佛像及波斯萨珊朝银币		南城为北魏的白道城	内蒙古—第12页
沙梁子城址	汉代	呼和浩特市小黑河镇沙梁子村西北约20米	不规则四边形，南宽北窄，南北向。城墙夯筑，基宽16—20米	南墙长295米，北墙长180米，南北长525米	东、西墙有城门痕迹			内蒙古—第12页
八拜城址	汉代	呼和浩特市赛罕区金河镇镇政府驻地东北约50米	“凸”字形，南北向。城墙夯筑，基宽约15米	周长1145米	城内有建筑遗迹		云中郡原阳城	内蒙古—第13页

续表

古城址名称	使用年代	今址	形状/形制	规模	设施	保护级别	故城名称	资料来源
西达赖营城址	汉代	呼和浩特市赛罕区金河镇西达赖营村西北约500米	长方形，南北向。城墙夯筑，基宽约16米	南北约400米，东西约360米	东墙严重破坏			内蒙古—第13页
西梁城址	汉代	呼和浩特市赛罕区黄合少镇西梁村	长方形，南北向	南北369米，东西227米	夯筑城墙，基宽7米，残高1.5米			内蒙古—第13页
二十家城址	汉代	呼和浩特市赛罕区黄合少镇二十家村西南200米	内外两重城，平面略呈方形，南北向	外城周长1800米。内城位于外城西南角，周长1280米	东、南、北墙开门。城墙夯筑，基宽8—10米。城内发现房址、道路、冶炼场、窑址、作坊等遗迹，文化层厚约1.3米		云中郡原阳城	内蒙古—第13页
平基城址	汉代	土默特左旗把什乡平基村北约100米	方形	边长300米	夯筑土墙，基宽7.4米，残高1—2.4米，夯层厚8—9厘米			内蒙古—第21页
古城村城址	汉代	呼和浩特市土默特左旗毕克齐镇大古城村	长方形	东西350米，南北300米	城墙夯筑，现存南、北墙，基宽6—8米，残高1.5米		云中郡犊和城	内蒙古—第21页
蒲滩拐城址	汉代	托克托县双河镇蒲滩拐村西约1000米	长方形，南北向	南北375米，东西350米	夯筑城墙，现存东墙、南墙东段及北墙东段，基宽5—6米，残高2—3米			内蒙古—第27页
兰池子城址	汉代	乌海市海勃湾区乌海北站西南500米	长方形	长约500米，宽约300米	城墙夯筑，基宽2米，残高0.3—2.2米			内蒙古—第75页
吉尔庙城址	汉代	杭锦旗锡尼镇扎尔庙嘎查扎日格治沙站南约2000米	内外城，长方形。东、南、西墙基清晰，为白泥夯筑，宽13米	外城边长1350米，内城边长1100米，中部有建筑基址		省保	上郡高望城	内蒙古—第579页
古城梁城址	汉代	杭锦旗锡尼镇四十里梁古城梁村南约200米	长方形	南北约450米，东西约400米	城墙夯筑，基宽约3米，残高1米		上郡中阳城	内蒙古—第579页
敖柏淖尔城址	汉代	乌审旗嘎鲁图镇东北敖柏淖尔	长方形	东西约510米，南北约300米	城墙夯筑，基宽约5米，残高2米		上郡龟兹城	内蒙古—第581页

续表

古城址名称	使用年代	今址	形状/形制	规模	设施	保护级别	故城名称	资料来源
大场子城址	汉代	鄂托克前旗城川镇大场子村南500米	长方形	东西约300米，南北约200米	城墙夯筑，基宽3.5米，残高1米。夯层厚8—10厘米		上郡原都城	内蒙古—第587页
纳林古城	汉代	准格尔旗沙圪堵镇纳林村	略呈长方形	南北410米，东西360米	城墙夯筑，基宽2—3.5米，残高1—4米，夯层厚15厘米。四墙各设门	县保	西河郡乐街城	内蒙古—第608页
榆树壕城址	汉、西夏	准格尔旗暖水镇店塔村	内、外城，均为长方形。内城位于外城西南角	外城南北约500米，东西约400米。 内城南北约270米，东西约205米	外城北墙设3门。外城北墙偏西北设门。城墙夯筑，基宽5—10米，残高1—3米，夯层厚10—15厘米	县保	西河郡美稷城	内蒙古—第608页
古城村古城	汉、唐、清	巴彦淖尔市临河区新华镇古城村	长方形	东西长850米，南北宽800米			唐西受降城	赵占魁
蔡家地城址	汉代	五原县胜丰乡大蔡家地村东200米	方形，夯筑土墙，基宽3.8米，残高约1米	边长约400米	南墙中部设门，宽7米。四角有角台			内蒙古—第621页
增隆昌城址	汉—北魏	乌拉特前旗小佘太镇增隆昌水库北岸	长方形。夯筑土墙，残基宽6米，高3—4米	南北315米，东西240米	南墙中部开门，宽15米。四角有角台。北墙偏西部有一建筑台基，中央偏北处有一大型建筑基址。城内文化层厚约3米	县保	北魏时期沿用并改造过城垣	内蒙古—第622页
啦麻河城址	秦—汉	榆林市神木市高家堡镇啦麻河村北600米	长方形，城垣夯筑，东、南、北墙尚存，基宽12米	南北长约450米，东西宽约370米	东北角有一瓮城			陕西—第637页
古城界城址	汉代	榆林市榆阳区红石桥乡古城界村北侧	不规则长方形。城垣夯筑，基宽14米。	东西长约310米，南北宽约250米				陕西—第622页

续表

古城址名称	使用年代	今址	形状/形制	规模	设施	保护级别	故城名称	资料来源
郑家沟城址	汉、宋—元	榆林市榆阳区鱼河镇郑家沟村东2500米	不规则。城垣夯筑，基宽3.5米	东西长约500米，南北宽约300米			可能是圁阳城	陕西—第623页
河家圪台城址	汉代	榆林市神木市中鸡镇河家圪台村东150米	矩形。城垣夯筑，残高约1米	东西长268米，南北宽233米			上郡白土城	陕西—第638页
下城湾城址	汉代	固阳县下湿湾镇下城湾村西南400米	长方形，南北向。黄土夯筑城墙，基宽6—10米	东西542米，南北275米			五原郡莫䵩城	内蒙古—第66页

资料来源：1.国家文物局主编：《中国文物地图集·内蒙古自治区分册》下，西安地图出版社，2003年。简称“内蒙古—”。

2.国家文物局主编：《中国文物地图集·陕西分册》下，西安地图出版社，1998年。简称“陕西—”。

3.国家文物局主编：《中国文物地图集·宁夏回族自治区分册》，文物出版社，2010年。简称“宁夏—”。

4.赵占魁：《内蒙古后套平原古城考——兼与王北辰先生商榷》，《内蒙古社会科学》1993年第4期。

表3-4　秦汉时期鄂尔多斯高原地区周长1000米以下的城址一览表

古城址名称	使用年代	今址	形状/形制	边长	设施	保护级别	故城名称	资料来源
城塔城址	青铜时代、秦、汉	准格尔旗窑沟乡永胜壕村北约3000米	长方形	东西约250米，南北约150米	墙体下部夯筑，上部石块垒筑。南墙中部设门，宽约3.5米			内蒙古—第607页
川掌村古城城	秦、汉	准格尔旗纳日松镇川掌村	平面布局不清，残存东、北墙	东墙残长390米，北墙残长87米	城夯筑，基宽6.7米。内暴露建筑基址。断崖上暴露有坩埚，铜、铁渣，泥、石范，铜器及陶片、瓦片等	县保	西河郡千章城	内蒙古—第607页
霍寨障址	汉代	土默特左旗台阁牧镇霍家村北约200米	方形	东西50米，南北40米	夯筑土墙，基宽4—6米			内蒙古—第19页

续表

古城址名称	使用年代	今址	形状/形制	边长	设施	保护级别	故城名称	资料来源
章盖营城址	汉代	托克托县新营子镇章盖营村东约500米	方形，南北向	边长200米	夯筑城墙，基宽10—12米，残高1—4.2米		云中郡桢陵城	内蒙古—第27页
东老藏城址	汉代	土默特右旗苏波盖乡东老藏村南3000米	方形	边长150米	夯筑土墙，基宽8.7米，顶宽1.5米，夯层厚10—12厘米		五原郡咸阳城	内蒙古—第61页
寨子梁城址	汉代	鄂尔多斯市东胜区泊尔江海子镇漫赖村西北约4000米	略呈长方形	南北约180米，东西约160米	城墙夯筑，基宽约5米，残高0.5—1米，夯层厚约10厘米。城内中部偏西北有建筑基址2处		西河郡广田城	内蒙古—第573页
莫日古庆城址	汉代	鄂尔多斯市东胜区泊尔江海子镇漫赖村	长方形。城墙夯筑，基宽约10米	东西约300米，南北约150米	东、南、西墙设门。城内中心有高出地面约0.5米的建筑基址		西河郡谷罗城	内蒙古—第573页
元圪旦城址	汉代	鄂尔多斯市东胜区罕台镇元圪旦村南约4000米	四边形	东、西墙分别长约120米和80米，北墙长约120米，南墙无存	城墙夯筑，基宽3—5米，残高1—2米，夯层厚7—10厘米		西河郡驺虞城	内蒙古—第573页
城圪梁城址	汉代	达拉特旗风水梁镇城圪梁村南约1500米	长方形	南北约200米，东西约100米	城墙夯筑，夯层厚约10厘米		五原郡南兴城	内蒙古—第576页
摩仁河城址	汉代	杭锦旗伊和乌素苏木林场东北约2000米	长方形	东西约100米，南北约80米				内蒙古—第578—579页
木凯淖城址	汉代	鄂托克旗木凯淖尔镇木凯淖尔村东南约100米	长方形	南北约120米，东西约80米	城墙夯筑，基宽约7米	县保		内蒙古—第584页
敖伦淖城址	汉代	鄂托克旗乌兰镇包尔浩晓苏木敖伦淖尔嘎查西约6000米	方形	边长约90米	城墙夯筑，基宽约4米，夯层15厘米			内蒙古—第584页
呼和淖城址	汉代	鄂托克前旗昂素镇呼和淖嘎查西北约2000米	长方形	南北约200米，东西约100米	城墙夯筑，基宽约5米，残高0.5米		北地郡回获城	内蒙古—第587页

续表

古城址名称	使用年代	今址	形状/形制	边长	设施	保护级别	故城名称	资料来源
乌兰敖包城址	汉代	伊金霍洛旗红庆河镇乌兰敖包村一社西南2000米	长方形	长57米，宽54米	残存夯筑城垣呈土垄状，宽2—3.5米。南墙中部设门		西河郡鹄泽城	内蒙古一第594页
车家渠古城	汉代	伊金霍洛旗阿勒腾席热镇车家渠村四社西南1000米	方形。城墙夯筑，基宽约10米	边长约230米	南墙中部设门，宽约7米。城中部有一边长37米、残高2米的方形土台		上郡西都城	内蒙古一第594页
黄陶勒盖城址	汉代	伊金霍洛旗新街镇黄陶勒盖村内	方形	边长约170米	城墙夯筑，最宽处达12米。南墙设门，外加筑瓮城			内蒙古一第594页
城壕城址	汉代	准格尔旗大路镇新区街道	方形，南北向	边长约100米	城墙夯筑，基宽1—2米，夯层厚15厘米			内蒙古一第608页
城圪梁城址	汉代	准格尔旗沙圪堵镇双山梁村佛爷庙东北约500米	长方形	南北120米，东西100米，方向20°	城墙夯筑，夯层厚15厘米，个别地段用自然石块垒砌，基宽4米		上郡广衍城	内蒙古一第608页
脑高古城	汉代	巴彦淖尔市临河区干召庙镇黄羊村	平面呈长方形	东西约250米，南北约200米	城墙夯筑，基宽8米。南墙中部开门，宽6.5米，外加筑瓮城，有附郭，间距10米。城内东南角暴露有冶铁作坊，东北角有长方形夯土台基1处，长约30米，宽约20米，残高1.3米。城外东侧分布有大量墓葬	县保	朔方郡沃野城	内蒙古一第615页
窳浑县故城	汉代	磴口县沙金套海苏木土城子	不规则长方形，城西北角向内曲折	东西长约250米，南北宽约200米	城墙夯筑，基宽9—13米。南墙中部开门，宽20米，外加筑瓮城。城内西南部有冶铁遗址，遍布镞的铁铤。城西部有居住遗址和窑址	县保	朔方郡窳浑城	内蒙古一第616页

续表

古城址名称	使用年代	今址	形状/形制	边长	设施	保护级别	故城名称	资料来源
补拉城址	汉代	乌拉特前旗明安镇补拉村南1000米	方形	边长约150米	夯筑土墙，基宽3米。南墙中部设门，宽5米。城内北半部暴露长方形夯土房基3处，呈“品”字形分布，长18—20米，宽10—12米，高0.5—0.8米			内蒙古—第623页
大努气城址	汉代	乌拉特前旗明安镇大努气村北	方形	边长约120米	夯筑土墙，基宽8米。南墙中部设门，宽约6米。城四角有角台	县保		内蒙古—第623页
思家塘障城遗址	战国—汉	榆林市榆阳区补浪河乡思家塘村西50米	略呈长方形。城垣夯筑	东垣即为长城，长约100米，北垣长约300米，南垣长约160米，西垣无存	城东50米处发现古湖泊遗迹，地势低凹，土色灰黑，长约1000米，宽约50米			陕西—第621页
冯家会城址	战国—汉	榆林市府谷县黄甫镇墙头村后冯家会	长方形。墙体夯筑，夯层厚10厘米	东西长约150米，南北宽约100米			上郡平陆城	陕西—第651页
大昌汗城址	战国—汉	榆林市府谷县大昌汗镇大昌汗村北200米	方形。尚存夯筑残垣长约120米	边长约百米			西河郡武车城	陕西—第651页
石马川城址	战国—汉	榆林市府谷县府谷镇碛塄村（石马川村西南）	长方形	东西长约200米，南北宽约100米	遗有夯筑城墙残段及城垛，夯层厚约10厘米		上郡饶县城	陕西—第651页
沙坪城址	战国—汉	榆林市府谷县古城镇沙坪村	略呈方形	边长约100米	城墙夯筑，夯层厚约10厘米			陕西—第651页
石家坬城址	秦—汉、宋	榆林市佳县朱官寨镇石家坬村南侧	不规则长方形。墙体夯筑，现存东、西墙和部分北墙	东墙长207米，西墙长130米。北墙残长约110米，西墙南端折向西一段长210米	城内散布秦汉时期的外绳纹、内麻点纹或布纹板瓦、灰陶方格印纹罐残片及宋代板瓦		西河郡阴山城	陕西—第664页

续表

古城址名称	使用年代	今址	形状/形制	边长	设施	保护级别	故城名称	资料来源
墩渠城址	春秋—战国	榆林市横山区塔湾镇墩渠村南1800米	方形	边长约180米	城垣夯筑，基宽6—8米，夯层厚11—15厘米，大部分被沙漠淹埋			陕西—第710页
石刻峁城址	战国—汉	榆林市横山区塔湾镇石刻峁村东侧	呈长方形	南北长约150米，东西宽约120米	位于芦河西岸台地上。城垣夯筑，多被沙漠掩埋			陕西—第710页
杨庄窠城址	战国—汉	榆林市横山区赵石畔镇新庄则村杨庄窠村南3000米	略呈圆形	周长约750米	城垣夯筑，夯层厚20厘米			陕西—第711页
骆巷城址	秦—汉	榆林市横山区赵石畔镇驼巷村西侧	长方形	南北长约150米，东西宽约80米	城墙夯筑，夯层厚20厘米			陕西—第711页
柳树会城址	汉代	榆林市佳县王家砭镇柳树会村北侧	略呈方形。墙体下部1—2米为红土夯筑，上部为黄土夯筑	东墙长120米，北墙长226米，西墙长50米	东墙设马面3座；城东南、东北角各有一角楼墩台。东墙40米外筑有一道郭墙，残长约180米		西河郡鲵是城	陕西—第664页
清水沟城址	汉代	石嘴山市大武口区大武口乡大武口村北1000米	方形	东西长35米，南北宽30米	门辟于西墙一侧。城内有房屋遗迹			宁夏—第276页
廉县故城	汉代	石嘴山市平罗县崇岗镇暖泉村南1500米	长方形。城垣黄土夯筑，基宽9米	南北长200米，东西宽100米	据《汉书·地理志》卷二八载，汉县，新莽时名西河亭	县保	北地郡廉县城	宁夏—第283页

续表

古城址名称	使用年代	今址	形状/形制	边长	设施	保护级别	故城名称	资料来源
城圪卜古城	汉代	准格尔旗薛家湾镇寨子上村城坡村东约500米	形状不规整。由南、北两城组成。北部为大城，平面呈四边形。南部为小城，平面呈长方形。两城城墙均夯筑	大城北墙长300米，东墙长200米，西墙长210米，南墙长200米。南部为小城，其北墙即大城南墙之东段，并又向东延伸约90米，东西290米，南北50米	北城西墙正中设门，外加筑长方形瓮城，长50米，宽40米。四角设有角台	县保	西河郡宣武城	内蒙古一第610页
古城壕城址	秦一汉	伊金霍洛旗纳林陶亥镇古城壕村南50米	城址形制不清		仅存夯筑南墙基一段，宽约10米，夯层厚4—12厘米		上郡徒经城	内蒙古一第593页
孟家梁城址	汉代	包头市昆都仑区昆河镇孟家梁村	略呈长方形	现残存西墙北段，长约40米	夯筑土墙，基宽8.5米，残高3.5米，夯层厚约10厘米。城址南侧有同时期墓群		五原郡稒阳城	内蒙古一第61页
昭君坟古城，亦称城拐子城址	汉代	达拉特旗昭君镇城拐子村东北	平面布局不清，夯筑，基宽1—5米，残高0.5米	残存南墙1段，长约70米	城址西侧暴露长方形砖室券顶墓1座		五原郡河阴城	内蒙古一第576页
三老虎沟城址	汉代	乌拉特前旗明安镇南2000米	地址形制不详	仅存夯筑南墙，残长约150米，基宽7.5米，残高1—2米		县保		内蒙古一第623页
西局子城址	汉代	乌拉特前旗西小召镇西局子村西北侧	城址形制不详	仅存夯筑北墙，残长约500米	墙外有马面2个，城角有角台		朔方郡广牧城	内蒙古一第623页

续表

古城址名称	使用年代	今址	形状/形制	边长	设施	保护级别	故城名称	资料来源
麻弥图古城	汉代	磴口县包尔盖农场陶升井村西南4000米	内外两重城。内城平面呈方形，外城仅存东北和西南部分城墙	不详，外城存各长100余米。内城边长118米	城墙夯筑	县保	朔方郡三封城	内蒙古—第616页
十二连城城址	汉、隋、唐、明	准格尔旗十二连城乡政府驻地	俗称十二连城，有五座城址。东南部三座城址为汉、隋、唐时期的胜州故城	西北部一座砖砌城址为明代东胜右卫故城	见《文物》1976年第2期	省保		内蒙古—第608页
红庆河城址	汉代	伊金霍洛旗红庆河镇政府驻地	三套城，外城、内城和子城。子城平面呈长方形	外城、内城城墙已毁，子城长136米，宽130米	外城墙已不存，内城西墙呈土垄状。城墙夯筑，基宽6—10米。内城北侧约1000平方米范围内发现有厚约1米的兽骨			内蒙古—第594页
古城梁城址	汉代	榆林市府谷县庙沟门镇柏草峁村北150米	不规则长方形。城墙残长约190米				西河郡方利城	陕西—第652页
富平故城	汉代	吴忠市利通区扁担沟镇扁担沟村西4500米			东汉初北地郡治由马岭迁至此地。东汉末年郡治			宁夏—第289页

资料来源：1.国家文物局主编：《中国文物地图集·内蒙古自治区分册》下，西安地图出版社，2003年。简称“内蒙古—”。

2.国家文物局主编：《中国文物地图集·陕西分册》下，西安地图出版社，1998年。简称“陕西—”。

3.国家文物局主编：《中国文物地图集·宁夏回族自治区分册》，文物出版社，2010年。简称“宁夏—”。

二、秦汉时期鄂尔多斯高原城市形制与布局

从已经发现的汉代郡县治所城市来看，大多是夯土版筑城垣，城市平面略呈方形或长方形，有的一侧外凸，有的城墙外发现护城濠、郭城等，城门数量一般较少。就城市平面结构和形制而言，主要有五种类型[①]：仅有四面城垣的方形或长方形城址。如，定襄郡武皋县城（陶卜齐古城）、定襄郡治成乐县城（和林格尔土城子南城），方形或长方形外城中央设内城的回字形城址；定襄郡北舆县城（塔布陀罗亥城址），内城一隅设子城；云中郡沙陵县城（哈拉板申村东古城），城内东北角加筑一方形子城，子城西墙发现1个门址。此外，子城位于大城一隅并向外凸出，如定襄郡武要县城（内蒙古卓资县三道营古城的西城），大城为长方形，其北侧西部建长方形子城，发现城门2处。回字形及内城一隅设子城的城址，是长城沿线最为多见的城市形式。

（一）城市形制

秦汉时期地方城市的确立与郡县制的地方行政管理制度相结合，建立了城市网络，结束了商周以来以血缘氏族为主体的社会结构，形成以地缘政治为主体的社会结构，在中国城市发展史上和中国历史发展阶段上属于本质上的变化。[②]秦末汉初，鄂尔多斯高原地区郡级城市有3座（肤施、云中、九原），西汉中后期则有9座，它们分别是肤施、云中、九原、三封、富平、富昌及平定、朔方和临戎。

云中城平面是一个不规则方形，东墙和西墙笔直，且与南墙、北墙垂直；但北墙东段向北凸出，南墙西段也向南凸出。云中城是一座套城，不规则的城墙内有一个规则的长方形子城。这个小城位于大城的西南角，利用大城的西墙和南墙西段城墙。小城南墙中部开门，此门亦是大城南墙的门。根据张红星的勘测，长方形小城南北长485米，东西长415米，是云中郡政府机关所在地。云中城位于土默川平原上，是游牧民族南下牧马的重要场域。北魏初期这里还设有牧场，将政府机关设置在城内西南角以避免遭受直接侵袭。云中城城墙东北角有角楼，用来观察城东北的敌情。《二年律令》记载云中郡行政长官官俸有千石，与西汉隶属京兆尹长安、新丰两县长官官俸相同，可从侧面证实云中城是西汉中央十分重视的军事重镇。

九原城位于今内蒙古包头市九原区麻池镇城梁村北，也是一个不规则的城市，

① 肖爱玲：《西汉城市体系的空间演化》，第228—231页。
② 徐苹芳：《中国古代城市考古与古史研究》，见历史语言研究所编：《中国考古学与历史学之整合研究》，历史语言研究所，1997年，第699—720页。

由南、北两城连接而成。合起来看，西墙有两次曲折，第一段为178米，第二段是东西走向，长度为87.1米，第三段为512米。相较于南城，北城保存并不完整。南墙已无地面遗存，已成为田间小路，长约322米。西墙南端有明显弧度，其他部分笔直修筑，约为691米。北城北墙保留较好，约为721米，东墙约为548米。考古证实九原城北城修筑时间早于南城，九原城在秦汉时期存在增筑现象，两城规模在当时都是比较大的。（见图3-2）

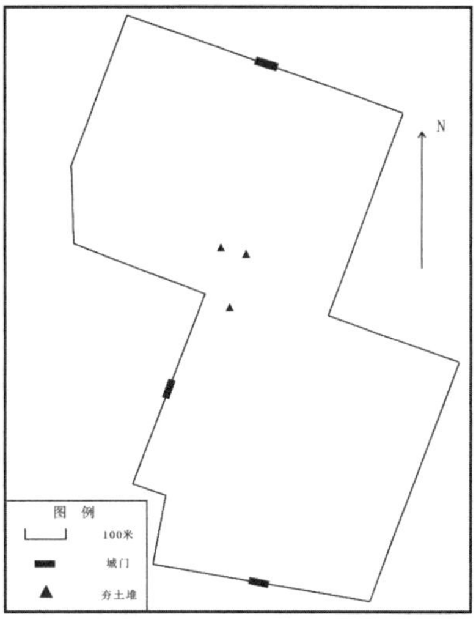

图3-2　麻池古城图

西汉中期新筑的朔方郡三封城是一座内外两重的城市，空间结构类似回字形的套城。侯仁之根据三封城裸露地表的城垣复原了三封古城的平面形态，即县城的第一重城垣是不规则的，第二重城墙则是个规则的正方形。[①]第二重城垣四边长118米，构成一个正方形的小城，坐落于县城的西北角。三封县城原为西汉朔方郡郡治，是朔方郡的政治和军事中心。成一农认为套城中的小城在中国古代地方城市中是为安置衙署、仓库、军营等官方机构而修筑的。[②]三封城中的小城当是朔方郡或县的政治及军事核心机构。其坐落于边境线上，西北虽有狼山山脉作为天然的御敌屏障，但城西南却没有任何阻挡。三封城内的正方形小城坐落于城内西北角或是出于军事防御的考虑。所以，在城市南门设置了具有防御能力的瓮城。三封城西另有鸡鹿塞障城。朔方郡三封城作为朔方郡的政治中心，地位十分重要，因此在城市外部形态设计上对城市防御功能要求较高。

与郡级城市一样，秦汉时期的县级城市形状也有方形和不规则形两种，方形城市包括长方形和方形两种类型。秦代就已建成的朐衍城，即今宁夏盐池县花马池镇的张家场古城，平面形状是一东西向的长方形城市。西汉新筑的临戎城、沃野城、临河城、稒阳城等城均为长方形古城。20世纪60年代，据侯仁之对乌兰布和沙漠古城的考察可知，临戎城（今巴彦淖尔市磴口县补隆淖镇河拐子村西北）外形是一个南北长的长方形古城，地面遗迹尚存。沃野城即今内蒙古巴彦淖尔市临河区干召庙镇黄羊村脑高古城，现今遗址已无遗迹可循。根据考古资料，沃野城周长1000米，南墙中间有城门，门宽6.5米。城内东北隅有长方形夯土台，具体功能不详。临河城是一东西向的长方形城，城址方位并非正南正北，约东偏南10°。根据实地考察测量得知，该城南

① 侯仁之：《历史地理研究：侯仁之自选集》，第352—380页。
② 成一农：《古代城市形态研究方法新探》，社会科学文献出版社，2009年，第95—120页。

北长528米，东西宽199米。其中城内有两道东西向城垣，将该城分成三个小城，即目字形城。由北向南第一道城垣距离北墙99米，第二道城垣距离北墙273米。第二道城垣的位置并非城址的中间，而是在中间偏南的位置，平分了该城的北半部。稒阳城即今包头市昆都仑区孟家梁古城，是南北向长方形古城，城四角有角台。《水经注》载“稒阳北出石门障得光禄城”，石门障即今包头市乌拉山昆都仑沟内的障城。包头位于土默川平原，北依乌拉山，南靠黄河，中间就是广阔的平原。自稒阳城沿昆都仑河（汉代石门水）向北进入昆都仑沟到达石门障，中间并无任何有利军事防御的屏障，因此可推断稒阳城的军事地位极为重要。

方形城市如汉代五原郡临沃城，该城城址即今包头市东河区河东镇古城湾村上古城湾南、下古城湾东北，是一座边长为600米的方城。北墙方向92°，南墙方向8°[①]，所谓方形城市并非正南正北的。临沃城位于大青山与黄河相距最近的地方，是贯穿土默川平原和包头交通的咽喉之地。与方形县城形制相类似的还有位于长城沿线的障城，它们都是小型的方形城。障城相当于今边境哨所，带有强烈的军事性质。障城主要功能是关注边境动态，确保边境安全，并不是严格意义上的城市。秦汉时期最著名的障城就是鸡鹿塞城，位于今内蒙古磴口县沙金套海苏木巴音乌拉嘎查，狼山哈隆格乃山口的南口，是一个石砌的正方形城。其边长68.5米，墙基宽5.3米，高7—8米。[②]南墙中部偏西有城门，门外设置瓮城，瓮城呈长方形。与鸡鹿塞形制相同的还有狼山上的高阙城，北地郡的神泉障城、浑怀障城等。

除方形城市之外，研究区还有一些不规则的城址。汉代窳浑城、广衍城、西安阳城都是不规则形的。窳浑城是一个不规则的小城。此城东西最长不超过250米，南北最宽仅有200米。城墙南墙和西墙笔直，城墙东南角有明显的弯曲弧度，东墙曲折延伸。城墙损毁严重，已无法复原其外部形态。九原郡西安阳城外形也是不规则形的，其形制是一个回字形的城，有内、外两重城。外城北墙长1100米，东墙长1170米。该城修筑的特点在于外城东北城角不是直角，而是采用半圆形，即该城外城东北城角是有弧度的城墙。[③]西安阳城北部为防御区，东北修筑的半圆形城角易于监察军情，是为了提高城墙军事防御功能而做出的改进。

秦汉时期鄂尔多斯高原地区城市的修筑有两种情况，一种是沿用前代旧城，另一

① 邓宏伟、张海斌：《包头境内的战国秦汉长城与古城》，《内蒙古文物考古》2000年第1期，第86页。

② 文精主编：《蒙古族大辞典》，内蒙古人民出版社，2004年，第1083页。

③ 火鹰：《巴盟境内的故城、古墓遗址考》，见巴彦淖尔盟行政公署地方志编修办公室编：《巴彦淖尔史料》第2辑，内部资料，1983年，第302—314页。

种是完全新建的城市。城市平面组合形式主要是单城，也有复合式城市，即套城或两城并列式的。单城是指城市平面形态是一个独立的形状，构造比较常见和简单，一般是一重城墙和几个城门。研究区县城大多是单城，如窳浑城、广衍城、临戎城等。县级城市很少有联合型城市，但也有例外，如秦汉朐衍城是由两城组合而成的复合型城市，该城建设的驱动因素不是政治、军事因素而是经济原因。朐衍城故址即张家场古城，有内、外两城。历史文献和考古资料并未记载该城内城、外城的位置关系，遗址处已经没有明显的地面遗存，因此张家场古城的两城是相套型，或是并列连接形式，已无从考证。朐衍城仅为秦汉北地郡的一个属县城，但该城占地面积很大，约为96万平方米。20世纪50年代以后该城附近先后出土秦汉时期的货币千余斤，出土铜质、石质、骨质印章数百枚，城址东侧出土牲畜骨骼万余公斤，还出土了一批铭文砖、筒瓦、陶水管等城市建筑材料。这些文物的出土即证实了朐衍县城在当时是一个社会经济相当繁荣的城市。[①]另从城址附近墓葬的出土文物来看，除了有中原地区常用的鼎、壶、陶仓等陪葬物，还有充满游牧民族特色的扁壶、胡人俑等。朐衍城在秦汉时期是一个民族聚居、畜牧业发达以及商品贸易繁荣的中心城市。县级城市外部形态也比较单一，多为单城的方形城市，仅少数县城内部存在子城。城市规模没有完全受到城市等级制约。

（二）城市空间结构

秦汉时期鄂尔多斯高原地区是王朝的边疆地区，关于城市布局的记载并不详细。为了能够在总体上把握秦汉时期鄂尔多斯高原地区城市内部空间布局特征，这里以具体城址为例，总结研究区内城市布局的几种情况。通过分析城市等级、地理位置、城市功能等因素，探讨研究区内城市空间布局特征及其影响因素，从微观角度把握宏观规律，从个别城址着手探究研究区城市空间内部结构的普遍规律。

鄂尔多斯高原城市内部大都有一个小城，即第二重城。汉代城市中的小城就是城市行政区，也是城市的政治中心。汉代西河郡平定城，即今内蒙古伊金霍洛旗的红庆河古城。红庆河古城为三套城，有外城、内城和子城。平定城是高后时期的侯国城市，西河郡后期的郡治，三重城的建制足以说明其地位的重要。如今外城和内城形制已经不易辨认，但子城城墙仍有保留，长、宽均50米。子城东南角有一个土堆，高约5米，为子城内建筑遗存，是行政机构建筑遗迹。其他，如云中郡治云中城、朔方郡治三封城都是有子城的，然其在大城中的位置则有细微差别。云中城子城位于城的西

① 许成、陈永中：《昫衍县故址考》，《固原师专学报（社会科学版）》1984年第2期，第93—95页。

南角，三封城子城则位于城的西北角。云中城子城还利用了大城城墙西南墙角，仅另筑北墙和东墙，而三封城的子城则是在城内单独修筑四面合围的城墙。云中郡沙陵城（今呼和浩特市托克托县双河镇哈拉板申村东古城），城内东北角加筑一方形子城，子城西墙发现1个门址。[①]

城内除行政中心外，还布置有手工业作坊。如汉代临戎城即补隆淖古城，城内中央偏西北的地方有一处制铁遗址，遗址中有铁甲分布。[②]铁甲为军队作战使用的装备，其铸造生产不可能交由私营手工业者承担，而是由政府管理经营。西河郡大成城的铸钱作坊，更凸显其官营性质。大成城即今杭锦旗锡尼镇霍洛柴登古城。王吉祥曾多次探访古城并在古城内采集到多块残缺的陶制钱范，与钱范相伴而出的还有大量铸残的钱币，他推断这些残币是铸钱作坊整理钱币时遗弃的。在出土钱范的地方还有大量烧红的土块、炼铜渣等铸币痕迹，证实了此处为城内铸币作坊的所在地。[③]

城内除官署机构、官营作坊外，还有与人们生活密切相关的手工业作坊。汉五原郡临河县城中发现了一处制陶手工业作坊遗址，此作坊为私营性质。临河县城为目字形城，该城东北角发现窑址两座，窑址内有大量破碎陶器残片，应是烧窑作坊主人最后一批陶器未来得及取出就仓促离开了。朔方郡沃野城内东北角发现有古窑残迹和废矿渣，推断为制陶场所和冶铁遗址。

从上述考古资料来看，汉代古城内既有官营也有私营手工业作坊。从其方位来看，这些作坊均位于城市一角，而非城市中心区域。

此外，考古资料显示城内还建有仓库，是兵器安置地点。在窳浑古城西南部，东西长30米、南北宽约15米的范围内，地面上都是箭镞的箭铤，推断此处应该是存放箭镞的地方。汉代窳浑城是一处不规则形的小城，东西长、南北宽均不过200米，而在城内却有450平方米的地方用于存放兵器，可见城市军事属性是非常突出的。在临戎城西南隅南北50米、东西30米的范围内，密集分布着残铁甲札、铜镞、铁铤等物，应该是兵器库所在地。[④]考古人员在汉代平定城遗址内曾挖出18千克的铜箭头，说明红庆河古城内当有兵器仓库存在，然位置不明。城内除上述不同功能的空间区域外，应该还有存放粮食的仓库，以解决城内粮草供给，这应是各级城市尤其是边境城市必备的。

---

① 李逸友：《托克托城附近的秦汉代遗址》，见内蒙古文物考古研究所编：《内蒙古文物考古文集》第1辑，第349—351页。

② 侯仁之：《历史地理研究：侯仁之自选集》，第352—380页。

③ 王吉祥：《哈劳柴登古城遗址铸钱作坊再探》，见内蒙古自治区钱币学会编：《内蒙古金融研究·钱币文集》第6辑，伊克昭盟鄂托克旗文化馆，2006年，第406—408页。

④ 张郁：《汉朔方郡河外五城》，《内蒙古文物考古》1997年第2期。

城内空间划分往往以城内街道为依据，街道走向和位置则与城门和官署区布局相关联。张家场古城东、西墙各辟一个门，门道30米，城内有连接东、西城门的街道遗迹。霍洛柴登古城中间也有一条宽约50米的东西向街道。汉代城内还有供、排水等基础设施，侯仁之发现三封城内有排水设施，在外城与内城之间有两节泄水陶管裸露于地表，该陶管由两节绳纹筒瓦扣合而成。

与中原郡县级城市规模相对，研究区城市面积明显偏小。随着城市人口的增加，在城外逐渐形成了聚落，即在城墙邻近范围内出现新的居住区。如三封故城城东有几处汉代村落遗址，村落遗址内还有一口枯井。在临河城东侧500米范围内，地下埋藏有大量陶片和草木灰，这证实了临河城东存在一个居民聚居区。汉代宜梁城也存在这样的情况。在宜梁城城西300米、城东1000米范围内发现大量陶片，据此判断此处应为宜梁城外的居民区，且在该居民区内发现了窑址。有这种情形的城市不在少数，沃野城西侧、东侧也均有居民居住。[①]这类分布在城市外围的居民区，在汉代城址附近较为常见。[②]城外之所以有居民集聚并且形成规模，主要是因为城内面积有限，故而居民迁往城墙外围邻近区域生活。另一种情况是城外居民多以耕田为生，而城门定时开关，出入不便，因此在城外自然形成聚居区，这些聚居区里常发现有制陶作坊遗迹。制陶作坊所生产的陶器会流入市场贩卖，从而加强了城市内外的联系。

历经两千年沧桑变迁的秦汉城市，其原始风貌已消失殆尽，仅凭中心建筑物的残存遗迹很难精准判断其功能，这在已有的研究中已显现出证据不足的缺憾。一些先入为主的观点也在改变，例如这里城市的中心建筑并非城市最高行政区等。以云中城为例，除城西南角的小城被认为是云中郡政府机关所在之外，在城中心偏西的地方另有一大型夯土台，其性质判定还有待深入研究。类似情况亦见于张家场朐衍古城，该城中心250平方米的建筑遗迹的功能至今未能确考。

（三）秦汉时期鄂尔多斯高原城市形态影响因素

关于秦汉时期城市修筑成方形形态的影响因素，学术界已有深入探讨。在思想层面，主要受到“天圆地方”和“匠人营国”制度的影响。受传统思想文化影响，秦汉时期修筑的新城一般都是方形。就当时社会环境而言，方城便于修筑，筑城技术相对简单。此外，受社会等级制度影响，城市形制和规模大小又受到城市所在行政区等级

① 火鹰：《巴盟境内的故城、古墓遗址考》，见巴彦淖尔盟行政公署地方志编修办公室编：《巴彦淖尔史料》第2辑，第302—314页。

② 张郁：《汉朔方郡河外五城》，《内蒙古文物考古》1997年第2期。

的制约。而城池在实际修筑过程中，受地理环境、筑城技术等因素影响，一些城市形制最终呈现为不规则形。

首先，城市外部形态因外部山川河流、地形地貌等环境影响有所改变。朔方郡窳浑城是典型的不规则城市。据《水经注》载："河水又北迤西，溢于窳浑县故城东……其水积而为屠申泽，泽东西一百二十里。"窳浑县城位于屠申泽西。侯仁之考察屠申泽故址时，发现窳浑城以东自北干渠一带地势由东南向西北倾斜，东南向西北海拔下降了5米左右。侯先生认为屠申泽故址位于窳浑城东南逶迤西北的低洼地带，窳浑城位于屠申泽西较高的台面上。窳浑城东墙以东、以北均为屠申泽，东墙不能按照规定的直线范式修建，只能向西曲折。千章城受当地山川形势的制约，平面呈不规则形。古城北墙与西墙和东墙夹角均为锐角，即西墙与东墙有向城内聚拢的倾向。古城北墙西侧在牸牛川南岸台地上，东墙东南为辗房渠，制约了北墙、东墙走向。三面合围的地理地势，造就了该城的不规则形态。城址因受到牸牛川流水冲刷，南墙和西墙尽被冲毁，仅剩下不完整的东墙以及北墙一段，古城内部地区如今已是古城所在台地临牸牛川的断崖。①

城市朝向、城门设置受区域自然气候条件影响显著。鄂尔多斯高原地区盛行西北风，且风力强劲。所以，区域城市朝向都不是正南正北，而是略有倾斜。如朔方郡临戎城、沃野城都有角度偏移。朝向设置北偏东几度，以城市西墙或者西北城角来抵御西北风的现象，既是当地环境的反映，也是古人聪明才智的体现。受区域盛行风向的影响，城门也多开南门和东门，一般不开北门和西门。

其次，区域人口的增长、城市经济的发展也是影响城市外部形态的主要社会因素。《汉书·地理志》记载，西汉末年北地郡有64461户210688口，每县3393户，1.1万人，每户3人；上郡有103683户606658口，每县4508户，2.6万人，每户6人；西河郡有136390户698836口，每县3789户，1.9万人，每户5人；朔方郡有34338户136628口，每县3434户，约1.4万人，每户4人；五原郡有39322户231328口，每县2458户，约1.4万人，每户6人；云中郡有38303户173270口，每县3482户，约1.6万人，每户5人。研究区平均每县约1.7万人，为5口之家（见表3-5）。从每县人口规模与西汉设县制度"万户以上为令，万户以下为长"的规定来看，这些都是比较小的县。尽管如此，并不排除城市建设初期设计偏小，后期扩建的情况，一个典型的例子就是秦汉九原城。九原城之所以是并列相连式形态，与城市扩建有很大关系。九原城最初只有北城，九

① 崔璿：《秦汉广衍故城及其附近的墓葬》，《文物》1977年第5期，第25页。

原城址麻池古城北城东南有两个并列平行的夯土堆，南城与北城衔接处也有一个夯土堆，推断这三个夯土残留极有可能是新、旧两城内部子城的城墙，或是原北城城墙的一部分。随着社会经济的发展、人口的增多，旧城已不能满足需要，因而对旧城进行扩建。为保证旧城与新城的联系，拆除旧城子城与旧城城墙，从而形成了南北并列式的组合形式。

表3-5　西汉末年鄂尔多斯高原及其邻近地区各郡县人口情况一览表

郡	辖县数	户	口	每户口数	各县平均户数	各县平均口数（万）
北地郡	19	64461	210688	3.27	3393	1.1
上　郡	23	103683	606658	5.85	4508	2.6
西河郡	36	136390	698836	5.12	3789	1.9
朔方郡	10	34338	136628	3.98	3434	约1.4
五原郡	16	39322	231328	5.88	2458	1.4
云中郡	11	38303	173270	4.52	3482	约1.6

再次，城市形制和结构受边防地位影响很大。秦汉时期，鄂尔多斯高原地区作为帝国边疆，军事冲突时有发生，边城的军事防御功能尤为重要。因此在城门设置上比中原城市要少，一般开有1—2个门，中原郡级城市可开4个城门。此外，城门位置的设置均刻意避开游牧民族入侵方向。有些城门还设置瓮城，以增强军事防御能力。汉代临戎城是一个长方形的城，该城在东墙和南墙正中开门，而不设北门，就是为了避开北部民族入侵。云中城的设计更能体现这一思想。云中城南墙和东墙均设有城门，而北墙不仅未设城门，其东北角还特别修筑了角楼用于瞭望。窳浑城因地处最西北地区，其城门防御设置尤为严密，全城仅设一座城门，位于南墙中部，且筑有瓮城。同时，城内冶铁遗址的发现进一步印证了该区域城市的军事防御属性。临戎城和沃野城同样分布有冶铁遗址，遗址内散落的铁甲、铁铤、铜镞就是明证。

最后，地理区位越重要，其中心城市行政等级越高，城市内部结构也越复杂。西汉初年，地方行政制度实行郡国并行制度，即在战国六国旧地推行封国制，而在汉中央直接控制地区实行郡县制。两种制度至高祖十二年（前195）时形成了两个相对均质的区域，即在诸侯国区内不设汉郡，汉郡内亦无诸侯国。两大分区的界线北起云中与定襄郡界，向南沿今山陕黄河河谷延伸。源自先秦赵国的云中郡和九原郡，是西汉初年研究区最高等级的城市。高后二年（前186）时，云中郡之云中是千石秩级的城市，九原为八百石。阴山以南的黄河一带是匈奴频繁侵袭的区域，云中和九原是秦汉时期帝国北部的战略要地。秦汉云中郡城的行政级别和战略地位都要高于九原郡。云中城内设有专门供行政官员办公的内城，九原郡城则没有发现内城遗迹。此外，云中郡城东北角设置有角楼。

城市结构的复杂程度与城市所处地理区位关系极为密切的另一典型案例就是秦朝的阳周城。阳周为上郡属县，本为县级城市，因其既是秦朝蒙恬军的大本营，又是扶苏监军的地方，还曾设为侯国城市，所以城市地位较高。秦朝大将蒙恬率领数十万人屯边时，秦始皇贬公子扶苏到上郡监军。秦始皇死后，秦二世传假诏书赐死扶苏和蒙恬。文献中虽未明确记载扶苏死于何地，但从蒙恬“竟斩阳周”[①]的史料推断，蒙恬与扶苏当在同一个地方，故公子扶苏监军也应当居于阳周。阳周故城遗址即今陕西靖边县杨桥畔龙眼古城。该城遗存较少，已难辨其内部格局。考古人员在古城遗址中发现了方形回纹铺地砖和云纹瓦当，据此推测城内应有宫殿建筑。2015年9月，课题组再次考察时，碎砖瓦依然随处可见。由此可见，城市内部布局与城市等级有着很大关系。

第二节　大夏国都统万城城市形态

关于大夏国及其都城在中国历史上的地位，前文已有所述，然欲分析统万城的城市形态，尚需先厘清若干关键问题，如统万城前身之争议。基于文献和既有研究成果分析，我们认为大夏国都统万城既不是在汉代奢延县城的基础上建立的，也不是在汉代朔方县城的基础上建立的，而是十六国赫连勃勃大夏政权时期新修筑的一座城。《水经注》中“改筑大城”的“大城”是就统万城的规模而言的，与十六国时期“置幽州牧于大城”中所记载的大城并无关联。

一、统万城建城史研究进展[②]

统万城遗址位于今陕西省靖边县北，是十六国时期赫连勃勃大夏政权的都城，至今已经有一千六百年的历史。“上个世纪60年代以后，随着科学工作者对统万城地区的考古工作的逐步展开，使人们有理由确信，这个屹立千年而岿然不动的沙漠古都统万城在古代建筑史、环境变迁史、社会经济史、城市史、军事史，交通史、文化史等方面都具有独特的历史文化内涵。”[③]统万城所反映的这些独特的历史文化内涵使其日益成为学术研究的热点，而统万城建城史研究正是其中的一个重要内容。

① 《史记》卷七《项羽本纪第七》，第308页。

② 娄娟娟：《关于统万城建城史问题的再讨论》，见侯甬坚等编：《统万城建城一千六百年国际学术研讨会文集》，陕西师范大学出版总社，2015年，第345—356页，有改动。

③ 张力仁：《大夏国都统万城的兴与衰——一段历史的考证和考古调查的推测》，见陕西师范大学西北环发中心编：《统万城遗址综合研究》，第78—87页。

关于大夏国都统万城的前身，学界主要存在奢延说、大城说、新城说、朔方说等几种观点。

汉代奢延县说。侯仁之根据《水经注》“雉堞虽久，崇墉若新”的记载，判定郦道元“也是曾经走访过统万城的”；且根据《水经注》关于统万城和奢延水位置关系的记载，指出“统万城也正是因汉代奢延城之旧而‘改筑’的”。①侯先生首倡统万城在汉代奢延县城基础上兴建的观点，被学界简称为“奢延说”。该学说目前仍为学术界的主流观点。

王北辰支持此说，并指出《水经注》既云“改筑大城”，且文献中在二水之间又无其他城池见载，足证统万城乃汉奢延县城之“改筑”。②戴应新根据《水经注》的记载也认为“统万城是在汉代奢延城基础上建立的”，并且“城址内先后出土两方汉印（‘西部尉印’、‘驸马都尉印’），益证郦道元此说之有据。奢延，汉属上郡，地在郡治西面，与朔方郡接壤，此印出土，证明上郡西部尉驻奢延城”。③显然，统万城以汉代奢延城“改筑”的观点源于《水经注》的文献记载和作为实物证据的两方汉印。周伟洲也认为“此城（统万城）为夏国建筑之都城，是在汉代奢延城（西部都尉治所）的基础上改筑的”，否定了洪亮吉在《十六国疆域志》中所提出的大城就是统万城的说法，认为统万城与大城是两城，分在两地；《水经注》中的“改筑大城”的大城应为大小之意。④吴洪琳赞同周伟洲的观点，并在周先生观点的基础上做了进一步的论证。⑤但是对于统万城与汉代的奢延城、朔方县的关系则以“史料阙载”为由，没有展开论证。

结合以上认识，吴宏岐提出，“所谓奢延城、大城、统万城三者之间的承袭关系非常清楚，均在一地，只是不同时期的名称而已。另外，《水经注》中的‘改筑大城’一语不能简单地理解为仅仅将汉代奢延故城（大城）扩大，而极有可能是在故城之西或西部另筑新城”。⑥由此衍生出了奢延县城之西或西部另建说。

新城说。王社教在前人研究基础上，不仅系统梳理了关于统万城的历史文献和考

---

① 侯仁之：《从红柳河上的古城废墟看毛乌素沙漠的变迁》，《文物》1973年第1期。

② 王北辰：《毛乌素沙地南沿的历史演化》，《中国沙漠》1983年第4期。

③ 陕西省文管会：《统万城城址勘测记》，《考古》1981年第3期，第231页。

④ 周伟洲：《十六国夏国新建城邑考》，见陕西师范大学西北环发中心编：《统万城遗址综合研究》，第93—97页。

⑤ 吴洪琳：《统万城、大城及相关问题》，见张柱华主编：《中外关系史论文集第17辑——“草原丝绸之路”学术研讨会论文集》，甘肃人民出版社，2009年，第320—325页。

⑥ 吴宏岐：《关于大夏国都统万城的城市形态与内部布局问题》，《中国历史地理论丛》2004年第3期，第130页。

古资料，还特别补充了统万城城毁后的相关记载。通过综合分析，他提出统万城的始建年代应为东晋义熙九年（413），并强调该城既非在西汉奢延城基础上改筑而成，亦非如洪亮吉所言由大城改筑后更名而来，实为将原来的“大城”迁建至新址，并正式确立为都城，取名“统万”。①

汉代朔方县城说。张永帅依据《水经注》《太平御览》和《通典》等历史文献的记载，认为统万城是在汉朔方县城基础上兴建的，唐代的朔方县也就是汉代的朔方县，《水经注》中所谓的改筑大城的大城并不是一座城池的名字，“大”为大小之大意，可释为“使城大”，即在原朔方城的基础上扩大规模以适应作为都城的需要。②

笔者认为上述观点尚有进一步讨论的必要。

我们首先来看张永帅的汉代朔方县城说。张永帅提出统万城是在汉唐朔方县城基础上兴建改名的，其否定汉代奢延县城说的依据有：（1）谭图编者并不认为统万城与西汉上郡奢延县城有直接的继承关系；（2）王社教反对奢延说的观点；（3）支持者的依据是《水经注》相关内容，但从该文献仅可知奢延水与奢延县城、统万城的空间关系，至于这两座城市的空间位置关系如何，则难以从中得出明确结论。其朔方说的理由和论证过程如下：（1）《水经注》原文与传统观点依据的文献内容相同，其立足于“行政地名有因山川等自然因素得名的，山川湖泊也有因所在行政区而得名的”的认识，分析《水经注》“洛川在南，俗因县土谓之奢延水，又谓之朔方水矣”的记载，指出“洛川”流经不同县境时有不同的名称：“奢延”即指奢延县，“朔方”则对应朔方县。（2）依据朱士光提出的西汉奢延泽到北魏时减缩为“长泽”以及奢延泽与长泽县的命名缘由，构建了汉奢延县与西魏长泽县之间的间接关系。（3）田野考察，在假定无定河源头从汉至今变化不大的前提下，得出了“汉奢延城当在城川古城遗址之东、城川古湖的东岸，也就是《中国历史地图集》所标示的位置”。（4）由《水经注》和《晋书》均载“于朔方水北”营起都城，而不言奢延水的现象，推测“洛川”在流经今统万城遗址之南时称为朔方水，而朔方水又因是水流经朔方县而得名，那么统万城就很有可能是在汉朔方县的基础上兴建的。（5）以《太平御览》卷一六四《州郡部十 · 关西道 · 夏州》引《十六国春秋》：“赫连勃勃于朔方县筑大城，既成，……”及《太平御览》同卷引《水经注》曰：“郦元《水经注》：统万城，勃勃蒸土所筑。又曰朔方县有契吴山……自马岭以北，大河以南，未

① 王社教：《有关统万城建城史和环境史的几个问题》，见陕西师范大学西北环发中心编：《统万城遗址综合研究》，第121—128页。

② 张永帅：《关于统万城历史的几个问题》，《中国历史地理论丛》2008年第1期。

有若此之善者也。”认为此处既言“朔方县有契吴山”，那此“朔方县”理应就是汉代的朔方县，也就是后来的统万城所在。（6）北宋夏州治所为朔方县治统万城，由于《太平御览》在引用前人著述时并非照录原文，亦非将前代地名径直改为宋代名称，所以《太平御览》引《十六国春秋》和《水经注》所说的朔方县就只能是指汉代的朔方县城了。（7）《通典》卷一七三《州郡三·古雍州上》既言统万城即唐朔方郡、朔方县治城，又说朔方县为汉旧县，从上述引文和《通典》叙述城址建制沿革的情况来看，此处“汉旧县”即指唐代的朔方县，也就是汉代的朔方县。

由以上内容可知，朔方说的核心文献依据为《水经注》[①]卷三《河水》中的相关记载：“水（奢延水）西出奢延县西南赤沙阜，东北流，《山海经》所谓生水出孟山者也。郭景纯曰：孟或作明。汉破羌将军段颎破羌于奢延泽，虏走洛川。洛川在南，俗因县土谓之奢延水，又谓之朔方水矣。东北流，迳其县故城南，王莽之奢节也。赫连龙升七年，于是水之北，黑水之南，遣将作大匠梁公叱干阿利改筑大城，名曰统万城。蒸土加功。雉堞虽久，崇墉若新，并造五兵，器锐精利，乃咸百炼，为龙雀大镮，号曰大夏龙雀。铭其背曰：‘古之利器，吴、楚湛卢，大夏龙雀，名冠神都，可以怀远，可以柔逋，如风靡草，威服九区。’世甚珍之。又铸铜为大鼓，及飞廉、翁仲、铜驼、龙虎，皆以黄金饰之，列于宫殿之前。则今夏州治也。”[②]

需要指出的是，原文并未直接言明统万城修建于朔方水之北，而是记载为“于是水之北，黑水之南”。北魏时期的“是水”当指洛川，该河流经奢延县的部分称为奢延水，流经朔方境内的部分称为朔方水。

而《水经注》同卷“奢延水”条之前曾有河水流经朔方故城的记载，原文如下：“河水又东南，迳朔方县故城东北，《诗》所谓城彼朔方也。汉元朔二年，大将军卫青取河南地为朔方郡，使校尉苏建筑朔方城，即此城也。王莽以为武符者也。按《地理志》云：金连盐泽、青盐泽并在县南矣。又按《魏土地记》曰：县有大盐池，其盐大而青白，名曰青盐，又名戎盐，入药分，汉置典盐官。池去平城宫千二百里，在新秦之中。服虔曰：新秦，地名，在北方千里。如淳曰：长安以北，朔方以南也。薛瓒曰：秦逐匈奴，收河南地，徙民以实之，谓之新秦也。”[③]

联系上下文可知，此段“河水”是指黄河“几字形”顶部的这一段。河水流经汉朔

---

① 需要说明的是，在文献引用注释中，笔者所采用的《水经注》版本为上海古籍出版社1990年版。为了便于理解和展开论证，本节所引用的《水经注》内容，除特别说明者外，一律采用该版本。

② ［北魏］郦道元：《水经注》卷三《河水》，上海古籍出版社，1990年，第58页。

③ 《水经注》卷三《河水》，第48—49页。

方县故城的东北，说明汉代朔方县城的位置应在黄河之西南，距离北段黄河应不太远，前文认为汉朔方县城位于今杭锦旗独贵塔拉镇沙日召嘎查什拉召附近，此地距统万城的直线距离将近300公里，汉朔方县辖域当不至如此广袤，因此该说尚缺少足够的证据。

其次，张文基于行政地名有因山川等自然因素得名的，山川湖泊也有因所在行政区而得名的认识，由《水经注》的记载得出"'洛川'在流经不同的县境而呼为不同的名称，'奢延'即奢延县，'朔方'则应为朔方县"的结论。结合《水经注》和《晋书》均言"于朔方水北"营起都城，而不言奢延水的现象，认为统万城很有可能是在汉朔方县的基础上兴建的。如果真如张文所言统万城位于"朔方水北"的朔方县境，那么这个朔方县当非汉代朔方县。《魏书》卷一〇六《地形志》中有朔方县的记载，但明显不是统万城所在的位置。

《魏书》记载："夏州，赫连屈孑所都，始光四年平，为统万镇，太和十一年改置。治大夏。""东夏州，延昌二年置。领郡四，县九。""朔方郡，汉武帝置。领县三，魏平、政和、朔方。二汉属，晋罢，后复。有贵塥泽。"[①]可见，始光四年（427）统万城被北魏改为统万镇，太和十一年（487）设置夏州，统万城就是其治所所在地。东夏州设置于延昌二年（513），其下的朔方郡领有魏平、政和、朔方3县。

关于北魏时期设置的朔方郡和朔方县的记载罕见于史籍，史籍中最多的是汉代朔方郡和朔方县及唐代的朔方郡和朔方县。谭其骧《中国历史地图集》第4册《东晋十六国·南北朝时期》的《雍、秦、豳、夏等州　沃野、薄骨律等镇》图中标注北魏朔方郡郡治魏平，位于今陕西省延安市子长市东面。对于政和县和朔方县的位置则列入了无考县名中。那么北魏时期朔方县的位置到底在哪里呢？

清代雍正时期的《陕西通志》中有这样的记载："朔方。按后魏置朔方县，后周始并魏平，在今清涧界。"[②]从这条记载中我们得知，北魏时期的朔方县位于清代的清涧县界内。道光时期的《榆林府志》记载榆林府在魏晋时期的州县沿革时记："朔方，通志怀远县北，北魏朔方县在今清涧界。"[③]也就是说，魏晋时期的朔方县在清代怀远县（大致相当于今天的榆林市横山区地）北面，北魏时期的朔方在清代的清涧县界内，清代的清涧县在怀远县的东南面，显然汉代的朔方县和北魏的朔方县并不在同一个地方。清代的清涧县属于绥德州管辖，位于无定河的下游，无定河即《水经注》中所说的奢延水。[④]《魏书》中记载东夏州是延昌二年设置的，而《水经注》的

① 《魏书》卷一〇六下《地形志二下第七》，第2628—2630页。
② 〔清〕沈青崖：《陕西通志》卷四，文渊阁四库全书本。
③ 〔清〕李熙龄：《榆林府志》卷二《沿革表》，清道光二十一年刻本。
④ 《元和郡县图志》卷四《关内道四》，第100页。

成书年代，段熙仲认为最迟已记载有公元521年的事；[①]徐中原认为《水经注》中所记已有公元525年的史事。[②]也就是说在《水经注》写作时或者说成书之前，当时的奢延水流域已经设有朔方县。因此，张永帅所推导而来的“朔方水得名于其流经朔方县的缘故”中的“朔方县”当为北魏朔方县，而非汉代朔方县。

张文进一步证明“统万城是在汉朔方县城基础上兴建的”观点时还引用了《太平御览》和《通典》的记载。《太平御览》卷一六四《州郡部十·关内道·夏州》引《十六国春秋》：“赫连勃勃于朔方县筑大城，既成，下书曰：‘今都城已建，宜立美名，朕方统一天下，君临万国，都城宜以统万为名。’”[③]《太平御览》对所引用的这条史料的说法是出于《十六国春秋》。但现存名为崔鸿所修的《十六国春秋》和清代汤球的《十六国春秋辑补》都没有采纳这种说法，其他史料也未见有附和此说的。所以这个引用的真实性还有待进一步考证。

《通典》记载：“延州理肤施县……肤施汉旧县。”[④]谭其骧在《中国历史地图集》第2册《秦·西汉·东汉时期》的《并州、朔方刺史部》图中标上郡（治肤施）于今陕西榆林地区，而在第5册《隋·唐·五代十国时期》的《京畿道　关内道》图中则标当时延州肤施于今天的陕西延安界内。显然汉上郡治肤施与唐代延州肤施不是一个地方，而且两地相距甚远。所以，《通典》所谓的“某某汉旧县”指某某这个名称是汉代的旧县名而已，属于地名搬家现象。也就是说汉唐同名的县并不在相同的位置。此外，张永帅在说明唐代德静县和宁朔县位置时使用了《中国历史地图集》的观点，在说明汉代奢延县城和统万城不是一个地方时也采用了《中国历史地图集》中奢延城定位，然其对《中国历史地图集》第2册《秦·西汉·东汉时期》的《并州、朔方刺史部》图中所标注的汉朔方县位置却置之不理，则较为费解。

此外，关于汉代朔方城的位置早已论定。王北辰认为汉朔方故城直到公元9世纪时仍然存在，并且《括地志》和《元和郡县图志》中所说的什贲故城就是汉代的朔方城，其故址在今杭锦旗的独贵塔拉镇一带。[⑤]艾冲则明确指出“唐夏州朔方县与汉朔方县确非同地，但汉朔方县故城（唐时称什贲故城）的确位于夏州北境”[⑥]。很显然，汉代朔方县和唐代朔方县不是一个地方。

① 《水经注疏》附录《水经注》六论，第3414页。
② 徐中原：《〈水经注〉研究》，苏州大学博士学位论文，2009年，第18页。
③ ［宋］李昉：《太平御览》卷一六四《州郡部十·关内道·夏州》，中华书局，1960年，第802页。
④ 《通典》卷一七三《州郡三·古雍州上》，第4526页。
⑤ 王北辰：《库布齐沙漠历史地理研究》，《中国沙漠》1991年第4期。
⑥ 艾冲：《唐代灵、盐、夏、宥四州边界考》，《中国历史地理论丛》2004年第1期。

由以上分析，我们认为朔方说是不成立的。

大夏国都统万城既然不是在汉代朔方县城基础上修建而成的，它是建在汉代奢延县城之上的吗？答案也是否定的。

侯仁之、王北辰等认为统万城是在汉代奢延县城的基础上兴建的，该观点依据的就是《水经注》中的"改筑"二字。既然如此，我们就从《水经注》中其他地方出现的"改筑"现象来理解郦道元的本意。

"改筑"二字在《水经注》一书中共出现过三次，其中两次分别出自《水经注》卷七《济水》和卷二〇《漾水　丹水》。卷七："索水又北迳大栅城东，晋荥阳民张卓、董迈等遭荒，鸠聚流杂保固，名为大栅坞。至太平真君八年，豫州刺史崔白，自虎牢移州治此，又东开广旧城，创制改筑焉。"①卷二〇："丹水又南迳南乡县故城东北，汉建安中割南阳右壤为南乡郡，逮晋封宣帝孙畅为顺阳王，因立为顺阳郡。而南乡为县，旧治鄼城。永嘉中，丹水浸没，至永和中，徙治南乡故城。城南门外旧有郡社柏树，大三十围，萧欣为郡，伐之。言有大蛇从树腹中坠下，大数围，长三丈，群小蛇数十随入南山，声如风雨。伐树之前，见梦于欣，欣不以厝意，及伐之，更少日，果死。丹水又东迳南乡县北，兴宁末，太守王靡之改筑今城，城北半据在水中，左右夹涧深长，及春夏水涨，望若孤洲矣。"②

首先，我们来看此两处"改筑"与卷三《河水》提到的"改筑"的意思是否一致。

卷七说索水向北流经大栅城的东面，晋时大栅城名大栅坞，太平真君八年（447）豫州刺史崔白把州治从虎牢移到了此地，通过扩展大栅城的东面，加以重建。这里提到了"改筑"二字，但亦交代了大栅城改筑之前的状况，明确地表示了是在旧城基础上向东扩展的"改筑"。

卷二〇说丹水向南流经南乡县故城的东北，向东经南乡县北，叙述非常清晰。而在叙述南乡县故城与"今城"的关系时说，晋宣帝时南乡县治鄼城，永嘉年间（307—313）鄼城被丹水浸没，永和年间（345—356）将县治迁到了南乡故城（具体何时建造不清楚），兴宁末年（365），太守王靡之改筑成今天的南乡县城。这里虽然提到了"改筑"，然并没有像大栅城那样言名在旧城基础上向东扩建，且其与南乡故城的关系可以有两种解释：一种可能是旧城与今城不在一地，也就是说互不连属；另一种可能是今城在旧城之东，二者相连，但废弃了旧城，所以也可以说是重新修建了一座城。此两种情况都可能存在，关键需要补充文献资料及实地察看此段丹水改道

---

① 《水经注》卷七《济水》，第148页。

② 《水经注》卷二〇《漾水　丹水》，第398—399页。

情况之后方可确定。

那么，从上面两条资料的分析来看，《水经注》中提到“改筑”时或者是交代了在什么的基础上改筑的，或者是有重新修筑的意思。第二种认识中又有两种情况。据此分析《水经注》“于是水之北，黑水之南，遣将作大匠梁公叱干阿利改筑大城，名曰统万城”的记载，既然没有言明是在什么城的基础上修筑的，就表明统万城是一座在奢延水之北、黑水之南重新修筑的城池。

王社教不赞同统万城是在奢延县城的基础上改筑而成的观点。他认为《水经注》在叙述城址沿革时往往言某城即某故城，而没有表明统万城即奢延故城，显示统万城并非在汉奢延城的基础上改筑而成。[①]此观点确有一定的道理。如果说统万城是在奢延故城的基础上修建的话，就没必要再提到奢延水了，恰恰是因为“于是水之北”改筑大城，名曰统万城，说明了统万城与汉奢延县城并没有前后相继的关系，这或许建都时就是如此设计的。王社教的推测是极有可能的。

王北辰认为《水经注》既云“改筑大城”，同时在二水之间又未另记有奢延县城，足证统万城乃汉奢延县城之“改筑”。其实，在清代的文献资料中关于奢延城、统万城（夏州城）的记载都有，而且从这些记载中也可以看出奢延县城和统万城并没有前后相继的关系，而是两座不同的城。

如《读史方舆纪要》卷六一载：“夏州城，在镇（榆林镇）西北二百里[②]……义熙九年赫连勃勃于朔方水北、黑水之南筑城，曰统万……奢延城，在故夏州西南。汉县，属上郡，以在奢延水旁而名。后汉因之，汉末废。”[③]清嘉庆《大清一统志》卷二三九载：“奢延故城，在怀远县西，汉置属上郡，魏省，《水经注》奢延水出县西南东北流迳其县故城南。”“夏州故城，在怀远县西，本汉奢延县地，《晋书》载记义熙中赫连勃勃自称大夏……”[④]卷五四三又载：“奢延旧城在右翼前旗西南，汉置，属上郡，后汉因之，晋省……”[⑤]

显然，根据这些史料记载，奢延故城和夏州故城实为两座不同的城池。虽然二者均位于奢延水的北面，但大夏统万城和奢延故城并非同一座城。

---

① 王社教：《有关统万城建城史和环境史的几个问题》，见陕西师范大学西北环发中心编：《统万城遗址综合研究》，第121—128页。

② 这里需要说明的是，《读史方舆纪要》认为统万城在榆林镇的西北200里，而现今的榆林市是由明清榆林城发展而来的，考察榆林城和统万城的地理位置关系，笔者认为这里的西北200里当为西南200里之误。

③ 《读史方舆纪要》卷六一《陕西十》，第2909—2912页。

④ 《大清一统志》卷二三九，第15—16页。

⑤ 《大清一统志》卷五四三，第603页。

另外，陕西省文管会《统万城城址勘测记》为奢延说提供的实物证据——两方汉印，王社教、张永帅均提出了质疑。之后，对于印章的年代及归属也有了新的进展。刘江认为“此印（西部尉印）凿制较粗糙，印风与魏、晋、十六国同，拙意当为夏国或同时代遗物”①。王翰章则认为“此印出土于大夏都城统万城，印文系由隶变楷的文字，所以可能是晋代遗物”②。因此，“西部尉印”作为统万城是在汉代奢延城的基础上兴建的一个证据，这一观点值得商榷。

至此，我们认为统万城系十六国时期新建之城。

那么，如何解释改筑后面的“大城”二字呢？对此，笔者以为大城是就统万城的规模而言的，其参照物是奢延故城，其本意就是在奢延水的北面重新修筑一个规模比较大的城。“改筑大城”的大城是与奢延故城的规模相比较而言的。

学界确有学者认为“改筑大城”中的大城是指一个具体的城，统万城就是在这个城的基础上改筑的。最早提出这种说法的就是清代的洪亮吉。他在《十六国疆域志》卷一六《夏国》“幽州”条下录有：“《晋书・地理志》：赫连勃勃僭号于统万，是为夏。置幽州牧于大城。崔鸿《十六国春秋・夏录》：河西鲜卑杜仑献马八千匹于秦，济河至大城，勃勃留之。《晋书・载记》：勃勃攻姚兴将金洛生于黄石固，弥姐豪地于我罗城，皆拔之，徙七千余家于大城，以其丞相右地代领幽州牧以镇之。勃勃又攻，兴将姚寿都于清水城，寿都奔上邽，徙其人万六千家于大城。郦道元《水经注》：赫连龙升七年改筑大城，名曰统万城。案此则统万城即大城。勃勃既以幽州牧镇大城，则改筑统万后，亦属幽州可知。《晋地志》先言僭号于统万，后言置幽州牧于大城，二语微误。考自统万建后，《夏录》及载记不更言及大城，是大城为统万之一证。道元所言真可据矣。”③

首先，需要说明的是洪亮吉认为《晋书・地理志》中“先言僭号于统万城，后言置幽州牧于大城”的记载存在微误，但是在《晋书・载记》中对于这些事件发生的先后顺序记载得非常清楚，并不存在其所谓的错误。

《晋书・载记》记载与大城相关的事件顺序如下：“河西鲜卑杜仑献马八千匹于姚兴，济河，至大城，勃勃留之，召其众三万余人伪猎高平川，袭杀没奕于而并其众，众至数万。……勃勃又攻兴将金洛生于黄石固，弥姐豪地于我罗城，皆拔之，徙七千余家于大城，以其丞相右地代领幽州牧以镇之。……勃勃又攻兴将姚寿都于清水

① 刘江：《中国印章艺术史》，西泠印社出版社，2005年，第188页。
② 王翰章：《陕西出土历代玺印选编》，三秦出版社，1990年，第27页。
③ 〔清〕洪亮吉：《十六国疆域志》卷一六，商务印书馆，1958年，第437—438页。

城，寿都奔上邽，徙其人万六千家于大城。是岁，齐难、姚广都谋叛，皆诛之。”①

《资治通鉴》所载事件发生的先后顺序与《晋书·载记》相同，并且明确了事情发生的时间分别是东晋义熙三年（407）、义熙五年（409）和义熙六年（410）。可见，《晋书》记载并没有错误。那么，要解开十六国时期大城与统万城的关系，我们还需要对大城的建制沿革做一个梳理。《汉书·地理志》载："西河郡，武帝元朔四年置……县三十六：富昌，有盐官。莽曰富成……大成，莽曰好成。"②《后汉书·郡国志》："朔方郡武帝置。六城……临戎、三封、朔方、沃野、广牧、大城，故属西河。"③由此可知，西汉西河郡的大成县至东汉时为朔方郡大城县。

《资治通鉴》记载："柔然可汗社仑献马八千匹于秦，至大城，勃勃掠取之，悉集其众三万余人伪畋于高平川，因袭杀没弈干而并其众。"胡三省在"大城"处作注云："大城县前汉属西河郡，后汉属朔方郡，魏、晋省。"④顾祖禹认为："大成城，在镇东北。汉置县，属西河郡，后汉属朔方郡。亦曰大城。永元六年邓鸿等击南匈奴逢候于牧师城，追破之于大城塞，即此。晋义熙三年柔然献马于姚秦，至大城，赫连勃勃掠取之，遂叛秦。五年勃勃掠秦民寘于大城，置幽州牧镇之。既又略（掠）后秦略阳，徙其民于大城。后魏废。"⑤

显然，十六国时期大城的前身是汉代西河郡大成（城）县无疑。《读史方舆纪要》记载大城的位置在榆林镇的东北。清嘉庆《大清一统志》则认为大城位置是在"左翼前旗界"⑥。史念海认为大城在今内蒙古自治区杭锦旗东南。⑦ 谭其骧在《中国历史地图集》第4册《东晋十六国·南北朝时期》的《后秦　魏　南凉　北凉　西凉　南燕　夏　西秦　北燕》图中也把夏（赫连勃勃大夏）幽州牧大城的位置标注在了杭锦旗的东南。杭锦旗锡尼镇四十里梁古城梁城址就是大城县的旧址。⑧近年来的考古材料已经证明西河郡大城县就是杭锦旗锡尼镇北20千米的霍洛柴登古城。无论如何，此大城都不可能是统万城。

既如此，我们认为大夏国都统万城既不是在汉代奢延县城基础上修建的，也不是

① 《晋书》卷一三〇《载记第三十·赫连勃勃》，第3202—3205页。
② 《汉书》卷二八下《地理志第八下》，第1618页。
③ 《后汉书》志第二三《郡国五》，第3526页。
④ 《资治通鉴》卷一一四"安帝義熙三年"，第3597页。
⑤ 《读史方舆纪要》卷六一《陕西十》，第2922页。
⑥ 《大清一统志》卷五四三，第603页。
⑦ 史念海：《十六国时期各割据霸主的人口迁徙（下篇）》，《中国历史地理论丛》1992年第4期，第18页。
⑧ 梁冰：《鄂尔多斯通史稿》上卷，第83、150页。

在汉代朔方县城的基础上改建的，与十六国时期赫连勃勃“置幽州牧于大城”的大城无关，而是依赫连勃勃之命在奢延水北面新修筑的一座城，此与王社教观点一致，所述内容仅为其补充了部分资料而已。

二、统万城城市形态

统万城，从413年诞生到宋元时淡出史籍，到清代道光年间再入世人视线。新中国成立后，其与汉唐长安城等遗址一样受到国家及地方文物部门的重视，与唐长安城遗址同时列入全国重点文物保护单位，又与汉长安城遗址、唐大明宫遗址一起进入国家考古遗址公园建设行列。无论在当世，还是在一千六百余年后的今天，无论是在政治、经济领域，还是在军事、民族交往范畴，抑或是在丝绸之路研究，民族史、环境史、城市史等领域研究中，都有着极为重要的历史地位。因而，其研究成果之丰、领域之广、经久不衰之势、神秘之程度少有过之者。

统万城遗址位于今陕西省靖边县北无定河北岸、内蒙古自治区鄂尔多斯市乌审旗西南萨拉乌苏河（又名红柳河）北岸巴图湾水库东约6—7千米处。无定河历史上又被称为洛川、奢延水、朔方水，是一条高原深切曲流，统万城附近的河谷下切深度达40—50米。被当地群众称为“白城子”的统万城遗址高耸于无定河北岸，白色的城墙与敌台在数公里外便可望见。距城址东南不远的圪洞河自南向北蜿蜒流入无定河。再向东约15千米，便是发源于乌审旗境内、历史上被称为黑水（或乌水）的纳林河，自西北向东南注入无定河。①

对统万城城市形态的研究最早来自清道光年间的一份报告，这份报告的起因侯甬坚已经梳理清晰。侯师经过对道光年间榆林人杨江《河套图考》提供线索的核查，再据何炳勋调查内容与《榆林府志》记述内容之间的关联性，推定何炳勋的调查发生在《榆林府志》成书的1841年秋季之前，最有可能是在1841年上半年，榆林府方面的指派人则为知府李熙龄。李熙龄纂辑《榆林府志》中急于解决夏州城故址、怀远县水道两个问题，这构成了怀远知县前往境西调查的动因，调查后形成的“禀稿”呈送给李熙龄，著作权属于何炳勋。1844年徐松方出任榆林知府，何炳勋又将“禀稿”呈送徐松，时间是为道光二十五年（1845）。②

① 邓辉、夏正楷、王琫瑜：《利用彩红外航空影像对统万城的再研究》，《考古》2003年第1期，第71页。

② 侯甬坚：《道光年间夏州城故址（统万城）的调查事由》，《陕西师范大学学报（哲学社会科学版）》2003年第4期，第90—94页。

何炳勋在《复榆林徐太守松查夏统万城故址禀》中描述的统万城故址是：“其地有土城，周围三重，俱用土筑。渡无定河，西行二里许，进头道城，又西半里，进二道城，又西数十武，进三道城。”这一记载首次提出了统万城三重城的城市形态问题。而对何氏提到三重城的功能与形态，首先由考古学家做了初步认定。1956年9月，由陕西文物管理委员会、博物馆组织的陕北文物调查征集组对“统万城”进行了初步调查，调查报告中采用了何炳勋三重城垣之说，“‘统万城’遗址，大部分被流沙淹没。城的方位，坐西北向东南（南偏东四十度）。现在比较显著的有内城和二道城；外城遗址据说在内城之北约六里，东南约二里，均尚有一小段”①。此说分别将何氏调查报告中头道城、三道城认定为统万城的外城与内城，但对于二道城的性质则未做进一步说明。1975年至1977年戴应新曾先后三次到现场考察，他认为统万城“城址基本在一个平面上，西北略高。分为外郭城、东城和西城，群众称为头道城、二道城和三道城。外郭城依无定河北岸原边地势，呈西南至东北走向，然后西折，趋向东城北垣，破坏严重，仅留断断续续的几段略高于地面的残迹，轮廓不大清楚。从其断垣走向和城址内瓦砾、骨渣分布范围判断，外郭城面积比东西城略大”②，并明确说“统万城由外廓城和东西二内城构成多重的城堡工事，由东往西依次为外廓城、东城、西城，即当地人所谓的头道城、二道城与三道城”。戴氏的观点影响很大，为学术界普遍采用。概括而言，统万城为三重城，即东城、西城和外郭城，其中东西二城为内城，外郭城在东城以东。邓辉等则利用彩红外航空影像对何炳勋所谓的三道城做出了不同的认定：“头道城就是东面的土城，该城应为统万城的外郭城；二道城则是西面的土城，该城应为统万城的内城（或皇城）”，三道城“应该就是赫连勃勃时修筑的统万城的宫城”，“就位于内城（西城）的西半部”。③指出了统万城的宫城、皇城、郭城的确切所在，吴宏岐认同此说④。张永帅认为统万城是具有内城性质的都城。⑤

陕西省古建设计研究所2003年编制的《统万城遗址保护规划》中的《控制性总体规划·保护范围图》上采用了戴应新的观点，清晰显示出统万城东、西城之外还存在外郭城。笔者认为，这是值得怀疑的一种都城形制。首先，若果真如此，考古学及

① 陕北文物调查征集组：《统万城遗址调查》，《文物参考资料》1957年第10期，第54页。

② 陕西省文管会：《统万城城址勘测记》，《考古》1981年第3期，第225—226页。

③ 邓辉、夏正楷、王琫瑜：《利用彩红外航空影像对统万城的再研究》，《考古》2003年第1期，第72页。

④ 吴宏岐：《关于大夏国都统万城的城市形态与内部布局问题》，《中国历史地理论丛》2004年第3期，第133页。

⑤ 张永帅：《关于统万城历史的几个问题》，《中国历史地理论丛》2008年第1期。

历史学研究长期坚持的“北魏洛阳城是三重城制的典范”这一观点就要被推翻。其次，一般认为的子城制度起自南朝、隋唐时期完善的说法也需要修订。再次，赫连勃勃多次将统万城与咸阳、洛阳相比较，此时或之前此二城均无统万城这类形制之先例。若将东、西两城类比于杨宽的西城东郭形制未尝不可，但是其外的外郭城又当如何判定？

从上述认识出发，笔者认为大夏国都统万城仅有西城部分，东城部分则是汉代奢延县故城，其外郭城则如刘景纯的判断，即统万城之郭城如同秦都咸阳，是一种理论上虚设的城池，人工兴建的城池是不存在的。根据《统万城铭》所言“石郭天池，周绵千里”之说，笔者认为“石郭”并非实指统万城的郭城，“天池”也不是指统万城的护城河。“石郭”可能指西到贺兰山、北达阴山、东到大河、南至白于山等构成的天然防御屏障。“天池”约指黄河“几”字形部分和红柳河构成的水防体系，二者山水一体，周绵千里，环绕于统万城的外围，颇似石郭天池之状，可当周绵千里之名。[①]笔者赞同这一认识。考古人员探测出的这道外郭城墙最早是唐代夏州城，唐德宗贞元八、九年始建而成，此时被吐蕃毁坏的夏州内城也得到重建。[②]

东城之所以被认为是汉代奢延县城，原因如下：

其一，前文在分析《水经注》其他两处“改筑”现象时提出的第二种改筑观点为建新城的第二种现象，即将新城建在旧城一侧，旧城废弃不用。

其二，《晋书》卷一三〇《载记第三十》胡义周所撰《统万城铭》描述的仅仅是统万城一重城及其内部建筑。如都城仅设4门：南门曰朝宋门，东门曰招魏门，西门曰服凉门，北门曰平朔门。且东城之东门凤阳门产生于北宋时期。另外铭文中亦明言统万城“为独守之形”，因而当不存在外郭城，也没有使用东边的废城。

其三，从胡义周的铭文可知，作为都城的统万城内部空间构成主要源自西汉长安城。首先说五郊之制。从西汉武帝时始，就有南北郊地点的改易，元成之际又有五次反复，最终于平帝元始五年（5），于长安南、北郊祭祀天地；[③]并将原来位于雍地的其他诸神祠分类迁至汉长安城郊，“中央帝黄灵后土畤及日庙、北辰、北斗、填星、中宿中宫于长安城之未地兆；东方帝太昊青灵勾芒畤及雷公、风伯庙、岁星、东宿东宫于东郊兆；南方炎帝赤灵祝融畤及荧惑星、南宿南宫于南郊兆；西方帝少皞白灵蓐收

① 刘景纯：《统万城布局结构及其相关问题的探讨和推测》，见陕西师范大学西北环发中心编：《统万城遗址综合研究》，第115—116页。

② 艾冲：《西北城市发展与环境演变研究——立足于陕西榆林地区的考察》，第88页。

③ 肖爱玲：《丝绸之路最早的东方起点：西汉长安城》，陕西师范大学出版总社，2017年，第189—190页。

畤及太白星、西宿西宫于西郊兆；北方帝颛顼黑灵玄冥畤及月庙、雨师庙、辰星、北宿北宫于北郊兆”[①]。又如西汉宣帝时期的七庙之争。汉武帝时曾动议在长安城南郊建太一，今长安城南已发现汉代明堂遗址。未央宫内的温宫、凉殿建筑等在统万城内皆有对应。有学者认为统万城东向为其民族文化特色[②]，实不知其与西汉长安城坐西朝东的格局有直接渊源。

正因如此，统万城都城形制当如西汉长安城之形制，都城城墙内有多处宫殿。统万城内有宫城，宫内永安殿为路寝之所，永安殿之北另有别殿。宫城西门服凉门高耸入云，宫殿正门高大宏伟。华林灵沼、高台殿阁相互联属。宫城之南建有离宫、崇明宫。杨宽认为西汉长安城是内城性质的都城，此说与张永帅所认为的内城性质的统万城相一致。

其四，既然统万城仅为西城，那么其东的旧城只能是汉代奢延县城。

大夏国都统万城是一座近似于南北长、东西短的长方形城市，整体较为规整，唯西垣有一曲折，这一点与西汉长安城西城墙曲折也极为相似。统万城东垣长692米、西垣721米、南垣500米、北垣557米，周长2470米。[③]城的四隅都有突出城外的长方形或方形墩台，且高出城垣，其中西南隅墩最高，达31.62米，数十里外就能看到，确有“高隅隐日，崇墉际云”之势。

统万城四面各有1座城门，南门名朝宋门，东门名招魏门，西门名服凉门，北门名平朔门。南、北、东三门俱毁，仅存基址轮廓，西门瓮城尚存，门道宽3米。城墙四周外面加筑马面，由于各垣长度不同，马面有多有少，如城北垣有10座，南垣有8座。城南垣马面较为特殊，既长又宽，每座长18.8米，宽16.4米，现存高度比城垣高且低于西南隅墩，其长度则大于城垣本身的厚度。城南部正中有一台基，平面呈长方形， 旁有一井。台基可能是位于宫殿前面楼观（离宫）建筑的基座。城垣、隅墩、马面和台基均由苍白色土施夯版筑而成，夯层清晰，规整致密。《晋书·赫连勃勃载记》载负责修筑统万城的将作大匠叱干阿利“残忍刻暴，乃蒸土筑城，锥人一寸，即杀作者而并筑之”，建成后的统万城“坚可以砺刀斧”“城基如铁石，攻凿不能入”。统万城的铸造之法大略沿用其本民族，或当地建筑之特有方法。因为，赫连勃勃之父的代来城城墙目前仍有高耸的墙体存在，且色泽、夯层与统万城无差，阳光下

① 《汉书》卷二五下《郊祀志第五下》，第1268页。

② 邓辉、夏正楷、王琫瑜：《利用彩红外航空影像对统万城的再研究》，《考古》2003年第1期，第74页。

③ 陕西省文管会：《统万城城址勘测记》，《考古》1981年第3期，第226页。

的城墙洁白如雪，熠熠生辉。所以，将作大匠叱干阿利就是沿用了旧有的筑造方法，只不过他和勃勃太过残忍了。

城西南隅角楼，是建在至今仍存留31.62米西南隅墩台之上的。统万城的城墙、角楼台基、马面均修筑得非常高大坚固，具有相当强大的军事防御功能。《魏书》卷九五《屈孓列传》记录统万城建设规制，“城高十仞，基厚三十步，上广十步，宫墙五仞”。若一仞以八尺计，一步以六尺计，则城墙高约26.7米，墙基厚60米，墙顶厚20米，宫墙则高约13.3米。调查中实测的统万城西南角楼台基残高为24米，残余城墙顶部的最大宽度为19米，实测数据与文献记载基本一致。城的西半部为一流沙所覆盖的高地，仔细辨认仍可察见规则的城墙遗迹，东侧城门的瓮城遗迹也隐约可辨。从这一片高地的东侧到西城的东墙，只有很短的一段距离，与何炳勋所言“数十武”的记载完全吻合。

建成后的统万城是“高隅隐日，崇墉际云，石郭天池，周绵千里”，城里有“华林灵沼，重台秘室，通房连阁，驰道苑园”。《水经注》曰：“其城土色白而牢固，有九堞楼，险峻非力可攻。”

统万城的规划设计受到中原汉族文化中天人感应、法天象地等思想的强烈影响。胡义周在赞文中提到的“模帝坐而营路寝”“若紫微之带皇穹”讲的就是中国古代法天象地的城市设计思想。邓辉等认为统万城西城墙的特殊形状就是胡义周赞文中所说的“若紫微之带皇穹”的具体含义。西城墙的特殊形状可以归为二点：一是方向不与东墙完全平行，而是略微偏向西北，并由北而南分段向东内收，形状与其他三墙截然不同；二是在城墙转折的地方插建三座大型敌台，形成了马面与敌台相间分布的格局，不同于其他三面城墙密布马面。统万城的西墙之所以建成这样特殊的形状，大约就是想要利用曲折的城墙和相间点缀的敌台、角楼来象征天上的北斗星座。从统万城内城的形态上看，其曲折延伸的西城墙，与北、东、南三面城墙共同构成了一个类似倒置的北斗星座的形状。①

隋唐夏州城市形态，或者说唐贞元八年（792）之后的夏州城是三重城圈。早期的统万城分作东城（外城）、西城（皇城）。西城（皇城）是大夏皇帝赫连勃勃及其宗室的居所、处理朝政之地以及中央官署所在地。东城（外城）应是普通居民区、商业区、手工业作坊区和军人营地。北魏太和十一年（487）至隋唐时期，夏州城市功能区分布格局基本未变。西内城先后成为夏州总管府、夏州都督府、夏州节度使、宁夏大使等高级军政机关，以及夏州、化政郡、朔方郡诸衙署所在地，还有一些公共设施，诸

---

① 邓辉、夏正楷、王琫瑜：《利用彩红外航空影像对统万城的再研究》，《考古》2003年第1期。

如仓库、钟楼（今所谓永安台）、鼓楼（今所谓宫殿基址）等亦分布于此城内。[①]东城则是岩绿县、朔方县等县级衙署驻地，平民、商贾、旅客、军兵居住区，商业与手工业分布区。唐贞元八年之后，外郭城内大抵是军队营区、饲养牲畜的圈栏、手工业生产、公共活动的场所，这从其城内散布的瓦砾、骨渣遗存可以推知。外郭城逼临无定河北岸和台原边缘，无疑是出于尽量占据有利地势以便城市防御的构想。[②]

第三节　隋唐时期鄂尔多斯高原城市形态

城市形制包括外部形状与内部格局。城市职能、城市规模、城市等级是影响城市形态的关键因素。历史文献中对城市形制的记载鲜少，因此本节主要根据实地调查，结合历史文献资料探索城市的形制。由于隋代建立时间短，再加之唐时城市基本继承隋代城市而来，故在此不再分别论述隋、唐两代城市形制。

一、隋唐时期鄂尔多斯高原城市职能与等级

城市职能是城市在区域中所承担的角色及所起的作用，城市性质是一个城市主要职能的呈现，代表了该城市的个性及特点。四面环山、三面环水的地貌特点以及隋唐边疆战略要地的特殊历史环境，使鄂尔多斯高原城市呈现了特殊的性质和职能。隋唐时期鄂尔多斯高原地区的城市，是由行政系统的州、县治所城市和军事系统的节度使司（又称节镇，前期都督府）、州、军、镇、戍等城以及准政区系统羁縻府、州等组成的复杂体系。这一复杂系统不仅决定了区域城市等级秩序，还要求本区城市具有突出的行政和军事性质，以及交通枢纽和经贸中心职能。从古代城市起源来看，城市是权力的象征，即城市就是中央政治权力在地方上的物理表征，因而各城市的根本属性就是执行中央权力的行政管理结点。隋唐时期，鄂尔多斯高原地区建立的城市，主要是由郡（州）、县级治所城市构成，除行政职能外，军事防御特征尤为突出。

（一）军事职能的城市

我们在第二章梳理了研究区行政系统州、县的建置，隋唐时期，除行政区划外，还设有总管府、都督府、都护府、节度使司等机构，使本区城市更多具有军事或附属军事的性质和职能。

---

① 刘济南、张斗山修，曹子正纂，曹思聪续纂修：《横山县志》卷四，榆林东顺斋石印，1929年，第45页。

② 艾冲：《西北城市发展与环境演变研究——立足于陕西榆林地区的考察》，第92页。

大都督府，魏黄初二年（221）始置，以都督诸州军事。隋文帝改为总管府，研究区属于朔方总管府。唐初曾沿袭隋代总管府的建制，唐武德七年（624）又改为都督府。①贞观以后，内地都督府大多省废，仅在军事活动频繁的边远地区尚有存留，以统州、县等地方武装力量。李绩、论弓仁、薛怀义、契苾明、张仁愿、解琬、唐休璟、郭元振、王晙、韦抗等曾先后担任过朔方行军大总管。高宗、武后后期，这一军事建制逐渐制度化，形成了具有固定驻地和兵力的军管区。景云二年（711），节度使成为正式官职。开元九年（721），置朔方节度使，张说兼任首任节度使。天宝元年（742），全国形成了平卢、范阳、河东、朔方、陇右、河西、安西四镇、北庭8个节度使区，节度使集军、民、财三权于一身。肃宗至德元年（756）以后，逐渐成为唐代后期地方的高级政区，致使唐后期中央与地方关系失衡，加速了唐王朝的衰亡和五代十国分裂割据局面的形成，深刻影响着中国地域结构形态的变化。都督府与方镇的职掌差异是影响区域城市职能的重要因素之一。

《旧唐书·地理志》记："其缘边镇守及襟带之地，置总管府，以统军戎。"②《通典》对都督职掌做了详细描述："魏文帝黄初三年，始置都督诸州军事…… 晋受魏禅，则都督诸军为上，监诸军次之。……太康中，都督知军事，刺史理人，各用人也。……北魏有都督中外诸军事。……后周改都督诸军事为总管，则总管为都督之任矣。……大唐诸州复有总管……七年，改大总管为大都督府，总管府为都督府。"③都督府的职责从建立之初仅有都督军事的职能。总管府之职能源于都督，主要是指镇抚一方，特别是在北方边地最为突出，其次是训教管内府兵。然总管府常常兼任所驻州的刺史，即二级行政区的行政长官，且以驻州全名作为本总管府的专名。又《新唐书》载都督的职责是："掌督诸州兵马、甲械、城隍、镇戍、粮廪，总判府事。"④兵马、甲械、城隍、镇戍为军事性元素，粮廪为经济性元素，可见都督府是一个以军事为主要职能的机构。景龙元年（707）五月任命张仁愿为朔方道大总管，"以备突厥"⑤。开元九年，于灵州城设立朔方节度使，即"唐开元中建朔方节度于此，用以捍御北方，士马强盛，甲于诸镇"⑥。朔方节度使初领"单于大都护府，夏、盐、绥、银、丰、胜六州，定远、丰安二军，东、中、西三受降城"，涵盖了整个研究

① 《旧唐书》卷四四《志第二十四·职官三》，第1916页。
② 《旧唐书》卷三八《志第十八·地理一》，第1384页。
③ 《通典》卷三二《职官十四·总论州佐》，第893—894页。
④ 《新唐书》卷四九下《志第三十九下·百官四下》，第1315页。
⑤ 《资治通鉴》卷二〇八"中宗景龙元年"，第6610页。
⑥ 《读史方舆纪要》卷六二《陕西十一》，第2942页。

区。随后其管辖区域增大，于开元二十二年（734）达到顶峰，即“朔方节度兼关内道采访处置使，增泾、原、宁、庆、陇、鄜、坊、丹、延、会、宥、麟十二州”[①]，覆盖了关内道的大部分区域。安史之乱爆发后，“朔方僚属崔漪等谋曰：‘灵武兵食完富，若北收诸城兵，西发河、陇，劲骑南向，以定中原，此万世一时也。’因共奉笺迎太子，遂为中兴之本矣”[②]。唐肃宗在此地即位。从朔方节度使管控区域和职掌事项以及地方经济发展来看，灵州是研究区其他城市无可比拟的。

《旧唐书》卷三八《地理志》所载朔方节度使创建之目的、控御区域之属性及其所掌管兵马、物资等都明确说明了其突出的军事职能。“朔方节度使，捍御北狄，统经略、丰安、定远、西受降城、东受降城、安北都护、振武等七军府。朔方节度使，治灵州，管兵六万四千七百人，马四千三百匹，衣赐二百万匹段。经略军，理灵州城内，管兵二万七百人，马三千匹。丰安军，在灵州西黄河外百八十里，管兵八千人，马千三百匹。安远城，在灵州东北二百里黄河外，管兵七千人，马三千匹。西受降城，在丰州北黄河外八十里，管兵七千人，马千七百匹。安北都护府治，在中受降城黄河北岸，管兵六千人，马二千匹。东受降城，在胜州东北二百里，管兵七千人，马千七百匹。振武军，在单于东都护府城内，管兵九千人，马千六百匹。”《新唐书》亦载：“夫所谓方镇者，节度使之兵也。”同时，节度使还增领营田使、盐池使、检校浑部落使、押诸蕃部落使等职[③]，即经济职能与民族政治管理职能。可见，节度使的军事职能突出，兼具管理经济、理民为辅的行政属性。

《新唐书》又载：“都护掌统诸蕃，抚慰、征讨、叙功、罚过，总判府事。”[④]《通典》记：“掌所统诸蕃慰抚、征讨、斥堠、安揖蕃人及诸赏罚，叙录勋功，总判府事。”[⑤]《唐六典》卷三〇记载：“都护、副都护之职，掌抚慰诸蕃，辑宁外寇，觇候奸谲，征讨携离。”[⑥]所谓“统诸蕃”“抚慰诸蕃”就是管理归附唐朝“傍塞外”而居的夷狄部落，也就是治理所辖羁縻府州。这表现在管理者的权力上，如张知运为单于副都护时“降户阿悉烂、跌跌思泰等复自河曲叛归。初，降户南至单于……张知运尽收其器仗，令渡河而南，蕃人怨怒”[⑦]。可见都护府对羁縻府州有行政管理职能。“征

① 《新唐书》卷六四《表第四·方镇一》，第1763页。
② 《读史方舆纪要》卷六二《陕西十一》，第2942页。
③ 《新唐书》卷六四《表第四·方镇一》，第1762—1763页。
④ 《新唐书》卷四九下《志第三十九下·百官四下》，第1317页。
⑤ 《通典》卷三二《职官十四》，第1002页。
⑥ 〔唐〕李林甫等：《唐六典》卷三〇，陈仲夫点校，中华书局，1992年，第755页。
⑦ 《旧唐书》卷一九四上《列传第一百四十四·突厥上》，第5173—5174页。

讨”“辑宁外寇”就是指经略边疆，防御和抗击外族的入侵，此为军事职能。

羁縻府州，是唐太宗时期在前代羁縻政策基础上发展而来，并在之后得以完善和发展的行政区划制度。“唐兴，初未暇于四夷，自太宗平突厥，西北诸蕃及蛮夷稍稍内属，即其部落列置州县。其大者为都督府，以其首领为都督、刺史，皆得世袭。虽贡赋版籍，多不上户部，然声教所暨，皆边州都督、都护所领。”①都护府中都督管军事，刺史治民，是一种专门管理和控制民族部落的组织，具有行政管理职能。开元九年（721），朔方节度使的设立及其对羁縻府州的直接控制，说明唐朝边疆政治前后的转化和联系，从以行政手段为主到以军事防御为主。这个转换表明唐廷对北部势力控制的能力有所减弱，它针对北方采取的军事行动（特别是防御）在一定程度上说是出于无奈。同时，朔方军体制确立的过程，也就是羁縻府州减少或转向正州的过程，其间的变迁繁芜复杂，但其趋势则十分明显。羁縻府州和朔方军是唐朝经营边地的两种不同方式。从理论上说，节度使体制的确立，是羁縻府州控制失灵的补缺和替代，具有否定前期方式的因素在内。以军事征调守边备御取代松散的行政控制，反映出唐廷对北部边地政策的简化和收缩，对唐朝后期甚至以后的朝代都产生了影响。②

综上，研究区不同类型的城市由于其所处的特殊的地理位置，都表现出不同大小的军事防御职能。

（二）交通枢纽性质的城市

灵州城拥有四通八达的交通条件，即“其向西至凉州达西域道、向北至丰州受降城再达塞北道、向东经盐夏至黄河道，以及自灵州出发至其他诸道。且灵州河套间黄河二千数百里，水运发达”③。灵州城因其特殊的地理位置被称为“国之北门”，是唐中央与边地民族政权频繁交往的地方。贞观十七年（643）闰六月，薛延陀请求联姻，“（唐太宗）乃征真珠可汗使亲迎，仍发诏将幸灵州与之会。真珠大喜，欲诣灵州”④。贞观二十年（646）讨伐薛延陀时，“太宗亲幸灵州，为诸军声援”⑤，并于灵州城宴见薛延陀使者。“（回纥）遣使入贡，以破薛延陀功，赐宴内殿。太宗幸灵武，受其降款。”⑥同年九月，“上至灵州，敕勒诸部俟斤遣使相

---

① 《新唐书》卷四三下《志第三十三下·地理七下》，第1119页。
② 李鸿宾：《羁縻府州与唐朝朔方军的设立》，《中央民族大学学报（哲学社会科学版）》1998年第3期。
③ 严耕望：《唐代交通图考》第1卷，上海古籍出版社，2007年，第179页。
④ 《资治通鉴》卷一九七“太宗贞观十七年”，第6200页。
⑤ 《旧唐书》卷一九九下《列传第一百四十九下·北狄》，第5347页。
⑥ 《旧唐书》卷一九五《列传第一百四十五·回纥》，第5196页。

继诣灵州者数千人”[①]。值得注意的是，安史之乱爆发之后，太子李亨北上灵州，曾称“灵武我之关中”[②]，并于至德元年（756）七月在此即位，即“肃宗于灵武即位”，改灵州城为“大都督府”[③]。肃宗即位后，为了赏赐回纥平叛安史之乱的功劳，“每载送绢二万匹至朔方军”[④]。灵州城突出的对外交流职能使得其在研究区有较高的政治地位。

夏州由于其特殊的地理位置，是连接东西、贯通南北的必经之地。其东经银、绥可达河东地区，西经盐州可达灵州和陇右地区，北达丰、胜、天德军、中受降城等各边城，南达国都长安。据《元和郡县图志》记：“自新宥州北至天德，置新馆十一所，从天德取夏州乘传奏事，四日余便至京师。”[⑤]夏州是国都长安与北部各边城联系的重要交通要道，具有重要的交通职能，是“河套地区的信息、补给、交通中心”[⑥]。如贞元“八年五月，以都官郎中郑克钧为灵、夏二州运粮使。吐蕃之围灵州，军食绝，及吐蕃稍却，钧自夏州，以牛马杂运米六万斛至灵州”[⑦]，有力地保障了灵武节度使的军需。再如贞元十四年（798），夏州节度使韩全义破虏于盐州，元和十三年，“夏州节度田缙于灵武亦破三千余人。十一月，盐州上言：‘吐蕃入河曲，夏州破五万余人。’”[⑧]。夏州作为后方基地，协同灵、盐二州与吐蕃作战。夏州城，“自汉至今，常为关中根本”[⑨]，其不仅是研究区内部的交通中心，亦是对外交往的必经之路和中转中心，被称为“河西、西域许多民族、部落朝贡中原的贸易之路”“军事交通要道”“佛教文化传播之路”“民族交往、融合之路”。[⑩]

宥州，侨置经略军时，《元和郡县图志》记“盖谓居中可以统蕃部，北接天德，南据夏州”，改变了以前回鹘有消息取道太原送至朝廷时“已失事宜”的情况。“自新宥州北至天德，置新馆十一所，从天德取夏州乘传奏事，四日余便至京师”，可看出宥州特殊的交通职能。

---

① 《资治通鉴》卷一九八“太宗贞观二十年”，第6240页。
② 《新唐书》卷一二六《列传第五十一·杜鸿渐传》，第4423页。
③ 《旧唐书》卷三八《志第十八·地理一》，第1415—1416页。
④ 《旧唐书》卷一九五《列传第一百四十五·回纥》，第5200页。
⑤ 《元和郡县图志》卷四《关内道四》，第107页。
⑥ 程义：《唐代鄂尔多斯地区城址的等级与形制》，见侯甬坚主编：《鄂尔多斯高原及其邻区历史地理研究》，第104页。
⑦ 《册府元龟（校订本）》卷四八四《邦计部·经费》，第5489—5490页。
⑧ 《旧唐书》卷一九六下《列传第一百四十六下·吐蕃下》，第5262页。
⑨ 《元和郡县图志》卷四《关内道四》，第101页。
⑩ 李并成、解梅：《夏州与敦煌——晚唐五代宋初夏州与敦煌交通考略》，见陕西师范大学西北环发中心编：《统万城遗址综合研究》，第38页。

（三）经济贸易中心的城市

灵州有盐池5处，州治回乐城县南有温泉盐池，保静县有弘静盐池，怀远县有隋废盐池3所，分别是红桃、武平与河池盐池。而盐池的专卖制度会给朝廷带来很大的盈利，“天下之赋，盐利居半，宫闱服御、军饷、百官俸禄皆仰给焉”[①]。值得提及的是，丰州所产食盐被作为土贡“印盐”上缴中央，丰富的盐池资源为本地区带来丰厚的利润。

西受降城是唐中央与北边民族互市马匹的场所。《旧唐书》记：“（开元）十五年，小杀使其大臣梅录啜来朝，献名马三十匹。……仍许于朔方军西受降城为互市之所，每年赍缣帛数十万匹就边以遗之。”[②]《唐会要》载：“天宝六载十二月，九姓坚昆及室韦，献马六十匹，令于西受降城使纳之。”[③]这些史料也反映其有一定的经济交流职能。

总之，鄂尔多斯高原地区城市职能表现为政治与军事属性两大特征，且依靠区域内丰富的盐业资源、帝国王朝的特殊地理位置，城市又兼有交通、经济贸易和促进民族融合等职能。其中，灵州城和夏州城是区域内综合政治、军事、经济、交通等职能的复合型城市。

二、隋唐时期鄂尔多斯高原城市等级

城市等级是一个城市在其所在区域内综合实力的反映。城市职能、行政等级、人口规模、城址规模等因素都会影响城市的等级地位。

（一）隋代城市等级分析

581年，隋朝建立统一的王朝之后，继承北周的总管府制度[④]。隋朝的行政区划为府（州）—郡—县三级制。由于三级制的弊端，隋文帝在开皇三年（583）罢天下诸郡，行政管理变为（府）州—县二级制。隋炀帝时，下令废诸州总管府，大业三年（607）下令改州为郡。因此，隋代基本为两级行政区划，即郡（州）—县两级制。

隋代研究区由灵武、盐川、朔方、雕阴、榆林、五原、定襄郡7郡及其下属县构

① 《新唐书》卷五四《志第四十四·食货四》，第1378页。

② 《旧唐书》卷一九四上《列传第一百四十四上·突厥上》，第5177页。

③ 《唐会要》卷七二“马”，第1303页。

④ 总管府是一种兼管军民的地方集权体制，是为有效管理广阔疆域内众多州郡而实施的一种重要措施。艾冲：《唐代都督府研究——兼论总管府·都督府·节度司之关系》，西安地图出版社，2005年，第21页。

成。《元和郡县图志》记："隋榆林宫，在（胜）州城内，大业二年置，因榆林郡为名。其年，炀帝北巡，陈兵塞表，以威北狄，因幸此宫。"①《隋书》曾记大业三年炀帝幸榆林郡。榆林郡即可称之为行在，榆林宫的设置使得榆林郡等级高于其他郡级城市。此外灵州城因其地理位置当为"国之北门"，再加之有"塞北江南"之称，其等级可与当时榆林郡城匹敌。

因此，隋代研究区城市等级以灵武城、榆林城为最高级别，其余郡级城市为次级城，县级城与镇级城则为第三级城市。

（二）唐代城市等级分析

唐代的行政区划为道—都督府—州—县四级区划，研究区均位于关内道内，都督府成为研究区最高等级的行政区划。

1.州县级城

安史之乱前鄂尔多斯高原有灵、夏、丰、胜4都督府，下辖灵、盐、夏、绥、银、丰、胜、麟8州。《唐会要》载：武德七年"改大总管府为大都督府，管十州以上为上都督府，不满十州只为都督府。至开元元年著令，户满二万以上，为中都督府，不满二万，为下都督府"②。以下根据《旧唐书》《元和郡县图志》与《新唐书》中对它们等级的记载，加以叙述。

表3-6　唐代各州级城市等级表

州名	《旧唐书》	《元和郡县图志》	《新唐书》
灵州	大都督府	大都督府	大都督府
盐州	下都督府	中都督府	下都督府
夏州	中都督府	中都督府	中都督府
绥州	下州	下州	下州
银州	下州	下州	下州
宥州	上州	上州	上州
麟州	下都督府	下州	下都督府
胜州	下都督府	下都督府	下都督府
丰州	下都督府	下都督府	下都督府

资料来源：1.〔后晋〕刘昫等，《旧唐书》卷三八，中华书局，1975年。

2.〔宋〕欧阳修、宋祁：《新唐书》卷三七，中华书局，1975年。

3.〔唐〕李吉甫：《元和郡县图志》卷四，贺次君点校，中华书局，1983年。

① 《元和郡县图志》卷四《关内道四》，第111页。

② 《唐会要》卷六八"都督府"，第1192页。

州级城市的等级，亦可从其辖县等级略知一二。唐代根据地理位置与人口多少，将县分为8个等级，即赤、畿、望、紧、上、中、中下、下。其等级情况根据《新唐书·地理志》卷三七与《元和郡县图志》卷四记载整理如下表。

表3-7　县级治所城市等级表

州城	级别	所辖县城及其级别						
		赤	畿	望	紧	上	中	中下
灵州	灵州都督府、灵武节度使治所			回乐	怀远	灵武、保静、鸣沙、温池		
盐州	下都督府					五原、白池		
夏州	中都督府					朔方		德静、宁朔
绥州	下州						上县	延福、绥德、城平、大斌
银州	下州						儒林、开光	真乡、抚宁
宥州	上州						延恩	长泽
麟州	下都督府						新秦	连谷、银城
胜州	下都督府							榆林、河滨
丰州	下都督府							九原、永丰

资料来源：1.〔宋〕欧阳修、宋祁：《新唐书》卷三七，中华书局，1975年。
2.〔唐〕李吉甫：《元和郡县图志》卷四，贺次君点校，中华书局，1983年。
3.〔宋〕王溥：《唐会要》卷七〇，中华书局，1960年。

从以上两表内容可以看出，灵州城为大都督府所在地，治所回乐城和怀远城的等级均高于研究区其他城市，灵州城是研究区最高等级的城市，夏州城次之。丰、胜二城分别为丰州督府与胜州都督府驻地，其等级逊于灵、夏二州城。①

2.军城

《新唐书》卷五〇《兵志》载："夫所谓方镇者，节度使之兵也。其原始，起于边将之屯防者。唐初，兵之戍边者，大曰军，小曰守捉，曰城，曰镇，而总之者曰道。"②由此看来，军大于城，即在研究区的丰安军、定远军、横塞军、经略军的等级高于三受降城的。然其性质同为军事性堡垒城市，可视作同一类型。

3.关城

《新唐书》记："凡关二十有六，京四面关有驿道者为上关，无驿道者为中关，

① 麟州为天宝元年置，但对于何时被确定为都督府，史书没有记载。《新唐书》记盐州为永泰元年被确定为都督府，且各史书对其记载不一，因此这里只将其列为州级城市。

② 《新唐书》卷五〇《志第四十·兵》，第1328页。

余为下关。”[①]研究区中合河关与孟门关为中关。[②]

4.都护府与羁縻州

《新唐书》记：“其大者为都督府，以其首领为都督、刺史，……然声教所暨，皆边州都督、都护所领。”都护府领羁縻都督府。

故从城市行政等级分析可知，研究区城市依据行政等级可划分为都督府城—州城—县城；军事性城堡等级划分为军城—关城、戍城；羁縻性城市等级划分为都护府—羁縻府—羁縻州。城址规模就一般情形而论，州城规模要远远大于一般县城、军城。夏州、麟州、胜州城墙周长都在4千米以上，其他等级城市则多为2千米左右。由于军城大都位于黄河以北边防要地，军城的重要性往往与一般州城相类。

表3-8　不同类型城址规模对比一览表

城市	城市类型	城址规模	古城址	城址位置
夏州	都督府城	东城周长2566米，西城周长2470米	统万城	陕西省靖边县
胜州	都督府城	周长4387米	胜州故城	内蒙古准格尔旗十二连城乡十二连城
麟州	州城	周长约5000米	麟州故城	陕西省神木市店塔镇杨城村西北侧
银州	州城	全长1583米	银州故城	陕西榆林市横山区党岔镇北庄村东北1000米
长泽县城、宥州城	县城、羁縻州	东西765米，南北595米	城川古城	鄂托克前旗城川镇城川嘎查
白池县	县城	方形，边长为310米	大池城址	鄂托克前旗城川镇二道川村大池寨子南侧
开光县	县城	东西268米，南北117米	开光县故城	陕西榆林市榆阳区大河塔镇卢家铺村东侧
中受降城	城	周长1500米	敖陶窑古城	包头市九原区共青农场敖陶窑村南1000米
东受降城	城	南北620—630米，东西470—500米	东沙岗古城	呼和浩特市托克托县双河镇西东沙岗
定远军城	军	面积约为20000平方米	定远故城	石嘴山市平罗县姚伏镇东南1500米

资料来源：1.国家文物局主编：《中国文物地图集·内蒙古自治区分册》下，西安地图出版社，2003年。

2.国家文物局主编：《中国文物地图集·陕西分册》下，西安地图出版社，1998年。

3.国家文物局主编：《中国文物地图集·宁夏回族自治区分册》，文物出版社，2010年。

隋唐时期，鄂尔多斯高原地区城市之间联系密切，城市体系通过一定要素组合而形成一个有机整体，任一要素的改变都会引起城市结构的变化，大有“唇亡齿寒”之

① 《新唐书》卷四九下《志第三十九下·百官四下》，第1321页。
② 穆渭生：《唐代关内道军事地理研究》，陕西人民出版社，2008年，第128页。

势。高宗永淳二年（683）突厥叛部寇丰州，议者欲逐弃之，迁百姓于灵、夏境内。唐休璟言：“丰州阻河为固，居贼冲要，……隋季丧乱，迁百姓于宁、庆二州，致外寇深侵，以灵、夏为边境。贞观之末募人实之，西北始安。今废之，则河滨之地复为贼有，灵、夏等州人不安业，非国家之利也。”①丰州位于黄河北河与南河之间，是阻隔北方民族部落南下的重城，具有重要的战略意义，其地失守，直接危及灵州和夏州。贞元八年（792）吐蕃“寇灵州，陷水口，塞营田渠。发河东、振武兵，合神策军击之，虏引还”②。《读史方舆纪要》亦载贞元八年吐蕃寇灵州之事，“诏河东、振武救之，复遣神策军戍定远及怀远城，吐蕃乃退”③。又《读史方舆纪要》“宁夏镇”条载：“灵州者，南北之喉舌也。灵州失，则宁夏隔为外境而环、固危，环、固危则陕危。”④其指出灵州失陷，会间接影响京西北之安危。贞元年间（785—805），吐蕃取得盐州之后，给鄜、坊2州军事形势带来了很大压力。《新唐书》记：“自虏得盐州，塞防无以障遏，而灵武单露，鄜、坊侵迫，寇日以骄，数入为边患。”⑤《读史方舆纪要》亦载：“唐失盐州而塞防无复保障，吐蕃往往繇此阻绝灵武，侵迫鄜、坊。”⑥于是诏筑盐州城。“诏朔方河中晋绛邠宁兵马副元帅浑瑊、朔方灵盐丰夏绥银节度都统杜希全、邠宁节度使张献甫、右神策军行营节度使邢君牙、夏绥银节度使韩潭、鄜坊丹延节度使王栖曜、振武麟胜节度使范希朝合兵三万，以左神策将军胡坚、右神策将军张昌为盐州行营节度使，板筑之，役者六千人，余皆阵城下。九年始栽，阅二旬讫功，而虏兵不出，遂以兼御史大夫纥干遂与兼中丞杜彦光戍之。”⑦“既城之后，边患息焉。”⑧很显然，这一时期鄂尔多斯高原及其邻近地区是唐王朝西北边疆的重要防区，各节点城市之间互为表里，互相支援。

鄂尔多斯高原地区城市之间的联系尽管不能说如铁板一块，但相互之间的依赖性还是较强的，隋唐时期如此，后代亦是。《读史方舆纪要》“宁夏后卫”条载：“五代梁乾化初保塞节度使高万兴奏取盐州，其略曰：‘盐州与吐蕃、党项犬牙相接，为二境咽喉，地又有乌池盐鹾之利，戎、羌意未尝息。唐建中初为吐蕃所陷，砥其墉而去，繇是银、夏、宁、延暨于灵武，岁以河南、山东及江、淮诸道兵士分获其地，

① 《读史方舆纪要》卷六一《陕西十》，第2917—2918页。
② 《新唐书》卷二一六下《列传第一百四十一下·吐蕃下》，第6098页。
③ 《读史方舆纪要》卷六二《陕西十一》，第2944页。
④ 《读史方舆纪要》卷六二《陕西十一》，第2943页。
⑤ 《新唐书》卷二一六下《列传第一百四十一下·吐蕃下》，第6098页。
⑥ 《读史方舆纪要》卷六一《陕西十》，第2906页。
⑦ 《新唐书》卷二一六下《列传第一百四十一下·吐蕃下》，第6098页。
⑧ 《旧唐书》卷一三《本纪第十三·德宗下》，第376页。

谓之防秋。贞元初副元帅浑瑊复取其地，建百雉焉，自是边尘乃息，寇患遂止。今才动偏师，遽收襟要，国之右臂，疮疣其息哉！’盖盐州与灵武诸州唇齿之势也。”[①]这段记载指出盐州与灵州诸州之间的紧密联系。《读史方舆纪要》载后唐长兴四年（933）隰州刺史刘遂凝据“臣所部与绥银接境”要求“除二州刺史”。范延光认为：“国家之患，正在夏州。夏州即平，绥银自然景附，如夏州未拔，王师自当退舍，何以能守绥银？遂凝之说非也。”[②]也可从侧面反映出后唐时期夏州与绥、银二州的关系。银州为明代为榆林镇地。《读史方舆纪要》载：“镇截河套之冲，固延、绥之守。”[③]三受降城，《读史方舆纪要》载：“河套之地……有受降城，据大河三面之险，当千里之蔽。国初舍受降而卫东胜，已失二面之险，又辍东胜以就延、绥，则以一面之地，遮千余里之冲，遂使套中六七千里之沃壤，为寇瓯脱，外险尽失，宁夏屯卒反备南河，此陕西边患所以相寻而不可解也。”[④]这里指出明初废弃唐三受降城，使研究区直接暴露于外敌之下，间接证明了唐三受降城对研究区防守的重要性。这些都从侧面反映出研究区内城市之间在战略防御上的整体性，即各城之间联系紧密，一城的存亡便会影响到其他城乃至整个地区的安危。

城市之间联系的紧密度与唐王朝边疆防御体系有关。隋至唐初，以黄河为依托，以灵、胜两州城为防御前线；唐高宗至玄宗时期，转变为以阴山为屏障，以丰安军、定远城、三受降城、振武军城、天德军城等各军城为防御前线；唐玄宗至哀宗时期，吐蕃从西面入侵并攻陷盐、夏两州城，危及都城长安，故而增设芦关5城，以白于山为依托，加强了研究区南部的军事防御力量。

三、隋唐时期鄂尔多斯高原城市形态与结构

这一时期鄂尔多斯高原地区城市形态多为长方形和不规则形，例如银州城（如图3-3）与连谷县城。银州故城在今榆林市横山区党岔镇北庄村，位于无定河与党岔河之间。连谷县故城坐落于今神木市店塔镇黄羊城村，处于窟野河河谷地带。受河谷走向的影响，这些城址呈现不规则状。而长方形的城也并非完全正南北朝向，其城墙存在一定倾斜度，东西向城墙与南北向城墙形成一定夹角。在调研过程中发现，代来古城与位于土城子古城的单于都护府城均存在类似的倾斜现象。

---

① 《读史方舆纪要》卷六二《陕西十一》，第2955—2956页。

② 《册府元龟（校订本）》卷九九四《外臣部·备御第七》，第11512页。

③ 《读史方舆纪要》卷六一《陕西十》，第2903页。

④ 《读史方舆纪要》卷六一《陕西十》，第2906—2907页。

城市平面组合形式分为两种，其一为东西两城相连的结构，例如，夏州城与胜州城，它们是研究区内级别较高的城市。由于城市使用时间较久，旧城不能满足现实的需求，故在旧城的基础上扩建新城。其二为内嵌式结构，该种结构的城大都为新建之城，如三受降城。西受降城有子城。天德军寄治西受降城时，河水冲毁西城，防御使周怀义与中书侍郎平章事李吉甫对是否重修西城做了讨论。李吉甫认为“伏以西城是开元十年张说所筑……城南面即为河水所坏，其子城犹坚牢”[①]。西受降城内有子城。中受降城内西北角有建筑台基，东受降城南部亦有高出地面的夯土基层，可能为子城。又长乐州也有罗城史载：“灵武破长乐州罗城，焚其屋宇器械。”[②]《资治通鉴》胡三省注：“凡大城谓之罗城，小城谓之子城。”[③]长乐州为羁縻州性质的城市，位于祁连山东麓。小城为安置官方机构的城墙，即官署衙门机构所在地。三受降城与长乐州都位于黄河外，作为抵御北方民族入侵的前沿阵地，具有重要的战略地位。因此，在此设立重要的政治、军事指挥中心，是合乎战略需求的。

外郭城，根据考古发掘资料，目前发现的城址中，夏州城明确存在外郭城，这一点前文已有论述。另麟州城也有城郭，《资治通鉴》载：“己丑，吐蕃陷麟州，杀刺史郭锋，夷其城郭，掠居人及党项部落而去。”[④]

城市城门形制有一定的灵活性，即各等级城市根据其实际需求决定辟门数量与方向。如夏州城四面各设1座城门，胜州城则只开2门，宥州城建有3门，东受降城则只建有1门。从城门方向来看，开设北门的城市相对较少。瓮门（瓮城）、月城与羊马城有着相似的军事防御功能，研究区城市中亦有发现。如三受降城“初，三城不置瓮门及却敌战具，或问曰：‘边城御贼之所，不为守备，何也？’仁愿曰：‘寇若至此，当并力出战，回顾望城，犹须斩之，何用守备生其退恧之心。”《资治通鉴》胡三省注：“城门之外，别筑垣墙以遮城门，谓之瓮门，今人谓之八卦墙者是也。”[⑤]瓮城也称为瓮城。常元楷为总管时，筑瓮门。夏州城、胜州城、银州城以及新宥州城都建有瓮城，而县城与羁縻州城则未发现筑有瓮城。可见，等级较高的州城或是地理位置重要的军城普遍设有瓮城，通过增设此类防御设施显著提升了城池的防御能力。东受降城又筑有月城。“东受降城缘是近年新筑，城内无水，城外取金河水充

① 《元和郡县图志》卷四《关内道四》，第113—114页。
② 《旧唐书》卷一九六下《列传第一百四十六下·吐蕃下》，第5262页。
③ 《资治通鉴》卷二四一“宪宗元和十四年”，第7764页。
④ 《资治通鉴》卷二三六“德宗贞元十七年”，第7597页。
⑤ 《资治通鉴》卷二五二“懿宗咸通十一年”，第8758页。

饮，又于城西门掘一二十井。若被围守，即须困蹙，今筑月城，护取井水。”①《资治通鉴》胡三省言“两头抱河，形如半月”谓之月城。定远城筑有羊马城。《新唐书》记：“警州，本定远城，……羊马城幅员十四里，信安王祎所筑。”②《元和郡县图志》同记：“定远废城……信安王祎更筑羊马城，幅员十四里。”③关于羊马城的解释，《通典》认为“城外四面壕内，去城十步，更立小隔城，厚六尺，高五尺，仍立女墙。谓之羊马城”④。《资治通鉴》胡三省注：“城外别筑短垣，高才及肩，谓之羊马城。”⑤这一时期，夏州城、银州城与宥州城上还筑有角楼和马面，多在州级城市上使用。

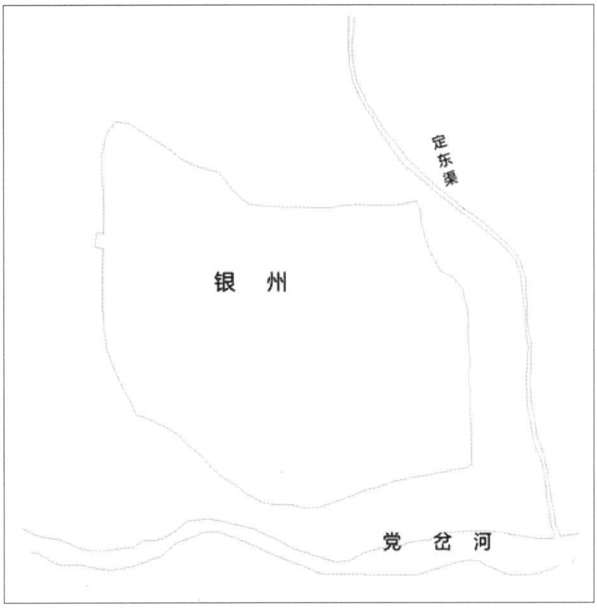

图3–3　银州城布局图

图片来源：戴应新：《银州城址勘测记》，《文物》1980年第8期。

隋大兴城、唐长安城是一座规制精详的密闭性都城，宫城、皇城、里坊、宅院、禁苑各自形成独立的封闭系统，整齐有序。地方各级行政治所城市的空间布局及结构形态是都城的缩小版，研究区各级城市官署机构模仿都城宫城和皇城所处位置，一般被安置在城内最安全的地方，即城内小城之中，也被称为牙城。上一节秦汉时期有资料证明的郡级城市就是例证。在考古发掘中，除有小城发掘外，也有建筑基址发现。如统万城城内有两座，其一位于西城东门内偏南处，坐北朝南，由门厅、前殿与后殿组成，另外一座位于东城东部稍偏北。（如图3–4）由于城内遗迹破坏严重，已无法确定是否有宫殿建筑存在。此外，统万城即夏州西城西南角的马面处建有仓库。⑥银

① 〔唐〕李德裕：《会昌一品集》卷一三，第85页。
② 《新唐书》卷三七《志第二十七・地理一》，第973页。
③ 《元和郡县图志》卷四《关内道四》，第96页。
④ 《通典》卷一五二《兵五・守拒法》，第3894页。
⑤ 《资治通鉴》卷二二一“肃宗乾元二年”，第7086页。
⑥ 陕西省文管会：《统万城城址勘测记》，《考古》1981年第3期。

表3-9 隋唐时期鄂尔多斯高原城市信息一览表

古城址	古城名称	级别	平面布局	外郭城与内城	城址规模	角台和马面	城门数量、方向及瓮城	今址	其他
统万城（白城子）	隋唐夏州城	都督府城（中心城市）	外郭城、东城、西城。外郭城平面略呈东西向长方形，东西两城平面均略呈南北向长方形	西、东城都为内城	外郭城南北垣情况不详，东西垣相距5000米；东城周长2566米，西城周长2470米	两城四角均筑有宽大的角楼台基，最高达31.6米。城四周共有马面30余座，计东墙11座、西墙8座、北墙6座、南墙11座，其中西城南垣两个马面中空，为仓储建筑	内城（西城）四面各辟一门，门道宽3米，西门瓮城尚存	陕西榆林市靖边县红墩界镇白城子村北1000米	城内中部偏南，残存高约10米、平面呈长方形的建筑台基1座，周围有瓦砾堆积，应是大夏的宫殿遗址
胜州故城	隋唐胜州城	都督府城（二级城市）	四边形	城西北部有长方形子城，南北长165米，东墙开门	周长4387米		南墙设一门、东墙设二门，外均加筑瓮城	内蒙古准格尔旗十二连城乡十二连城	东部有一道南北向隔墙，中部有门
银州故城	唐银州城	州城（三级城）	略呈长方形		周长1583.3米	外面加筑马面4座，长宽各1米	西门和北门各残留瓮城1座	陕西榆林市横山区党岔镇北庄村东北1000米	
土城子古城	单于都护府	都护府城（二级城）	呈南北向长方形		北城东西1240米，南北1740米			内蒙古和林格尔县盛乐镇土城子村北1500米	
东沙岗城址	东受降城	军城（四级城）	略呈长方形		南北620—630米，东西470—500米		东墙辟门	内蒙古托克托县双河镇东沙岗	
城川古城	长泽故城、宥州故城	县城（四级城）	长方形		东西765米，南北595米	四角设角台。各墙筑马面	东、南、西墙各开门，外加筑瓮城	内蒙古鄂托克前旗城川镇城川嘎查东北约2500米	城外有护城河，宽约3米
开光县故城	隋唐开光县城址	县城（四级城）	长方形		东西长268米，南北宽117米		有城门	陕西省榆林市榆阳区大河塔镇卢家铺村东侧	
巴郎庙城址		羁縻州（五级）	长方形		边长约500米		东、西墙各开一门	内蒙古鄂托克前旗敖勒召其镇巴郎庙村西约1000米	

州城内西北角也发现有大量建筑材料，疑为衙署建筑。[①]

城内有百姓居住的坊。宿白认为胜州城内就有坊，“该城西北隅设有子城，子城外东、南两面都有接近方形坊的遗迹”，地方城市坊的数量上有一定的规律性，即有三个等级：十六个坊、四个坊和一个坊。大型州府城为十六坊，一般州府城为四坊，县城只为一坊的面积。[②]天德军城内亦有居民居住，“及新城（天德军城）施功之日，遂有三万余家移止城内”[③]。

综上，隋唐时期研究区城市外部形态大都为长方形，且有一定的倾斜度；平面组合形式较前代更为复杂，如东、西城并联式城市，其中又有子城和罗城构成的内嵌城。各城城门方向与数量具有灵活性，开设北门的城较少；州级行政治所，由于其等级之高，又占有重要的地理位置，城门、瓮城、角楼与马面较完整，而等级较低的军城，由于其建城时间短，防御设施主要根据实际需求而置。此外，县级治所城市表现出灵活性，位于今宁夏吴忠市的白池县故城建有角台，盐池故城则还建有瓮城等。城内有供百姓居住的里坊，甚至一些军城内也有普通百姓居住，一些较大的州城内建有衙署和仓库。

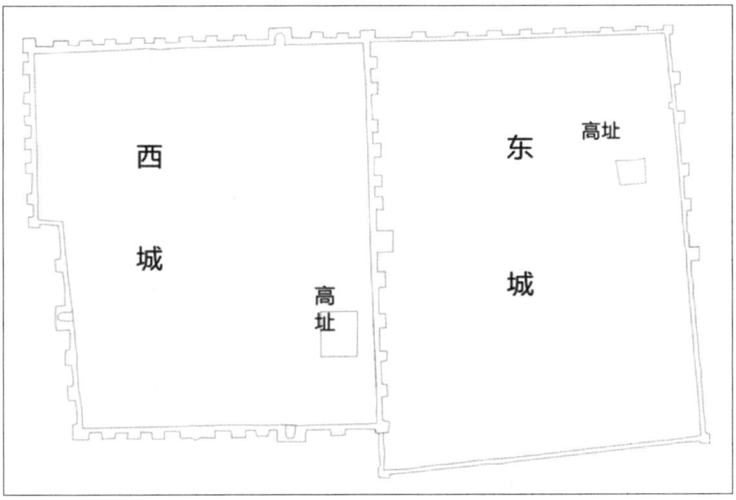

图3-4　夏州城布局图

图片来源：陕西省文管会：《统万城城址勘测记》，《考古》1981年第3期。

① 戴应新：《银州城址勘测记》，《文物》1980年第8期。

② 宿白：《隋唐城址类型初探（提纲）》，见北京大学考古系编：《纪念北京大学考古专业三十周年论文集（1952—1982）》，第281、282—284页。

③ 《元和郡县图志》卷四《关内道四》，第114页。

第四节　西夏、北宋、辽、金鄂尔多斯高原城市形态

五代至元统一，鄂尔多斯高原大部分地区由西夏政权控制，在高原东、南部边缘地带，先后形成宋夏、夏辽、夏金对峙的局面。区域内有关城市记载的史料相对较少，所以很多问题尚不清楚。这里我们结合已发现城址和史料记载对各个政权下城址布局等问题进行分类研究，探讨不同政权下城市空间形态特征及其历史原因。

一、西夏城市形态

《续资治通鉴长编》载："党项界东自河西银、夏，西至灵、盐，南距鄜、延，北连丰、会。厥土多荒隙，是前汉呼韩邪所处河南之地，幅员千里。从银、夏洎青、白两池，地惟沙碛，俗谓平夏，拓跋，盖蕃姓也。自鄜、延以北，多土山柏林，谓之南山，野利，盖羌族之号也。"①西夏政权以鄂尔多斯高原为核心活动区域，其主要的州县城市如夏州、宥州、灵州等基本沿袭前代城址，但在城市建筑布局和防御设施方面进行了不同程度的增建。如前面提到的灵州城城防体系的布置、宥州城内的行宫等。但是史籍中关于西夏新修筑城市空间要素记载的很少，这里仅根据研究区内已发现的西夏城址（具体内容详见表2-12、2-13），尝试探讨西夏城市空间形态特征。

（一）西夏城市的外部形态

研究区内的西夏城址，大致可以分为由西夏修筑的城址和沿用前代旧城两种类型。由于研究区内的大部分西夏城址都没有经过较为正式的考古发掘，其城址的具体形制等不是特别清楚。这里主要根据城址地面遗迹和调查状况等从城址的平面形态、城墙及城门等的防卫附属设施等方面论述。

中国古代城市的形态主要是指城墙的形状。马正林把古代城市形态分为四种类型，分别是方形、长方形、圆形和不规则形。②但研究区内西夏城址的外部形态比较简单，城址的形状基本上都是四边形，可分为较规则形（方形）和不规则的四边形两种，其中方形城址主要包括正方形和长方形两种，这也是鄂尔多斯地区西夏城址的主要形态。这里需要说明的是研究区内的方形城址主要是指近似正方形或者长方形的城址，并非严格意义上的几何形方形。

方形城址是中国古代城市形态中最常见的一种。这种城市形态主要是受《周礼·考工记》"匠人营国，方九里，旁三门"等建城观念的影响。刘景纯认为方形城

---

① 《续资治通鉴长编》卷三五"太宗淳化五年"，第768页。

② 马正林编著：《中国城市历史地理》，第114—127。

镇形态是中国古代修城经验及其总结并制度化的反映，古代方形（长方形）城普遍存在的原因首先是方形城内空间比较有利于人们的利用；其次是筑城技术相对于圆形或不规则形容易掌握，且该项技术要求的筑城工具比较直接、易得；最后，是从周秦以后城的防卫功能看，方形城池较易于防守，东、西、南、北城各墙只要有一城门楼即可观察到一面城墙的全部情况。与此相比，圆形等不规则形城池就没有那么容易。[①]

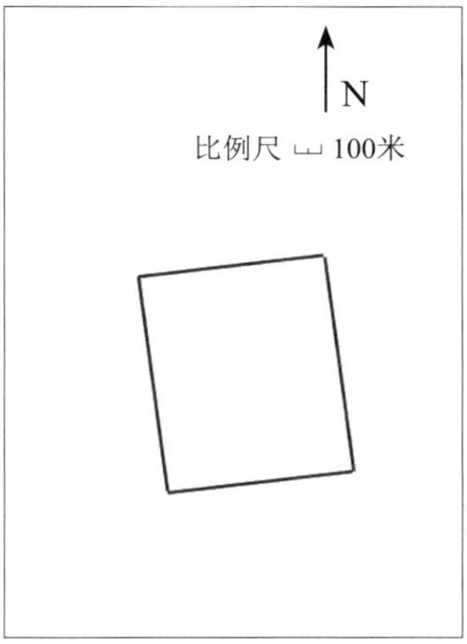

图3-5　高油房古城平面图

图3-6　呼和淖尔古城平面图

西夏是由以党项等游牧民族为主体而建立的民族政权，游牧民族的习性是逐水草而居，并不擅长营建城郭，其筑城技术和水平可能是造成方形城郭存在较多的原因。西夏城市的主要职能是军事防御，如省嵬城的修筑就是为了加强京师北部的防御，方形城较易于防守可能是西夏选择这种城市形态的主要原因。党项族早期居住在以夏州为中心的平夏地区，其所占据的汉制州城如夏州、宥州等的城池形态主要也是方形。西夏在后期修建城池可能受其影响，而且西夏都城兴庆府建造时就呈现出受夏州城影响的特点。

西夏城市形态不规则的不多，在西夏新筑的城池中，三岔河古城是梯形的，城坡古城北面的大城也呈现出不规则形态。

西夏城市的平面组合形式比较单一，单体城市是其城池组合的主体。在已发现的复合城址中，新建城市城址以相连并列式为主，如城坡古城是南北并列的两城。而沿用城市中夏州城是东西并列的两个城，榆树壕古城则是套城结构，其子城位于外城西南角。

由于频繁的军事战争，党项民族在城池建设时较注重角台、护城河、城门、城楼等军事防御设施的营建。从已发现的西夏城址中，可以看出西夏特别重视城池四角的

① 刘景纯：《清代黄土高原地区城镇地理研究》，第290页。

防御，城址四角的角台或者角楼的建设比较多。角台是修筑于城墙拐角处的军事防御设施，以城墙的拐角为防御中心，通过把城墙的墙体加高等方式来提升城池的防御能力。在城墙的拐角处修筑角台或者角楼，便于在作战时观察敌情和实施射击，并且在四角修筑角台也可以增加作战时的活动范围而有利于军事防守。西夏现存城池中，角台保存状况相对完好，很多城址尚能看出角台的遗迹。

马面和护城河也是城防体系中的重要设施。在已发现的西夏城址中，三岔河古城外有宽约20米的护城河，份子地古城外也有护城河的遗迹。马面是建筑在城墙外侧的军事防御设施。研究区内的城墙外侧多修筑马面，并且城墙上马面的数量与其在军事防御中所起的作用有很大关系。西夏城址中，高油房古城是现今已发现的西夏新修城市中规模比较大的一处，作为西夏黑山威福军驻地，是西夏北部边防的重要城池。这个城池的每面城墙外侧各有马面7个，马面之间的距离平均为60米。

城门是城池建设中最重要的工程之一。西夏城市的城门建设比较注意避开军事入侵方向和区内盛行风的方向。省嵬城位于西夏京师北部，其城墙上只开南向一门，这与其军事上要防止从北部来侵京师的敌人有关。南向设门也避开了当地所盛行的寒冷西北风的侵袭。高油房古城等级规模较高，其城四面开门，城门开在每面城墙的正中，城门外都修筑有瓮城，并且东、西墙的瓮城门都向南开，南、北墙的瓮城门都向东。[①]虽然城墙西、北方向开门，但瓮城门的方向使城池很好地避开了盛行风的方向。城坡古城的城门开在了城池北城的西面，这可能与其东向防御辽金的目的有关。而陶斯图古城的城门则避开了东向，应该与其防御辽金侵袭有关。

（二）西夏城市的内部空间结构

西夏城址经考古发掘的较少，且城址地表遗迹不多，所以对于西夏城址内部结构的研究只能根据现有材料做初步梳理。

官署等建筑是城池中最重要的建筑。一般而言，官署区应该位于城市内居中位置或者城池中地势较高的地方，若城内有子城，则多设于子城内。研究区内多数西夏城市，尤其是西夏新建城市，平面结构十分简单，且多以单城为主，所以，对城内行政中心的位置我们很难形成规律性认识。高油房古城分为东、西两部分，主要遗物等发现于城的东半部。据此推测，官署等机构可能位于城东半部分。另，城东南部有古代房屋遗址，房屋基础用大小不一的方砖和条砖垒砌，房屋遗址之间还有2米宽的巷道。街道两侧有排水沟和石磨覆盖的水井。[②]据此，我们认为高油房古城的行政中

① 陈炳应：《西夏文物研究》，宁夏人民出版社，1985年，第101页。
② 陈炳应：《西夏文物研究》，第101—102页。

心、居民区，甚至商业活动区（未发现相关遗物）等应该在城市东部。因为该地开发较早，盐碱化严重，古城东半部现已处于荒芜状态。

内蒙古巴彦淖尔市临河区新华镇的份子地古城，城北有两处建筑基址，可能是古城的行政中心。该城位于宁夏银川市西夏区贺兰山农牧场一队的沙城子遗址，城内近南、北城墙处有两处红土夯筑建筑台基，台体十分坚硬。从城址和建筑台基上采集到绿色琉璃莲花砖、条砖、石柱础等建筑构件。根据已发现的西夏遗迹判断，西夏建筑中使用琉璃砖瓦的一般为官式建筑或寺庙建筑，据此推测这两处中至少有一处可能是官署区所在。

城门是城池建设中的重要部分，城门位置和方向决定着古城街道走向和主要建筑的分布。在西夏建造的城池中，城门位置可考的有11座城市，其中4座城池四面开门。从这一点来看，城内街道以十字大街为主，把城内划分为4个部分。其他城市开1门或者2门，没有北向城门。开1门或者2门的古代城市一般会形成丁字街布局。城门门址的宽度一般能反映城内主干道的宽度。在已发现的城址中，依据城门的宽度推断，城内主干道的宽度从4米到10米不等，这应当是等级文化的体现。

研究区已发现沿用前代的西夏城址中有手工业作坊的痕迹，这类作坊通常选择避开城内中心位置。高油房古城东北部靠近东墙的地方可能是西夏铸造铁钱的场所。1958年，城址东门内一处直径50至60米的范围内曾出土大批已严重锈结损坏的铁钱，其时代仅可辨读出“乾祐通宝”。1959年4月，城址内东北角曾出土金银器约27公斤。1966年5月，又在其附近发现一个影青小瓷罐，内藏金器约250克。[①] 呼和淖尔古城的冶铸和窑址位于其城址的西北角、西南角和南门处，笔者于2013年11月在该城址考察时，还能清晰地看到南门和城内西南角处的窑址痕迹，该区域瓦砾碎片等遗物留存也是城址内最多的。

城内基础设施，如排水设施等在西夏城址内也有发现。高油房古城的房屋遗址之间的街道两侧有排水沟和用石磨覆盖的水井，从这些设施中可以看出高油房古城内应该存在比较完善的排水系统。从现存的资料看，西夏城址建设时，对城市排水设施的建设比较重视，在今天宁夏境内的银川市兴庆区洼路村西夏遗址区也曾发现有排水设施。当时曾在这里发现一条宽0.55米、高0.25米、长30多米的砖砌下水道。[②]这些排水设施说明西夏所筑城池基础设施已经相当完备。

城内建筑风格充满了民族、宗教特色。《宋史·夏国传》载：“（夏）俗皆土

---

① 陆思贤、郑隆：《内蒙古临河县高油房出土的西夏金器》，《文物》1987年第11期。
② 国家文物局主编：《中国文物地图集·宁夏回族自治区分册》，第247页。

屋，惟有命者得以瓦覆之。”[①]西夏国内也存在等级秩序，在宅院建筑上有制度规定，一般平民以土屋为主，有官爵者的屋顶才可以使用瓦。但在西夏建筑中较少见到砖、瓦等遗物，可能就与西夏国内的习俗、制度有关。省嵬城遗址中仅在南城门址发现少量的砖、瓦等建筑材料。[②]西夏崇佛，国内大肆修筑佛教寺庙。《凉州重修护国寺感通塔碑铭》载："至于释佛，尤所崇奉，近自畿甸，远及荒要，山林溪谷，村落坊聚，佛宇遗址，只缘片瓦，但仿佛有存者，无不必葺。"[③]高油房古城内出土的金佛像、莲花形金盏托等[④]反映出当时城内可能有佛教寺庙等的存在。沙城子遗址中近南、北城墙两处发现琉璃瓦遗存，这种琉璃瓦在西夏多用于寺庙建筑或官式建筑，故推测其中一处可能为西夏庙宇遗址。

（三）西夏都城兴庆府空间布局

兴庆府，即唐代灵州河外五城（镇）之怀远镇所在。1002年，李继迁在攻占灵州后，把灵州改为西平府，并定为都城。李继迁死后，李德明即立，随着经济实力和疆域的不断扩大，李德明开始谋划称帝建国的活动。1020年，李德明将都城从西平府迁到黄河西岸的怀远镇，并改名兴州，定为都城。李德明命贺承珍对兴州怀远镇城进行了大规模的改筑，"构门阙、宫殿及宗社、籍田"[⑤]。其子李元昊在位时，于宋明道二年（1033），"升兴州为府，改名'兴庆'，广宫城，营殿宇"[⑥]，对兴庆府进行了大规模的建设。1038年，元昊称帝时，兴庆府被正式确立为西夏王朝的都城。此后二百多年的时间内，西夏统治者建立了以兴庆府为中心，"东尽黄河，西界玉门，南接萧关，北控大漠"[⑦]疆域辽阔的民族政权。兴庆府作为整个鄂尔多斯地区中心城市，辐射广泛，影响深远。同时，兴庆府的建立还改变了之前鄂尔多斯地区中心城市一直处于黄河东岸灵、夏地区的历史格局，奠定了今银川市作为宁夏地区政治中心及鄂尔多斯地区重要的政治、经济中心城市的地位。

西夏王朝统治者之所以放弃从隋唐以来就成为西北地区军事重镇的灵州（西平府），选择黄河西岸的兴州重新修建都城，其中最重要的一个原因就是兴庆府具有更加优越的地理条件。

---

① 《宋史》卷四八六《列传第二百四十五·外国二·夏国下》，第14029页。
② 宁夏回族自治区展览馆：《宁夏石咀山市西夏城址试掘》，《考古》1981年第1期。
③ 该碑现存于甘肃省武威市西夏博物馆内。
④ 陆思贤、郑隆：《内蒙古临河县高油房出土的西夏金器》，《文物》1987年第11期。
⑤ 《西夏书事校证》卷一〇，第120页。
⑥ 《西夏书事校证》卷一一，第133页。
⑦ 《西夏书事校证》卷一二，第145页。

兴庆府的前身怀远县地处贺兰山东侧黄河西岸的冲积平原上，地形平坦。后世史学家对宁夏平原的地理位置曾有这样的评论：“河自南来，入青铜峡，与西夏群山相会，出峡口，北流三百余里，直接贺兰，兴、灵包络其中，可渭四塞险固矣。”[①]兴庆府地理位置更加优越，其“西北有贺兰之固，黄河绕其东南，西平为其障蔽”[②]。凭借黄河天险和贺兰山的阻挡，这里成为战略要地。相对于灵州和党项族早期聚居的夏州地区，兴州远离北宋和辽边境地区，有利于国内农业生产和经济建设。兴州贺兰山西部的广大地区，是宋辽势力鞭长莫及之地，是党项政权扩张领土的重要目标。迁都兴州，以此为根据地不断向西开疆扩土，是党项政权扩张的战略决策。兴庆府周围交通比较发达，除发展较早的陆路交通外，向西可以直接通过贺兰山山口控制河西走廊地区，东面的黄河渡口更加便于对鄂尔多斯腹地的统治。西平府虽然交通便利、区位优势突出，具有“北控河、朔，南引庆、凉，据诸路之上游，扼西陲要害”[③]的优越地理位置，但正是因为地处交通要道，缺少山脉等天然屏障的护卫，使得这里成为“我可以往，彼可以来”[④]的四战之地。

其次，怀远地区所处的宁夏平原具有发展农业所需的基本条件，农牧业发达，这里的引黄灌溉农业发展较早。西夏建立前后，这里的水利灌溉事业就已比较发达。史载：“兴、灵则有古渠曰唐来，曰汉源，皆支引黄河。故灌溉之利，岁无旱涝之虞。”[⑤]宋初由于政府对这里不重视，使得河西地区防守空虚，农业衰败，人口稀少，怀远镇“管蕃部六……汉户主客二百二十三”[⑥]。李继迁在攻打怀远镇时，城内守军更是“戍兵数不满百”，就连驻军所需的粮草都要靠内地供给。这也就是为什么李继迁在第一次攻取灵州失败转而攻打河西诸县，并以此为据进攻灵州的原因。驻军较少再加上宋代军事防守上的疏忽，使得这里很容易就被李继迁攻下，并以此为据点，进而攻下了灵州。仔细分析李继迁在攻下灵州后的各项措施，可以看出他并没有在此长驻的打算，只是想“将借此为进取之资，成霸王之业”[⑦]。很显然，李继迁只是把灵州作为其继续进行军事扩张的一个临时“根据地”。他一边在灵州构建宫室、庙宇，一边加快对宋初“河外五城”的充实，其中最主要的表现就是强制性地向该地区移民。

---

① 《西夏书事校证》卷一〇，第120页。
② 《西夏书事校证》卷一〇，第120页。
③ 《西夏书事校证》卷七，第86页。
④ 《西夏书事校证》卷一〇，第120页。
⑤ 《宋史》卷四八六《列传第二百四十五・外国二・夏国下》，第14028页。
⑥ 《太平寰宇记》卷三六《关西道十二》，第768页。
⑦ 《西夏书事校证》卷七，第85页。

当时比较大规模的移民活动主要有两次，一次是把灵州城及其周围原有的居民迁往河外。李继迁在攻占灵州后，为了加快对灵州黄河以西地区的控制和开发建设，对灵州地区的原有人口“尽逐居民城外，遂皆徙依怀远”[①]。另一次是把原来平夏地区的人口迁往河外，“银、夏州民衣食稍丰者，并西徙。蕃落数年荐饥，道殣相望，下多咨怨”[②]。党项政权对徙民河外采取了非常强硬的态度，“州民衣食丰者徙之河外五城，不从杀之”[③]。大量人口的迁入，改变了初期河外人口稀少的状况，给这一地区的发展提供了大量的劳动力。值得注意的是，新迁入的居民原先居住在以汉族为主体的地区，农业生产技术和水平相对较高，对宁夏平原农业的恢复和发展具有巨大的推动作用。

兴庆府城作为西夏王朝之都，经过元末寇乱及乾隆三年（1738）的地震，至今已难以廓清，诸多问题虽有异议，但也有相对一致的认识。关于城市规模及位置的讨论，以18里的规制为定论，19里3分为乾隆五年（1740）新城规模。

明《嘉靖宁夏新志》记载：“（府城）周回一十八里，东西倍于南北，相传以为人形。元兵灭夏，攻废之，已而修设省治。元末寇贼侵扰，人不安居。哈耳把台参政以其难守，弃其西半，修筑东偏，高三丈五尺。洪武初立卫，因之。正统间，以生齿繁众，复修筑其西弃之半，即今之所谓新城是也；并甃以砖石。故城四角皆刓削，以示不满之意。修筑岁久，非其旧制，今但存其东北一角。城门六：东曰‘清和’，上建清和楼；西曰‘镇远’，上建镇远楼；南曰‘南熏’，上建南熏楼；南熏之西曰‘光化’，上建光化楼；北曰‘德胜’，上建德胜楼；德胜之西曰‘振武’，上建振武楼。楼皆壮丽，其在四角者，尤雄伟工绝，池阔十丈，水四时不竭，产鱼鲜菰蒲。”[④]

清《乾隆宁夏府志》记载：“宁夏府城，宋兴州城故址，景德间赵德明所筑，旧制周围一十八里，东西袤于南北，相传以为人形。元末因寇乱难守，弃其西半。明正统间，生齿繁庶，复筑其所弃。”[⑤]此与《嘉靖宁夏新志》所载兴州故址“周回一十八里，东西倍于南北，相传以为人形”相一致。然明时的宁夏府城仅为兴州城的东半部，且遗址尚存，故《嘉靖宁夏新志》是最早记载兴庆府城规模的一部文献。《明英宗实录》亦载：“宁夏故城围十八里，今仅九里，城中人稠，宜仍其故址筑

---

① 《西夏书事校证》卷一〇，第120页。
② 《续资治通鉴长编》卷五四“真宗咸平六年”，第1194页。
③ 《西夏书事校证》卷一〇，第87页。
④ 《嘉靖宁夏新志》卷一《宁夏总镇》，第9页。
⑤ 〔清〕张金城修，杨浣雨纂：《乾隆宁夏府志》卷五《建置一·城池》，陈明猷点校，宁夏人民出版社，1992年，第124—125页。

之。”[①]故兴庆王府“十八里”数据当可信。刘菊湘认为兴庆府的位置即明清宁夏府城所在地，其规模相当于清乾隆三年以前的宁夏府城，为19里3分。乾隆三年宁夏府城毁于地震，而后重新修筑的宁夏府城小于之前府城规模，周回为15里多。府城规模变小的原因是因为工部采纳了当时川陕总督鄂弥达的建议。[②]鄂弥达认为宁夏旧府城四周近水，应把府城向东缩20丈。兴庆府规模略大于今银川老城。亦有学者认为兴庆府就是明清时期的宁夏府城，其范围相当于今天银川市区的范围。[③]

许成根据明代《宁夏府城图》中清宁观，即元昊时期修筑的避暑行宫及其所在位置、城中皇家寺庙承天寺的位置以及城东高台寺的位置，推断明清银川旧城似为西夏兴庆府的皇家宫城所在，整个兴庆府城向东延伸，与城东15里的皇家寺院高台寺相连，这种规模似乎才符合一座都城所具备的规格。[④]刘菊湘否定了这一结论。她认为兴庆府位置当不在银川老城与高台寺之间，高台寺附近地势低洼不适合都城发展，规模如此之大也与西夏当时的国力不相符。

关于兴庆府城空间布局，其外形为一东西长、南北短的长方形城市。东西之长倍于南北，这一点似乎没有争议。然这样的外部形态在中国古代都城中是比较少见的，对其形成的原因有不同的解释。早期研究者认为西夏国都的这种“东西倍于南北”的城市外部形态主要是受统万城的影响。杨满忠认为兴庆府城方位不正，偏位15度以上，是按照夏州城方位而筑的；坐北朝南、东城西郭、东西倍于南北、西南不满、西北突出、双水环抱，是参照夏州城格局而建的；宫城在西城偏西北，也同于夏州宫城的位置；等等。其理由是党项族在建立西夏王朝以前，曾长期生活在夏州城一带，这里也被认为是西夏王朝的发迹之地，兴庆府的修筑与发展受统万城的影响一说也比较合理。[⑤]

兴庆府城形制或许受唐长安城宫城的影响也未可知。首先就都城名称“兴庆”来看，就直接来源于唐朝名宫“兴庆宫”，之所以称其为“府”，则是为了区别于其他各州，以示其首都地位。[⑥]其次就东西倍于南北的规制而言，或可能模自隋唐宫城——太极宫。据考古实测，唐长安城宫城东西宽约2820.3米，南北1492.1米，[⑦]是东

① 《明英宗实录》卷一一八“正统九年七月”，第2—3页。
② 刘菊湘：《兴庆府的规模与“人形”布局》，《宁夏社会科学》1997年第5期。
③ 牛达生：《西夏都城兴庆府故址考略》，《固原师专学报（社会科学版）》1984年第1期。
④ 许成：《西夏古都兴庆府——银川》，见中国古都学会、银川古都学会编：《中国古都研究》第9辑，三秦出版社，1994年，第151—155页。
⑤ 杨满忠：《党项民族对宁夏古代城池的开发与建设》，《宁夏社会科学》2006年第5期。
⑥ 王雅红：《试论兴庆府的城市建设与社会生活》，《西北史地》1994年第1期。
⑦ 中国科学院考古研究所西安唐城发掘队：《唐代长安城考古纪略》，《考古》1963年第11期。

西倍于南北的长方形。兴庆府城形制与此一致，所不同的是兴庆府规模比长安城宫城规模稍大。这可能源于兴庆府城作为西夏都城的特殊地位——既承袭中原王朝宫城规制，又有所创新发展。从党项族的发展轨迹来看，西夏都城形制受隋唐宫城形制的影响也有一定的道理。不过，仅从城市外部形态来论述兴庆府与长安城宫城之间的相关性，稍显单薄，需要更多论据加以佐证。

许成等认为西夏兴庆府城分为东、西两部分，西城主要为皇宫、官署和豪宅所在地，东城主要为民居、行市、作坊所在地。宫城位于西城的西北，自东向西，以宫城大道上的四道门——车门、摄智门、摄智中门、广寒门为界，把宫城分成了三个功能区。车门与摄智门之间为顾问区，建有号称“文武二柄”的中书省和枢密院；摄智门到广寒门之间为问政区，为皇帝议事理政之处；摄智中门后的正殿是皇帝正式办公的地方，在《天盛律令》中又有“帐下”之称，反映了党项民族的游牧遗风；广寒门后面为生活区，是皇帝、后妃和皇帝子女的住所等。①

此处，许先生等认为宫城位于西城的西北。刘菊湘认为兴庆府城的宫城位于兴庆府城内正中央。兴庆府的人形布局是对其内部建筑布局而言的，城内中心建筑群应当是西夏皇家宫城所在，宫城建在一座地势十分平坦的城市中央，也是安全防御的最佳选择。另外，从西夏官制仿照北宋、西夏王陵格局参照宋巩陵来看，兴庆府也参照了北宋东京城的布局。东京城的中央正是北宋的宫城所在，兴庆府中心的建筑群应当是西夏皇家宫城所在。②何一民亦认为“城内（兴庆府）正中偏北处是宫城，规模较大，宫殿屋宇建筑宽敞宏大，陈设富丽豪华”③。许伟伟在分析北魏洛阳、唐洛阳、北宋汴京和辽上京等历代都城的宫城位置后指出，西夏修兴庆府城正值辽夏关系交好时期，兴庆府城的规制可能直接借鉴了辽都城建制。④

从对史志记载分析来看，若考虑都城防御，西夏宫城应当位于西古城内比较合理。《宁夏志笺证》载：“元昊宫室，遗址在西古城内。”⑤这里的“西古城”就是指当时兴庆府的西城。另有一首描述西夏宫室衰败的诗——《夏宫秋草》：“坏宫秋草满，犹说李王朝。鸳瓦埋兵碎，龙墀没火焦。霜摧晨惨惨，雨腐夜迢迢。知有英雄

① 许成、杨浣、董宏征：《古都银川》，杭州出版社，2010年，第78—87页。
② 刘菊湘：《兴庆府的规模与“人形”布局》，《宁夏社会科学》1997年第5期。
③ 何一民：《中国城市史》，武汉大学出版社，2012年，第322页。
④ 许伟伟：《西夏都城兴庆府建制小考》，见杜建录主编：《西夏学》第7辑，上海古籍出版社，2011年。
⑤ 〔明〕朱旃撰修，吴忠礼笺证：《宁夏志笺证》，刘仲芳审校，宁夏人民出版社，1996年，第95页。

在，为萤吊寂寥。”[①]诗中“龙墀”代指李氏夏宫中的殿阁，“龙墀没火焦”则指王宫殿阁毁于大火的事实。此诗作者王逊，是当时庆王府里的一个讲授。根据当时志书记载，朱㮵撰修《宁夏志》时，兴庆府城的基本形制和面貌尚能看见，说明西夏皇家宫室当位于西古城内。因此，刘菊湘等人认为宫城位于兴庆府城正中央的说法是有待商榷的。

相对于宫城位于城市中央是为安全来看，宫城位于城市西部则更有利于城市防御。兴庆府建都时，主要威胁来自其东北部的辽与南部的北宋，而当时西夏已经夺取了兴州西面河西的州县，把宫城建在城市的西部，东部利用黄河天险，向西至贺兰山有大片的军事缓冲区，对宫城来说更加安全。这也与夏州城（统万城）内的宫城布局具有一定的相似性。统万城的宫城就位于城西面，其城东面是红柳河。由此，宫城位于城内西部是有充分理由的，而此观点同样需要更多研究佐证。

兴庆府是一座由以游牧为主业的党项族和以农业为主业的汉族共同建造起来的地方割据政权的都城，其城市形态和空间结构必然会反映出一些南、北文化融合的特点，比如游牧民族的迁徙习惯和居住方式等。从现有资料看，关于兴庆府城的空间布局问题尚有许多疑问，研究者根据自己对史料的理解和分析提出了各种不同的看法，诸如兴庆府城“人形”城、“凤凰城”的认识等，均有待更多考古资料的发掘和对西夏文献的深入解读来推进了。

二、北宋城市形态

相对于西夏城市而言，对研究区内宋代城市的研究还是比较多的。研究区内宋代城市主要分为两类，一类是大的州、军治所，如府州和麟州；一类是相对小些的城、寨、堡等。麟州城和府州城等虽然是在继承前代的基础上发展起来的，但其空间布局于北宋时发生了一些变化，很值得研究。

府州城址位于今陕西府谷县老城区，遗留下来的城址呈曲尺形（也有称靴形的），周长2320米，有东、西、南、北和小南门、小西门6座城门。北宋时的府州城布局与今有所不同，据《折继闵神道碑》碑文载：“（府州）州城依山不井汲，汲于河，寇据河堧断汲道。公率精锐，被山缘险，翼以劲弩，虏稍却，遂复得水，人心稍安。北城素痹，贼趋之，众议弃，专保南城。”显然，北宋时期府州城可能有隔墙把城分为南、北两个部分。从古今城区的地势来看，城址北部较为狭小且地势起伏较

① 《宁夏志笺证》，第389—390页。

大，而南部地势则相对平缓，这与《折继闵神道碑》所载的“北城素痹”相符。并且从当时的弃北城、保南城的军事策略看，北宋时期府州城的官署行政中心应该位于城市的南部，这与明清时期府谷县城内官署区的位置一致。北宋时期府州城址的城门数量和方向不甚清晰，仅知当时府州城有西门1座。宋夏战争期间，元昊曾亲自督战，攻打府州西城门。史念海据《宋史》“（府州）城险且坚，东南有水门，崖壁峭绝，阻河”①的记载，认为北宋东南门的水门指的是现在我们所说的府州城的小南门，这个水门的位置应该在明清时期府州城外控远门的下面。②但是关于府州城的水门数量和位置问题，《续资治通鉴长编》却有不同的记载：“（府州）城险且坚，东、南各有水门，崖壁峭绝，下临大河。”③这里记载的是东面和南面各有一个水门。如此看来，府州城在当时可能还建有东门，与东面的水门相通。由于缺乏更详尽的资料，对于这两条史籍的记载，孰是孰非现在还无法判断。

与府州城一样，麟州城也是在沿用前代旧城基础上发展起来的。麟州城址位于今陕西神木市杨家城村，城址现在包括东、中、西三个小城，这种复合式的城址形态至少在北宋时期就已经形成了。宋仁宗庆历元年（1041），宋、夏麟府大战时，当时麟府路走马承受公事樊玉上奏时提到“窃见本路军马司准麟州公文，自七月二十一日被西贼攻围西城一十八日，至八月九日午时，其贼拔寨过屈野河西山上白草平一带下寨”④。这里提到的西贼即西夏，西夏军马曾经围攻麟州城西城18日，显然麟州城在当时已经是东、西相连的复合型城市。麟州城址平面呈不规则形，这主要受地形等因素影响。麟州城西临窟野河，城南、北两面有深沟环绕，东面则有山梁阻挡，城址建设时随地形增展，是造成这种不规则形的重要原因。北宋时，麟州为了解决城内用水问题，采用了将城墙延伸到山下的方法，把城外的沙泉包在城内。⑤这种方式对城墙的形状也产生了影响。城墙上马面、墩台等军事防御设施完善。

丰州城位于今准格尔旗纳日松镇羊市塔村，系宋真宗咸平五年（1002）为安置河西藏族首领王承美而修筑，为北宋时新修筑的一座重要州城。丰州城依地势修建，平面呈横“目”字形，分为西、中、东三个部分，整体上东西全长850米，南北宽90—170米，受西高东低地势的影响，城址自西向东呈阶梯状递减，形成了特殊的上、中、下三城。丰州城平面布局，除受地形地势的影响外，也与当时的军事形势有关，

① 《宋史》卷二五三《列传第十二·折德扆》，第8864页。
② 史念海：《历史时期黄河在中游的下切》，见史念海：《河山集》二集，第169—172页。
③ 《续资治通鉴长编》卷一三三“仁宗庆历元年”，第3163页。
④ 〔宋〕司马光：《涑水记闻》卷一二，邓广铭、张希清点校，中华书局，1989年，第237页。
⑤ 《宋史》卷三一一《列传第七十·公弼传》，第10214页。

可能还受到府州和麟州等早期州城平面布局的影响。丰州城门设在中城南墙中部和东城东墙中部，城门外加筑瓮城，这或与其欲避开西夏直接进攻的目的有关，南门的设置也可能是为了便于联系麟州和府州，三州之间当时联系比较密切。丰州城址平面组合为复合型，也与府州和麟州的平面形制相似。

麟州、府州和丰州在北宋时隶属河东路管辖。当时三州实际上都属于蕃汉杂居之地，大族首领有杨氏、折氏和王氏。三州性质“既不完全同于内地正州，也不完全等同于西部地区的羁縻州、县或羁縻部族，而是带有浓厚藩镇割据、羁縻部族色彩的省地正州体制”①。丰州具有“择武臣为知州，置兵马都监及监押二人，徒以上罪送府州，杖以下听决之”②的处罚自主权。

葭芦寨是北宋时期晋宁军的治所。北宋在收回被西夏占领的葭芦寨后并没有在原址上进行修复，而是另选位置重新兴筑。③葭芦寨城北宋后一直沿用到清代，历代均有修葺。该城市遗址是宋代以来历史发展的累积结果，与宋城形制有所区别。今城址平面呈葫芦形，南北长约1000米，东西宽约180米。这与北宋时期葭芦寨的形制和规模不同，北宋葭芦寨形制应该是一个套城。北宋末年，金大将娄室与赛里等率军攻打晋宁军城（即葭芦寨）时，“晋宁所部九寨皆降，而晋宁军久不下，娄室欲去之，赛里不可，曰：‘此与夏邻，且生他变。’城中无井，日取河水以为饮，乃决渠于东，泄其水，城中遂困。李位、石乙启郭门降，诸将率兵入城。守将徐徽言据子城，战三日，众溃，徽言出奔，获之”④。从李位、石乙开启郭门投降及徐徽言占据子城的记述来看，葭芦寨在当时应该是一个城中有子城的套城。葭芦寨规模“城围止千余步”⑤，约合今1500米。

研究区内北宋城、寨、堡一直是学界研究的热点之一，城、寨、堡与府州（军）治相比，其城制比较单一，很少有套城结构，平面形态大多数随地形展筑，呈不规则状态。从现有史料来看，我们可以得知城、寨、堡中设有官署、仓库、军营等设施，但具体位置因史料的缺乏尚无法确知。

三、辽金城市形态

辽代在研究区黄河以北地区设置的丰州、云内州、东胜州、宁边州等城址均已被

① 李昌宪：《中国行政区划通史·宋西夏卷》，第708页。
② 《续资治通鉴长编》卷一九五“仁宗嘉祐六年”，第4732页。
③ 吕卓民：《西北史地论稿》，第77—78页。
④ 《金史》卷七二《列传第十·娄室》，第1652页。
⑤ 《续资治通鉴长编》卷三四二“神宗元丰七年”，第8232页。

发现。金代在辽后延续了辽在这一地区的行政建制，并沿用了辽代城址。辽在鄂尔多斯地区黄河南岸设立的河清军和金肃州，第二章已有论证，认为河清军应该是延续了唐代河滨县城旧址，金肃州的位置可能位于今达拉特旗柳沟南部。史籍中有关辽金城址空间要素的信息较少，此处仅依据已确认城址和考古材料对研究区内辽金城市空间形态进行梳理。

（一）辽金城市外部形态

从第二章表2-16的信息来看，与西夏城市一样，辽金城市平面形态以方形（包括长方形）为主。

辽金城市的平面组合形式也比较简单，基本以单城为主。其中，和林格尔县的土城子古城是沿用前代的，城址虽然存在南、中、北并列的三城，但辽金沿用的主要是该城的中城，城址的基本形态是长方形。李孝聪在研究辽金时期城制时指出，辽金城市多采用双（重）城制或多城制，尤以金代最为典型。辽金时期地方城市特别是边境城市，很多都由一个大城和一个或者几个距离大城不远的小城共同构成，呈鼎足之势。这种形态的城市在中原地区是少见的，可能主要是出于军事防御需要。[①]然而，这一城市形态特征在鄂尔多斯地区的辽金城市中体现较少。从现存城址来看，唯有金代东胜州形态与此相符。东胜州城位于托克托县城关镇黄河北岸。金朝建立后，原属辽代位于黄河南岸的河清军和金肃州等地区被西夏夺去，使得这一时期位于黄河北岸的东胜州显得愈加重要，成了防御西夏的前沿阵地。金在辽代城市东侧另修一小城，并且在各墙外加筑马面。考古人员在金代新修筑子城内发现了一处大型建筑遗址，推测为重要官署所在。[②]

辽金城市的城门设置，除丰州城四墙开门以外，其余城市的城门多为东向和南向，西、北门较少，尤其是尽量避免开北门。笔者认为这一特征一方面与中国传统中的风水文化有关；另一方面也许是最为重要的因素，是与本地区自然环境有关。本地常年刮西北风，西门或者北门直接在风口上，不利于保暖。这一点与我们考察过的其他时代城市开城门的原因基本一致。当然，除避开盛行风向和西夏入侵方向以外，有学者认为城市多开南门和东门也可能是与民族生活习惯有关。辽是由契丹族建立的政权，契丹民族有“东向而尚左”[③]的习俗，这一点在辽上京、皇城等建筑上均有所体

① 李孝聪：《历史城市地理》，第296页。

② 李逸友：《内蒙古托克托城的考古发现》，见文物编辑委员会编：《文物资料丛刊》第4辑，第210—217页。

③ 《辽史》卷四五《志第十五·百官志一》，第712页。

现。但自辽太宗以后，受汉文化影响，该习俗有所变化。《辽史·地理志》载太宗即位之初，曾诏“蕃部并依汉制，御开皇殿，辟承天门受礼”[①]，也就是辽太宗时开始按照汉制把建筑物朝向转为南向，改变了原来尚东的习俗。

辽金城市均建有军事防御设施，如瓮城、马面和角台（角楼）等，但相较于西夏城市来说略显单薄。研究区内已发现的城址中，唯有丰州、东胜州和云内州故城等州城城墙有马面和角台（或者角楼）的遗迹。值得一提的是，辽代河清军城是在唐代河滨县城基础上发展起来的，城墙之外150—250米范围内，有一道高出地表约1米的土垄，呈圆弧状包围城的北、西、南三面，为羊马城。从城内出土物来看，可能是辽代修筑的。羊马城是我国古代城市建设中重要的军事防御设施。南宋陈规在其《守城录》中对羊马城的军事防御作用有所描述，认为应该加强城外羊马城的修建以此来提高城墙的防御能力，“羊马墙，旧制州郡或无之，其有者，亦皆低薄，高不过六尺，厚不过三尺，去城远近，各不相同，全不可用。盖羊马城之名，本防寇贼逼逐人民入城，权暂安泊羊马而已，故皆不以为意，然捍御寇攘，为利甚薄。当于大城之外，城壕之里，去城三丈，筑鹊台，高二尺，阔四尺。台上筑墙，高八尺，脚厚五尺，上收三尺。每一丈留空眼一个，以备觇望。遇有缓急，即出兵在羊马墙里作伏兵，正是披城下寨，仍不妨安泊羊马。不可去城太远，太远则大城上抛砖不能过，太近则不可运转长枪。大凡攻城，须填平壕，方可到羊马墙下。使其攻破羊马墙，亦难为入，入亦不能驻足。攻者止能于所填壕上一路直进，守者可于羊马墙内两下夹击，又大城上砖石如雨下击，则是一面攻城，三面受敌，城内又有一小炮所可施。凡攻城器械，皆不可直抵城脚。攻计百出，皆有以备之也”[②]。

然而，研究区内仅在辽代河清军城发现有羊马城这类军事防御设施的城址。河清军城位于黄河南岸，扼守着渡河口岸，是辽代防御西夏的前沿阵地。羊马城从城外的西、北、南面环绕城池，正好阻挡了西夏入侵的方向，提高了城墙的军事防御功能。

（二）辽金城市的内部空间结构

与西夏城市一样，辽金城市的形制比较简单，以单城为主，城内官署区除丰州官署区可能位于城市中心之外，其他城市的官署区大多位于城市北部。如已发现的城址中，云内州故城西北部有建筑台基，毛不浪古城北部有两处土台，六顶帐房古城、碱池古城北部或者西北部地区都发现有建筑台基。因此，可以认为辽金控制的研究区内城市的官署区大多分布于城市北部。对于丰州官署区位于城市中心的特例，李逸友认

① 《辽史》卷三七《志第七·地理志一》，第440页。

② 陈规、汤璹：《守城录》卷二，中华书局，1985年，第14页。

为，“可能是在新建城郭时，要求突出了契丹统治者的威慑作用，将官署布置在城中央的设计，在别的地方还很少见”①。

关于辽金城内街巷布局的文献记载极少，对丰州故城内万部华严经塔上金代铭文的研究，辽丰州故城很可能实行了坊制。丰州城内东南、东北、西南、西北有四个坊，官署、作坊、民居等散布在四个坊中。发展到金代，宋代的厢坊制已对当地的城市布局已经产生了很大的影响。经塔上的金代碑铭记载了四坊、两街、二十八巷和两关厢的名称。从这些街巷名称可以想见，丰州城内街巷相连、居民众多的盛况。李逸友在研究中发现其城内的街巷可以分为带有行业名称的巷名，如牛市巷、麻市巷、染巷和酪巷；带有官署名称的巷名，如县衙巷、都统临街巷等；与寺院相邻以寺院名为巷名的，如药师阁巷、北禅院巷、大师殿巷等；以居民姓氏取名，如斐公裕巷、刘公进巷、康家巷等。②丰州城虽然是辽金时期规模较大、等级较高的城市，但其街巷布局细节反映出受中原唐宋城市影响的一面，对探究区域内其他同时期城市空间布局提供了重要参照。

城内手工业作坊如窑址和冶铸遗址等大多位于城内边缘地带，远离城市中心。如毛不浪古城东部有大量的炉渣灰和残铁块，表明该城手工业作坊应该位于此。有一点需要特别提及，辽代佛教盛行，崇佛氛围浓厚，佛塔林立。在这种氛围下，研究区内丰州、云内州和宁边州故城内外都有辽佛塔发现。不同的是，丰州城内的佛塔位于城西北隅，而云内州和宁边州的佛塔则位于城郊附近地区。

第五节　元明清时期鄂尔多斯高原城市形态

现代城市地理学认为，城市体系是“一定区域内不同规模等级，不同职能性质的城市间产生密切的联系，形成具有一定结构和功能的有机整体”③。因此，我们将从城市等级、城市职能两个方面来分析元明清时期鄂尔多斯高原地区的城市体系。

一、元明清时期鄂尔多斯高原城市等级

现代城市地理学在分析城市等级及规模之间的关系时多用城市人口规模或城市用地规模，本节根据文献记载和考古资料，选择元明清时期城址的行政等级和规模等级

① 李逸友：《辽代城市和民用建筑》，见孙进己等主编：《中国考古集成·东北卷·辽》（一），北京出版社，1997年，第55页。

② 李逸友：《呼和浩特市万部华严经塔的金代碑铭》，《考古》1979年第4期。

③ 杨万钟主编：《经济地理学导论》（修订三版），华北师范大学出版社，1994年，第190页。

来探析鄂尔多斯高原地区的城市等级体系。

（一）城市行政等级

元代的行政制度已在本书第二章进行过论述，元代在研究区主要有省—县二级制、省—路—州三级制和省—路—州—县四级制三种行政区划层级。路分为两个等级，分别为上路和下路，以十万户为分界，“诸路总管府，至元初置。二十年，定十万户之上者为上路，十万户之下者为下路。当冲要者，虽不及十万户亦为上路。上路秩正三品。达鲁花赤一员，总管一员，并正三品，兼管劝农事，江北则兼诸军奥鲁，同知、治中、判官各一员。下路秩从三品，不置治中员，而同知如治中之秩，余悉同上”①。

元代州分为三等，“中统五年，并立州县，未有等差。至元三年，定一万五千户之上者为上州，六千户之上者为中州，六千户之下者为下州。……上州：达鲁花赤、州尹秩从四品，同知秩正六品，判官秩正七品。中州：达鲁花赤、知州并正五品，同知从六品，判官从七品。下州：达鲁花赤、知州并从五品，同知正七品，判官正八品，兼捕盗之事”②。

诸县亦为三等。“至元三年，合并江北州县。六千户之上者为上县，二千户之上者为中县，不及二千户者为下县。……上县，秩从六品，达鲁花赤一员，尹一员，丞一员，簿一员，尉一员，典史二员。中县，秩正七品。不置丞，余悉如上县之制。下县，秩从七品，置官如中县，民少事简之地，则以簿兼尉。”③

从表3-10可以看出，研究区内路一级政区中，大同路等级最高，然大同路治所不在研究区内，延安路为下路，其治所亦不在研究区内，故路一级城市仅有宁夏府路，为研究区等级最高的城市。研究区内州城均为下州，县城为下县，等级相同。

表3-10　元代各级城市行政等级表

路	等级	州	等级	县	等级
大同路	上	丰州	下	富民县	
		东胜州	下	东胜县	
		云内州	下	柔服县	
宁夏府路	下	灵州	下		
延安路	下	绥德州	下	米脂县	下
		葭州	下	吴堡县	下
				神木县	下
				府谷县	下

资料来源：〔明〕宋濂等：《元史》卷六〇，中华书局，1976年。

① 《元史》卷九一《志第四十一·上百官七》，第2316页。
② 《元史》卷九一《志第四十一·上百官七》，第2317—2138页。
③ 《元史》卷九一《志第四十一·上百官七》，第2318页。

明代行政等级有两种分类方法，一种是以缴纳钱粮数额为分等依据。“洪武六年分天下府三等：粮二十万石以上为上府，知府，秩从三品；二十万石以下为中府，知府，正四品；十万石以下为下府，知府，从四品。……知州掌一州之政。凡州二：有属州，有直隶州。属州视县，直隶州视府，而品秩则同。……吴元年定县三等：粮十万石以下为上县，知县从六品；六万石以下为中县，知县正七品；三万石以下为下县，知县从七品。”①

另一种是以繁简之例为分等依据。“又以事之繁简，与历官之殿最，相参互核，为等第之升降。其繁简之例，在外府以田粮十五万石以上，州以七万石以上，县以三万石以上，或亲临王府都、布政、按察三司，并有军马守御，路当驿道，边方冲要供给处，俱为事繁。府粮不及十五万石，州不及七万石，县不及三万石，及僻静处，俱为事简。在京诸司，俱从繁例。”②

清代政区分等以“冲繁疲难”为依据。“厥后以冲、繁、疲、难四者定员缺紧要与否。四项兼者为最要，三项次之，二项、一项又次之。于是知府、同、通、州、县等缺，有请旨调补、部选之不同。”③其中冲指交通频繁，繁指行政事务多，疲指税粮滞纳过多，难指风俗不纯、犯罪事件多。

表3-11　清代各级城市行政等级表

省	府级政区	行政等级	县级政区	等级
山西省	归绥道治/归化城厅①	冲、繁、疲、难	萨拉齐厅	冲、繁、疲、难
			和林格尔厅	繁、疲、难
			托克托厅	繁、疲、难
			五原直隶厅②	要
			东胜直隶厅③	要
			清水河厅	繁、疲、难
甘肃省	宁夏道治/宁夏府	冲、繁、疲、难	宁夏县	冲、繁、疲、难
			宁朔县	冲、难
			平罗县	疲、难
			灵州	要、繁、疲、难
			宁灵厅④	要
陕西省	延榆绥道/延安府	繁、难	靖边县	冲、难
			定边县⑤	冲、繁

① 《明史》卷七五《志第五十一·职官四》，第1850—1851页。
② 《明史》卷七一《志第四十七·选举三》，第1722页。
③ 《清史稿》卷一一〇《志八十五·选举五》，第3207页。

续表

<table>
<tr><th>省</th><th>府级政区</th><th>行政等级</th><th>县级政区</th><th>等级</th></tr>
<tr><td rowspan="7">陕西省</td><td rowspan="5">延榆绥道治/榆林府</td><td rowspan="5">冲、繁、难</td><td>榆林县</td><td>冲、难</td></tr>
<tr><td>怀远县</td><td>冲</td></tr>
<tr><td>葭州</td><td>疲、难</td></tr>
<tr><td>神木县</td><td>冲、繁</td></tr>
<tr><td>府谷县</td><td>冲</td></tr>
<tr><td rowspan="2">延榆绥道/绥德直隶州</td><td rowspan="2">冲、繁</td><td>米脂县</td><td>简</td></tr>
<tr><td>吴堡县</td><td>简</td></tr>
</table>

资料来源：〔清〕赵尔巽等：《清史稿》卷六〇、六三、六四，中华书局，1977年，第2040—2044、2102—2104、2108、2115—2117页。

注：① 武川直隶厅寄治归化城。

②光绪二十九年（1903）析萨拉齐西境兴盛旺置抚民同知，治隆兴长，寄治包头镇。

③ 光绪三十二年（1906）以鄂尔多斯左翼中郡王右翼前末扎萨科旗垦地置，治羊壕厂，寄治萨拉齐之包头镇。

④《清史稿》卷六四《地理志》“甘肃”条载：“府南二百里。故金积堡，属灵州。同治十一年，总督左宗棠督师克复，奏设厅，改宁夏水利同知为抚民同知驻焉。”

⑤《清史稿》卷六三《地理志》“陕西”条载：“明正统二年置定边营，属延安镇。雍正九年，以定边、盐场、砖井、安边、柳树涧五堡地置，属榆林府。”乾隆初改属延安府。

从上表可以看出，府级政区以宁夏府等级最高，冲、繁、疲、难四项均有。榆林府次之，有冲、繁、难三项。县级政区则以归化城厅、萨拉齐厅、宁夏县和灵州最为重要，等级最高。陕西省在清代时军事地位日渐减弱，其县城大多仅占两项。

（二）城市规模等级

元代鄂尔多斯高原地区共有11个城市，其中东胜州、神木县城兴建于唐代，府谷县约建于唐宋之间，宁夏府路、绥德州、米脂县、葭州建于宋代，丰州、云内州始建于辽代，研究区内元代新建城市仅有宁夏府路的灵州城和延安府路的吴堡县城。

明代研究区城市多为新建，山西行都司的5个卫城中，东胜卫是在东胜州基础上扩建而成，其余4个卫城均为明代新建。延安府除神木县正统八年（1443）时由麟州故城迁至今陕西神木市区外，其余府县城市皆沿用元代。明代中后期，延绥镇和宁夏镇新建众多营堡，为明代北部边疆防御工程。

清代城市多沿袭明代城址，宁夏府城因地震损毁，在原址基础上内缩重建，归绥道新建城池为绥远城。

鉴于元代和清代新建城市数量较少，其城市规模的代表性尚需斟酌，因而本小节仅以明代研究区城市规模来分析城市规模与城市等级的关系。

表3-12　明代鄂尔多斯高原城市规模一览表

省级政区	府、卫	州、所	县	规模		形制	
				边长	周长	形状	城门、瓮城等
山西行都司	东胜卫			南北2410米，东西1930米	8680米	斜长方形	夯筑。四墙正中辟门，外加瓮城，其东门为双重瓮城
	东胜右卫			二号东墙长237米，北墙长211米，南墙长209.5米；三号北墙长248米，西墙长191.3米，南墙长266米	1363米	东、西二城并列，似方形	砖砌。东墙中部设门，外加筑瓮城。东、南、北墙外侧均筑有马面
	玉林卫			东西1400米，南北1200米	5200米	长方形	夯筑。除西门外，余皆加筑瓮城。南门瓮城呈双联式，城内东北部有圆形建筑址
	云川卫			边长1500米	6000米	方形	夯筑四墙中段各设1门，宽8—15米，外加筑瓮城
	镇虏卫			南北1292米，东西1249米	5082米	长方形	夯筑。四墙各开1门，外加瓮城
陕西布政使司	延安府	绥德州	米脂县	不详			
		葭州	吴堡县	南北长约400米，东西宽约270米	1125米	依山势建，不规则椭圆形	东、南、西、北各辟1门。东北、西北、西南角各设马面1座，西城墙有马面2座。南门内设马道1条。南门有瓮城
			神木县	南北长680米，东西宽710米	2780米	长方形	
			府谷县（府州城）		2320米		曲尺形，夯筑。辟东、南、西、北四门和南、西两小门；六门之上设城楼（现已毁），大南门、小西门外筑瓮城。城内原有主街两条，横贯东西，其间缀立木牌楼6座。钟楼位于城中部，东有文庙、城隍庙、魁星楼、鼓楼，西有关帝庙、祖师坛、观音殿、二郎庙，北有元帝庙，南有南寺及城外的荣河书院、千佛洞等
	灵州	省直隶州					
陕西都司	宁夏卫	府城		东西长约4000米，南北宽约1500米	7300米		夯筑包砖。城门6座，上皆建楼。4个角楼
		兴武所	兴武营	东西长约480米，南北宽约440米	1840米	长方形	夯筑包砖。城四隅设角台，西、北墙各有5个马面。东、南墙正中设门，门外设瓮城。城外有护城壕

续表

省级政区	府、卫	州、所	县	规模		形制	
				边长	周长	形状	城门、瓮城等
陕西都司	宁夏卫	平虏所	平虏城	不详			
		灵州所		边长1000米	4000米	方形	南、北、西三面辟门。增辟东门。上皆有门楼，四隅有角楼，外有护城壕
	宁夏前卫	府城					
	宁夏左屯卫	府城					
	宁夏右屯卫	府城					
	宁夏后卫	花马池		南北长约1400米，东西宽约1100米	5000米	长方形	东、北两面开门，门外设瓮城，四隅有角台。西墙设马面，上建玉皇阁。城外有护城壕
	榆林卫			南北长近3000米，东西宽逾1000米	大于8000米	不规则矩形	东墙设马面7座，西墙设3座。北、西、南墙外原有护城河，城四周辟城门5座：东、南、北三面各1；西面有2。东、南门另设瓮城，城内仅有一条大街贯通南、北门，一线连缀文昌楼、万佛楼、新明楼、钟楼、凯歌楼、鼓楼及4座木牌坊

资料来源：1.〔清〕张廷玉等：《明史》卷四二，中华书局，1974年。

2.国家文物局主编：《中国文物地图集·陕西分册》，西安地图出版社，1998年。

3.国家文物局主编：《中国文物地图集·宁夏回族自治区分册》，文物出版社，2010年。

4.国家文物局主编：《中国文物地图集·内蒙古自治区分册》，西安地图出版社，2003年。

从上表可知，明代研究区城市周长超过5000米的有7个，分别是东胜卫、玉林卫、云川卫、镇虏卫、宁夏卫、宁夏后卫和榆林卫。其中东胜卫是在元代东胜州基础上扩建而成，宁夏卫于元代末年弃半城，明正统年间重修其半城，其余四卫均为明代新建。总体来说，这7个城市都属于明代新建城市。由此可以看出明代新修卫城的规模大多在5000米以上，其中东胜卫、榆林卫、宁夏卫的周长均超过7000米，等级应为最高，为边防冲要和交通枢纽之地。

其余城市中，除沿用前代城址者外，新建城址均与明代在北部边疆所设营堡有关，遂将其余营堡一同分析。因有关宁夏镇营堡规模的资料不全，本小节主要根据延绥镇营堡进行分析。明代在延绥镇共设置39个营堡，其中榆林卫城与府县城市一同分析，镇川堡和把都河堡城址形制不详，故实际只有36个营堡。

表3-13 明代延绥镇营堡规模

路	营堡	形状	营堡规模
东路	建安堡	长方形	东、西、南、北墙分别长398.2米、450.9米、185米和171米，周长1205.1米
	高家堡	长方形	东、西墙均长311米，南、北墙均长431米，周长约1484米
	柏林堡	长方形	周长1236米
	大柏油堡	不规则长方形	周长1094米
	神木堡	长方形	南北长680米、东西宽710米，周长2780米
	永兴堡	不规则长方形	周长1004米
	镇羌堡	近方形	东北角向内缩，周长1394米
	孤山堡	不规则长方形	南北宽，东西窄，周长1520米
	木瓜园堡	不规则长方形	略似靴状，北宽南窄，周长1696米
	清水营	长刀把形	周长1974米
	黄甫川堡	簸箕形	上小下大，周长1652.8米
中路	保宁堡	方形	边长约280米，周长约1120米
	归德堡	簸箕形	周长1324米
	鱼河堡	方形	边长约400米，周长约1600米
	响水堡	方形	东西宽约380米，南北长671米，周长约2102米
	波罗堡	不规则形	周长1410米
	怀远堡	不规则形	周长1502米
	威武堡	方形	周长1460米
	清平堡	长方形	周长1793米
	常乐堡	矩形	东、南、西、北墙分别长419米、426米、449米和450米，周长1744米
	双山堡	不规则长方形	城墙堑山而成，周长约1600米

续表

路	营堡	形状	营堡规模
西路	龙州城	长方形	南北长约300米，东西宽约200米，周长约1000米
	镇靖堡	长方形	东西长约500米，南北宽约300米，周长约1600米
	镇罗堡	长方形	东西长约300米，南北宽约100米，周长约800米
	靖边营	不规则形	南城城墙残存820米，北城城墙周长2278米
	宁塞营	不规则三角形	周长2300米
	柳树涧堡		城墙夯筑，残存长度约1000米
	新安边营	长方形	长约1000米，宽约600米，周长约3200米
	旧安边营	长方形	城墙总长1640米
	新兴堡	不规则形	周长962米
	砖井堡	方形	边长约500米，周长约1960米
	石涝池堡	长方形	南北约400米，东西约200米，周长约1200米
	三山堡	方形	边长约300米，周长约1200米
	定边营	长方形	原周长3290米
	盐场堡	长方形	东西长约200米，南北宽约150米，周长约700米
	饶阳水堡	长方形	东西约300米，南北约250米，周长约1100米

资料来源：1. 国家文物局主编：《中国文物地图集·陕西分册》，西安地图出版社，1998年。
2. 陕西省考古研究院编著：《陕西省明长城资源调查报告·营堡卷》，文物出版社，2011年。同一城址的规模与两本书有争议时，以《陕西省明长城资源调查报告·营堡卷》为准。

整理表3-13数据可知：延绥镇36个营堡中，堡墙周长小于1000米的仅有3个，规模在1000—2000米之间的有27个，规模大于2000米的有6个。（见表3-14）由此可以推测，明代延绥镇营堡规模普遍为1000—2000米。周长大于2000米的营堡多为军事要塞，靖边营与定边营均于清代撤堡为县。

表3-14　明延绥镇营堡规模等级状况一览表

周长	营堡	合计
小于1000米	镇罗堡、新兴堡、盐场堡	3
1000—2000米	建安堡、高家堡、柏林堡、大柏油堡、永兴堡、镇羌堡、孤山堡、木瓜园堡、清水营、黄甫川堡、保宁堡、归德堡、鱼河堡、波罗堡、怀远堡、威武堡、清平堡、常乐堡、双山堡、龙州城、镇靖堡、柳树涧堡、旧安边营、砖井堡、石涝池堡、三山堡、饶阳水堡	27
大于2000米	神木堡、响水堡、靖边营、宁塞营、新安边营、定边营	6

二、元明清时期鄂尔多斯高原城市职能

城市职能是指某城市在国家或区域中所起的作用，所承担的分工。[①]元代、清代时期，鄂尔多斯高原位于王朝腹地，城市的行政职能占主要地位。明代研究区位于北部边疆，是元势力进攻的主要区域，明代在研究区的城市建设有卫所和营堡两种方式，这些军事城堡沿边墙而设，形成点、线结合的防御地带，其军事性质大于政治属性。

明初，太祖朱元璋始设卫所，这是一种兵民合一的军事建制。“明以武功定天下，革元旧制，自京师达于郡县，皆立卫所。外统之都司，内统于五军都督府，而上十二卫为天子亲军者不与焉。征伐则命将充总兵官，调卫所军领之；既旋则将上所佩印，官军各回卫所。”[②]卫所内的军人平时屯田戍守，遇战事则奉旨参战，军人家属亦于卫所防区内屯田，以便于士兵能长期驻守于此。大致十个百户所为一千户所，五个千户所为一卫，“天下既定，度要害地，系一郡者设所，连郡者设卫。大率五千六百人为卫，千一百二十人为千户所，百十有二人为百户所”[③]。

明初在研究区设置的卫所主要有山西行都司和陕西都司。永乐元年（1403）卫所内撤，研究区已无卫所在山西行都司。陕西都司内位于研究区的卫所主要为榆林卫、宁夏卫及其所领千户所。明代中期，鞑靼蒙古越过黄河，侵犯明代北部边防区。为此，明廷在西北边疆长城沿线广建营堡，以卫统领，逐渐建立起明代边疆防线。卫所与营堡的军事性质愈发重要。

明代中后期营堡与长城的修建，形成了以榆林卫城为中心的交通网络，有六条通往各地的交通干线。[④]第一条是自榆林卫城到黄甫川堡的线路。该干线大致与长城平行，途经常乐堡、双山堡、建安堡、高家堡、柏林堡、大柏油堡、神木堡、永兴堡、镇羌堡、孤山堡、木瓜园堡、清水营、黄甫川堡，自黄甫川堡继续东行20里，渡河即可到达唐家会堡。第二条是自榆林卫城到定边营堡的交通干线。该干线亦与长城平行，自榆林卫西渡榆溪河，经保宁堡到波罗堡，或由榆林卫城南行至归德堡后跨榆溪河，经响水堡到波罗堡。此后途经怀远堡、威武堡、清平堡、龙州城、镇靖堡、镇罗堡、靖边营、宁塞堡、柳树涧、旧安边营、砖井堡、定边营、盐场堡等，再西行可到

① 许学强、周一星、宁越敏编著：《城市地理学》，高等教育出版社，1997年，第91页。
② 《明史》卷八九《志第六十五·兵一》，第2175页。
③ 《明史》卷九〇《志第六十六·兵二》，第2193页。
④ 艾冲：《西北城市发展与环境演变研究——立足于陕西榆林地区的考察》，第169—173页。

宁夏镇花马池。第三条是自榆林卫城到陕西省城的线路。该线自镇城向南，行经归德驿、鱼河驿、镇川驿、碎金驿到达绥德州，之后以绥德州为起点通达各地。第四条是自旧安边营到庆阳府的交通干线。从旧安边营城南行至新安边营，沿洛河经吴旗营、金汤城，过子午岭山脉，经柔远城即可到庆阳府城。第五条是自定边营到环县县城的线路。南行经红柳沟、三山堡、饶阳水堡、红德城，便可到达环县县城。第六条是自榆林卫城到三边总督府的交通干线。从榆林卫城沿长城内侧通道出发，到砖井堡后西行经瓦碴梁、石井坑、定边营南部、乾沟长城暗门、红庄儿、板窑、大巨滩、红柳沟，后向西进入宁夏防御区，过小盐池、惠安堡、韦州城、豫望城、八营、黑城子，最终到达固原州城。

清代在沿用明代道路的同时有所改进，如对弯曲路段实行裁弯取直。此外，清代黄河沿岸人员来往频繁，物资流通发达，促进了该区域津渡的出现，成为连接不同区域陆地交通运输的纽带。[①]府谷县境内自北向南依次为莲花缠渡、墙头渡、冯家汇渡、段家寨渡、杨家川渡、刘家川渡、碛塄渡、郝家角渡、园子占渡、小深沟渡、枣林峁渡和小木渡。顺黄河西岸而下到神木县有葛付渡、马真渡、合河口渡、盘塘渡、采林渡、山坡渡、沙峁头渡和万镇渡。葭县境内有葭州渡，吴堡县境内有薛家塥渡、官菜园渡，绥德州境内有枣林坪渡、河底渡，这些津渡在清后期逐渐衰弱。

上述营堡同时兼具明蒙互市贸易功能。如延绥镇、宁夏镇的马市即于嘉靖三十年（1551）七月设于宁夏花马池。其原因就是花马池界于二镇之间，边垣300余里而遥相呼应[②]，且自弘治十四年（1501）后，蒙古贵族大都从花马池进入内地，这里无疑是明廷沿边冲要之地[③]。然该马市于嘉靖三十一年（1552）九月关闭，存在时间比较短。镇羌堡也曾为“阖镇大市集焉”[④]。隆庆五年（1571）八月，山西总督戴才建议“改延绥市厂于红山边墙暗门之外”，即红山市，在今陕西榆林市北。据《全边略纪》记载，万历二年（1574），“卜失兔偕隐布等市榆林口如故，延绥所市马牛羊可八千一百九十有七，金可二千”[⑤]。榆林口市或许就是红山市。清水营市，隆庆五年设立，位于灵州守御千户所东80里，今宁夏灵武市宁东镇清水营。这里是河套蒙古势力入寇灵州的必

① 艾冲：《西北城市发展与环境演变研究——立足于陕西榆林地区的考察》，第176页。
② 《万历武功录》卷七，第58页；〔明〕张居正等：《明世宗实录》卷三七五，黄彰健校勘，国立北平图书馆红格抄本，第1页。
③ 薄音湖、王雄编辑点校：《明代蒙古汉籍史料汇编》第1辑，内蒙古大学出版社，2006年，第137页。
④ 薄音湖、王雄编辑点校：《明代蒙古汉籍史料汇编》第2辑，内蒙古大学出版社，2006年，第315页。
⑤ 〔明〕方孔炤：《全边略纪》卷四《陕西延绥略固原在内》，国立北平图书馆民国十九年本，第167页。

经之地，设有重兵戍守，战略地位极为重要。平虏市，设于万历十年（1582），清代改为平罗，位于今宁夏平罗县东黄河畔边墙附近。天启年间，延绥、宁夏二镇与蒙古的互市贸易当一直延续，明朝采用“战款兼用”政策，规定“延、宁二镇，呼吸可通，黄、火诸酋，阳顺阴逆，两镇务要同心犄角，犯彼则绝市于此，犯此则绝市于彼，庶狂逞之患可息。互市银两，无事则用之抚夷，有事则用之赏功，无不可者”①。

三、清代鄂尔多斯高原城市形态

城市形态能够从直观上对历史城市地理的阐述起比较好的辅助效果。因为，城市是人类社会的行为产物。对城市形态的分析，既能够反映城市最初起源时人们考虑的建址因素，又能体现城市职能空间形成与演变的结构。另一方面，中国城市形态又是各个历史时期国家政治制度与主流思想通过城市规划的一种体现，甚至可以看作整个中国社会结构的某种缩影。中国历史每个阶段都有与之相适应的制度，几千年来既有传承，又富含变革。②清王朝建立之初，为镇压各地反清活动，维护国家稳定，统治者除以绿营兵分驻各省外，还在全国设置了许多八旗军驻防地，全国共有24座满城③，由国家统一营建。驻防城，“无事则拱卫控制，隐然有虎豹在山之势；有事则敌忾同仇，收干城腹心之用”④。以“满汉分畛”原则，驻防城往往征用旧城局部或新建城池，各驻防地就形成了新的特殊的城市，即满城。满城的营建严格遵循着统一的范式：网格状道路划分八旗驻区，军政衙署占据中心，信仰设施强化族群认同。这在华夏城市肌理中刻下了深刻的制度性印痕。鄂尔多斯高原上建有两座满城，一个在宁夏府城内，一个是归化城外的绥远城，本节以此为例探索清代城市形态或有一定的代表意义。

（一）清代宁夏府城空间布局及形态

清代宁夏府城，建于宋代兴州城故址上。景德年间，赵德明于此筑城，相传其形制为人形，西夏时为都城，元代沿用。元代末年，因战争繁多，寇乱难守，故而弃其西半城。明代沿用至正统年间。后因经济发展，人口增多，遂将所弃西半城重新修筑，至清初屡有修葺。⑤清雍正元年（1723）建造满城，乾隆三年（1738），宁夏地

① 《明熹宗实录》卷一二“天启元年七月乙丑”、卷二八“天启二年十一月癸卯”、卷五五“天启五年正月辛酉”、卷五六“天启五年二月辛巳”、卷八一“天启七年二月乙巳、丙辰”。

② 李孝聪：《历史城市地理》，第14页。

③ 赵磊鑫：《历史上的特殊城市——满城》，《百科知识》2018年第16期。

④ 〔清〕纪昀等：《钦定八旗通志》卷三五《兵制志四·八旗驻防》，吉林文史出版社，2002年，第606页。

⑤ 《中国地方志集成·宁夏府县志辑》卷五，第82页。

区发生8级以上地震，城池尽毁，建于雍正元年的满城亦遭破损，经仔细勘定后，决定在旧址内收进20丈重建宁夏府城。原满城废弃，于府城西侧7.5千米处重新修建，称为新满城。

宁夏府城地处平原，地形平坦，地理条件优越，西北以贺兰山为固——“贺兰环于西北，黄河绕于东南，地方五百里，山川险固，土田肥美。沟渠数十处，皆引河以资灌溉，岁用丰穰。”[①]东南以黄河为险，东北连接河套地区，西南通达河西走廊，黄河“从首至尾，有像月形，南北约五百余里，真边城之巨防”[②]。宁夏平原既是农耕与游牧的交界地带，又是历代兵家必争之地。

宁夏府城位于黄河西岸的冲积平原上，黄河自西南向东北从该地流经，土壤肥沃，灌溉便利。宁夏地区一直将水利建设放在重要位置，“河渠为宁夏生民命脉，其事最要。……宁夏虽称沃壤，而田止一熟，实少盖藏。国家于水利既设专官，又董以本路监司，每渠浇灌既足，例必呈报，或遇日久淀淤，更加官修。诚以一方利赖，万姓生资，实藉于此”[③]。宁夏平原引黄灌溉农业一直比较发达，经过各朝代的水利工程，宁夏平原在五代时期就被称为“塞上江南”。宁夏地区在兴修水利的同时，还大量招抚移民屯垦，清代便在平罗县附近的新垦地设置新渠县与宝丰县。移民屯垦扩大了农田面积，提高了农业产量，从而促进了宁夏地区经济社会的进一步发展。

从唐代到清代初期，宁夏平原为地震多发区，宁夏地区所发生的较大地震就有20多次，其中明代洪武年间到天启年间就有13次，清康熙二十六年（1687）、四十八年（1709）各发生一次地震。[④]乾隆三年（1738）十一月二十四日晚，宁夏地区发生8级以上地震。“酉时，宁夏地震，从西北至东南，平罗及郡城尤甚，东南村堡渐减。地如奋跃，土皆坟起。平罗北新渠、宝丰二县，地多斥裂，宽数尺，或盈丈，水涌溢，其气皆热。淹没村堡，三县地城垣、堤坝、屋舍尽倒，压死官民男妇五万余人。”[⑤]当时为寒冬时节，屋内有取暖设备，地震后遂引发火灾，宁夏府城延烧五日，“官兵民房，俱皆倒塌”[⑥]。此次地震烈度超过10度，宁夏府城、满城、平罗、新渠、宝丰、平羌等20多处城堡城垣受到不同程度的毁坏，城内建筑损毁严重，河水泛涨，于

---

① 《中国地方志集成·宁夏府县志辑》卷二，第53页。
② 《大清一统志》卷二六四《宁夏府》，第412页。
③ 《中国地方志集成·宁夏府县志辑》卷八，第175—177页。
④ 刘源：《乾隆三年宁夏大地震》，《历史档案》2002年第2期。
⑤ 《中国地方志集成·宁夏府县志辑》卷八，第563页。
⑥ 中国地震局、中国第一历史档案馆编：《明清宫藏地震档案》上卷，地震出版社，2005年，第124页。

新垦地所置的新渠、宝丰“率成冰海，不能建城筑堡”[①]，无奈裁撤。宁夏府城和满城于乾隆五年（1740）重修，乾隆六年（1741）竣工。

（二）宁夏府城的空间布局

城市空间布局由城市的外部形态和内部空间结构组成，城市的外部形态在历史时期即指城垣所围成的形状，内部空间结构包括官署、街道、居民区等要素。本节主要探讨乾隆初期于旧址重修的宁夏府城的空间布局。

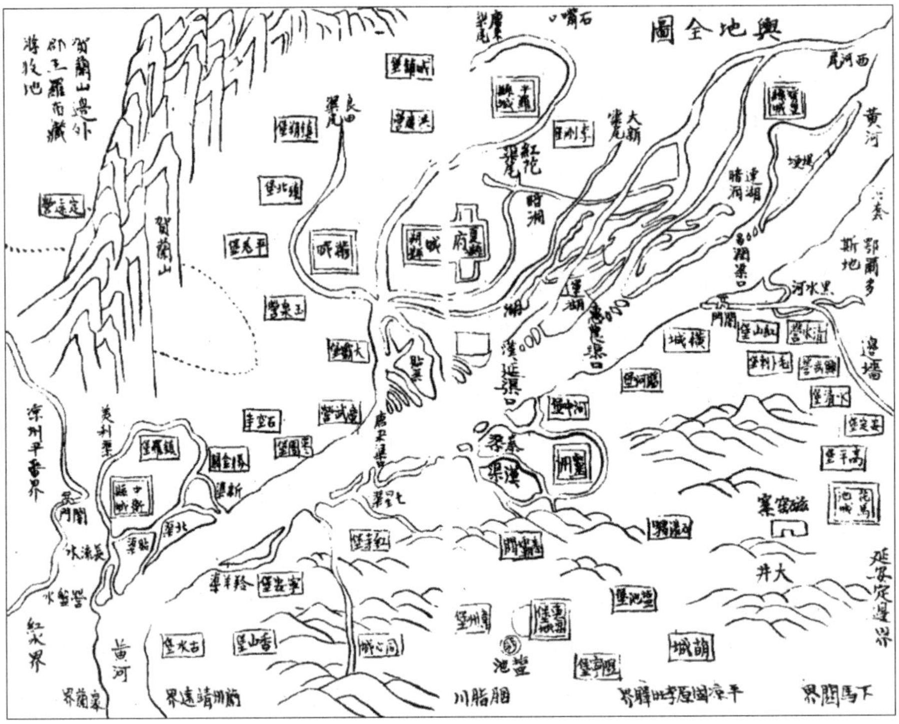

图3-7　乾隆年间宁夏舆地全图

图片来源：凤凰出版社编选：《中国地方志集成·宁夏府县志辑》，凤凰出版社，2008年，第18页。

1.宁夏府城的外部形态

乾隆三年地震，导致府城尽毁。[②]此次地震之后，朝廷派官员勘察灾情并筹划重建之事。因宁夏府城优越的地理环境和依然保留的墙体和基址，钦差大臣班第主张在旧址重修府城[③]；然承修官员阿炳安在勘察之后提出另一方案，即于旧城址内20丈重

① 《清高宗实录》卷八八“乾隆四年三月壬子”，中华书局，2008年，第9291页。

② “城楼、官署、兵民房舍俱被地震倒平，百无一存。”参见中国第一历史档案馆：《乾隆三年宁夏府地震史料》，《历史档案》2001年第4期。

③ 李学勤、徐爱信、杨双利等：《1739年宁夏大地震后的灾区重建》，《防灾科技学院学报》2015年第4期。

新建城。原因是“宁夏旧城身高三丈六尺，根宽二丈，城高而薄，不甚坚厚”。“但坍塌之旧基高低不一，城濠填塞几平。离城基数丈之外，四面皆水，于濠以外试加刨看，甫及一二尺即湿而有水。其旧城根有陷下数尺及一二丈者，仍于旧址建城，必须刨挖另为平筑，不惟功倍费繁。且旧址与旧城濠之土俱不敷用，如在濠以外越水取土，又远涉不易。”所以，“应于旧址以内收进二十丈”。[①]该方案获得朝廷同意，遂于宁夏府城旧址内收20丈重建新城。“后来发现，旧城不足原报十九里三分之数，若四面收进二十丈建城，规模狭隘，于是再次修改方案，东、南、西三面各收进七丈，北面不收。”[②]经过多次勘察，宁夏府城的修建方案最终确定下来。

新修的宁夏府城“周围长二千七百五十四丈，东西径四里五分，南北径三里一分，高二丈四尺，址厚二丈五尺，顶厚一丈五尺，并砖石色砌。外垛口墙高五尺三寸，内安墙高三尺”[③]。清代一尺相当于今约32厘米，新建的宁夏府城为长方形，东西长约2600米，南北宽约1800米，周长约为8800米。

新建的宁夏府城依照元明时期的格局，置有6个城门，城门名称沿袭旧名，东门称清和，西门称镇远，东南门称南薰，西南门称光化，东北门称德胜，西北门称振武。各城门上均建有城楼，外置瓮城。角楼4座，炮台铺楼24座，马道6座。南薰门和德胜门外均建有关厢土城1座，城市空间向外延伸。南薰门外的关厢土城周长为1910米，高6.4米，城垣底部宽6.4米，顶部宽3.2米。外墙用砖砌，上有垛口和女墙，垛口墙高1.6米，女墙高0.57米。置有关门1座，称朝阳，方便百姓在此进行交易。关门内置有便门1座，相当于瓮城。德胜门外的关厢土城周长约为1380米，城垣高度和厚度与南薰门相同，设有关门1座，称平虏，后改为永安。两座关厢土城皆置有门楼、马道各1座，东西稍门2座。[④]

2.宁夏府城的内部空间结构

城市中轴线与主干街为清和门与镇远门之间的东西向大街，镇武门至光化门、南薰门至德胜门之间的两条南北向大街为城市的主要街道。自清和门至南薰门、光化门至镇远门为府城的南半部分，载有名称的街巷有67条，其中南薰门以东有7条，南薰门与光化门之间有45条，镇远门以西有15条。清和门至德胜门、振武门至镇远门为府城的北半部分，载有名称的街巷有60条，其中德胜门以东有15条，德胜门至振武门之

---

① 中国地震局、中国第一历史档案馆编：《明清宫藏地震档案》上卷，第259页。

② 刘源：《乾隆三年宁夏大地震》，《历史档案》2002年第2期，第94页。

③ 《中国地方志集成·宁夏府县志辑》卷五，第83页。

④ 《中国地方志集成·宁夏府县志辑》卷五，第83页；薛正昌：《明清时期宁夏镇（府）城与沿黄城市变迁》，《西夏研究》2015年第1期，第78页。

间有36条，镇远门以北有9条。[①]

城市官署机构一般包括衙署、军署、司狱署等基本职能机构，因宁夏府、宁夏县、宁朔县同治于宁夏府城，因此，宁夏府城内的官署众多。宁夏道署，清初时位于城隍庙西侧，乾隆四年（1739）新城修缮后迁至猪市街东侧。宁夏府署，旧城时位于南门大街西侧，地震后在原址重修。宁夏县署，于乾隆四年修建，在南门大街西侧。宁朔县署，于乾隆四年在原道署的基础上改建为县署。宁夏县与宁朔县均设仓廒，宁夏县的四个仓廒分别在左营游击署东、五营守备署东、府署西和南门大街东，宁朔县的四个仓廒则分别位于文庙南、大仓后、喇嘛寺西和玉泉营。

宁夏府城学宫，作为当地教育机构，位于府治北侧，建于永乐元年（1403），后屡经修缮，毁于乾隆三年地震，次年奉旨重修。宁夏府城学宫是一个由多个单体建筑组成的建筑群，主要有大成殿5间，东、西庑各7间，东、西角门各1间，戟门、更衣厅、省牲所、棂星门各3间。学宫内部有泮池，环墙一道，照墙一座。名宦祠、讲堂、明伦堂等位于大成殿后方，府学教授署、训导署、县学官署都在学宫的外围。[②]这些建筑构成了一个集府学和县学于一体的教育圈。

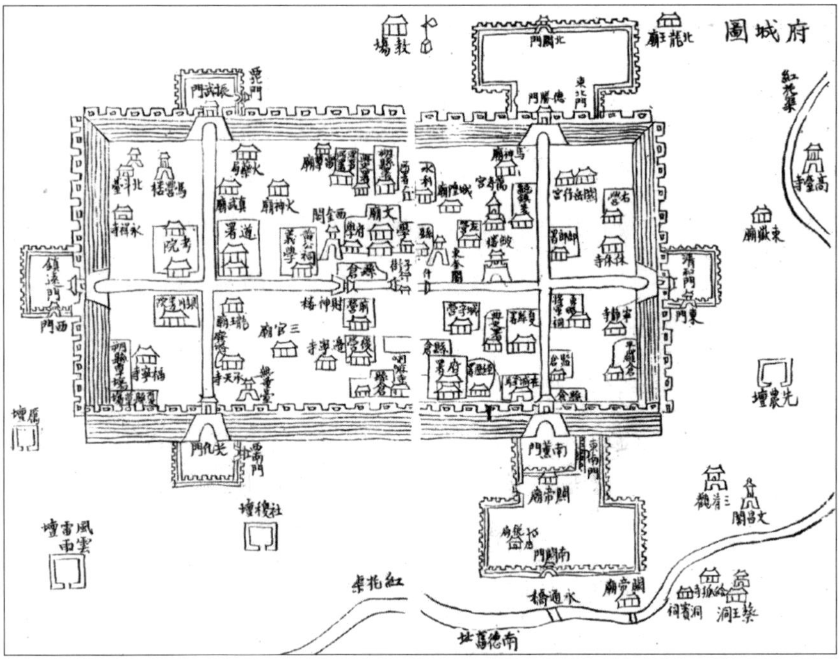

图3–8　乾隆年间宁夏府城图

图片来源：凤凰出版社编选：《中国地方志集成·宁夏府县志辑》，凤凰出版社，2008年，第19页。

① 《中国地方志集成·宁夏府县志辑》卷六，第125—126页。

② 《中国地方志集成·宁夏府县志辑》卷六，第101页。

宁夏府城的宗教设施众多，据《乾隆宁夏府志》记载，祀典庙坛建筑就有74处之多。这些设施可分为五类：一是基础祀典设施，如玉皇阁；二是用于祭祀神灵的场所，如黄公祠；三是具有制度性建置的设施，如城隍庙、土地庙等；四是受万物有灵观念影响形成的祭祀设施，如财神庙；五是新传入城内的宗教建筑，如清真寺、天主堂。[①]

宁夏府城“人烟辐辏，商贾并集，四衢分列，阛阓南北，蕃夷诸货并有，久称西边一都会矣”[②]。府城市集位于四牌楼所在的大什字街，各类货品有专营的地方，例如米粮市在四牌楼西大街，骡马市在新街口北，估衣市在羊肉街口，番货市在道署南，箱柜市在管达街口西等。

清代为保持其民族的独立性，稳定社会环境，为军队驻扎提供便利，遂在各地建城，并将这些驻防城称为满城。宁夏府满城始建于雍正元年（1723），二年（1724）九月完工。[③]其址位于宁夏府城东北5里处，满城周长3150米，东、西、南、北各辟1门，城外有水濠。乾隆三年因地震而损毁，宁夏将军阿鲁等在上书乾隆的奏章中称：“所有满兵城中房屋，自臣等衙署以至兵丁房室尽皆塌坍，臣等仰赖皇上洪福，幸得趋立院中。稍定之后，因时值寒冬，塌坍房屋之下又复火起。未被压覆之兵丁等齐将木植抽出，拾取砖瓦仅能扑灭。其城中数处地皆开裂二三寸，向外涌水。自此地动不止，直至日出之后，方得稍安。所有各城楼坍有数处，城垣虽未塌坍，俱皆下陷，以致城门不能开启。”[④]

乾隆五年（1740）重修满城时，因旧满城地势低陷，潮湿不适宜居住，遂另选高燥之地，故在宁夏府城西15里平伏桥东南建新满城，即今银川市金凤区满城北街街道平伏桥村。该地“高燥而方平，土色坚润，东至汉城俱系平坦大道，往来便捷”，且“满城右倚贺兰，气势雄壮，可以垂万年业利之安，可以为汉城犄角之势”。[⑤]新满城于乾隆六年（1741）建成。鉴于旧满城周围城垣狭窄，兵丁与家眷来往不便，新满城中增建了官兵眷属居住区。

---

① 李芳：《清代宁夏府城城市内部空间结构述略》，《宁夏师范学院学报（社会科学）》2009年第5期，第87页。

② 《中国地方志集成·宁夏府县志辑》卷六，第125页。

③ ［清］鄂尔泰等：《八旗通志初集》卷二四《营建志二》，东北师范大学出版社，1985年，第457页。

④ 中国第一历史档案馆：《乾隆三年宁夏府地震史料》，《历史档案》2001年第4期，第19页。

⑤ 中国地震局、中国第一历史档案馆编：《明清宫藏地震档案》上卷，第185页。

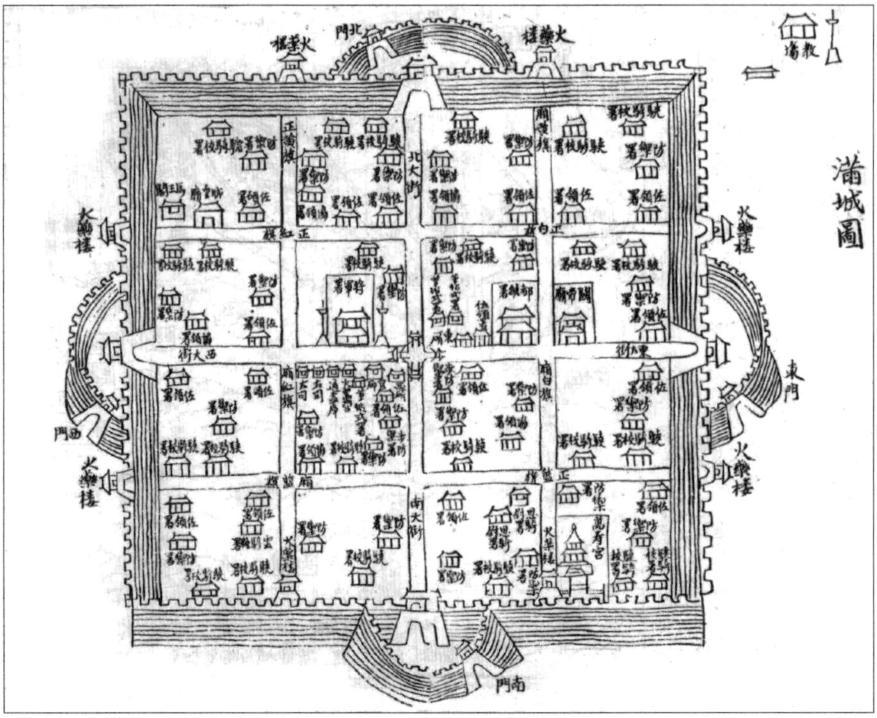

图3-9　乾隆年间宁夏府满城图

图片来源：凤凰出版社编选：《中国地方志集成·宁夏府县志辑》，凤凰出版社，2008年，第19页。

新满城位于宁夏府城西15里平伏桥东南。城池平面呈方形，周长为6920米，城垣约高7.8米，底部宽8米，顶部宽4.8米，垛墙高约1.7米，墙皆以砖砌之。有城门4个，“东曰奉训，西曰严武，南曰永靖，北曰镇朔。城楼四座，马道四座，瓮城门四，门楼四座。角楼四座，铺房八座，炮台二十四座，水沟二十四道，城河一道，宽三丈，深一丈”[①]。

满城内东西向大街和南北向大街各3道，将全城分为面积相等的16个区。“将军署在城西大街，左翼都统署在城东大街，右翼都统署在城西大街（后移驻凉州，公署久废）。八旗官兵营房：镶黄、正白在城东北。正黄、正红在城西北，镶白、正蓝在城东南，镶红、镶蓝在城西南。”[②]新满城内建有4座牌坊，东曰承恩，西曰威远，南曰定功，北曰拱极。城内还建有关帝庙、城隍庙、马王阁等庙宇，这些冲淡了城内严

① 《乾隆宁夏府志》，第125—126页。因凤凰出版社编选的《乾隆宁夏府志》中，满城东、西城门名称记载有缺失，且记载“北门曰镇翔”，《民国朔方道志》所记载的北门亦称“镇朔”，故此处选用陈明猷点校版《乾隆宁夏府志》。

② 贺吉德：《银川市新满城探述》，见中国古都学会、银川古都学会编：《中国古都研究》第9辑，第160页。

肃的军事氛围，促进了民族之间的情感交流。

（三）清代绥远城空间布局——归绥城

清代于全国重要地点均设有满城，绥远城就是一座典型的满城。为了稳定政局，防范漠西卫拉特准噶尔蒙古部叛乱及安置戍边士兵，清政府于呼和浩特地区设立绥远城。绥远城的建造对今呼和浩特市城市空间发展影响深远。黄丽生认为明代归化城的兴建、发展，既展现了漠南边区乃至整个蒙古的社会经济形态和对外交换形式渐由征掠转变为城市贸易之初期的成就和重重阻碍，也反映出此长期历史变迁中曲折与复杂的过程。而清朝时期归绥城是其统治漠南蒙古和用兵漠北的军政中心，以及军备补给和训练要地。归绥城军需转输功能更演变为大漠南北乃至新疆、宁夏与中原之贸易枢纽。凡此种种，终使归绥真正迈入城市贸易时代。蒙古社会分立驻牧的形式愈向基层演化，成为大清地方行政体系的一环，掠夺经济已完全为城市贸易所取代。然至清末民初，归绥转口贸易功能尽失，归绥城市贸易已到了重新调整的阶段。[①]

1.绥远城的建设

清康熙年间，为巩固统治，朝廷开始经略西北边陲。乾隆继位后，为解决喀尔喀的鄂尔昆、乌里雅苏台等地驻军军需，制定了近疆固守政策，即除北路军部分暂住待和外，其余军队内撤。因喀尔喀蒙古战斗力强，其首领亲清，且准噶尔内部出现不和，暂时无力东指，遂诏鄂尔昆留兵五千，议定其于归化城附近建城驻兵屯田，以便增援喀尔喀蒙古。

绥远城地理位置优越，被称为“北国锁匙”，“大青之山拥其后，伊克图尔根、巴罕图尔相之水抱其前，喀尔沁之水带其左，红山口之水会其右，地势宽平，山林拱向，实当翁稳”。[②]绥远城地处土默川平原，农作物种植条件良好，能够为当地驻兵提供足够的粮食。

关于绥远城的修建时间，史书记载各有不同，且较为混乱。《绥远城驻防志》载：“雍正十三年奉旨兴工建造城垣，至乾隆二年工竣，具奏，奉旨，赐满汉名，曰绥远城。”《绥远旗志》则记载：“绥远城在归化城东北五里，周九里许，建于乾隆四年。”边晋中认为雍正末年时就有关于在归化城附近修建新城的谕旨，并开始为其做准备，乾隆时经过反复勘察和思考，最终决定修建新城。新城于乾隆二年（1737）

① 黄丽生：《由军事征掠到城市贸易：内蒙古归绥地区的社会经济变迁（14世纪至20世纪初）》，第481—485页。

② 〔清〕高赓恩等纂修：《绥远全志》卷二，成文出版社，1968年，第106页。

二月初七动工，四年六月二十二日竣工。[①]

2.绥远城城市布局

关于绥远城城池规模，有两种记载：一是《归绥识略》，记载为“周九里十三步，高二丈九尺五寸，顶阔二丈五尺”；二是《大清一统志》，记载为“一千九百六十丈”，二者差异显著。1955年，呼和浩特市建设局使用仪器实地直线测量的绥远城周长为6300米，即1890丈。“因公制（1尺=0.33 米）大于清代度量衡，或因图纸多年有微缩，或因地方度量衡差异造成的误差所致，由此可以判断绥远城周一千九百六十丈才是清政府批准并实际建成的规模。”[②]

绥远城平面呈正方形，周长为6300米，高6.2米，城垣顶端宽8米，底端宽12.8米。从城墙厚度来看，绥远城要比宁夏府城坚实得多。绥远城“四门楼，门二重，东门曰迎旭，南门曰承薰，西门曰阜安，北门曰镇宁，周围角楼四座，城上四面，堆拨八处，每处建盖房三间。……圣裁门之楼四楼各五楹，箭楼四楼各三楹，角楼四楼各七楹”[③]。城墙上建有44个炮台，城外建护城河，4个城门均对应1桥，泄水河1条，石桥2座，瓮城祠庙各1处，碓子房各1间。

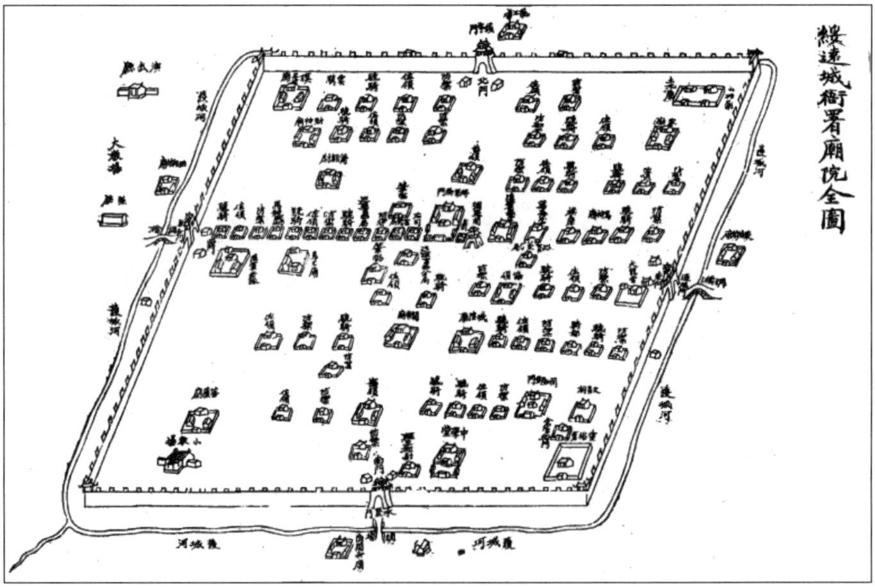

图3–10 绥远城衙署庙院全图

图片来源：〔清〕高赓恩等纂修：《绥远全志》卷一，成文出版社，1968年，第65页。

---

① 边晋中：《清代绥远城驻防若干问题考述》，内蒙古师范大学硕士学位论文，2006年，第15页。

② 董瑞、海春兴：《归化城与绥远城的城池规模探析》，《内蒙古师范大学学报（自然科学汉文版）》2016年第4期，第566页。

③ 《绥远全志》卷二，第105—106页。

绥远城内街巷以钟鼓楼为中心，东西、南北4条主干大街相交于此。在主干大街的两侧延伸出若干条小街巷，主要有26条，呈棋盘状分布在绥远城内。绥远城街巷名称多以方位、官府衙署、军营驻地、商号、作坊、店铺、寺庙观祠、人名、姓氏等命名。[①]

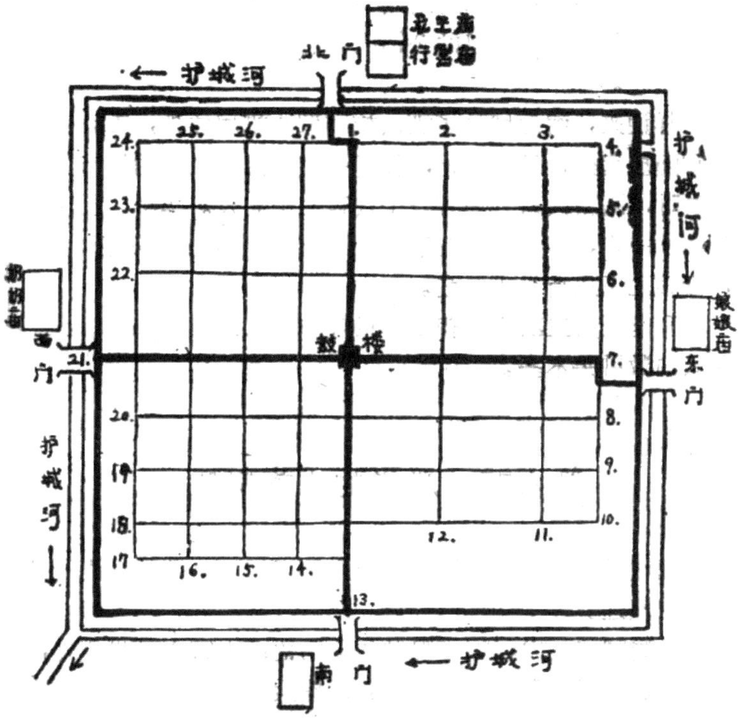

图3-11　绥远城二十七条街巷示意图

图片来源：佟靖仁：《呼和浩特满族简史》，内蒙古大学出版社，1992年，第2版，第83页。

绥远城内主要衙门有将军衙门、左司衙门、右司衙门和万寿宫，此外，还设有副都统衙门2所、协领衙署12所、佐领衙署60所、防御衙署60所、骁骑衙署60所、笔帖式衙署4所。这些衙署大多数集中分布在绥远城西街北侧、东街两侧和城内的东北角、东南角和西北角。[②]绥远城将军衙门是城内最大的建筑，是一座六进院落，至今仍保存良好。将军衙门正门在西街，后门在诺嘎拉大街，纵跨两条街。万寿宫是供奉清朝皇帝御像的地方，与将军衙门东西呼应，两个建筑对面皆有影壁，以致绥远城东西大街在清代是不允许通行的，只能绕道。承宣布政使司办公处左司衙门位于将军衙

---

① 王卓男、王罡：《清绥远城街巷名称及其演变》，《内蒙古工业大学学报（自然科学版）》2010年第1期。

② 佟靖仁：《呼和浩特满族简史》，内蒙古大学出版社，1992年，第2版，第76—78页。

门的左方，提刑按察使司的办公处右司衙门位于将军衙门的右方。

满族信奉萨满教，认为世上各物均有神灵掌管，城内建有众多庙宇，如关帝庙、城隍庙、旗纛庙、马神庙、山神庙、火神庙、菩萨庙等，这些庙宇是城内八旗官兵及其家属精神寄托的场所，每年都会举行形式多样的祭祀活动。城外也零星分布有庙宇，如东门外的狼神庙、南门外的关帝庙、西门外的奶奶庙、北门外的北龙王庙等。

第四章　鄂尔多斯高原城市空间分布及地域结构

城市空间分布是研究区域城市发展的重要内容。研究城市的空间分布是对一个国家或地区城市分布状态进行整体、宏观的分析，是城市发展的外在表现。城市分布状态是衡量城市发展程度的重要标准之一。城市发展与分布的地域不平衡性是一个普遍的规律和现象，不同区域的自然环境、经济条件、交通设施、生产方式、社会环境等是影响城市分布差异的重要因素。

第一节　鄂尔多斯高原城市分布及其影响因素

城市的兴起与发展受多种因素的制约。单从城市选址来说，不仅要考虑到政治、经济、军事因素，还有自然地理环境等诸多因素。一般而言，城市的选址和建设要考虑到未来长远发展的需要，因此，城市多会选在地势平坦、有良好的经济基础并且能够很好地控制周边地区的地方。

一、集中于平原、河流谷地分布

发育良好的平原及河谷地区不仅是城市兴起和发展的基础，也是影响城市发展状态和分布密度的重要条件；反之城市对自然环境的变化也极为敏感，环境的变化也会对城市的发展产生制约。总之，自然环境与城市生存密切相关。

鄂尔多斯高原及其邻近地区城市发展最快的地区是平原地形区——河套平原（土默川平原和后套平原），也是城市分布密度最大的地区。这一地区的城市建设最早兴起于战国时期，有赖于赵武灵王的经略。秦汉九原、云中两郡位于今土默川平原地区，也是研究区最先发展起来的城市。秦统一后，九原郡、云中郡继续发展，至西汉时期，两郡已成为整个鄂尔多斯高原地区城市最为密集的区域。

土默川平原属于黄河中游冲积平原，此处地形平坦，易于建城。黄河的冲积作用造就了此地肥沃的土壤条件，使土默川平原成为华夏族最先开辟的农垦区。汉武帝时期，农业文明便扩张到后套平原地区。后套平原与土默川平原自然条件相当，虽没有土默川平原丰沛的降雨量，然黄河自流灌溉也能满足农业用水需求。自汉武帝设郡建城到西汉末年，后套平原一直是鄂尔多斯高原地区重要的城市分布地区及边疆重要粮食产区。西汉遣高昌侯董忠和车骑都尉韩昌护送匈奴单于出鸡鹿塞（今内蒙古磴口县巴音乌拉嘎查）时，转边谷米糒“前后三万四千斛，给赡其食”[①]，即说明这里已是西汉边疆重要的粮食产区了。

黄河在鄂尔多斯高原上以“几”字形穿行境内，自古以来就形成了沿黄城市群景观。《水经注》卷三记载了黄河沿岸城市分布情况，如河水“又北，过北地富平县西。又北迳富平县故城西”，“又北，有薄骨律镇城。又迳典农城东，世谓之胡城。又北迳上河东，世谓之汉城。又北迳典农城东，世谓之吕城”，“又东北，迳廉县故城东”，“河水又东北迳浑怀障西”，“河水东北，迳三封县故城东。又北迳临戎县故城东。又北有支渠东出……东迳沃野县故城南。又北，……又北迤西，溢于窳浑县故城东”，“东迳高阙。又东迳临河县故城北至河目县西。南屈，迳河目县故城西”，“北河又南，合南河，南河上承西河，东迳临戎县故城北，又东迳临河县南，又东迳广牧县故城北”，“河水又东南，迳朔方县故城东北。河水自朔方东转，迳渠搜县故城北。河水又东，迳西安阳县故城南。又东，迳田辟城南。又东，迳原亭城南。河水又东，迳宜梁县之故城南。河水又东，迳副阳城南。又东，迳河阴县故城北”，“又东，迳九原县故城南。又东，迳稒阳县故城南。又东，迳塞泉城南而东注”，“大河东迳咸阳县故城南。河水南入桢陵县西北，缘胡山，历沙南县西北”，“又过赤城东，又南过定襄桐过县西”。[②]研究区沿黄河干流分布有20余座城址，这一分布特征十分显著。

河水支流多，也是城市集中分布的地带，土默特平原上的白渠水就是其中之一。该水出自塞外，“西迳定襄武进县故城北，……白渠水西北迳成乐城北，……白渠水又西，迳魏云中宫南。又西南迳云中古城南。又西南，迳沙陵县故城南，其水西注

① 《汉书》卷九四下《匈奴传第六十四下》，第3798页。

② 《水经注疏》卷三《河水三》，第203—238页。

沙陵湖。湖水西南入于河”[①]。城市在黄河其他支流的分布也较多。《水经注》载：“圜水出上郡白土县圜谷，东迳其县南。圜水又东迳鸿门县……圜水又东迳圜阴县北……圜水又东迳圜阳县南。”根据文字记载可知圜水流域分布有4城。圜水以南又有帝原水和奢延水，“帝原水西北出龟兹县……又东南注奢延水”，而奢延水“西出奢延县西南赤沙阜……又东迳肤施县南”。西汉时期陕北榆林地区水网密集，有圜水、帝原水、奢延水以及奢延泽分布。[②]这一流域内共有7城，其中有一个郡城——肤施。《水经注》记载和考古资料相互印证。由此可知，在鄂尔多斯高原地区，河网密集的河谷地区也是城市分布相对密集的地区。

利用现有河湖水系兴农田水利，在促进区域经济发展的同时，也有利于城市的生存和建设。十六国时期的灵州就有果园[③]，至隋即有“塞北江南”之称[④]。唐代丰州，“自秦、汉以来，列为郡县，田畴良美，尤宜耕牧（治九原县城，今五原县南）”[⑤]。娄师德就任丰州都督时，曾于丰州屯田，“收率既多，京坻遽积。不烦和籴之费，无复转输之艰，两军及北镇兵数年咸得支给”。麟州、胜州，“两州中间，地名富谷，人至殷繁，盖藏甚实”[⑥]。夏州，“无定河……源出县南百步”[⑦]。银州，“无定河自夏州界流入”[⑧]。绥州，“无定河……自银州抚宁县界流入”[⑨]。除郡、州治城之外，县治城附近地理环境也不错。如《元和郡县图志》“灵州保静县”条下记：“山之东，河之西，有平田数千顷，可引水溉灌，如尽收地利，足以赡给军储也。”[⑩]再如，开元九年（721），六胡州康待宾率众反，“与党项连结，攻银城、连谷，以据仓粮”[⑪]。银城与连谷是物产丰富之地，充分证明了这些城市及其腹地有优良的水土条件。

唐代新建军城有丰安城、定远城、三受降城（西、中、东）以及唐长庆四年

---

① 《水经注疏》卷三《河水三》，第228—236页。

② 圜水即今秃尾河；帝原水即今榆溪河；奢延水即今无定河；奢延泽是奢延水流域的湖泊，宋代前后堰塞成陆。西汉时期，陕北地区的河网密度及水量均比现今这一地区的河流要大。

③ 《元和郡县图志》卷四《关内道四》：载：“其城，赫连勃勃所置果园，今桃李千余株，郁然犹在。”

④ 王培华：《宁夏“塞北江南”之称由来考》，见侯甬坚主编：《鄂尔多斯高原及其邻区历史地理研究》，第73—84页。

⑤ 《旧唐书》卷九三《列传第四十三》，第325页。

⑥ ［唐］李德裕：《会昌一品集》卷一四，第90页。

⑦ 《元和郡县图志》卷四《关内道四》，第101页。

⑧ 《元和郡县图志》卷四《关内道四》，第105页。

⑨ 《元和郡县图志》卷四《关内道四》，第103页。

⑩ 《元和郡县图志》卷四《关内道四》，第95页。

⑪ 《旧唐书》卷九七《列传第四十七》，第3052页。

（824）新筑乌延、临塞、阴河、陶子4城，共9城。这些军城不仅战略地位重要，且沿黄河流向东西分布，自然条件较好，土质肥沃。如天德军和振武军，《元和郡县图志》“天德军”条载：“牟那山南又是麦泊，其地良沃。”①“振武、天德良田，广袤千里。”②两军城于后期开置营田，大大节省军粮输边的费用。元和七年（812）十一月，“李绛奏振武、天德左右良田可万顷，请择能吏开置营田，可以省费足食，上从之。绛命度支使卢坦经度用度，四年之间，开田四千八百顷，收谷四千余万斛，岁省度支钱二十余万缗，边防赖之”③。元和中，韩重华为振武、京西营田使时，“东起振武，西逾云州，极于中受降城，凡六百余里，列栅二十。垦田三千八百余顷，岁收粟二十万石，省度支钱二千余万缗”④。安史之乱后新设的芦子关5城位于无定河沿岸，拥有充足的水源。黄河沿岸及黄土高原北部水源丰富、土壤肥沃，为城市的产生与发展提供了丰厚的物质基础，前后时期城市沿用也是必然之事，隋唐两代前后相沿的郡县城市情况见表4-1、表4-2。

表4-1　隋唐州（郡）治城沿用、新置表

隋郡治	唐州治、都护府治所	沿革/新置时间	今址
灵武郡	灵州	北魏灵州，北周总管府	宁夏吴忠市利通区西境、黄河东侧古城湾村
五原郡	丰州	开皇五年置	内蒙古五原县胜丰镇
定襄郡	单于都护府（振武军）	西汉定襄郡治成乐，北魏都盛乐	内蒙古和林格尔县盛乐镇土城子
榆林郡	胜州	开皇二十年置	内蒙古准格尔旗十二连城乡十二连城
盐川郡	盐州	北魏大兴郡西魏五原郡	陕西定边县城
朔方郡	夏州	北魏夏州	陕西靖边县红墩界镇统万城
雕阴郡	绥州	西魏绥州	陕西绥德县
	银州	北周银州及隋雕阴郡儒林县	陕西榆林市横山区党岔镇北庄村东北1千米处

北方少数民族的生活方式以游牧为主，生产力水平相对较低。唐末以来，很多辽、夏的城市源自对汉唐旧城的修筑和改造。这也与汉唐时期本地区城市设置大多精于防卫，不论从城址位置上，还是从城市周边地理环境看，都是筑城的绝佳之地。因此，其时很多城址被辽、夏沿用。唐代东受降城就是沿用了隋金河县；金后来占领了这一地区，并继续对这一城市进行修复和利用。据考古资料来看，该城东部子城就是

① 《元和郡县图志》卷四《关内道四》，第114页。
② 《新唐书》卷五三《志第四十三·食货三》，第1373页。
③ 《资治通鉴》卷二三九“宪宗元和七年”，第7697页。
④ 《新唐书》卷五三《志第四十三·食货三》，第1373页。

金立国后建立的。而西夏都城兴庆府也是在唐代怀远县旧址上发展起来的。这样的例子还有很多，显然这一时期少数民族政权在城址选择上，利用前代旧城的特点是非常突出的，这也是中原文化在鄂尔多斯高原地区绵延发展的重要因素。

表4-2　隋唐县治城沿用旧城情况一览表

隋郡	隋县治	唐州	唐县治	沿革/新置
灵武郡	回乐县	灵州	回乐县	北周置回乐县
	灵武县		灵武县	北魏建安县
	弘静县		保静县	北魏弘静镇
	怀远县		怀远县	北魏怀远县
	鸣沙县		鸣沙县	北魏鸣沙镇
			温池县	神龙三年置
朔方郡	岩绿县	夏州	朔方县	北魏岩绿县
	德静镇		德静县	北周弥浑戍
	宁朔县		宁朔县	周置宁朔县
	长泽县		长泽县	北魏置长泽县
盐川郡	五原县	盐州	五原县	北魏大兴郡，西魏五原郡
			白池县	景龙三年置
雕阴郡	上县	绥州	龙泉县（天宝元年由上县改称）	北魏上县
	延福县		延福县	北魏延陵县
	绥德县		绥德县	北魏绥德县
	城平县		城平县	北魏城中县
	大斌县		大斌县	魏平故城
	儒林县	银州	儒林县	北周银州
	真乡县		真乡县	北周真乡县
	开光县		开光县	北周开光郡
	抚宁县		抚宁县	北周抚宁郡
	开疆县			
榆林郡	榆林县	胜州	榆林县	汉沙南县地，开皇七年置
	金河县		河滨县	贞观三年置
	金昌县			
五原郡	九原县	丰州	九原县	永徽四年置
	永丰县		永丰县	北周永丰镇
	丰安镇		丰安县	麟德元年改为丰安县，天宝末废
	安化县			
定襄郡	大利县	单于都护府	金河县	汉代定襄郡治所成乐县，北魏盛乐城

水资源状况也是制约和影响城市发展的一个重要条件。鄂尔多斯高原自然环境中气温、降水、土壤环境等条件决定了城市生命周期，该地区城市在发展中曾多次面临缺水状况，这对城市发展具有明显的阻碍作用。

由《汉书·地理志》和《后汉书·郡国志》的记载可知，东汉时期朔方郡窳浑县城的废弃就是一例。窳浑、三封、临戎是朔方郡县城，均位于西汉后套平原区内，属于当时经济富饶地区。同一地区同处于边境的三封、临戎等城没有被废弃的史实，只能说明东汉废弃窳浑城的主要原因并非完全是当时边境形势，还需要考虑其周围自然环境的变化。《水经注》载，“河水又北，屈而为南河出焉。河水又北迤西溢于窳浑县故城东……其水积而为屠申泽”[①]。由此可知，西汉窳浑城以东有河水溢出形成淡水湖泊屠申泽。另《水经注》关于临戎、三封的记载有：“河水东北迳三封故城东……河水又北迳临戎县故城西。”根据文献可知，西汉三封城在河水以西，临戎城在黄河以东；根据现今发现的两城遗址来看，两城均位于黄河的西面，且临戎城址向东与今黄河河道相距5千米。[②]由此可知，黄河在历史时期发生了改道和由西向东的迁移。黄河改道势必影响附近城市的用水，水资源的短缺成为城市发展的一大障碍。屠申泽属于黄河北河溢出形成的淡水湖泊，黄河北河堰塞，南河成为黄河主河道，屠申泽失去淡水资源补给逐渐成陆。位于屠申泽西面的窳浑城地处内陆，降雨量小，除了屠申泽的水源供给，此地几乎没有其他水源。屠申泽的萎缩逐渐改变了当地自然环境，加之人类活动对当地环境的破坏和当时边境政治形势的影响，窳浑城在东汉时期最终被废弃。

北宋庆历初，麟州因缺水几乎被攻破。《涑水记闻》载：“赵元昊围麟州二十七日。城中无井，掘地以贮雨水。至是水竭，知州苗继宣拍泥以涂藁积，备火箭射。贼有谍者潜入城中，出告元昊：‘城中水已竭，不过二日，当破。’元昊望见涂积，曰：‘城中无水，何暇涂积？’斩谍者，解围去。”[③]当时元昊围攻麟州城，城内由于没有水井，便掘地储存雨水，在水用完之际，知州苗继宣为了迷惑元昊，用往城墙上涂藁积的办法来掩盖城中无水的情况才保住了麟州城。宋金战争中，金将娄室攻打晋宁军城，当时“城中无井，日取河水以为饮，乃决渠于东，泄其水，城中遂困”[④]，金军控制了晋宁军城的水源，导致城中断水，因而轻易攻取了该城。由此看

① 郦道元著，陈桥驿校证：《水经注校证》卷三，中华书局，2007年，第75页。
② 侯仁之：《历史地理研究：侯仁之自选集》，第352—380页。
③ 《涑水记闻》卷一二，第243页。
④ 《金史》卷七二《列传第十·娄室》，第1652页。

来，水资源状况不仅关系着城市发展，甚至决定着城市的命运。因此，城市选址在河流等水源丰富的地区成为常态。如此有两利一弊：一方面便于取水，另一方面也可以利用河流作为天然军事屏障，但临河修筑的城市也面临着河患或被水灌的威胁。

事实上，水患造成城市迁移的例证并非少数。《元和郡县图志》卷四《关内道·灵州》载唐高宗仪凤二年（677），怀远县城（治今宁夏银川市老城）因被“河水泛损”，遂在“三年于故城西更筑新城”。明代洪武至天启二年（1622）之前，灵州城因河水不断向东侧侵蚀，已三次迁徙城址。天启三至五年间在黄河以东修筑了长6000余丈的石堤才最终保障了灵州城的安全。熙宁三年（1070），北宋收复了长期被西夏占领的银州，但不久后就废弃了此城。此城废弃的一个重要原因就是“银州虽据明堂川、无定河之会，而故城东南已为河水所吞”①。西夏都城兴庆府位于黄河西岸，周围有汉源、唐涞等水渠，具有背山面水的地理形势，但是也时常面临河患。如北宋大观四年（1110），“大风雨，河水暴涨。汉源渠溢，陷长堤入城，坏军营五所、仓库民舍千余区”②。这就要求在城市选址中要合理把握其与水源的关系，合理利用河流的天然防御功能，达到“高毋近旱而水用足，下毋近水而沟防省”③的效果。

水是人类生存必须具备的条件，河流所形成的自然地形也有利于城市的防御。陕西省考古研究院在调查陕北明长城城堡时曾对河流附近的城堡进行过统计，已调查的营堡中有28个位于河流边缘（见表4-3）。

表4-3　陕西省明长城营堡与其所临河流统计表

所处河流	营堡
黄甫川	黄甫川堡
清水川	清水营
木瓜川	木瓜园堡
孤山川	孤山堡、东村堡
窟野河	神木营、麟州故城、大柏油堡、永兴堡
秃尾河	高家堡、建安堡
榆溪河	常乐堡、榆林卫城、归德堡、鱼河堡
无定河	镇川堡、响水堡、波罗堡、怀远堡、威武堡、清平堡、龙州堡、镇靖堡、镇罗堡、靖边营、把都河堡、宁塞营、柳树涧堡
北洛河	新安边营、石涝池堡、永济堡

资料来源：陕西省考古研究院编著：《陕西省明长城资源调查报告·营堡卷》，文物出版社，2011年，第235页。

① 《宋史》卷三三四《列传第九十三·徐禧》，第10722页。
② 《西夏书事校证》卷三二，第370页。
③ 〔春秋〕管仲：《管子》卷一《乘马第五》，中华书局，1960年，第70页。

二、沿交通线分布特征显著

交通是一个区域内外相互联系的基础，城市作为一定区域内人口和资源的聚集地，交通线路形塑着区域城市的空间发展。

鄂尔多斯高原地区作为唐初安置归附民族的集中区域，也是唐都长安与北方突厥、回纥等强大民族之间的缓冲地带，其内部及与国都长安之间的联系均极为重要。概括而言，唐代鄂尔多斯高原地区形成了“三纵两横”的网格交通格局。三条南北干线皆可抵达都城长安。西线从都城长安出发，经灵州达西受降城线，此条道路大致为“出宁、庆，或出泾、原，皆经灵州，北至北河之西受降城”[①]，或是“自夏州城西去，历经长泽、盐州城、白池，而抵灵州”[②]。中线为经夏州、丰州（西受降城）至天德军城（大同城）线，该路途经新宥州城（城川古城），是比较快捷的一条道路。[③]此条道路，“夏州北渡乌水，经贺麟泽、拔利干泽，过沙，次内横划、沃野泊、长泽、白城，百二十里至可朱浑水源。……又涉屯根水，五十里至安乐戍，戍在河西壖，其东壖有古大同城”[④]。东线经由绥州、银（夏州），继续经麟州、胜州、东受降城至单于都护府（振武军）治所；或经胜州至中受降城。无论是灵州还是夏州都有直达国都长安的道路，东西向交通道路有两条。南端的一条自盐州、夏州、银州至绥州，从盐州到夏州之后，即可沿无定河而下。北端的一条是自西受降城、丰州沿黄河走陆路经天德军至云中、胜州、东受降城至单于都护府，[⑤]亦可沿水路顺黄河而下。黄河以北的地区亦可从胜州、银州或麟州至河东太原南下过蒲津渡等再至国都。它们都是研究区与国都长安之间的重要交通线。吐蕃控制陇右地区之后，灵州是前往西域各国的必经之路。其中，经略军城的建造和新宥州的重置保障了网格交通的畅通。天宝末（755）置新宥州，寄理于经略军城，“盖谓居中可以统蕃部，北接天德，南据夏州”。元和八年（813）冬，回鹘南过碛口，欲通过西受降城、柳谷路讨吐蕃，西城防御使周怀义上表唐中央。朝廷大恐，以为回鹘讨吐蕃为假，寇边才是其真实意图。李吉甫认为：“回鹘入寇，且当断绝和事，不应便来边境。”并提出“但

① 严耕望：《唐代交通图考》第1卷，第259页。

② 艾冲：《西北城市发展与环境演变研究——立足于陕西榆林地区的考察》，第161页。

③ 《元和郡县图志》卷四《关内道四》载“自新宥州北至天德，置新馆十一所，从天德取夏州乘传奏事，四日余便至京师”。（第107页）

④ 《新唐书》卷四三下《志第三十三下・地理七下》，第1147—1148页。

⑤ 李辅斌：《唐代陕北和鄂尔多斯地区的交通》，《中国历史地理论丛》1990年第1期，第141—142页；严耕望：《唐代交通图考》第1卷，第277—287页。

当设备，不足为虑”。于是“自夏州至天德军，复置废馆一十一所，以通急驿。又请夏州骑士五百人，营于经略故城，应援驿使，兼护党项部落”，“自新宥州北至天德，置新馆十一所，从天德取夏州乘传奏事，四日余便至京师”。[①]自此以后，改变了以往取道太原传递边防消息的状况，大大缩短了信息传递时间。

唐代不仅研究区内交通便利，其与周边地区亦有道路相连，研究区内城市分布与其周边关隘有一定的关系。鄂尔多斯高原通往阴山以北的道路，称回鹘道，亦称参天可汗道，经中受降城正北“如东八十里，有呼延谷，谷南有呼延栅，谷北口有归唐栅，车道也，入回鹘使所经。又五百里至鸊鹈泉，又十里入碛……七百里至回鹘衙帐”[②]。通向河东的道路，经河滨关，亦称君子津（位于今内蒙古鄂尔多斯准格尔旗境内），渡河即达。过此关亦可达今内蒙古托克托县，可达朔县、大同。合河关，即位于今山西兴县县城西北35千米处的堡梁古城[③]，是唐代麟州通往河东地区岚州的重要关口。孟门关，也称定胡关，位于今山西柳林县，与今陕西吴堡县相对，是唐绥州通往河东地区石州的重要关口。

西夏都城兴庆府处于东西交通线上，向西翻越贺兰山可达甘州和凉州地区，东北越过黄河有驿路直通辽、金，东南越过黄河可达灵、夏，便利的交通使得兴庆府成为研究区内级别最高的中心城市。史念海认为西夏攻打北宋，有六个主要的进攻方向，两个在研究区内：一个是由夏州顺无定河而下，进攻绥州及米脂、清涧附近各城堡；另一个是由夏州东行，进攻麟州。[④]夏州成为西夏进攻北宋桥头堡的主要因素就与夏州便利的交通条件有很大的关系。宋夏战争期间，很多战争都发生在州城附近和山川河谷地区，因而城寨堡也集中分布在这些州城的外围或者山川河谷的道路上。“北宋在整个对夏战争中所修筑的城寨，无论是作用于防守，还是旨在进取，大多都修筑在河流侧旁，以便掌握对河川道路的控制权，尤其注意在两河交汇处修筑控扼两川来路的城寨。”[⑤]

元代鄂尔多斯高原地区形成了以丰州（呼和浩特东）、东胜州为中心的交通网络。明代伴随着边墙及营堡的修建等，延绥镇交通路线逐渐完善。延绥镇39营堡均分布于边墙沿线，边墙以外挖有深沟，这样“深沟高垒”，墙堑结合，增加了边墙的相

---

① 《元和郡县图志》卷四《关内道四》，第106—107页。

② 《新唐书》卷四三下《志第三十三下·地理七下》，第1148页。

③ 傅淑敏：《合河古城与合河关考查记》，《晋阳学刊》1994年第1期。

④ 史念海：《陕西省在我国历史上的战略地位》，见史念海：《河山集》四集，陕西师范大学出版社，1991年，第43—44页。

⑤ 吕卓民：《西北史地论稿》，第127—137页。

对高度。边墙内侧形成通道，“商旅游行，循沟垒不受惊张之虞”。[①]榆林镇东、西两侧的边墙内有一条漫长的沿长城内侧而行的通道，自镇城东赴黄甫川堡，大体沿途经常乐、双山、高家、柏林、大柏油、神木、永兴、镇羌、孤山、清水和黄甫川等，凡13营堡，渡黄河至山西三关镇防区的唐家会堡，共540余里的路程。西去的道路须跨榆溪河，在长城内侧经保宁、波罗堡，溯芦河而上，过怀远、威武、清平、龙州转西行，历经镇靖、靖边、宁塞、柳树涧、旧安边、砖井、定边营、盐场等，凡14营堡，直达宁夏花马池，路程大约660里，基本沿边墙内侧行走，所谓“运粮者循边墙而行，骡驮车挽，昼夜不绝”[②]即此。这是延绥长城之间最重要的东西交通路线。至于边墙内的营堡间亦有道路沟通往来。当时陕甘尚未分治，陕边四镇军事上互为掎角。环、庆之间为延绥与宁夏、固原三镇重要的支撑点，联系安边营、三山堡、饶阳水堡与环县、庆阳府之间的交通道路颇受官方重视。从榆林镇城南下直达省会城市西安，是陕西布政司与沿边联系的主要道路，也是输粮于边的运输大道，更是西北边地与内地商业往来的重要通道。榆林镇城成为东、西联系各营堡，南部与省会城市西安沟通的中枢。明延绥长城及沿线39营堡就是在蒙汉争战过程中构筑起来的。历明清两代三百多年，营堡与交通走廊互为一体，带动了经济发展，发挥了其重要的政治、经济与交通中心作用。营堡的废毁是在晚清民国时期，今天大多已沦为荒城。究其原因，城址选择上过多考虑军事防守需要是主因，而边疆内地化及沿边经济结构变动加速了它们的衰亡。[③]

包头位于黄河北岸土默川平原上，向北经过昆都仑山口可达大青山以北，向南经过黄河沿岸渡口可达鄂尔多斯高原腹地，向西可达宁夏平原，向东经土默特、归化城、杀虎口与国都、中原相连，交通非常便利。清代中后期包头的兴起与发展正与其所处的这种交通位置紧密相关。其于乾隆五年（1740）时村内仅有居民70户，还是一个小村落，至乾隆五十年（1785）时便发展到600户3500人的大村子了。[④]

综上可知，鄂尔多斯高原地区城市发展及其分布格局受不同时期地理环境和不同时期特定人文环境影响。自然地理环境是城市形成与发展的基础，最重要的因素则是中原王朝之国力及与北方游牧民族之关系。秦汉时期，鄂尔多斯高原地区城市建设奠定了本区域城市发展的基础，此后中原王朝的分裂或偏安使本区城市得不到维护则渐

① 《嘉靖宁夏新志》卷一《宁夏总镇》，第19页。
② 〔明〕万表编：《皇明经济文录》卷二四《陕西》，辽海出版社，2009年，第518页。
③ 张萍：《明代陕北蒙汉边界区军事城镇的商业化》，《民族研究》2003年第6期。
④ 政协包头市东河区文史资料委员会编：《东河文史》第6辑，内部资料，1989年，第151—152页。

被遗弃以至消失。如，唐代榆林县，“本汉沙南县地，属云中郡。汉末北虏侵扰，历魏、晋、周，此地皆无县邑”[①]。唐河滨县亦“讫于魏、晋，此地不立县邑”[②]。麟州银城县，“本汉圜阴县地，属西河郡。汉末大乱，匈奴侵边，云中、西河之间，其地遂空，讫于魏、晋，不立郡县”[③]。由此可知，强有力的统一王朝是本区域城市存在的前提条件。景龙二年（708），张仁愿于黄河外所筑三受降城更是如此。三受降城建造之初就遭到太子少师唐休璟的反对，他认为“两汉以来，皆北守黄河，今于寇境筑城，恐劳人费攻，终为贼所有”，也充分说明了只有在汉、唐强权之下，才可于黄河外建立城市。

三、集中于战略要地分布的特点

中原王朝与北方民族的关系直接影响到鄂尔多斯高原城市社会环境的安定与否。二者关系和洽，城市经济繁荣；二者反目，原有的城市就有可能被毁，也可能产生一些新的军事据点城市。游牧民族逐水草而居，在其“南下牧马”之时常造成中原王朝边境动荡。军事战略地位越高的城市，往往成为首要掠夺目标，其兴亡也就在一瞬之间。隋唐时期，突厥、吐蕃等游牧民族强盛，鄂尔多斯高原地区成为国都长安的主要布防区，上起州、县治所城市，下及军、戍、关城等，战略地位均非常重要。唐代中期，河套平原地区丰州城、三受降城的建造及其新、旧东、西受降城的建置，以及唐代中后期伴随吐蕃入侵造成的唐代防御战线的改变，都是中原王朝与北方民族政权关系的反映。

《墨子·七患》中载：“城者，所以自守也。”隋至唐初的东突厥，唐太宗至玄宗时期的薛延陀部落、后突厥政权以及回纥等都威胁着北方边地的安全。当时，丰州经常为突厥侵扰，有人称应放弃丰州，张长逊则言：“丰州阻河为固，居贼冲要，自秦、汉已来，列为郡县……隋季丧乱，迁百姓于宁、庆二州，致胡虏深侵，以灵、夏为边境；贞观之末，募人实之，西北始安。今废之则河滨之地复为贼有，灵、夏等州人不安业，非国家之利也！”[④]丰州城位于后套平原上，是游牧民族进入中原的重要战略孔道。

三受降城和定远城本就是为防御突厥入侵而建。中宗景龙二年，张仁愿奏建三

① 《元和郡县图志》卷四《关内道四》，第110页。
② 《元和郡县图志》卷四《关内道四》，第111页。
③ 《元和郡县图志》卷四《关内道四》，第109页。
④ 《资治通鉴》卷二〇三“高宗弘道元年”，第6414页。

受降城，就是为断绝突厥南下寇掠之路。建成后，遂使“突厥不得度山放牧，朔方无复寇掠，减镇兵数万人”[①]。先天二年（713），郭元振“以西城远阔，丰安势孤，中间千里无城，烽堠杳渺”置定远城。而且三受降城直接与二道防线节点城市相连，“以拂云堆为中城，南直朔方；西城，南直灵武；东城，南直榆林。三城各据津要，相距皆四百余里，地皆大碛，斥地三百里而远”[②]。中受降城，赵洁充“中受降副使，寒垣地险，胡骑天骄，挺武库之戈矛，当匈奴之要害”[③]。西城，元和八年（813）被河水冲。宰相李吉甫认为可移兵于天德军城，户部侍郎卢坦认为：“西城张仁愿所筑，制匈奴上策。城当碛口，居虏要冲，美水丰草，边防所利。今河流之决，不过退就二三里，奈何舍万代永安之策，徇一时省费之谋？”[④]天德军城居“大同川中，当北戎大路”，“拟为朔方根本，其意以中城、东城连振武为左翼，又以西城、丰州连定远为右臂，南制党项，北制匈奴，左右钩带，居中处要，诚长久之规也。”[⑤]安史之乱时，肃宗以灵州为根本，即因“灵武兵食完富，若北收诸城兵，西发河、陇，劲骑南向，以定中原，此万世一时也。……遂为中兴之本矣”。《旧唐书·郭子仪传》载：“朔方，国之北门。西御犬戎，北虞猃狁”[⑥]。《翰苑集》记其“扼东牧之咽喉，控北门之管键”[⑦]。《册府元龟》载：“朔方之地，雍州之城，密尔关辅，是称河塞。顷者胡孽为寇，扰其居人，王师有征，戎事斯大。”[⑧]“中外之防，藉以少固。迄于唐之末造，朔方犹列版图，窥伺者未敢争也。”[⑨]

安史之乱后，吐蕃一度侵扰灵、盐、夏一带，芦子关5城便是在防御吐蕃入侵时建成的。长庆四年（824），“夏州节度使，奏于芦子关北木瓜岭，创筑堡栅，以捍党项之冲。……于塞外凡筑五城，乌延、宥州、临塞、阴河、陶子，而宥州、乌延皆方广数里，尤居要害，蕃戎畏之”[⑩]。由上述资料可知，所筑城与当时的军事防卫形势有着紧密的联系。上述军、城的设置，对当地之羁縻府州也起到一定的震慑作用。盐州城的战略位置同样重要，“地当冲要，远介朔陲，东达银夏，西援灵武，密迩延

① 《元和郡县图志》卷四《关内道四》，第117页。
② 《读史方舆纪要》卷六一《陕西十》，第2919页。
③ 周绍良主编：《唐代墓志汇编》，上海古籍出版社，1992年，第1288页。
④ 《旧唐书》卷一五三《列传第一百三·卢坦传》，第4092页。
⑤ 《元和郡县图志》卷四《关内道四》，第113—114页。
⑥ 《旧唐书》卷一二〇《列传第七十·郭子仪传》，第3464页。
⑦ 〔唐〕陆贽：《翰苑集》卷五《令诸道募灵武镇守人诏》，上海古籍出版社，1993年，第49页。
⑧ 《册府元龟（校订本）》卷三二九《宰辅部·兼领》，第3713页。
⑨ 《读史方舆纪要》卷六二《陕西十一》，第2942页。
⑩ 《册府元龟（校订本）》卷九九四《外臣部·备御第七》，第11669页。

庆，保捍王畿”[①]；“控扼朔方，翼蔽内郡，北面之险也。赫连氏桀骜于统万，梁师都倔强于夏州，皆取途于此，以窥伺关中”[②]。盐州被吐蕃破坏[③]之后，唐廷重新修建时，白居易曾作《城盐州》以记其事：“城盐州，城盐州，城在五原原上头。……自筑盐州十余载，左衽毡裘不犯塞，昼牧牛羊夜捉生。”需要说明的是，隋唐时期今鄂尔多斯高原中西部基本不设城，当是出于防御战略的需要。这里既没有丰州、胜州所依黄河天险，亦没有盐、夏、银、绥等州那种纵横交错的战略优势。这里地形平坦，若在此布设城池，一旦北方骑兵越河而过，它们自然首当其冲，毫无抵抗之力。2015年9月课题组前往鄂尔多斯区域考察，穿越陕北丘陵区，在前往包头的路上，汽车可以在鄂尔多斯高原上任意驰骋，亦可想象隋唐时期，北方民族骑兵跨过黄河直驱南下的场面。

11至13世纪初期，鄂尔多斯高原地区先后有宋、辽、西夏诸政权之间的对峙以及西夏和金的对峙，各政权之间的关系对鄂尔多斯高原上的城市发展有很大的影响。西夏立国早期，由于力量的弱小，选择向辽称臣纳贡，与辽结成盟友，一起对付共同的敌人——北宋。但随着1004年宋辽“澶渊之盟”和1006年宋夏“景德和约”的签订，辽夏之间共同敌人消失，双方也由之前的盟友转为相互戒备的敌国。[④]而之后发生的辽兴平公主事件等则激化了辽夏矛盾，使得双方由之前的盟友转为对立的敌国，辽河清军和金肃州就是在这种背景下设立的。北宋在西夏政权未建立之前，就与当时位于夏州的定难军有了冲突。西夏建立后，相互之间更是征战不断。早期对峙中，北宋统治者们奉行的是“姑务羁縻，以缓争战”的政策，这种政策使得北宋军备懈弛、边政不修，纵容了西夏对河西地区的兼并。[⑤]随着西夏政权的建立及宋夏战争中北宋方面的接连失利，北宋朝廷开始从消极抵抗转向战略防守，庆历年间在宋夏沿边地区修筑了大量的堡寨，形成了城寨堡修筑的一个高峰期。

当然，政权之间的战争对区域内城市的破坏很大。如宋夏战争期间，西夏进攻绥德州后使其地“片瓦不存”。这种现象在西夏攻占麟州和丰州后都曾经出现，对地方城市发展起到了一定的阻碍作用。蒙古灭亡西夏，宁夏平原上的城市就遭受了毁灭性打击，多数城镇沦为废墟，三十余年未曾恢复元气。明代中期鞑靼蒙古越过黄河，给明代北部边防造成了严重威胁，明朝遂在延绥镇和宁夏镇修建营堡。成化年间余子俊

① 《旧唐书》卷一四四《列传第九十四·杜希全传》，第3923页。
② 《读史方舆纪要》卷六二《陕西十一》，第2955页。
③ 指德宗贞元三年（787），吐蕃从盐、夏二州撤退时，“悉焚其庐舍，毁其城，驱其民而去”之事。
④ 杨浣：《辽夏关系史》，第91页。
⑤ 李华瑞：《宋夏关系史》，第29页。

奏请修建长城以御蒙古，其时亦增置了一批营堡。明嘉靖年间，宁夏镇城之北的“黑山诸道”内徙，镇城成为蒙人铁骑通行的大道。至明代后期所筑营堡多位于山顶和塬上，就是出于军事防御的需要。康熙时为讨伐噶尔丹，在蒙古设立右卫建威将军，驻防归化城。该城规模较小，乾隆时在其东北另建新城，钦定绥远城，以供八旗驻防，右卫建威将军移驻绥远城，改称绥远城将军。绥远城与归化城是分离的，是一座典型的军镇，内设将军衙门及各种军事机构，城内居民为八旗将士之家属。绥远城与归化城互为掎角，“当关外之冲，扼陇西之隘，所谓北门锁钥者”[①]。

四、移民和农田水利等政策影响城市空间分布区域

城市的兴起和发展还需要有一定量的人口。鄂尔多斯高原地区人口的补充更多地依赖国家命令，首先表现为移民实边。

秦始皇三十三年（前214）完成了对匈奴的讨伐之后，将河南地、北假中都纳入其统治疆域。为了维护边境地区的稳定，秦始皇强制移民实边。秦始皇三十六年（前211），“迁北河榆中三万家，拜爵一级”。北河即指黄河北河区域，乃蒙恬夺取的北假中地区。这一地区位于后套平原，有发展农垦活动的基础条件。内地人口的迁入带来了先进的农业生产技术，促进了当地农业经济的发展。随着北河地区经济的发展，人口的增长，管理边境地区人民的行政机构也陆续建立。就秦始皇统一六国之初来看，九原郡并无行政建制，随着移民人口的增多，九原郡最西部即北假中东南部出现了西安阳，东南部也有了武都、曼柏、南兴等县。楚汉之际，冒顿“悉复收秦所使蒙恬所夺匈奴地者，与汉关故河南塞，至朝那、肤施”[②]。秦始皇时期开拓的疆域又被匈奴占领，农业垦区渐变为牧区。战乱及移民复归内地对研究区城市建设造成了极大影响。

汉武帝时期，卫青、霍去病北伐匈奴，收复河南地并设置朔方郡，于元朔二年（前127）夏天，“募民徙朔方十万口”。文献中的朔方并非特指朔方郡，而是指朔方地区，即指今后套平原这一区域。这次移民的区域当涵盖今黄河与乌加河之间的后套平原及黄河以南地区。[③]此时移民实边政策比秦朝的做法更为成熟，由秦时强制有罪之人戍守边疆，发展到西汉迁徙内地居民常住。早在文帝时，晁错就已经总结了关

① 《绥远全志》卷二，第108页。

② 《史记》卷一一〇《匈奴列传第五十》，第2890页；《汉书》卷九四上《匈奴传第六十四上》，第3750页。

③ 葛剑雄：《西汉人口地理》，第165页。

于边郡移民实边的具体措施，其言“令远方之卒守塞，一岁而更，不知胡人之能，不如选常居者，家室田作，且以备之”[①]，主张采取屯田、戍边结合的定居移民政策。经过卫青、霍去病对匈奴的连续征战，到汉武帝元狩年间，匈奴远遁，漠南无王庭。移民戍边有利于地方经济发展，于是“汉度河自朔方以西至令居，往往通渠置田，官吏卒五六万人，稍蚕食，地接匈奴以北”。朔方以西的三封、沃野城均于元狩三年（前120）设置，这两城的设立与汉武帝移民屯田有着密切关系。汉朔方郡地区有古城址和大量汉墓分布，棺木中有高粱、荞麦、糜子、小麦等农作物[②]，证实了汉武帝时期开沟渠灌溉屯田的事实。引黄灌溉是宁夏平原农业经济发展的基本保障，陈育宁认为宁夏平原上的秦渠（秦家渠）、汉延渠均为西汉时期开凿。[③]张维慎指出汉代宁夏平原上有8条引黄灌渠：河东有秦家渠、汉伯渠、光禄渠、七级渠，河西有汉延渠、尚书渠、御史渠、高渠。[④]汉武帝时期内地居民迁往研究区，改变了研究区人民的生产活动方式，促进了当地经济生活的发展。

东汉永平八年（65）春正月，“诏三公募郡国中都官死罪系囚，减罪一等，勿笞，诣度辽将军营（屯五原曼柏），屯朔方、五原之边县；妻子自随，便占著边县；父母同产欲相代者，恣听之”，九年春三月再次下诏“郡国死罪囚减罪，与妻子诣五原、朔方占著，所在死者皆赐妻父若男同产一人复终身；其妻无父兄独有母者，赐其母钱六万，又复其口算”。[⑤]永建五年（130）冬十月，“诏郡国中都官死罪系囚皆减罪一等，诣北地、上郡、安定戍”[⑥]。东汉文献中尽管没有明言迁徙多少人到研究区，然连续下诏迁徙之人当不在少数。秦汉时期的移民实边政策对鄂尔多斯高原地区城市的兴起、发展及其空间分布产生了重要影响，也使得这一阶段成为研究区内城市最多的一个时段。及至东汉末年，随着羌族入侵，研究区内农业景观渐趋衰落。

北魏刁雍在宁夏平原（薄骨律镇）推行水利灌溉是比较重要的。薄骨律镇原属西汉北地郡上河农都尉，东汉末乃至魏、晋，此地农业人口纷纷内迁，这里逐渐成为匈奴、鲜卑、羌等民族的游牧之地。大夏国也是游牧经济，直到北魏刁雍担任薄骨律镇将，又掀起一个兴修水利、屯田的小高潮。据《魏书·刁雍传》载其于“河西高渠之北八里、分河之下五里，平地凿渠，广十五步，深五尺，筑其两岸，令高一丈。北行

① 《汉书》卷四九《袁盎晁错传第十九》，第2286页。
② 侯仁之：《历史地理研究：侯仁之自选集》，第366页。
③ 陈育宁主编：《宁夏通史·古代卷》，宁夏人民出版社，1993年，第12页。
④ 张维慎：《宁夏农牧业发展与环境变迁研究》，第32页。
⑤ 《后汉书》卷二《显宗孝明帝纪第二》，第111—112页。
⑥ 《后汉书》卷六《孝顺孝冲孝质帝纪第六》，第257页。

四十里，还入古高渠，即循高渠而北，复八十里，合百二十里，大有良田。”除此之外，刁雍还开凿了“薄骨律渠……溉田一千余顷”①。“汉渠北流四十余里始为千金大陂，其左右又有胡渠、御史、百家等八渠，溉田五百余顷。”②之后又在此地分别开凿了七级渠③、光禄渠④等。所以，北魏宁夏地区农田灌溉获得了一次大发展，相应地城市数量也有一定的增长。唐代境内又修咸应渠、永清渠与陵阳渠⑤。清代宁夏府平罗县因靠近黄河，遂在此处建闸开渠，招民屯垦，在新开发的屯垦地上置有宝丰县和新渠县。在后套平原先后于1704、1867、1884、1891、1900年开挖了皂火渠、通济渠、沙河渠、义河渠、丰济渠等⑥，对于改善后套平原土壤矿化度、盐渍化问题有积极作用。2015年课题组在乌拉特山前寻找张连喜店遗址时发现，这里的盐渍化问题依然严重，种植的向日葵相较于其东部地区较为低矮。

五、稳定的社会环境影响城市内涵发展

西汉宣帝以来，鄂尔多斯高原北部曾出现了“数世不见烟火之警，人民炽盛，牛马布野”的局面。至王莽新朝，扰乱了此地汉匈两族的关系，以至于“边民死亡系获，又十二部兵久屯而不出，吏士罢弊。数年之间，北边虚空，野有暴骨矣”。从以上两则文献可知，中央王朝与边境民族之间的关系直接影响到边郡经济社会发展。边郡和平稳定时期，人口增长，经济繁荣；双边关系紧张时期，则边郡人口数量下降，致使边郡空虚、荒芜，城市被废弃。边郡政治形势的混乱，造成中央政府对边疆行政机构的省并，而郡级政区的省并则会造成边郡居民的内迁及城市的衰落。

东汉时期边境羌戎势力强盛，常侵扰边郡。边郡长官多是内地人，并无守战之意，纷纷建议迁徙郡县至内地以避外族入侵。永初五年（111），北地郡内徙，侨治于左冯翊界内池阳县。永和五年（140）秋，南匈奴单于句龙王车纽联合乌桓、羌戎及其他民族，攻破京兆虎牙营，抢掠并州、凉州、幽州、冀州。面对严峻的边疆形势，中央政府决定侨置并州属郡郡治于内地，即“徙西河治离石，上郡治夏阳，朔方治五原”。到建安二十年（215），鄂尔多斯高原西汉6郡的行政建制被省并、侨治或废弃。《元和郡县图志》载，后汉朔方郡因羌胡为乱，致“塞下皆空”。上郡郡城肤

① 《元和郡县图志》卷四《关内道四》，第94页。
② 《元和郡县图志》卷四《关内道四》，第95页。
③ 《新唐书》卷六《本纪第六·代宗纪》，第176页。
④ 《旧唐书》卷一三三《列传第八十三·李晟传》，第3683页。
⑤ 《读史方舆纪要》卷六一《陕西十》，第2931页。
⑥ 《五原县志》编纂委员会编：《五原县志》，内蒙古人民出版社，1996年，第233—239页。

施“自后汉末以来，荒废年久，俗是稽胡”。由此可知上郡的省并导致了郡城的废弃，城内居民的内迁使得此处成为稽胡的活动区域。在西北民族不断内徙过程中，研究区内郡县级城市也在反复省并的过程中逐渐衰落和废弃。到东汉末期，因匈奴侵边，“自定襄已西尽云中、雁门、西河之间遂空”。边境形势紧张、战乱频繁对研究区的城市产生了毁灭性打击，秦、西汉兴建的城市至东汉大部分被废弃。东汉末年，朔方、五原两郡城市尽废，而西汉时期两郡所在的后套平原则是城市密度较大的地区。由此可见，社会环境状况直接改变了区域城市的生存情况。

从东汉鄂尔多斯高原地区所有郡的省并情况，亦能看出边郡战争对城市分布的影响。云中郡自建武二十六年（50）至建安二十年前形势较为稳定，其属县并未有所变更。建安二十年，云中郡领县尽废，仅余云中1县，并将该县侨治在太原郡内。朔方郡于顺帝永和五年省并部分城市，将郡治内徙到五原郡五原县。后因匈奴侵犯，五原郡辖地也被省并。朔方郡继而省并为广牧1县，侨治在太原郡内。通过朔方、五原两郡的省并轨迹可知，两郡城市的废弃皆由西向东。朔方郡紧邻游牧民族活动频繁地区，因此最先省并，而后随着游牧民族的不断内徙，五原郡最终被放弃。游牧民族势力由西向东逐步推进的过程，是研究区郡县级城市自西向东省并的过程，也是研究区城市分布区域由西向东逐渐退缩的过程。鄂尔多斯高原城市分布由东向西逐渐减少，最西部的边境地带已无城市存在。即使自然条件优越的河套平原地区，因游牧民族的侵扰，朝廷也只得省并郡县，放弃对该地区的控制和管理。

城居是农业民族居住的高级形态，然唐代徙入鄂尔多斯高原的游牧民族对城市发展产生了很大影响，以至于唐以后广阔的鄂尔多斯高原再次恢复了畜牧业景观。唐代羁縻府州建设的目的，是使各依附民族得以“全其部落，得为捍蔽……一则实空虚之地，二则示无猜心”[①]，“使其权弱势分，易为羁制，可使常为藩臣，永保边塞”[②]，成为抵御南下侵略的前哨。但史书亦载“今者，河曲之中，安置降虏，此辈生梗，实难处置。日月渐久，奸诈逾深，窥边间隙，必为患难。今有降者部落，不受军州进止，辄动兵，屡有伤杀。……若多屯士卒，广为备拟，亭障之地，蕃、汉相参”[③]。由此可知，大量被安置此地的归附部落依然保留其原有的生产生活习惯。唐初六胡州一带有着比现今广阔得多的湖滩草地。湖滩或为干草原，或为沙丘、干草原与湖滩草

① 《旧唐书》卷一九四上《列传第一百四十四上·突厥上》，第5162页。
② 《资治通鉴》卷一九三“太宗贞观四年”，第6076页。
③ 《旧唐书》卷九三《列传第四十三·王晙传》，第2986—2988页。

甸相间的环境。[①]这种“草地”“草原”的地理环境是适合游牧民族生活、生产的。唐人元稹云：“河朔之间，丰有水草，内附诸夷，多以蓄养为事。”

第二节　鄂尔多斯高原城市空间演化

区域环境、经济发展水平差异形成了城市发展的地域分异特征。历史时期鄂尔多斯高原城市发展的整体性和差异性特征是建立在不同亚区城市发展基础之上的，是城市地域结构特征和形态的体现。城市地域结构与形态是城市社会经过漫长历史时期的沉淀，是在自然环境与政治、军事、经济、文化以及民族等多种因素交互作用下，逐步形成并不断演化的结果。

一、秦汉时期鄂尔多斯高原城市空间演化及特征

从战国时期秦、魏对鄂尔多斯高原经略的史实，我们可知他们当时活动的主要区域在鄂尔多斯高原地区东缘，尚未深入高原腹地。魏国上郡北至陕西榆林及内蒙古准格尔旗地区一带。赵国九原、云中城位于土默川平原之上，是初期的郡县城市。

（一）秦代鄂尔多斯高原城市地理分布

秦统一东方六国之后，便派遣蒙恬斥逐匈奴夺取河南地、北假之地，修筑长城以防御匈奴。长城的修筑基本确定了秦朝西北疆界。秦代，鄂尔多斯高原地区共有4个郡的行政建制，即上郡、云中郡、九原郡、北地郡。上郡治肤施位于今陕北榆林黄土丘陵区，云中郡治云中城、九原郡治九原均位于今土默川平原上，而北地郡治义渠县位于今甘肃庆阳市西峰区，不在研究区内。秦始皇三十三年（前214）斥逐匈奴的军事活动，虽没能增设新的郡级政区，但是沿河所筑造的34城（或者44城）反映了人类活动已经进入高原核心地区。

秦代鄂尔多斯高原地区共有28个县可考。从当前行政区划来看，它们是分布在宁夏东南部的2个：富平、朐衍；陕西榆林地区的7个：肤施、阳周、圜阳、平周、饶、平陆、博陵；内蒙古境内有19个，包括：上郡6城，高望、广衍、原都、中阳、徒经、西都，九原郡7城，九原、西安阳、武都、南兴、曼柏、莫䵣、河阴，云中郡6城，云中、武皋、北舆、原阳、沙陵、咸阳，其中肤施、九原、云中又为郡治所在地。

从当前自然地理条件来看，黄土丘陵区分布有12个城市，其中1个郡级城市。河

① 王乃昂、何彤慧、黄银洲等：《六胡州古城址的发现及其环境意义》，《中国历史地理论丛》2006年第3期，第46页。

套平原有9个城市：土默川平原7个、后套平原2个，其中2个郡级城市均位于土默川平原上。宁夏平原有1个城市。高原北部库布齐沙漠区有4个城市，南部毛乌素沙地区有2个城市，详见表4-4。此时研究区城市空间分布特征表现为：（1）五分之四的城市包括三个郡级城市，集中分布于河套平原和黄土丘陵区两种类型地貌上；（2）五分之四的城市集中分布在阴山以南的内蒙古地区。这一空间分布特征说明秦代研究区生态环境良好，农牧兼宜，如前文所论，尚未起沙。

表4-4　秦代鄂尔多斯高原城市地理分布一览表

<table>
<tr><th>今省区</th><th>郡、县城</th><th colspan="2">地貌单元</th><th>合计</th></tr>
<tr><td>陕西</td><td>肤施、阳周、圜阳、平周、饶、平陆、博陵</td><td colspan="2" rowspan="2">黄土丘陵区</td><td rowspan="2">12</td></tr>
<tr><td rowspan="5">内蒙古</td><td>武都、南兴、曼柏、广衍、徒经</td></tr>
<tr><td>西安阳、莫䵣、</td><td>后套平原</td><td rowspan="2">河套平原</td><td rowspan="2">9</td></tr>
<tr><td>九原、云中、武皋、北舆、原阳、沙陵、咸阳</td><td>土默川平原</td></tr>
<tr><td>高望、中阳、河阴、西都</td><td colspan="2">库布齐沙漠带</td><td>4</td></tr>
<tr><td>原都</td><td colspan="2" rowspan="2">毛乌素沙地</td><td rowspan="2">2</td></tr>
<tr><td rowspan="2">宁夏</td><td>朐衍</td></tr>
<tr><td>富平</td><td colspan="2">宁夏平原</td><td>1</td></tr>
</table>

（二）西汉时期鄂尔多斯高原城市地理分布

西汉时期是鄂尔多斯高原地区城市发展的繁荣期，大部分城市都是在汉武帝收复河南地之后修建并投入使用的，但大多于东汉末年废弃。西汉时期的城市发展又可细分为两个阶段，即汉武帝北伐匈奴之前和武帝攘却匈奴、夺取河南地之后。

现有研究成果表明，秦末战乱尽管给匈奴造成南下的机会，然文献记载亦表明匈奴南返并未削减西汉对鄂尔多斯高原地区的有效管理。西汉初年研究区城市数量、地理分布与秦代基本一致，这是基于目前所见文献记载的结论。既然认为西汉初年鄂尔多斯高原郡级城市数量与秦代数量相同，那么研究区共有4郡，分别是上郡、云中郡、九原郡、北地郡，其中肤施、云中、九原郡三治城沿袭秦郡位于研究区内。稍有不同的是，自高祖末年至武帝元朔二年（前127）北击匈奴之前，研究区新增了汉惠帝四年（前191）于北地郡增置的灵州、惠帝五年（前190）在上郡增置的圜阴，以及高后元年（前187）新置的平定侯国。因此，西汉初年县级城市比秦代多了3座，共计31座。其中灵州位于宁夏平原上，圜阴位于黄土丘陵区，平定位于库布齐沙漠地带，详见表4-5。

表4-5　汉武帝元朔二年前鄂尔多斯高原城市地理分布一览表

<table>
<tr><th>今省区</th><th>郡、县城</th><th colspan="2">地貌单元</th><th>合计</th></tr>
<tr><td>陕西</td><td>肤施、阳周、圜阳、平周、饶、平陆、博陵、圜阴</td><td colspan="2" rowspan="2">黄土丘陵区</td><td rowspan="2">13</td></tr>
<tr><td rowspan="5">内蒙古</td><td>武都、南兴、曼柏、广衍、徒经</td></tr>
<tr><td>西安阳、莫魍、</td><td>后套平原</td><td rowspan="2">河套平原</td><td rowspan="2">9</td></tr>
<tr><td>九原、云中、武皋、北舆、原阳、沙陵、咸阳</td><td>土默川平原</td></tr>
<tr><td>高望、中阳、河阴、西都、平定</td><td colspan="2">库布齐沙漠带</td><td>5</td></tr>
<tr><td>原都</td><td colspan="2" rowspan="2">毛乌素沙地</td><td rowspan="2">2</td></tr>
<tr><td rowspan="2">宁夏</td><td>朐衍</td></tr>
<tr><td>富平、灵州</td><td colspan="2">宁夏平原</td><td>2</td></tr>
</table>

汉武帝元朔二年（前127），北击匈奴收复河南地，修缮蒙恬在今狼山上所筑秦长城。武帝改变了秦代仅筑障塞抵御匈奴的办法，而改设郡县进行管理。如元朔二年设置朔方郡，修筑朔方郡治朔方城。同年，设窳浑县。元朔五年（前124）设临戎县。至元狩三年（前120），始建三封、临河、沃野3城。朔方、临戎、三封相继成为朔方郡的郡治。元朔四年（前125），割上郡部分辖县、新增县以及黄河以东太原郡部分辖县设置西河郡，西河郡大部位于黄河以西。随着社会的稳定、经济的恢复和匈奴潜在的威胁，鄂尔多斯高原行政建制有了很大改变，相比于秦汉初年，郡级行政区划增加了2个，即朔方郡和西河郡，加上原来的上郡、北地郡、云中郡、九原郡，共有6个郡区。与此同时，由于郡治城市的改置、增置和移治，郡级城市数量大增，肤施、九原、云中3城之外增加了富平、富昌、平定、朔方、临戎、三封6城。富昌、平定为西河郡郡治，朔方、临戎、三封为朔方郡郡治，郡级城市数量由原来的3座增加到9座。至西汉末年，研究区6郡共辖有84个县，有75个县级城市。

84个县分属于西汉北地郡8个、上郡9个、西河郡30个、朔方郡10个、五原郡16个、云中郡11个。以现今行政区划来看，西汉城市分布于内蒙古自治区的有59个，陕西榆林地区有19个，宁夏回族自治区有6个。从地貌类型上来看，城市分布仍主要集中于平原地带，共有35个；其次是黄土丘陵地带，有27个。值得注意的是，库布齐沙漠东缘城市数量增长显著，共有14个，毛乌素沙地区域则出现了8个城市。从不同地貌单元城市分布数量来看，秦汉时期研究区气候、土壤环境仍较适宜农业生产。

表4-6 西汉末鄂尔多斯高原城市地理分布一览表

<table>
<tr><th>今省区</th><th>郡、县城</th><th colspan="2">地貌单元</th><th>合计</th></tr>
<tr><td>陕西</td><td>肤施、阳周、圜阳、平周、饶、平陆、博陵、圜阴、白土、鸿门、桢林、富昌、武车、方利、阴山、觬是</td><td colspan="2" rowspan="2">黄土丘陵区</td><td rowspan="2">27</td></tr>
<tr><td rowspan="5">内蒙古</td><td>武都、南兴、曼柏、广衍、徒经、美稷、谷罗、沙南、益兰、宣武、千章</td></tr>
<tr><td>西安阳、莫䵣、三封、临戎、朔方、窳浑、临河、广牧、沃野、修都、渠搜、呼遒、河目、宜梁、成宜、固陵</td><td>后套平原</td><td rowspan="2">河套平原</td><td rowspan="2">31</td></tr>
<tr><td>九原、云中、武皋、北舆、原阳、沙陵、咸阳、五原、稒阳、临沃、蒲泽、阳寿、桢陵、犊和、陶林</td><td>土默川平原</td></tr>
<tr><td>高望、中阳、河阴、西都、平定、大成、虎猛、盐官、增山、驺虞、鹄泽、乐街、广田、文国</td><td colspan="2">库布齐沙漠带</td><td>14</td></tr>
<tr><td>回获、原都、龟兹</td><td colspan="2" rowspan="3">毛乌素沙地</td><td rowspan="3">8</td></tr>
<tr><td>陕西</td><td>奢延、独乐、弋居</td></tr>
<tr><td rowspan="2">宁夏</td><td>朐衍、五街</td></tr>
<tr><td>富平、灵州、灵武、廉</td><td colspan="2">宁夏平原</td><td>4</td></tr>
</table>

（三）东汉时期鄂尔多斯高原城市地理分布

根据第二章考证，《后汉书·郡国志》记载了东汉永和五年（140）全国郡国设置情况，且这种情况延续到建安二十年（215）前，故此我们认为《后汉书·郡国志》所载郡国是东汉中期到晚期的。从《后汉书·郡国志》记载情况来看，到东汉中期研究区仅有44个城市，除新增的上郡候官（位置待考）外，其余均沿袭西汉旧城。北地郡：富平、灵州、廉、弋居4城；上郡：肤施、白土、奢延、桢林、龟兹、候官6城；西河郡：美稷、圜阴、圜阳、广衍、平定、中阳、乐街、平陆、益兰、平周10城；朔方郡：临戎、三封、朔方、沃野、广牧、大成（自西汉西河郡改隶）6城；五原郡：九原、五原、临沃、武都、宜梁、曼柏、成宜、西安阳、河阴、文国10城；云中郡：云中、咸阳、沙陵、原阳、沙南、北舆、武泉、箕陵（桢陵改名而来）8城。

从东汉研究区城市的地理分布情况来看，平原地形区分布有21个城，其中土默川平原有10个，后套平原有8个，宁夏平原有3个；黄土丘陵地貌区分布13城；库布齐沙漠地带6城；毛乌素沙地仅有3城分布。以今省区划分来看，陕西省榆林地区有9城，宁夏回族自治区3城，内蒙古自治区31城，详见表4-7。

西汉时期研究区的84城有43城被东汉沿袭，另外41城在东汉初年外族入侵、政区调整中被废弃或省并，其中平原地区的有14个，13个位于河套平原，1个位于宁夏平原；黄土丘陵区有14 个；库布齐沙漠带8个；毛乌素沙地5个。从这些废弃城市的地理分布情况来看，其废弃的主要原因当与社会环境不稳定有关。东汉时期废弃的城市仅指东汉政府撤销这些城市的行政建制，并将城市的居民迁往内地。人走了，城就废弃了。当然，东汉鄂尔多斯高原地区部分废毁的城市在后代也曾被沿用，如朐衍城在东汉时期废弃，后来又被西夏党项族重新利用。

表4-7　东汉中后期鄂尔多斯高原城市地理分布一览表

<table>
<tr><th>今省区</th><th>郡、县城</th><th colspan="2">地貌单元</th><th>合计</th></tr>
<tr><td>陕西</td><td>肤施、圜阳、平周、平陆、圜阴、白土、桢林</td><td colspan="2" rowspan="2">黄土丘陵区</td><td rowspan="2">13</td></tr>
<tr><td rowspan="5">内蒙古</td><td>武都、曼柏、广衍、美稷、沙南、益兰</td></tr>
<tr><td>西安阳、三封、临戎、朔方、广牧、沃野、宜梁、成宜</td><td>后套平原</td><td rowspan="2">河套平原</td><td rowspan="2">18</td></tr>
<tr><td>九原、云中、武皋、北舆、原阳、沙陵、咸阳、五原、临沃、箕陵</td><td>土默川平原</td></tr>
<tr><td>中阳、河阴、平定、大成、乐街、文国</td><td colspan="2">库布齐沙漠带</td><td>6</td></tr>
<tr><td>龟兹</td><td colspan="2" rowspan="2">毛乌素沙地</td><td rowspan="2">3</td></tr>
<tr><td>陕西</td><td>奢延、弋居</td></tr>
<tr><td>宁夏</td><td>富平、灵州、廉</td><td colspan="2">宁夏平原</td><td>3</td></tr>
</table>

（四）秦汉时期鄂尔多斯高原城市空间结构特征

综合上述，秦汉时期鄂尔多斯高原城市发展具有如下地理特征：

第一，区域城市重心在河套平原和陕北黄土丘陵地区。秦、西汉末年、东汉时期分布于黄土丘陵区的城市数量分别有12、27、13个，分布于河套平原的分别有9、31、18个，两处合计共占研究区城市总数的70%左右。

第二，秦汉时期研究区形成了分别以肤施、云中、九原（五原）、富昌为中心，以郡县行政体系为层级的区域城市群组，但整个研究区则缺乏统一的全域中心城市，尚不具备建构区域城市群或城市体系的基础条件。

第三，秦汉时期研究区城市结构与形态发生了显著变化。就研究区城市数量来看，自秦到西汉末年大幅度上涨，而至东汉时期又大量减少；就城市空间分布而言，表现为以黄土丘陵地区、土默川平原为基点，逐步向河套平原、库布齐沙漠地带发展态势；就不同地貌单元来看，在城市数量总体增加的情况下，仍有相对占比的下降，如三个时期黄土丘陵区城市数量占研究区总量的比例分别是43%、32%、30%，河套平原区城市数量占比则为32%、37%、42%，其增长趋势一目了然。该时期库布齐沙漠地带城市的增加也反映出当时本地区生态环境良好，适宜定居。

第四，秦汉时期研究区城市除具有集中分布于平原地区、黄土高原丘陵区的特点之外，最典型特征就是沿河流阶地聚集，主要是沿黄河、无定河、窟野河、秃尾河等。

第五，从秦汉时期城市数量变化的节点事件来看，城市数量的增长与中原王朝国家的实力、边疆策略有直接的关系。秦汉时期，研究区城市的兴衰和中原王朝与匈奴等民族力量对比密切相关。秦皇汉武的奋击匈奴为本地区城市的增置提供了武力保障，同时安定的社会环境更有利于经济的繁荣、人口的增长以及人民定居生活，朔方郡、西河郡的增置就是最好的例证。由此也说明秦汉时期研究区城市行政管理职能相较于后世其他王朝更强，军事属性相对较弱。城市是权力对空间占有的最佳手段和工具。

表4-8　秦汉时期鄂尔多斯高原地区不同地貌类型城市数量变化一览表

时间	地貌单元						合计
	黄土丘陵区	平原			库布齐沙漠	毛乌素沙地	
		后套平原	土默川平原	宁夏平原			
秦	12	2	7	1	4	2	28
西汉中期	13	2	7	2	5	2	31
西汉末年	27	16	15	4	14	8	84
东汉中晚期	13	8	10	3	6	3	43

秦统一过程中西北疆界由秦昭襄王长城向西北推移，城市分布也是逐渐由内地向边疆地区发展，最后到达赵武灵王长城和秦阴山长城。卫青、霍去病等西汉武将的卓越战功更使得西汉北部疆界越过前代，城市建置也突破了本研究区域范围。汉武帝的持续开拓为丝绸之路的开辟提供了保障，也为后代近百年西北边疆的稳定奠定了基础。

二、十六国至隋唐时期鄂尔多斯高原城市空间演化及其特征

十六国至北朝之间的大夏国是鄂尔多斯高原地区城市发展一个非常重要的时期。大夏国都城不仅是中国历史上留存至今较早的民族政权之都，而且也是鄂尔多斯高原上出现的完整意义上的第一个区域中心城市。无论是在都城发展史、区域城市史上，还是区域环境史上它都具有重要的标志性意义。隋唐时期，鄂尔多斯地区正处于北方民族政权与国都长安的中间地带，既是多民族融合发展之区域，又是国都安全之重要屏障，区域城市设置上军事地理特征显著。

（一）十六国至北周时期鄂尔多斯高原城市地理分布

东汉末年，研究区内中原王朝的政区建制全部撤销，这意味着定居农业生活的撤退。伴随着匈奴、鲜卑等游牧民族进入，聚落景观发生了显著变化。相对于秦汉时期较为密集的城居生活代之而起的是逐水草而生的生态景观。依据历史文献统计而来的十六国至北朝时期的城市寥寥无几，但从仅存部分城市所处位置来观照整个历史时期本地区城市的兴衰沉浮则应该是非常有意义的。

表4-9　十六国至北朝鄂尔多斯高原城市地理分布一览表

今省区	县城				地貌单元	
	大夏国	北魏	西魏	北周		
陕西	三交城		上、安宁、绥德	开光、银城	黄土丘陵区	
内蒙古	河南宫					
	朔方	沃野1、沃野3、怀朔			后套	河套平原
	五原、云中	云州			土默川	
	盐官、大城	沃野2、呼遒、渠搜			库布齐沙漠带	
			长泽	长泽	毛乌素沙地	
陕西	统万城、悦跋城、契吴城	岩绿、革融、山鹿、新图、五原	岩绿、革融、山鹿、新图、五原	岩绿、宁朔、山鹿、新图、大兴		
宁夏	果城、饮汗城	果城、回乐	回乐、临河	回乐、怀远、临河	宁夏平原	

目前从资料上翻检到的大夏国城市，除都城之外都是无序的，即各城市之间统属关系并不清晰，不似秦汉、隋唐郡县制体系下城市之权力关系。总体而言，大夏、北魏时期的城市主要分布在河套平原、宁夏平原、库布齐沙漠和毛乌素沙地四个地貌单元中；西魏、北周受各自控制范围所限，城市分布不及库布齐沙漠和后套平原地区（表4-9）。自十六国至北朝时期，高原城市空间分布也呈现出了集中于研究区东南边缘的地域特征，陕北地区城市数量较为密集就是很好的证明。各阶段城市共有的地理分布区域是宁夏平原和毛乌素沙地，这一特点显然与秦汉时期集中分布于河套平原、黄土丘陵区的情况不同，但这还只是本区城市重心转移的开始。（表4-10）

表4-10　十六国至北朝时期鄂尔多斯高原地区不同地貌类型城市数量变化统计表

时间	地貌单元						合计
	黄土丘陵区	平原			库布齐沙漠	毛乌素沙地	
		后套平原	土默川平原	宁夏平原			
大夏国	2	1	2	2	2	3	12
北魏		3	1	2	3	5	14
西魏	3			2		6	11
北周	2			3		6	11

（二）隋代鄂尔多斯高原城市地理分布

周隋禅代之后，隋大业三年（607）着手行政区划改革，改州为郡。当时鄂尔多斯高原地区设有朔方、雕阴、榆林、定襄、灵武、盐川、五原7郡，其中灵武郡、五原郡位于研究区西部和西北部，即今宁夏平原与后套平原；南部有盐川郡、朔方郡、雕阴郡；东部和东北部则有榆林郡和定襄郡。其中灵武郡辖5县，五原郡辖3县，盐川郡辖1县，朔方郡辖3县，雕阴郡辖13县，榆林郡辖3县，定襄郡辖1县，加上4个镇戍城，研究区共有33个城，其中有7个城为郡县同治。

从地貌单元来看，隋代研究区城市重心在黄土丘陵区，且一半的郡级城市也分布于此。宁夏平原、毛乌素沙地城市数量均有所增长，河套平原仅余6城，这一地域特征是汉末以来研究区城市向东南缘发展的延续。就现今省区划分来看，陕西榆林市辖有研究区18座城，占研究区城市数量的一半，内蒙古自治区有11城，宁夏有4城。这一地域特征与隋初北方突厥族南下活动有关。

表4–11　隋大业间鄂尔多斯高原城市地理分布一览表

<table>
<tr><th>今省区</th><th>县、镇城</th><th colspan="2">地貌单元</th><th>合计</th></tr>
<tr><td>陕西</td><td>宁朔、上、吉万、安宁、延福、大斌、儒林、真乡、开光、银城、开疆、城平、抚宁、绥德、连谷</td><td rowspan="2" colspan="2">黄土丘陵区</td><td rowspan="2">17</td></tr>
<tr><td rowspan="5">内蒙古</td><td>榆林、富昌</td></tr>
<tr><td>丰安、永丰、大同城</td><td>后套平原</td><td rowspan="2">河套平原</td><td rowspan="2">6</td></tr>
<tr><td>九原、大利、金河、</td><td>土默川平原</td></tr>
<tr><td>安化</td><td colspan="2">库布齐沙漠带</td><td>1</td></tr>
<tr><td>长泽、白城</td><td rowspan="2" colspan="2">毛乌素沙地</td><td rowspan="2">5</td></tr>
<tr><td>陕西</td><td>岩绿、德静、五原</td></tr>
<tr><td>宁夏</td><td>回乐、弘静、灵武、怀远</td><td colspan="2">宁夏平原</td><td>4</td></tr>
</table>

（三）唐代鄂尔多斯高原城市地理分布

唐初武德至贞观前期，地方割据势力尚未彻底消除，贞观年间采取省并府州等行政政策调整，这些都说明初唐边地政局不稳。贞观四年（630）之后，伴随着大量归附民族内迁的是羁縻府州的设置，而此恰恰反映了此时唐王朝民族政策及管理趋向。至贞观末年，鄂尔多斯高原共有灵、丰、胜、夏、云5个都督府，其中灵州都督府下领灵、盐2州，夏州都督府领夏、绥、银3州，丰州都督府只领丰州，胜州都督府领胜州，云州都督府领云州。其中灵州都督府、灵州与回乐县，胜州都督府、胜州与榆林县，夏州都督府、夏州与岩绿县，丰州都督府与丰州、云州都督府与云州、盐州与五原县、绥州与上县、银州与儒林县同治一城。由此，太宗末年研究区内共有23个行政治所城市。鄂尔多斯高原城市发展重心仍然在陕北黄土丘陵地区，今陕西榆林地区的城市更是占到一半以上。

结合我们统计到的30个羁縻都督府及其所领64个羁縻州的隶属关系来看，灵州境内的羁縻府州数量占绝对优势，共有12个府和38个州（包含1个盐州境内的）；其次是夏州，有8个府和10个州；再次是安北都护府管辖的府、州各8个。这里依然可以发现类城聚落和人口密集于灵、夏两州的趋向，这一趋向影响了唐代中后期防御重心的转移。同时，大量游牧民族降户的安置，对朔方军族群文化认同及其治军模式都有一定的影响①，更重要的是影响着地方城市的建设。

表4-12　贞观末年鄂尔多斯高原城市地理分布一览表

<table>
<tr><th>今省区</th><th>县、镇城</th><th colspan="2">地貌单元</th><th>合计</th></tr>
<tr><td>陕西</td><td>宁朔、上、延福、绥德、城平、大斌、儒林、真乡、开光、抚宁</td><td colspan="2" rowspan="2">黄土丘陵区</td><td rowspan="2">12</td></tr>
<tr><td rowspan="4">内蒙古</td><td>榆林、河滨</td></tr>
<tr><td>丰州</td><td>后套平原</td><td rowspan="2">河套平原</td><td rowspan="2">2</td></tr>
<tr><td>云中</td><td>土默川平原</td></tr>
<tr><td>白池、长泽</td><td colspan="2" rowspan="2">毛乌素沙地</td><td rowspan="2">5</td></tr>
<tr><td>陕西</td><td>五原、朔方、德静</td></tr>
<tr><td>宁夏</td><td>回乐、弘静、灵武、怀远</td><td colspan="2">宁夏平原</td><td>4</td></tr>
</table>

唐王朝为应对西突厥的崛起和契丹等北方民族的叛乱，首先对鄂尔多斯高原地区的行政区划进行调整，如增加了麟州和宥州，丰州增领永丰县与丰安县，并设立安北和单于两都护府；其次在黄河西面、北面建立起一系列军、城，加强了北部边疆的防御，广义河套平原地区遂成为唐帝国主要防御区。经上述调整，研究区州级城市增加了2个，即新秦和延恩；县级城市增加了6个，即连谷、银城、怀德、归仁、永丰、丰安。到玄宗末年有三受降城、丰安军、定远城、天德军、经略军、振武军、横塞军9个军城。至玄宗朝后期，研究区共有41城。以现今省区划分来看，陕西榆林地区16城，内蒙古自治区18城，宁夏7城。与之前其他时段相比，新增城市主要在黄河流经的平原地区，它们以黄河为依托，依靠黄河丰富的水资源和肥沃的土壤发展起来。而这种密集于河套平原设置的军城很显然又是出于军事防御的需要，是民族矛盾激化的反映，更是唐太宗推行“华夷一家”民族观的终结。

唐肃宗以后，藩镇问题与吐蕃从西北方向的入侵，严重影响了鄂尔多斯高原城市建设和发展。面对吐蕃的强力入侵，唐王朝的防御对象由突厥、回鹘转向吐蕃，防御重点也由北方转为西方。在此背景下，唐王朝于芦子关置5城，即宥州、乌延、临塞、阴河、陶子，以加强防御。宥州城、陶子城位于毛乌素沙地，其他3城则位于毛乌素沙地东南边缘之外的黄土丘陵地带。

① 肖爱玲、张艺航：《唐中后期中央与朔方军关系新探——以韩游瓌受代事件为例》，《宁夏社会科学》2020年第2期。

表4–13　玄宗末年鄂尔多斯高原城市地理分布一览表

<table>
<tr><th>今省区</th><th>县、镇城</th><th colspan="2">地貌单元</th><th>合计</th></tr>
<tr><td>陕西</td><td>宁朔、上、延福、绥德、城平、大斌、儒林、真乡、开光、抚宁、新秦、连谷、银城</td><td colspan="2" rowspan="2">黄土丘陵区</td><td rowspan="2">15</td></tr>
<tr><td rowspan="4">内蒙古</td><td>榆林、河滨</td></tr>
<tr><td>九原、永丰、丰安、横塞军、西受降城、天德军</td><td>后套平原</td><td rowspan="2">河套平原</td><td rowspan="2">10</td></tr>
<tr><td>云州、中受降城、东受降城、振武军</td><td>土默川平原</td></tr>
<tr><td>白池、长泽、延恩、怀德、归仁、经略军</td><td colspan="2" rowspan="2">毛乌素沙地</td><td rowspan="2">9</td></tr>
<tr><td>陕西</td><td>德静、朔方、五原</td></tr>
<tr><td>宁夏</td><td>回乐、灵武、保静、怀远、温池、丰安军、定远城</td><td colspan="2">宁夏平原</td><td>7</td></tr>
</table>

（四）十六国至隋唐时期鄂尔多斯高原城市空间结构特征

纵观十六国至隋唐时期，鄂尔多斯高原城市空间发展逐渐形成了东多西少、南多北少的分布态势。在地貌类型上，城市分布表现为平原与黄土丘陵多、高原与沙地少，沿黄河支干流与白于山北坡分布相对稳定。这一阶段，研究区城市构成复杂，既有游牧民族政权都城、统一和割据政权的府州郡县治所城市，也有为军事防御而置的军、镇城市，更有一批被赋予民族交流和融合性质的羁縻府州城市。如此复杂的城市体系反映了研究区在所属政权中的地位、性质和功能，多元文化的汇聚制约了城市自由发展和方向。但与此同时，我们发现鄂尔多斯高原地区城市区域发展重心呈现出由土默川平原向灵、夏两州地区转移的趋势，这里既是唐后期重要军镇所在地，也是行政体系较为健全的区域。

表4–14　隋唐时期鄂尔多斯高原地区不同地貌类型城市数量变化一览表

<table>
<tr><th rowspan="3">时间</th><th colspan="6">地貌单元</th><th rowspan="3">合计</th></tr>
<tr><th rowspan="2">黄土丘陵区</th><th colspan="3">平原</th><th rowspan="2">库布齐沙漠</th><th rowspan="2">毛乌素沙漠</th></tr>
<tr><th>后套平原</th><th>土默川平原</th><th>宁夏平原</th></tr>
<tr><td>隋大业时</td><td>17</td><td>3</td><td>3</td><td>4</td><td>1</td><td>5</td><td>33</td></tr>
<tr><td>唐贞观末</td><td>12</td><td>1</td><td>1</td><td>4</td><td></td><td>5</td><td>23</td></tr>
<tr><td>唐玄宗末</td><td>15</td><td>6</td><td>4</td><td>7</td><td></td><td>9</td><td>41</td></tr>
</table>

三、西夏时期鄂尔多斯高原中心城市转移

《宋史·夏国传》中把西夏所统率的地域划分为四个部分，分别是河内之州、河南之州、河西之州以及熙、秦河外之州。《律令》中则把西夏全境大致划分为两个部分，即京师界和边中，有时候也把边中分别称为地中和地边。《律令》记载西夏的京

师界包括“中兴府，南北二县，五州各地县司”[1]。仔细分析文献，从都城防御角度来说，西夏的京师界应该包括以都城兴庆府（中兴府）[2]为中心的黄河两岸地区。这一时期宁夏平原地区的城市以继承前代军城和县治城市为主，对旧城进行了大规模的改造。

（一）从夏州到灵州（西平府）

唐末五代藩镇割据时期，党项族在鄂尔多斯地区迅速崛起并逐渐发展壮大起来。北宋建立初期，党项李氏政权与北宋王朝在鄂尔多斯地区展开了激烈争夺。宋咸平五年（1002），李继迁攻占了灵州并改灵州为西平府，作为党项族政权的都城。1020年，李德明又把都城迁到了黄河西岸的怀远镇，改怀远为兴州，逐渐以黄河两岸的银川平原地区为根据地，建立起以都城兴庆府为中心的西夏政权，开启了银川平原及宁夏北部地区城市发展的新篇章。

党项族早期生活在今青海省的东南部和四川省西部的山谷地带，“其地古析支也，东距松州，西叶护，南春桑、迷桑等羌，北吐谷浑。处山谷崎岖，大抵三千里……初臣吐谷浑”[3]。唐贞观初年，大批党项部族受吐蕃所逼，“遂请内徙，始移其部落于庆州，置静边等州以处之。其故地陷于吐蕃”[4]。安史之乱爆发后，唐统治者为了防止吐蕃与居于庆州党项结盟，采纳大将郭子仪的建议，“徙静边州都督、夏州、乐容等六府党项于银州之北、夏州之东”。唐末黄巢起义爆发后，居于夏州的拓跋部首领拓跋思恭因讨黄巢有功，赐姓李氏，于中和元年（881）被封为夏州节度使号定难军[5]，镇守夏、绥、宥、银等州，这也是党项拓跋部在鄂尔多斯地区崛起的开始。自此，党项族开始在鄂尔多斯南部地区站稳脚跟并逐渐发展成为地方割据势力，史书把居于夏州地区的党项部族称为平夏部。拓跋思恭死后，其弟思谏继定难军节度使之职。时值唐朝末年藩镇割据，互相混战，平夏部由于地处边地，受战争影响较小。五代时期，党项夏州政权先后向后梁、后唐、后晋、后汉、后周称臣，而当时的中原王朝统治者基本上无力约束夏州政权。夏州政权在与中原王朝的不断摩擦中，日

① 史金波、聂鸿音、白滨译注：《天盛改旧新定律令》卷一四《误殴打争斗门》，法律出版社，2000年，第485页。

② 关于把兴庆府改为中兴府的时间，史学界一直存有争议。清代吴广成在其《西夏书事》里认为是在公元1205年，陈炳应的研究认为很可能是在1082年永乐之战之后，李范文在其文《西夏兴庆府质疑》里则认为是在1086年乾顺即位时。

③ 《新唐书》卷二二一上《列传第一百四十六上・西域上》，第6214—6215页。

④ 《旧唐书》卷一九八《列传第一百四十八・党项羌传》，第5292页。

⑤ 《资治通鉴》卷二五四“僖宗中和元年至二年”载：中和元年（881），“赐夏州号定难军”。（第8261页）

趋独立和强大，史称“夏虽未称国，而王其土久矣”①。

宋初为防止唐末藩镇割据，企图消灭夏州割据势力。太平兴国五年（980），李继捧承袭定难军节度使之职，两年后率领族人入朝，臣服于宋。李继捧的行为受到其弟李继迁的强烈反对，“数来为边患”②。李继迁奔至距夏州300里的地斤泽，与辽结盟，展开了与宋对夏州地区的反复争夺战。为防止李氏政权以夏州城为据点，宋廷主动毁坏了夏州城③。真宗咸平元年（998），李继迁上表归顺，受封夏州刺史、定难军节度使、夏银绥宥静等州观察处置押蕃落等使。李继迁表面接受宋封赏，但其扩张策略并没有改变，咸平四年（1001）“攻破定州、怀远县及堡静、永州，清远军监军段义叛，城遂陷”④。咸平五年（1002），攻占灵州，以之为西平府。⑤其子李德明即位之初，为保存实力，采取了“联辽和宋”之策，一边向宋、辽称臣，一边继续致力于向四面特别是向西面的扩张。1020年，李德明把都城从西平府迁到了黄河西面的怀远镇，“德明城怀远镇为兴州以居”⑥。此举正式开启了党项部族以黄河西岸的兴州为中心的统治时代。李德明死后，其子李元昊于宋宝元元年（1038）即皇帝位，西夏王朝正式建立。

（二）陪都西平府（大都督府）与东关镇

宋咸平五年，李继迁攻占北宋边防重镇灵州以后，改灵州为西平府，第二年定西平府为夏都。李德明把都城从西平府迁到黄河西岸兴州以后，西平府（灵州城）成为李氏政权的陪都。

灵州本唐宋旧州，虽然《宋史·夏国传》中把它归到河南之州内，但灵州所处的位置使其在西夏立国后成为黄河东岸护卫都城安危的重要门户。李元昊在位期间，西夏全国有兵力50余万，其中“自河北至午腊蒻山七万人，以备契丹；河南洪州、白豹、安盐州、罗落、天都、惟精山等五万人，以备环、庆、镇戎、原州；左厢宥州路五万人，以备鄜、延、麟、府；右厢甘州路三万人，以备西蕃、回纥；贺兰驻兵五万、灵州五万人、兴州兴庆府七万人为镇守”⑦。由此可见，李元昊把灵州、兴庆府和贺兰山一带作为国都重地进行防守，以全国三分之一的兵力来守卫西夏京师之安全。

① 《宋史》卷四八六《列传第二百四十五·外国二·夏国下》，第14030页。
② 《宋史》卷四八五《列传第二百四十四·外国一·夏国上》，第13984页。
③ 太宗淳化五年（994），宋王朝“诏堕夏州故城，迁其民于绥、银等（州），分给官地，长吏倍加安抚”。见〔清〕毕沅：《续资治通鉴》卷一七《宋纪十七》，中华书局，1957年，第406页。
④ 《宋史》卷四八五《列传第二百四十四·外国一·夏国上》，第13988页。
⑤ 《宋史》卷四八五《列传第二百四十四·外国一·夏国上》，第13988页。
⑥ 《宋史》卷四八五《列传第二百四十四·外国一·夏国上》，第13992页。
⑦ 《宋史》卷四八五《列传第二百四十四·外国一·夏国上》，第13994—13995页。

作为陪都的西平府是在灵州旧城上建立的，然自设为都城之后，便在灵州城内“立宗庙、置官衙、挈宗族”[①]。李谅祚在位时，“更于西平府设监军司为翔庆军总领之”。西夏天盛年间，即仁宗李孝仁时期，宰相任得敬专权，曾“役夫十万大筑灵州城，以翔庆军监军司所为宫殿”[②]。

灵州城位于今宁夏吴忠市古城湾村西侧，目前尚未发现城址，其空间布局仅能略知一二。据《续资治通鉴长编》记载，灵州城城高三丈，城周有河水环绕，且修筑有三重城濠。元丰四年（1081），宋军到达灵州城下，西夏派人决黄河水灌入城濠，致使宋军无法靠近城池。因灵州城濠附近没有平地可供宋军扎营，宋军不得不在“去城一里”的地方扎营，并“累土囊成堤”，建成高约二丈的防御堤坝，以此来防范夏军决河水浸营等。[③]

此外，灵州城东30里的东关镇是保卫都城兴庆府的渡口，也是驻军要地。早在宋咸平六年（1003），李继迁就以族党3万人树栅居之，以此为根据地掠夺河东诸地。元丰四年（1081）高遵裕率兵攻打灵州时，刘昌祚就指出东关镇不仅是兴州东面重要的渡河口岸，而且是灵州城的外援。灵州旁“直兴州渡口，平时自是要害，今复保聚，若乘此急击之，外援既歼，孤城当自下”[④]。显然，东关镇在西夏时已经是黄河东岸重要的驻军镇城，和灵州城一道构成护卫都城兴庆府的重要门户。

（三）以兴庆府为中心黄河西岸州县城市的发展

宁夏平原是西夏立国之本，是西夏政权的政治、经济、军事和文化中心。西夏立国初期，宁夏平原上就建立起以兴州兴庆府为中心的5个州级政区。这5个州级城市和黄河以东的西平府以及北面的省嵬城一起拱卫着都城兴庆府。5个州级治所分别是定州、怀州、永州、静州和顺州。

《武经总要》载灵州河外地区有保静县、临河镇、怀远镇、定远镇和灵武镇等5个军事镇城。该地区归入西夏后，保静镇升为静州，灵武镇升为顺州，怀远镇升为兴州，定远镇升为定州[⑤]，临河镇的州县建置情况则不清楚。至天盛年间，京师界包括中兴府、南北二县、五州各地县司，此时比早期增加了南北两个县。杨蕤以华阳和治源县（文中译为赤源）当之，且北县是定州以北的省嵬城。[⑥]然笔者以为不妥。据《律

① 《西夏书事校证》卷七，第85页。
② 《西夏书事校证》卷三七，第432页。
③ 《续资治通鉴长编》卷三二一“神宗元丰四年”，第7737—7755页。
④ 《续资治通鉴长编》卷三一九“神宗元丰四年”，第7700页。
⑤ 〔宋〕曾公亮：《武经总要·前集》卷一九《西蕃地理》，文渊阁四库全书本。
⑥ 杨蕤：《西夏地理研究》，第135—136页。

令》卷一五《催缴租门》记载：“麦一种，灵武郡人当交纳。大麦一种，保静县人当分别交纳。麻褐、黄豆二种，华阳县家主当分别交纳。秫一种，临河县人当交纳。粟一种，治源县人当交纳。糜一种，定远、怀远二县人当交纳。”[①]杨蕤据此认为华阳县、治源县和其他郡县一样位于宁夏平原农耕区，生产状况与他县基本相同。但据《律令》卷一七《物离库门》载：“六司一律自派日至来到京师之日十日……大都督府、灵武郡、保静县、临河县、怀远县、定远县。”[②]此处没有记载华阳县和治源县物品到京师的时间，同卷各地来京番告的时间里“京师界内、五州地、中兴府、山中后面、大都督府等，一律三个月一番当告”[③]也没有这两个县的记载，故推测这两个县可能位于中兴府附近，属中兴府直接管辖。从《律令》卷一〇《司序行文门》所载内容来看，这两县的地位也高于京师其他属县。[④]据此笔者认为，这两县可能是都城直接管理下的县级城市，但具体位置不可考。

西夏后期黄河西岸京师之地，除中兴府和南北二县之外，其他州级政区基本不存，原来的五州改为定远县、怀远县、临河县、保静县和灵武郡5个县（郡）级政区。汪一鸣认为定远县是西夏早期的定州，城址在今宁夏平罗县姚伏镇；怀远县是西夏初期的怀州，也是明代志书中的高台寺城，城址在今宁夏银川市兴庆区掌政镇洼路村一带；临河县是西夏初改永宁县而来，城址在今宁夏永宁县东北部；保静县是西夏初的静州，城址在今宁夏永宁县东南部；西夏初的顺州（由河外五镇的灵武镇升任）后期并入保静县。灵武郡就是河东岸的灵州，大都督府只是西夏中央政权的一个军政机构，而不是政区或军区。[⑤]关于大都督府，本书与汪先生观点稍有不同，笔者认为大都督府是政区建制。《律令》卷一五《渠水门》记载：“大都督府至定远县沿诸渠干当为渠水巡检、渠主百五十人。”[⑥]同卷《催租罪功门》亦载：“催促水浇地租法：自鸣沙、大都督府、京师界内等所属郡、县及转运司大人、承旨等，每年当派一人……”[⑦]显然，大都督府在天盛年间同定远、鸣沙等一样，是西夏境内的一个重要政区，并非如汪先生所说的中央军政机构。

有学者认为《律令》中的灵武郡是大都督府、灵州、西平府等的别称，这几个名

① 《天盛改旧新定律令》卷一五《催缴租门》，第489—490页。
② 《天盛改旧新定律令》卷一七《物离库门》，第545页。
③ 《天盛改旧新定律令》卷一七《库局分转派门》，第531页。
④ 《天盛改旧新定律令》卷一〇《司序行文门》，第363页。
⑤ 汪一鸣：《西夏京师政区的沿革地理讨论》，《宁夏大学学报（人文社会科学版）》2005年第3期。
⑥ 《天盛改旧新定律令》卷一五《渠水门》，第499页。
⑦ 《天盛改旧新定律令》卷一五《催租罪功门》，第493页。

称指的其实是一个地方。[①]但仔细分析《律令》内容，不难看出灵武郡并非大都督府等的别称，而是与怀远等县一样，是位于黄河西岸的郡县之一。且从“六司一律自派日至来到京师之日十日……大都督府、灵武郡、保静县、临河县、怀远县、定远县”的记载来看，若大都督府与灵武郡同为一地，却需同时向京师派物当不合理。所以灵武郡是由西夏早期的五州之地的顺州（灵武镇）改设而来的。至于为什么是灵武郡而非灵武县，可能正如杨蕤所分析的一样，灵武郡应该是一种雅称。

（四）边防要地——省嵬城的兴建

省嵬城的修建旨在加强都城附近地区的军事防御。李继迁第一次攻打灵州城时并没有攻下，后来采取先取河西定州及怀远县等地，再取灵州的策略。李德明迁都怀远后，吸取了兴州北部边防较弱的教训，兴建了省嵬城（今宁夏石嘴山市惠农区庙台乡省嵬村东南500米处[②]）。省嵬城在西夏的政区建制尚不清楚，有学者认为其可能是京师界南北二县中的一县，也有人认为可能是《律令》中的北地中监军司驻地。[③]省嵬城对加强西夏都城北部一带的军事防御有很重要的作用。西夏京师郡县、省嵬城和黄河东岸灵州及东关镇连同区域内一些小的堡寨共同构成了以都城兴庆府为中心、南北向防御地带，拱卫着都城及附近地区安全。

西夏自唐末以来逐渐发展壮大，面对梁、唐、晋、汉、周以及辽政权的崛起和发展，定难军时期都能很好地化解危机，最后建立了近两百年的基业。其与宋、辽、金的对峙区域各有不同，比如宋夏之间的麟州（辖3县）、府州（辖1县）及丰州（998—1003年新建，与辽丰州不是一个地方，下辖3个寨子），辽丰州（920年新建，辖2县，富民为其附郭县）、云内州（辖1军）、东胜州（辖2县）以及宁边州、金肃州和河清军。西夏则辖有夏、灵、盐、石、龙、洪以及银、绥等州，区域城市重心转移到宁夏平原，这一现象与西夏政治中心转移过程是一致的。西夏政权存续的二百年间，基本控制了整个鄂尔多斯高原地区。

四、元、明、清时期鄂尔多斯高原城市空间演化及特征

元、明、清时期，鄂尔多斯高原在统一王朝政权的统治下，本应是城市经济发展的大好时机，但在游牧民族长期控制下反而有所萎缩。明代短暂控制之后，防线内撤，研究区成为北元势力进入明朝边境的前沿阵地。明代边墙及其沿边堡寨密集的人

① 杨蕤：《西夏地理研究》，第121—122页。
② 国家文物局主编：《中国文物地图集·宁夏回族自治区分册》，第280页。
③ 鲁人勇：《西夏监军司考》，《宁夏社会科学》2001年第1期。

文景观是这一时期重要地理现象，影响深远。所以，13世纪以来，鄂尔多斯高原核心区域一直是蒙古游牧民族生活的舞台，域内城市建设比较缓慢。

（一）元代鄂尔多斯高原城市地理分布

元朝统一后，研究区分属中书省、陕西行省和甘肃行省三省。其中有路治1个，即甘肃行省宁夏府路。此外，位于研究区的州治有6个，县城有5个。11个城市中位于土默川平原的有3个，分别是丰州、云内州和东胜州；位于宁夏平原的有2个，分别是灵州和怀远县；位于黄土丘陵区的最多，共有6个，分别是绥德州、葭州、米脂、吴堡、神木和府谷。这就是至元二十五年（1288）研究区城市的设置情况。

另将至元二十五年鄂尔多斯高原地区城市按地貌单元情况进行统计，形成表4-15。据前文分析可知，元代研究区城市集中分布于东西两侧的平原及黄土丘陵区，其中研究区东南部（今陕西省榆林市）城市分布最为密集，占研究区城市总数的55%。

表4-15　至元二十五年鄂尔多斯高原地区城市地理分布统计表

地貌单元	路治	州治	县城	合计
土默川平原		丰州、云内州、东胜州		3
宁夏平原	宁夏府路	灵州	怀远	2
黄土丘陵区		绥德州、葭州	米脂、吴堡、神木、府谷	6

元代鄂尔多斯高原城市呈沿河流分布特征，葭州、吴堡、府谷、东胜州和灵州皆位于黄河沿岸，绥德州与米脂建于黄河支流无定河畔，神木位于黄河支流窟野河沿岸，云内州位于黑河附近，宁夏府路和丰州在黄河流经的宁夏平原及土默川平原上。

元代鄂尔多斯高原城市之间有以丰州、东胜州为中心的驿路。从丰州到大都的驿路开辟较早，丘处机曾经从漠北到丰州，至云中（今大同），渡杨河（今御河），……最终抵达大都。其中丰州到大同段是河东山西道宣慰使司所辖官道。丰州也是联系中原和漠北木邻道的枢纽站。木邻道从上都至兴和，沿大同路至丰州，自丰州西北甸城道（今坝口子村沿山谷北上，越蜈蚣坝的道路）穿过大青山可以到达和林。丰州西南行经云内州可达东胜州。

东胜州作为元代土默川通往漠北的另一重要驿道——纳邻道的起点，其路线自东胜沿黄河西行至宁夏（今银川市），西经狼山山口（西夏黑山威福监军司址）达亦集乃城（西夏黑水城，今额济纳哈拉浩特古城），再折而北上至和林。亦集乃也是从宁夏东来再从此北上纳邻道的交通要冲。从宁夏向南至灵州（今吴忠市），再西行至凉州，进入河西走廊，最终到达西域。至元四年（1267），自应理州（今宁夏中卫）

沿黄河而下至东胜州曾设有10个水驿，其中东胜州设3站，后增至5处。至元十五年（1278），基督徒汪古人马儿可思等二人去耶路撒冷朝圣，就是从马儿可思的家乡东胜州出发，经唐兀城（西夏中兴府，今银川市）、甘肃前往西亚的。马可・波罗经也里合牙（即中兴府），到达天德军（即丰州）再东行至上都。可见东胜州、河套平原、宁夏平原在当时中西交通上的重要地位。①这些例证说明城市与交通的关系非常密切。

（二）明代鄂尔多斯高原城市地理分布

明初势力曾扩展至乌加河、乌拉山外，沿唐三受降城一线布防驻守。西受降城在今乌拉特中旗境内，中受降城在今内蒙古包头市九原区，东受降城在今托克托县境。东胜卫内迁后，弃城守河。天顺、成化后，蒙古族陆续进入河套，明设延绥镇、宁夏镇，筑延绥、宁夏边墙、建墩台堡寨防御，弃河守墙。隆庆五年（1571）开设红山寺堡（今陕西榆林市北）、清水营（今宁夏灵武市宁东镇）、宁夏中卫、平虏卫（今宁夏平罗县）市场，与袄儿都司诸部互市，形成了今内蒙古鄂尔多斯市与陕西、宁夏区界。

明初在蒙古地区设立的行政建制基本沿袭了元府州制度，后改为卫、所。各省都司所隶的卫、所是地方军事防卫区，统兵5600人称卫，统兵1200人称千户所。卫辖所、千户所下有百户所等。土默川平原地区曾短暂设置东胜诸卫、镇虏卫及云川卫等。宁夏平原上设置宁夏诸卫。因宁夏卫、宁夏前卫、宁夏左屯卫、宁夏右屯卫和宁夏中屯卫同治宁夏卫，故计为一城。明洪武年间研究区范围内的卫所州县共有13个，其中位于宁夏平原的有2个，分别是宁夏卫和灵州河口守御千户所；位于土默川平原的有5个，分别是东胜左卫、东胜右卫、镇虏卫、云川卫和玉林卫；位于黄土丘陵区的有6个，分别是绥德州、葭州、吴堡、米脂、神木和府谷。

现将明洪武二十六年（1393）鄂尔多斯高原地区城市地理分布情况进行统计，见表4-16。从表4-16内容来看，鄂尔多斯高原即便是在明初明王朝的完全统治下，这里的城市数量并未有改变，这与当时北元实力有很大关系，区域城市重点依然是土默川平原、陕北东北部黄土丘陵地带以及宁夏平原。

表4-16　洪武二十六年鄂尔多斯高原地区城市地理分布统计表

地貌单元	卫所	州治	县城	合计
宁夏平原	宁夏卫、灵州河口守御千户所			2
土默川平原	东胜左卫、东胜右卫、镇虏卫、云川卫、玉林卫			5
黄土丘陵区		绥德州、葭州	吴堡、米脂、神木、府谷	6

① 周清澍主编：《内蒙古历史地理》，第109—114页。

永乐元年（1403），因东胜左卫、东胜右卫等卫孤远难守，遂将各卫内迁，河套平原、库布齐沙漠、毛乌素沙地等地区逐渐被蒙古游牧民族占领。明代在鄂尔多斯高原地区的城市更为稀少，仅剩宁夏平原和黄土丘陵区的8个城市保留了前一阶段的建制。

明宣德以后，蒙古族势力日益强大，对明朝北部边疆地区产生了直接威胁。正统十四年（1449），瓦剌南下俘获了明英宗朱祁镇。为防御北部边疆，明代陆续设置边镇，修筑边墙，营建城堡，先后设置了九边十三镇。与鄂尔多斯高原地区相关的主要是延绥边墙和宁夏边墙。成化六年（1470）三月将榆林川升为榆林卫。成化九年（1473），设榆林卫指挥使司，隶属陕西都司。延绥镇城由绥德迁至榆林（今陕西省榆林市），宁夏镇治所设于今银川市。

至万历十年（1582），位于研究区的卫城有3个，分别是宁夏卫、宁夏后卫和榆林卫。宁夏卫位于宁夏平原，宁夏后卫位于高原中西部剥蚀高原与丘陵区，榆林卫位于黄土丘陵区。州县及千户所共有9个，2个位于宁夏平原，分别是平虏所和灵州所；1个位于高原中西部剥蚀高原与丘陵区，即兴武营所；6个位于黄土丘陵区，分别是延安府的绥德州及其所领米脂县，葭州及其所领吴堡、神木、府谷3县。营堡共有114个，位于宁夏平原的有70个，位于高原中西部剥蚀高原与丘陵区的有6个，位于黄土丘陵区的有38个。将明万历十年鄂尔多斯高原地区城市及镇城地理分布情况统计如表4-17，经分析可知研究区内城市分布密度不均。明代城市主要分布在宁夏平原、黄土丘陵区，河套平原和高原中西部剥蚀高原与丘陵区有城市零星分布在此。毛乌素沙地与库布齐沙漠因环境和民族问题，并无城市分布。

表4-17　万历十年鄂尔多斯高原地区城市地理分布统计表

地貌单元	卫	州县、千户所	合计
宁夏平原	宁夏卫	平虏所、灵州所	2
黄土丘陵区	榆林卫	绥德州、米脂县、葭州、吴堡县、神木县、府谷县	6
高原中西部剥蚀高原与丘陵区	宁夏后卫	兴武营所	1

从时间上看，从明初到明末，研究区城市逐渐向南部聚集，这主要是因为受蒙古势力影响，明代边防政策发生改变。明代为抵抗蒙古势力的侵袭，加强了边墙防御体系，边墙及营堡的修建就是最直接的工事。营堡多分布在大边与二边之间。从纵向来看，明代城市主要集中在东经106°—107° 和东经109°—110° 两个区域范围内，东经107°—109° 之间除最南部外，几乎没有城市分布。这一微弱的空间差异反映了北元与明朝拉锯战的重点区所在，而这一点则与交通线路有关。

此间，研究区由蒙古诸部控制。明正德五年（1510），达延汗统一蒙古诸部，分封诸子。达延汗及其长子统领左翼三万户，驻牧于锡林郭勒盟；三子（巴尔斯博罗特）统领右翼三万户，领袄儿都司万户（鄂尔多斯，与今陕西、宁夏接界），驻牧河套地区；四子统领土默特万户，驻牧大青山南北地区。正德十二年（1517）达延汗去世后，其长子袭父位，统领鄂尔多斯万户，驻陕西边外河套地区，后称鄂尔多斯部；其次子俺答（阿勒坦）据有十二土默特之大部，势力强盛，亦称大汗，后称土默特部。明隆庆年间，俺答汗在土默川平原上建造归化城（库库河屯城），这是北方民族在鄂尔多斯高原及其邻近地区建造的第一座城市，是游牧民族在分立驻牧①体制下的产物，具有非常特殊的意义。

（三）清代鄂尔多斯高原城市地理分布

清代鄂尔多斯高原城市的发展分为三个阶段，分别以雍正、乾隆时期区内政区的调整为节点。归绥城的建置对土默川平原城市建设有重要影响。

清初沿袭明制，经过多重改革，将卫所制度改为郡县制。鄂尔多斯高原共有府级城市5个，分别是宁夏府、榆林府、绥德州、葭州和归化城。其中位于宁夏平原的有宁夏府，黄土丘陵区的有3个，分别是榆林府、绥德州和葭州，河套平原仅归化城1个。

府州之下设县、盟，再下设旗，此时研究区共22个县、旗，其中宁夏府4县，榆林府7县，绥德州领1县，葭州领3县，伊克昭盟有6旗，乌兰察布盟有1旗（因乌喇特三旗同治一地，故计为一旗），归化城有5厅。22个县级城市中，宁夏平原有4个，黄土丘陵区有7个，毛乌素沙地有4个，库布齐沙漠有2个，河套平原有5个。清雍正十二年（1734）鄂尔多斯高原地区城市地理分布情况统计如下。

表4–18　清雍正十二年鄂尔多斯高原地区城市地理分布统计表

地貌单元	府	县	合计
毛乌素沙地		鄂尔多斯右翼中旗、鄂尔多斯右翼前旗、鄂尔多斯左翼中旗、鄂尔多斯左翼前旗	4
库布齐沙漠		鄂尔多斯右翼后旗、鄂尔多斯左翼后旗	2
土默川平原	归化城	乌喇特旗、昆都仑、萨拉齐、托克托、和林格尔	5
黄土丘陵区	榆林府、绥德州、葭州	定边、靖边、怀远、神木、府谷、米脂、吴堡	7
宁夏平原	宁夏府	宝丰、平罗、新渠、灵州	4

① 黄丽生认为："所谓分立驻牧，是指明代以后蒙古诸部分据领地驻牧，各有自主意识；既无法产生一个稳固的统治中心可以长期有效统属节制各部以形成统一国家的体制；也没有出现一个个不认同"蒙古"、而各自独立互不相干的分裂政权，各部之间仍处于有相当程度的联系和共同性的局面。因此分立驻牧的形势，意味着蒙古族形成'国家'性质之集体发展的可能性大减；也意味着明代蒙古族群的结合，实更有其社会性、文化性的意义，但缺乏严密的'国家'性质的组织。"而且"蒙古分立驻牧形势愈甚，对城市贸易的仰赖愈深；城市贸易的供输，复使蒙古社会得以愈向地方分化发展，彼此循环相因，作用不已"。参见黄丽生：《由军事征掠到城市贸易：内蒙古归绥地区的社会经济变迁（14世纪至20世纪初）》，第482页。

雍正九年（1731），鉴于陕北沿边地区民事浩繁，“夷汉杂居，必须大员弹压”的现状，经宁远大将军岳钟琪提请，吏部议覆，将榆林沿边一带划定州县，由过去的军事管理改定行政区划。设置榆林知府一员，原靖边堡、定边堡、怀远堡所辖区域，以5堡为单位，划界分疆，设置州县。靖边县设于原明代的靖边营，下辖龙洲、镇靖、镇罗、宁塞4堡；定边县设于原定边堡，下辖安边、新兴、砖井、盐场4堡；怀远县设于原怀远堡，下辖波罗、响水、威武、清平4堡；榆林府设于原榆林镇城，附郭榆林县下辖保宁、归德、鱼河、镇川4堡；外加神木、府谷2县，构成沿边6县。6县沿边墙东西分布，也称陕边6县，从此完成了陕北地区州县分区的厘定工作，终清一代，未有改变。雍正至乾隆时期，研究区内城市在小范围内有所变化，宁夏平原内两县因地震而裁撤，毛乌素沙地内新置鄂尔多斯右翼前末旗，但未设治所，河套平原内裁昆都仑厅，新置绥远城。

从表4-19的统计情况来看，清中后期研究区东部城市密集度大于西部，西北部几乎没有城市分布。从地貌类型上看，黄土丘陵区城市分布最多，其次为土默川平原，毛乌素沙地和库布齐沙漠经过多年的恢复，清朝开始于此设置盟旗。另外，城市的分布与水源有着密切的关系，清代于河套平原新建7个城市，有6个位于河流附近，毛乌素沙地的4个旗中有2个旗距河流不远，库布齐沙漠的2个城市亦是沿黄河而设。

表4-19　清乾隆二十五年鄂尔多斯高原地区城市地理分布统计表

地貌单元	府级治所	县级治所	合计
毛乌素沙地		鄂尔多斯右翼中旗、鄂尔多斯右翼前旗、鄂尔多斯左翼中旗、鄂尔多斯左翼前旗	4
库布齐沙漠		鄂尔多斯右翼后旗、鄂尔多斯左翼后旗	2
土默川平原	绥远城	乌喇特旗、归化城、萨拉齐、托克托、和林格尔、清水河	7
黄土丘陵区	榆林府、绥德州	定边、靖边、怀远、神木、府谷、米脂、吴堡、葭州	10
宁夏平原	宁夏府	平罗、灵州	3

在清政府放垦之前，鄂尔多斯高原的农垦区主要是在河套平原及沿边地带，各旗腹里的开垦则是在放垦之后。早在康熙年间，陕西、山西和甘肃等地汉族农民就已开始进入这一地区。《河套图记》记载，康熙三十六年（1697），与陕西接壤地带已经放垦了；雍正八年（1730）准许汉民在长城边外50里以内越界耕种；到乾隆八年（1743）越界种地现象已突破50里的限定，蒙汉交涉事务、租银、税务等均由沿边内地州县管理。

清代中原与蒙古地区之间的道路有经喜峰口、古北口、独石口、张家口和杀虎口的几条线路，从北京到达鄂尔多斯高原的交通线为杀虎口路。杀虎口，习惯称呼为西口，东口是指张家口。从杀虎口向西北经归化城、土默特左、右二都统到乌兰察布盟乌拉特三旗的线路称为杀虎口东路或者北路；从杀虎口经归化城到伊克昭盟各旗的驿路称南路或西路。杀虎口驿路是西北用兵，特别是作为清廷与绥远城将军联系的通道，在统治蒙古族过程中发挥了重要作用。同时，杀虎口路还是伊克昭盟诸旗蒙古王公入京的贡道。清中叶以后，此路是山西、陕西农民进入内蒙古中西部地区的主要线路之一，民间称为"走西口"。

（四）元明清时期鄂尔多斯高原城市空间发展特征

辽金元三代皆以北方民族相继入主中原，研究区显然已非农耕民族所统治的区域，但三朝统治者却以中原城市为典范，在本区营建了长达四百多年的城市社会。辽金时期城市区域限定于土默川平原及其附近的黄土丘陵地带，而元代在此基础上延及整个黄土丘陵区和宁夏平原区。我们从表4-20上反映的元明清三代城市的建制来看，自元统一至清末，城市数量的变化并不大，几乎没有变化。

首先，从研究区三朝城市统计数字上来看变化并不大。我们在统计时将原伊克昭盟清代7旗以及乌兰察布盟的乌拉特前旗驻地当作城市统计在内，事实上我们也知道他们的驻地并不能称之为城市。其次，明代增设的榆林卫是因与蒙古族战争需要而设；宁夏平原上新渠、宝丰2县则是在新开辟垦区上增置，但是很快因为地震而毁撤。再次，明代延绥镇、宁夏镇堡寨的设置很显然也是出于防卫之需要，作为城市更为勉强。尽管如此，通过对元明清三代城市的梳理，我们有理由相信城居是农业民族的特征。但是，我们从元明清时期蒙古族发展史中可粗略看出，分立驻牧制度加速了游牧民族向定居社会的转向；大量汉民的移入，无论是被掳掠，还是被俘，又或者逃难，或者做转口贸易，租种盟旗土地等方式，致使鄂尔多斯高原蒙汉人口比例发生了根本性的变化，农业生产和城居时代将相伴而至。

表4-20　元明清时期鄂尔多斯高原不同地貌单元城市数量变化一览表

时间	地貌单元						
	黄土丘陵区	土默川平原	宁夏平原	库布齐沙漠	毛乌素沙地	高原中西部	合计
至元二十五年（1288）	6	3	2				11
洪武二十六年（1393）	6	5	2				13
永乐元年（1403）	6		2				8
万历十年（1582）	7		3			2	12
雍正十二年（1734）	10	6	5	2	4		27
乾隆二十五年（1760）	10	7	3	2	4		26

根据1912年8月，北洋政府公布的《蒙古待遇条例》，清代在内蒙古地区设立的盟旗制度和盟旗区划以及在各盟旗设立的道、府、厅、州、县等基本原封不动地保留了下来，只是将府、厅、州等名称一律改为县。1914年，鄂尔多斯高原属于新设的绥远特别行政区。1928年9月，绥远区改为绥远省，10月宁夏省设立。1931年10月，南京国民政府公布了《蒙古盟旗组织法》，规定盟旗在制度上与省县处于同等地位，使盟旗有了合法地位。很快爆发了"九一八"事变，《蒙古盟旗组织法》实际上并未认真执行。1936年2月，绥远省境内蒙古各旗地方自治政务委员会（简称绥境蒙政会）在归绥成立，下辖伊克昭盟（今鄂尔多斯市）、土默特特别旗、乌兰察布和绥东4旗（即察哈尔右翼4旗）。1937年10月，日军占领归绥、包头之际，国民党绥远省政府转战晋西北。1939年2月又转战河套地区，省政府驻陕坝镇（临河县境内），下辖伊盟及河套地区各旗县。1941年4月，在绥察行政公署，下辖绥西、绥中、绥东、绥南四个专署。1943年1月，改为塞北区行政公署，归晋绥行政公署管辖，下辖绥西、绥中、绥南及第五专员公署。1945年7月，在塞北行政公署基础上成立了绥蒙政府，归晋绥边区行政公署管辖，下辖绥西、绥中、绥南三个专员公署。1949年6月，绥蒙政府改为绥远省人民政府，由晋绥行政公署划归华北人民政府领导，9月，绥远省和平解放。

第三节　鄂尔多斯高原城市地域结构与形态

鄂尔多斯高原及其邻近地区是指秦昭襄王长城以北、秦汉阴山长城以南、贺兰山以东、山陕黄河以西的广大区域。约在公元前7世纪，即春秋早、中期之前，这里并不是完全的游牧区，秦汉以来这里成了游牧与农业民族交互居住、生活的农牧业交错地带，不同的生产、生活方式不断地改变着区域城市聚落景观。

综合前文统计及相关论述，历史时期鄂尔多斯高原地区城市发展的时空特征如下：

其一，鄂尔多斯高原城市在农耕民族统治下的统一王朝时期城市数量较多，北方游牧民族占据时期则仅沿用部分旧城。前一类型如秦、两汉、隋唐时期，中原王朝强盛时期，鄂尔多斯高原地区城市数量就较多；元、清蒙古族占据时期，城市数量较少（不包括明代沿边营堡），与十六国至北周时期、唐末至西夏灭亡之间的城市数量不差上下。即便是农耕民族统治的中原王朝，亦因军事实力强弱不同，研究区城市数量也会有很大差异。侯仁之当年考察毛乌素沙漠时就指出，汉代遗址自东南而西北向沙漠内部伸入最远，唐代者次之，宋代者又次之。至于明代的遗址则已经退至沙漠的东南边缘地区。[①]汉代以后，鄂尔多斯高原城址具有向边缘地带聚合的趋势。[②]这样的结论在一些人看来，可能认为是不经过研究也可以想见的结论，然区域城市发展史的研究并非止于此，而应以此为前提深入探索城市内涵的发展及其相应的经济、社会结构。因此，历史时期鄂尔多斯高原城市数量变化可以分为两种情况讨论，即中原王朝统治时期和北方游牧民族控制时期。

其二，历史时期鄂尔多斯高原城市发展重心大致呈现出由陕北黄土丘陵地带、土默川平原、宁夏平原、毛乌素沙地、后套平原等地貌单元递减分布的特征以及重要节点城市持续使用的特点。如在今内蒙古托克托县，城内是秦汉云中郡云中城、汉代沙陵县、唐代东受降城，以及辽、金、元的东胜州，辽榆林县城、河滨县和云内州城，明代东胜卫、镇虏卫等城的所在区域，清雍正时曾驻军于其南的河口镇，它们从郡县治所城市（云中）转变为唐末以后的军事重镇（东胜州、卫）。再如与托克托县隔河相望的古代胜州，位于黄河西岸，今准格尔旗十二连城乡政府所在地，这里也是非常重要的地理所在，设有汉代沙南县城、隋唐胜州及其附郭榆林县城，明代东胜右卫等治所，其东约9千米处是唐河滨县、辽河清军的治所。很显然这里是鄂尔多斯高原城市发展的重要核心区之一。

其三，鄂尔多斯高原城市发展重心有从高原东北部、北部，再向东南部、西南部，最后向高原四周均衡发展的区域态势。具体表现为：（1）以秦汉云中、九原郡向两汉云中、九原、朔方郡治为重心的转移。（2）继而向鄂尔多斯高原东南部转移，以大夏国都为中心的夏绥区域。汉代，鄂尔多斯地区尚未形成具有一定辐射力和影响力的区域中心城市，但统万城的出现，标志着鄂尔多斯地区区域中心城市的形成。（3）隋唐时期完成了由高原东北向阴山南麓再向灵、夏、银、绥的转移。（4）西夏立国完成了区域城市重心由夏州向灵州地区的转移，兴庆府作为西夏都城控制鄂尔多斯高原长达三百年，是名副其实的区域经济中心。（5）元明清时期，城市发展重心一直在高原东南部，后期区域城市发展重心有向秦汉云中郡所在土默川平原转移的趋势，而此时，榆林、银川城市职能也发生了由军镇向地方行政中心的转移。民国时期，包头市的崛起更加分散了研究区的区域综合性。冯文勇认为鄂尔多斯

① 侯仁之：《历史地理学在沙漠考察中的任务》，《地理》1965年第1期。

② 吕思勉曾指出，唐朝的武功从表面看，虽和汉朝相等，其声威所至，或且超过汉朝，但此乃世运使然，以经营域外的实力论，唐朝实非能与汉朝比。参见吕思勉：《中国通史》，吉林大学出版社，2014年，第477页。

地区受到政治或者军事城市体系的约束，始终没有形成明显的区域宏观层次的经济中心[①]的结论是有一定理由的。

中国传统城镇大多受行政因素制约，除少量市镇为经济型城镇外，其余多为各级行政区划中心城市，这些标志国家权力中心的城镇，在区域发展过程中不仅反映了当地政治、经济实力，更多地与当地军事、文化乃至民族息息相关。自然地理环境是城市形成和发展的基础，制度张力是促进城市形态改变的重要因素。历史时期城市形态的复杂变化，与该时期国家、社会、民族、军事等多重因素有关，也是城市内部空间结构演化的外在体现。

而当前鄂尔多斯高原地区有9个地级市，下辖25个区和34个县，区域总人口约1667万人（2013年前后的数字），土地面积约22万平方千米。就其土地面积来看，与整个陕西省土地面积（约21万平方千米）差不多，但总人口仅有陕西省的一半；比山西全省土地面积多出7万平方千米，多出面积约等于宁夏整个自治区的土地面积，但总人口也只有山西省的一半。因此，国家可以参考特区设置模式，考虑建立以内蒙古自治区、宁夏回族自治区、陕西省和甘肃省为基础的省际协作特区——鄂尔多斯特区，探索集约式经济发展道路，同时也可作为直属中央的能源供应基地应对国际能源问题，缘由如下。

其一，当前位于鄂尔多斯高原地区的9个市全部是地级市，包括作为省会的呼和浩特市、银川市，不利于区域经济集约发展。

其二，从历史时期鄂尔多斯高原区域城市空间演化特征来看，它们就是相对统一的整体，只是在不同外部条件下发展重心不同而已。

其三，基于统筹国际能源安全、区域环境保护以及黄河流域高质量发展之需要，以国防战略为着眼点，建设鄂尔多斯特区。

其四，鄂尔多斯市未来发展之需要。当前制约鄂尔多斯市发展的核心因素是人口不足、楼市泡沫、资金冗余，更需警惕的还是因能源过度开发引起的自然环境恶化，区划调整或许是一个最佳解决方案。

① 冯文勇、王乃昂、何彤慧等：《鄂尔多斯高原及毗邻地区历史城市发展的阶段性特征》，《干旱区资源与环境》2011年第1期。

第五章　鄂尔多斯高原古城遗址保存现状与保护建议

“鄂尔多斯高原历史地理研究”课题负责人曾多次组织由各子课题成员共同参加的田野考察活动。在考察过程中，我们首先对研究区气候环境、地貌形态、山川以及民俗、民风、语言、餐饮、节日活动等有了一定的感知、认知经验，加深了对各种历史文献资料的理解；其次，对历代城市规模、布局、结构、形态等也有了直观认识，有利于对区域城市的整体把握；再次，了解了研究区古城址保存现状、保护设施及地方社会的文化遗产保护及相关政策理解和执行情况。在田野考察中获得的前两个方面的认识已体现在之前各章节研究中，也有考察报告公开发表①，这里基于对研究区古城历史价值、城址保存现状的认识，结合区域历史发展，提出一些具体的保护建议。

第一节　鄂尔多斯高原地区古城的历史价值

鄂尔多斯高原及其邻近地区是指秦昭襄王长城以北、秦汉阴山长城以南、贺兰山以东、山陕黄河以西的广大区域。在公元前7世纪，即春秋早、中期之前，这里尚未进入完全的游牧生活。秦汉以来，这里成了游牧民族与农业民族居住、生活的农牧业交错地带。不同的生产、生活方式不断地改变着区域城市聚落景观。历代文献中记载的无数城市聚落仅有部分可考，一部分城市保留下来继续使用或成为遗址、遗迹，更有相当一部分城市聚落消失在沙漠之中。若仅以可考城市或考古城址作为研究对象，结论恐失之偏颇。本研究以文献记载的郡县级治所城市为研究对象，考订历史城市的

① 肖珺、娄娟娟：《鄂尔多斯高原考察记》，见西南大学历史地理研究所编：《中国人文田野》第6辑，2014年，巴蜀书社，第144—161页。

位置、结构形态及保存现状，分时段探索不同时代城市间的相互关系，并将不同时期的城市置于历史长河中，探究和揭示区域城市发展演变的规律及其深层原因，解析历史城市存在及其研究价值。

在中国历史上，区域城镇体系形成的过程与地区的开发往往是同步的。中国的城是文化的象征，汉文化广到之处，都有中国式城市的出现。[①]中原民族开边拓土的标志就是城邑的兴建。研究区城市之兴替，不仅是当地人文社会荣枯的象征，实亦为南北民族关系是否良好、边疆与中原贸易是否通畅、农牧产交换是否充分的指标，[②]这也是我们对鄂尔多斯高原地区城市历史价值评述应持有的态度。

鄂尔多斯高原城市分布发展在不同历史时期呈现出各自的特征。从时间上来看，秦汉时期，研究区城市形成了由东向西推进，再由西向东内缩的发展过程。秦王朝时，城市集中于鄂尔多斯高原东部边缘区，以今陕北黄土丘陵、土默川平原最为集中。西汉时期，城市继续向西、向北推进，沿黄河两岸发展，平原和东部河谷地带城市分布相对集中，毛乌素沙地分布较少。东汉时期，城市由西向东内撤，仅土默川平原还有小部分建制城市。隋唐时期，研究区城市分布有承继前代的特点，但区域城市发展重心有向毛乌素沙地东南边缘移动的趋势。元代县级以上城市多沿用前代城市，集中分布于研究区东西两侧的平原及黄土丘陵区。明中后期受蒙古部落侵扰，研究区南部——宁夏平原和黄土丘陵区广置营堡。清代，研究区中北部开始设置州县、盟旗治所城市，至清末区域城市结构渐趋稳定。

在空间上，鄂尔多斯高原城市呈现出东多西少、沿黄河干支流分布的特点；在地貌形态上呈现为平原、丘陵地区多，高原、沙漠地区少的区域特征。地理环境优越的地方城市分布密集，而在自然环境恶劣的地区城市则分布稀疏。城市空间发展与国家战略、边疆军事形势密不可分。西汉武帝时期的移民政策促进了河套平原城市的发展，东汉时期边境形势紧张，城市废弃则较多。历史时期城市的废弃与地理环境同样关系密切。平原地区即使地处边境地带，废弃的城市数量也很少，库布齐沙漠、毛乌素沙地废弃的城市较多。宁夏平原地区因黄河河道摆动较大，地面遗址保存较少。

鄂尔多斯高原城市的外部形态主要有两种，规则的方城和不规则形城市；平面组合形式亦有两种，单城和复合型城，地理环境是其主要影响因素。秦汉时期，复合型城市有两种形态，一种是并列相连式城市，一种是套城。并列相连式城市受城市所在

① 陈正祥：《中国文化地理》，第59页。

② 黄丽生：《由军事征掠到城市贸易：内蒙古归绥地区的社会经济变迁（14世纪至20世纪初）》，第487页。

地社会经济活动影响较大，套城则与其所处军事形势有关。隋唐时期，城市形态有东西城与内嵌城两种组合形式，且等级不同的城市配有不等数量的瓮城、羊马城、马面与角楼等防御设施。治所城市和部分军城划分有居民里坊，部分高等级城市有宫殿建筑、仓库等。西夏和辽、金时期的城市形制比较单一，以单城为主。宋代府、州、军城市形制以复合型为主，呈不规则形态。

鄂尔多斯高原城市规模与其等级关系密切。通常情况下，郡级城市规模要比县级城市大，内部结构也相对复杂。考古发现郡城遗址内有冶铁、制陶、铸币等手工业作坊，也有粮食、兵器等储存仓库，有整齐划一的街道和城市生活设施等。城市内部空间结构与城市等级关系不大，郡级城市中的各种生活设施，县级城市也都有，但在数量或规模上有差异。元代根据户口数将路级城市分为上、下两等，州、县级城市分为上、中、下三个等级。明代城市有以缴纳钱粮数额和以田粮数量为标准划分繁、简等级的两种方式。清代政区分等则以冲、繁、疲、难为依据来划分。

基于以上认识，鄂尔多斯高原地区城市的历史价值可以概括如下：

第一，环境指标价值。该区域在环境史学上的价值早已被学界所公认，即文献中的城市聚落与现存城市遗址相互对照是研究本区环境变化的重点内容。如汉代朔方郡城、大夏国统万城、唐代新宥州城址等均已成为复原各时代鄂尔多斯高原自然环境变化的标本。但是，鄂尔多斯高原城市历史价值不能仅限于学术研究层面，更重要的是要借助其物质遗存使后人感知和体验鄂尔多斯高原自然环境与人文环境的沧海巨变，从而起到警示、教育的作用。

第二，民族交往、交流与交融的经典样本。城居生活尽管不是农业民族的专属，但大量城市聚落的出现和设置则与农业人口占大多数有直接关系。因此，鄂尔多斯高原城市的空间分布揭示了中原王朝与北方政权之间的势力对比。一般而言，鄂尔多斯高原城市相对密集说明中原王朝处于强势发展期，北方草原民族向南移动则表明其处于强势地位。

第三，国家治理成效的重要体现。鄂尔多斯高原不同时期城市的空间分布与中原王朝防御体系的完善与否息息相关，自匈奴、鲜卑、突厥、回鹘、吐蕃、党项、契丹至蒙古无一例外。秦昭襄王长城、阴山长城是中原王朝的两道防线，两道防线之间既是北方游牧民族“南下牧马”的主要活动区，也是中原农耕民族生活的北边前沿。

第四，城市形态独特。鄂尔多斯高原城市形态特征呈现出强烈的军事特色，形成了边城形态共性。无论规模大小、地位高低、形态繁简，或性质如民族政权之都等，皆与中原王朝同级别城市相差较大，值得我们关注与重视。

第五，奠定了现代区域城市发展的空间格局。鄂尔多斯高原两千年间城市空间发展过程造就了现今区域城市分布特征，历史时期区域中心城市的转移，预示着本地区在将来发展中需要更好地规划、设计、建造新的中心城市。

第二节　鄂尔多斯高原古城保存现状

在系统考察鄂尔多斯高原古城遗址过程中，我们重点关注了研究区内古城现状及相关保护设施情况，概括而言该地区古城址存在以下几个方面的问题。

第一，古城保存现状不容乐观。鄂尔多斯高原及其邻近地区是农牧业交错地区，也是自然环境较为脆弱的地区。大批秦汉等早期古城深陷沙漠，也有一大批古城被泛滥的河水所吞噬，当然更有一大批古城在历代战争以及不同的生产生活方式影响下消失。就研究区内具体区域来看，位于宁夏平原、土默川平原的部分古城受河水改道、泛滥，土壤盐碱化以及农业生产影响较大；巴彦淖尔市临河、磴口等以及鄂尔多斯市大部分地区古城在沙漠化过程中渐渐消失，大部分古城城墙仅剩土垄，非研究人员很难分辨出它们是古城址。造成这一现象的原因有两个方面：一是自然原因，如风沙侵袭、雨水冲刷等；二是人为原因，如放牧牛羊、修筑公路等。牛、羊踩踏、啃食等对古城、城墙会造成很大的破坏；霍洛柴登古城和昂柏淖尔古城城墙更是直接被新修的公路所破坏，还有三座古城城墙也有车辆穿行的痕迹。以上种种现象，在项目研究期间少有改善迹象，古城址保存现状堪忧。

第二，古城址缺乏最基本的标识。考察所见大多数古城址是有文物保护碑的，当然也有诸多古城址几乎不存在保护设施，如宁夏的省嵬城、富平城，乌审旗境内的呼和淖尔古城和昂柏淖尔古城等，周边不仅没有文物保护碑，更无古城位置的指示碑，如果没有当地文史馆老师和老乡的指引，是很难找到古城址的。这一点，杭锦旗境内的霍洛柴登古城、敖楞布拉格古城和吉尔庙古城做得相对好一点，有标明古城位置的指示碑。不难想象，这些缺乏明确标识的古城址的生存状况及其发展结果，被地方社会的忽视，受农田平整、草场维护的破坏，古城遗迹终将毁坏殆尽。

第三，古城命名不规范，掩盖了历史信息。考察中我们发现该地区古城址的名称，主要来自城址所在乡村的名称，但鄂尔多斯地区地名存在着汉语和蒙古语音对译问题，所以一座古城址往往会有多个名字，不仅影响考察效率，还丢掉了古城的生命迹象。如我们考察的“鸡”尔庙古城是西汉上郡北部都尉治所高望城城址，在古城内城东墙外所立保护碑上的名称是鸡尔庙古城，但在《乌审旗文物志》上用的是

“扎”尔庙古城，《中国文物地图集·内蒙古自治区分册》上册写的则是“吉”尔庙古城[1]，考察时难免会走一些冤枉路。由此建议考古或相关部门在古城址命名时，或者在整理、上报材料时综合地方习惯用语，全面反映地名文化信息，以减少不必要的误解和麻烦。

此外，一些古城址名称不便于记忆和检索，而且极容易混淆。如研究区中多处古城址命名为：土城村城址（土默特左旗白庙子镇土城村内）、土城子城址（和林格尔县盛乐镇土城子村）、土城梁城址（武川县大青山乡）、古城乡城址（托克托县古城镇古城村）、古城村城址（土默特左旗毕克齐镇大古城村）、古城湾城址（包头市东河区河东镇古城湾村）、古城梁城址（杭锦旗锡尼镇四十里梁古城梁村）、古城壕城址（伊金霍洛旗纳林陶亥镇古城壕村）等，名称辨识度极低，仅从名称上很难判定其时代特征、地理位置，更不要说遗址内涵了。

考古资料需要更加精准和及时更新。在考察中我们还发现古城址位置与先前资料记载有很大出入，如呼和淖尔古城、昂柏淖尔古城、公庙子古城等位置的定位工作仍有必要复核，一些重要的古城址需要展开科学的考古发掘工作，提供更为精准的古城平面布局图、城市功能分区、详细的出土文物等信息，为区域历史文化资源的保护、展示和利用提供基础文献。

第四，古城文化内涵挖掘不深，保护原则、方式使用不当。统万城遗址作为国家级重点文物保护单位、世界文化遗产预备项目，该怎样保护、如何修缮是2013年6月13日至16日召开的“统万城建城一千六百年国际学术研讨会”上讨论最为激烈的问题。会上诸多著名学者对当地采取的包砖保护的方法提出了质疑，认为该方法破坏了城墙建筑的原材料，并基于世界文化遗产保护的基本原则，提出拆除包砖的建议。我们在之后再次考察统万城遗址时，发现墙上包砖已经被拆掉，恢复到了之前的自然状态。但从目前自然作用，如风力、雨水冲刷以及人为无意识活动等对统万城遗址的破坏速度来看，如果不及时采取更为有效的保护措施，其保存状况则更加难以预测，这一点还需要各界人士的普遍关注。2013年，统万城遗址被国家文物局列入国家考古遗址公园名单，目前各项工作都在有序推进中，我们希望它能得到妥善处理。

此外，研究区核心区所在的内蒙古自治区从相关人员到普通民众，古城保护意识非常薄弱。除前文提到的一些没有找到遗迹和遗迹已不甚清晰的古城外，大多数城址都位于村郊野外，有的城墙上密布窑洞，有的城址则成为庄稼地，破坏非常严重。考

① 本文统一使用了“鸡尔庙”。

察中仅见塔布陀罗亥古城内城和麻池古城的三个夯土堆有绿色围栏防护，而麻池古城的围栏已被破坏，其他古城多为天然状态。一些保存状态比较好的古城，其文化内涵挖掘尚不充分，展示方式较为单一，未能实现古城保护与文化旅游的有机结合，实属可惜。秦直道博物馆的废弃应提醒社会各界在对待本区历史文化资源的保护、开发和利用上，需要采取更为科学和审慎的态度。

第三节　鄂尔多斯高原古城保护建议与思考

鉴于研究区城市突出的历史价值和当前古城址的保存现状问题，我们有几点建议。

第一，立足区域整体性，对鄂尔多斯高原古城遗址进行整体保护。这里的整体性保护是指对不同时期区域城市结构的保护以及某古城遗址长时段的保护两个方面。

第二，依据各级文物保护法，建立、完善和落实文物保护工作，比如建立健全“四有”保护机制，以避免人为原因对古城遗址造成的破坏。“四有”即为有保护范围、有保护标志、有记录档案和有保管机构。研究区大部分古城遗址、遗存都不完整，当地文物保管所应该在古城址处竖立保护碑，标示古城位置、名称及相关信息。同时，脆弱、敏感的自然环境，是处于自然状态下的古城址的最大隐患，应尽快、尽早建立保护机制，若等遗迹全无时则悔之晚矣。

第三，国家文物管理部门应系统采集古城信息，将勘测数据、图像资料、采访信息全部录入系统，搭建古城信息系统平台，以便于动态监测、管理保护古城遗址，也为今后的研究提供资料。

第四，各级政府和相关部门应转变文物保护观念，挖掘和提炼古城历史文化内涵，积极利用现代科技手段，将古城文化纳入国家文化大数据建设体系。保护文物的目的是延续历史文脉并实现更好的保护利用，古城兴衰演变早已成为研究当地环境变化的重要依据。研究区城市发展区域重心的转移无疑反映了中原与北方民族文化融合发展的态势，区域城市结构与形态特征变更与中国传统文化兼容并包的特质一脉相承，因此，保护古城遗址不仅具有历史价值，更有利于延续传统文化。

鄂尔多斯高原四面环山、三面环水的地形特点，平原、山地、沙漠等相交的地貌特征，季风与干旱气候的过渡地带性特征，地质时期茂密的森林植被条件，储量丰富的煤炭、石油、天然气等资源，限隔农业和游牧业的空间位置，使其成为历史上多民族交往、交流与交融的大舞台，以及长期困扰中原王朝国家稳定和安全的边疆区位等，决定了该区域城市聚落的兴起、发展、毁废和再生的全过程，具有与中原、南方、东南沿海经济、文化地区城市发展路径所不同的特殊性。

在权力与空间关系视野下，思考鄂尔多斯高原城市发展与区域空间转移现象，是一件非常有意义的事情。我们既可从鄂尔多斯高原城市建置区域向北部边界延伸的现象中，观察中原王朝可控区域的扩展，也可从区域城市的裁撤及其在东部地区的侨置现象中，一窥中原王朝实力的减弱；也可站在匈奴、鲜卑、突厥、羌、胡及蒙古等北方民族的角度观察，反推中原王朝的实力变化。由此，历史上鄂尔多斯高原城市发生、发展及其区域重心转移现象都是各种偶然性与必然性耦合关系的表达。城市是农业民族权力关系的物质载体，是权力对地方空间占有的具象表达，与此相对应的则是城市的拆除和废弃是地方空间对权力关系的反抗。相关研究已经证明，无论是农业民族还是游牧民族，无论哪一方占据主动权，都需要注重对环境的保护，方能实现对地方空间的持久占有。

为此，我们不妨从城市生活主体——人的角度来看，追逐稳定的生存空间，或是寻求庇护所，抑或为了追求自由自在的生活，可否理解为这些行为都是物竞天择的大自然生存法则呢？代表农业的汉族和代表游牧业的其他民族，安居乐业的乡村恬居和信马由缰的草原游牧生活都是人们向往的田园牧歌。如此看来，农牧业交错地带的冲突和战争大约是一些偶然事件，并非常态。但同时，这种冲突又或是一种必然，二者之间的文化差异、物质资料的互补、华夷之分，形成了各民族、各阶层之间的差序制度，冲突不断，继而发生战争。农业民族生活的最北界限是秦汉阴山长城一带，而游牧民族的南部边界大约以秦昭襄王长城，即大小罗山—白于山—无定河入河口一线为界。南北界限之间，农业民族与游牧民族之间的融合与冲突交互进行，城居与游牧景观相间。需要强调的是，城市终究是文明发展的产物，其意义远胜于军事征伐。历史证明，经济贸易往来比武力征服更能建立持久稳定的发展模式，也更能为各方提供切实保障。

尽管少有资料提供游牧民族早期筑城的例证，受其生活习性的影响，更多地选择了逐水草而居的生活方式，拓跋鲜卑代国、赫连夏等等即如此。然西夏、辽、金等民族建立政权在进入研究区后，却选择了利用前代旧城的城居生活方式，这显然是渐慕华风的具体表现。汉唐时期本区城市的设置大多精于防卫，从其所处地理位置及周边地理环境来看，均为筑城的绝佳之地，这些城市中很多都被辽、夏延续使用。如辽代云内州，就是在唐代东受降城基础上发展起来的，金代继续对这一城址进行修复，城东部子城也是金立国后建立的。西夏都城兴庆府是在唐代怀远县城基础上逐渐发展起来的。十二连城、盛乐古城、托克托县的古城群等更是前后相继使用。

纵观秦代云中、九原，西汉的云中、五原、定襄，夏州之统万，北魏之盛乐，唐代之三受降城、天德军、丰州、振武军，以及夏、胜、银、麟、宥、盐、灵等，西夏之西平、兴庆二府，明代之东胜、榆林二卫，再至归化城、绥远城，及包头、东胜厅等城市的兴衰沉浮，透过乡间、沙漠中的残垣断壁、土垄，我们看到了区域中心城市的空间转移，也看到了城市近代化的无奈与沮丧。试问，我们该如何经营这里的城居生活？

历史时期鄂尔多斯高原上昙花一现的城市非常之多，难以逐一查询、核对，从文献中的片言只语探寻其城市空间转移竟成了一件乐事。

回顾本课题研究之初，乃至撰写这段文字之前的主观想象，那就是站在中原汉民族政权的角度探索代表其权力关系的城市建置问题，自然而然地就得出了城市就是汉族政权扩张权力的手段。然从全文研究结果来看，历经两千余年的研究区属性并没有太多改变，它并没有像中原其他区域那样伴随着中央权力对地方空间的占有，早期的血缘关系逐渐向地缘关系过渡，相反地研究区则呈现出农、牧业民族融洽交往，不同生活方式和谐共存的社会特征。由此，我们不难理解，鄂尔多斯高原及其邻近地区为何至今没有形成一个较大规模城市[①]的社会现实了，其恰恰是游牧民族生产、生活习性和区域地理环境、生态环境承载力相互作用的真实反映。

① 鄂尔多斯高原及其邻近地区的呼和浩特、包头、巴彦淖尔、乌海、鄂尔多斯、银川、石嘴山、吴忠、榆林等9个市全部是地级市。

参考文献

［1］管仲．管子［M］．四部丛刊影宋本．
［2］墨子．墨子［M］．苏凤捷，程梅花，注说．开封：河南大学出版社，2008．
［3］司马迁．史记［M］．2版．北京：中华书局，1982．
［4］班固．汉书［M］．颜师古，注．北京：中华书局，1962．
［5］范晔．后汉书［M］．李贤，等注．北京：中华书局，1965．
［6］杨守敬，熊会贞．水经注疏［M］．段熙仲，点校．陈桥驿，复校．南京：江苏古籍出版社，1989．
［7］郦道元．陈桥驿．水经注校证［M］．北京：中华书局，2007．
［8］魏收．魏书［M］．北京：中华书局，1974．
［9］魏徵，令狐德棻．隋书［M］．北京：中华书局，1973．
［10］李吉甫．元和郡县图志［M］．贺次君，点校．北京：中华书局，1983．
［11］李德裕．会昌一品集［M］．上海：上海古籍出版社，1994．
［12］陆贽．翰苑集［M］．上海：上海古籍出版社，1993．
［13］杜佑．通典［M］．王文锦，王永兴，刘俊文，等点校．北京：中华书局，1988．
［14］元稹．元稹集［M］．冀勤，点校．北京：中华书局，1982．
［15］刘昫，等．旧唐书［M］．北京：中华书局，1975．
［16］欧阳修，宋祁．新唐书［M］．北京：中华书局，1975．
［17］司马光．胡三省．资治通鉴［M］．北京：中华书局，1956．
［18］王溥．唐会要［M］．北京：中华书局，1960．

[19] 王钦若，等．周勋初，等．册府元龟：校订本［M］．南京：凤凰出版社，2006.
[20] 乐史．太平寰宇记［M］．王文楚，等点校．北京：中华书局，2007.
[21] 李焘．续资治通鉴长编［M］．2版．北京：中华书局，2004.
[22] 宇文懋昭．崔文印．大金国志校证［M］．北京：中华书局，1986.
[23] 司马光．涑水记闻［M］．邓广铭，张希清，点校．北京：中华书局，1989.
[24] 王存．元丰九域志［M］．王文楚，魏嵩山，点校．北京：中华书局，1984.
[25] 曾公亮．武经总要［M］．文渊阁四库全书本．
[26] 脱脱，等．宋史［M］．北京：中华书局，1977.
[27] 脱脱，等．金史［M］．北京：中华书局，1975.
[28] 脱脱，等．辽史［M］．北京：中华书局，1974.
[29] 朱旃．吴忠礼．宁夏志笺证［M］．刘仲芳，审校．银川：宁夏人民出版社，1996.
[30] 宋濂，等．元史［M］．北京：中华书局，1976.
[31] 胡汝砺．管律．嘉靖宁夏新志［M］．陈明猷，校勘．银川：宁夏人民出版社，1982.
[32] 孙继宗，等．明英宗实录［M］．黄彰健，校勘．国立北平图书馆红格抄本．
[33] 万表．皇明经济文录［M］．北京：全国图书馆文献缩微复制中心，1994.
[34] 王先谦．汉书补注［M］．北京：书目文献出版社，1995.
[35] 张鉴．西夏纪事本末［M］．龚世俊，陈广恩，朱巧云，校点．兰州：甘肃文化出版社，1998.
[36] 吴广成．龚世俊，等．西夏书事校证［M］．兰州：甘肃文化出版社，1995.
[37] 戴锡章．西夏纪［M］．罗矛昆，点校．银川：宁夏人民出版社，1988.
[38] 张金城．杨浣雨．乾隆宁夏府志［M］．陈明猷，点校．银川：宁夏人民出版社，1992.
[39] 顾祖禹．读史方舆纪要［M］．贺次君，施和金，点校．北京：中华书局，2005.
[40] 张廷玉，等．明史［M］．北京：中华书局，1974.
[41] 赵尔巽，等．清史稿［M］．北京：中华书局，1977.
[42] 高维岳．绥德州志［M］．刊本．1905（清光绪三十一年）．

[43] 沈青崖．陕西通志［M］．文渊阁四库全书本．
[44] 梁份．秦边纪略［M］．赵盛世，王子贞，陈希夷，校注．西宁：青海人民出版社，1987．
[45] 谭吉璁．康熙延绥镇志［M］．上海：上海古籍出版社，2012．
[46] 清高宗实录［M］．北京：中华书局，2008．
[47] 董浩，等．全唐文［M］．北京：中华书局，1983．
[48] 穆彰阿，潘锡恩，等．大清一统志［M］．上海：上海古籍出版社，2008．
[49] 高赓恩，等．绥远全志［M］．台北：成文出版社，1968．
[50] 凤凰出版社．中国地方志集成：宁夏府县志辑［M］．南京：凤凰出版社，2008．
[51] 伊克昭盟地方志编纂委员会．伊克昭盟志［M］．北京：现代出版社，1994．
[52] 督办运河总局编辑处．调查河套报告书［M］．北京：京华印书局，1923（民国十二年）．
[53] 国家文物局．中国文物地图集：陕西分册［M］．西安：西安地图出版社，1998．
[54] 国家文物局．中国文物地图集：内蒙古自治区分册［M］．西安：西安地图出版社，2003．
[55] 国家文物局．中国文物地图集：宁夏回族自治区分册［M］．北京：文物出版社，2010．
[56] 谭其骧．中国历史地图集［M］．北京：中国地图出版社，1982．
[57] 艾冲．公元7—9世纪鄂尔多斯高原人类经济活动与自然环境演变研究［M］．北京：中国社会科学出版社，2012．
[58] 艾冲．明代陕西四镇长城［M］．西安：陕西师范大学出版社，1990．
[59] 艾冲．唐代都督府研究：兼论总管府·都督府·节度司之关系［M］．西安：西安地图出版社，2005．
[60] 艾冲．西北城市发展与环境演变研究：立足于陕西榆林地区的考察［M］．西安：西安地图出版社，2004．
[61] 岑仲勉．突厥集史［M］．北京：中华书局，1958．
[62] 查瑞珍．战国秦汉考古［M］．南京：南京大学出版社，1990．
[63] 陈炳应．西夏文物研究［M］．银川：宁夏人民出版社，1985．
[64] 陈芳惠．村落地理学［M］．台北：五南图书出版公司，1984．

［65］ 成一农．古代城市形态研究方法新探［M］．北京：社会科学文献出版社，2009．
［66］ 程存洁．唐代城市史研究初篇［M］．北京：中华书局，2002．
［67］ 复旦大学历史地理研究所《中国历史地名辞典》编委会．中国历史地名辞典［M］．南昌：江西教育出版社，1986．
［68］ 葛剑雄．中国移民史：第1卷［M］．福州：福建人民出版社，1997．
［69］ 顾朝林．中国城镇体系：历史·现状·展望［M］．北京：商务印书馆，1992．
［70］ 郭红，靳润成．中国行政区划通史：明代卷［M］．上海：复旦大学出版社，2007．
［71］ 韩大成．明代城市研究［M］．北京：中国人民大学出版社，1991．
［72］ 何彤慧，王乃昂．毛乌素沙地历史时期环境变化研究［M］．北京：人民出版社，2010．
［73］ 何一民．中国城市史［M］．武汉：武汉大学出版社，2012．
［74］ 侯仁之．历史地理学四论［M］．北京：中国科学技术出版社，1994．
［75］ 侯仁之．历史地理研究：侯仁之自选集［M］．北京：首都师范大学出版社，2010．
［76］ 侯甬坚．鄂尔多斯高原及其邻区历史地理研究［M］．西安：三秦出版社，2008．
［77］ 后晓荣．秦代政区地理［M］．北京：社会科学文献出版社，2009．
［78］ 黄丽生．由军事征掠到城市贸易：内蒙古归绥地区的社会经济变迁：14世纪至20世纪初［M］．台北：台湾师范大学历史研究所，1995．
［79］ 李昌宪．中国行政区划通史：宋西夏卷［M］．上海：复旦大学出版社，2007．
［80］ 李华瑞．宋夏关系史［M］．北京：中国人民大学出版社，2010．
［81］ 李晓杰．东汉政区地理［M］．济南：山东教育出版社，1999．
［82］ 李孝聪．历史城市地理［M］．济南：山东教育出版社，2007．
［83］ 内蒙古文物考古研究所．内蒙古文物考古文集：第1辑［M］．北京：中国大百科全书出版社，1994．
［84］ 李宗俊．唐前期西北军事地理问题研究［M］．北京：中国社会科学出版社，2015．
［85］ 梁冰．鄂尔多斯历史管窥［M］．呼和浩特：内蒙古大学出版社，1989．

［86］梁冰. 鄂尔多斯通史稿：上卷［M］. 呼和浩特：内蒙古大学出版社，2009.
［87］梁方仲. 中国经济史讲稿［M］. 北京：中华书局，2008.
［88］刘景纯. 明代九边史地研究［M］. 北京：中华书局，2014.
［89］刘景纯. 清代黄土高原地区城镇地理研究［M］. 北京：中华书局，2005.
［90］刘统. 唐代羁縻府州研究［M］. 西安：西北大学出版社，1998.
［91］刘学铫. 唐代以来的边疆策略［M］. 台北：致知学术出版社，2013.
［92］鲁人勇，吴忠礼，徐庄. 宁夏历史地理考［M］. 银川：宁夏人民出版社，1993.
［93］吕卓民. 西北史地论稿［M］. 北京：中国社会科学出版社，2011.
［94］马正林. 中国城市历史地理［M］. 济南：山东教育出版社，1998.
［95］穆渭生. 唐代关内道军事地理研究［M］. 西安：陕西人民出版社，2008.
［96］牛淑贞. 归绥城市地理研究：1572—1937［M］. 哈尔滨：黑龙江人民出版社，2014.
［97］彭曦. 战国秦长城考察与研究［M］. 西安：西北大学出版社，1990.
［98］钱穆. 史记地名考［M］. 北京：商务印书馆，2001.
［99］丘光明. 中国古代度量衡［M］. 北京：中国国际广播出版社，2011.
［100］陕西省考古研究院. 陕西省明长城资源调查报告：营堡卷［M］. 北京：文物出版社，2011.
［101］史念海. 河山集：二集［M］. 北京：生活·读书·新知三联书店，1981.
［102］史念海. 河山集：四集［M］. 西安：陕西师范大学出版社，1991.
［103］宋德明. 亚洲中部干旱区自然地理［M］. 西安：陕西师范大学出版社，1989.
［104］孙金铸. 中国地理［M］. 北京：高等教育出版社，1988.
［105］田广金，郭素新. 北方文化与匈奴文明［M］. 南京：江苏教育出版社，2005.
［106］佟靖仁. 呼和浩特满族简史［M］. 2版. 呼和浩特：内蒙古大学出版社，1992.
［107］《王北辰西北历史地理论文集》编辑组. 王北辰西北历史地理论文集［M］. 北京：学苑出版社，2000.
［108］王天顺. 河套史［M］. 北京：人民出版社，2006.